"十四五"高等学校新工科计算机类专业系列教材

数据科学与大数据技术

总主编 陈 明

数据仓库原理与实践

康 瑶 董 亮◎主编

中国铁道出版社有限公司
CHINA RAILWAY PUBLISHING HOUSE CO., LTD.

内 容 简 介

本书为“十四五”高等学校新工科计算机类专业系列教材之一，主要论述数据仓库的理论和实际应用，内容涵盖数据仓库的基本概念、数据模型、维度建模、技术架构、数据集成与存储、Hive 数据仓库工具、Spark 计算引擎、大数据任务调度系统、OLAP 联机分析处理技术，以及企业级数据仓库综合项目实践等方面。

本书内容特色鲜明，面向应用型本科，紧密结合企业级数据仓库设计需求。通过应用案例及项目实战介绍大数据技术在数据仓库中的应用。同时，本书内容丰富全面，既体现了数据仓库的理论知识，又注重实践应用。

本书适用于高等院校数据科学与大数据技术、计算机科学与技术、软件工程等专业的高年级本科生，以及对大数据感兴趣的读者。

图书在版编目（CIP）数据

数据仓库原理与实践 / 康瑶，董亮主编. -- 北京 : 中国铁道出版社有限公司，2025. 3. -- （“十四五”高等学校新工科计算机类专业系列教材）. -- ISBN 978-7-113-31998-4

Ⅰ. TP311. 13

中国国家版本馆CIP数据核字第2025PJ8179号

书　　名：数据仓库原理与实践
作　　者：康　瑶　董　亮

策　　划：闫钇汛　　　　　　　　编辑部电话：（010）63549508
责任编辑：闫钇汛　贾淑媛
封面设计：崔丽芳
责任校对：苗　丹
责任印制：赵星辰

出版发行：中国铁道出版社有限公司（100054，北京市西城区右安门西街 8 号）
网　　址：https://www.tdpress.com/51eds
印　　刷：河北宝昌佳彩印刷有限公司
版　　次：2025 年 3 月第 1 版　2025 年 3 月第 1 次印刷
开　　本：787 mm×1 092 mm　1/16　印张：18.75　字数：489 千
书　　号：ISBN 978-7-113-31998-4
定　　价：62.00 元

编审委员会

序

习近平同志在党的二十大报告中回顾了过去五年的工作和新时代十年的伟大变革，指出:“我们加快推进科技自立自强，全社会研发经费支出从一万亿元增加到二万八千亿元，居世界第二位，研发人员总量居世界首位。基础研究和原始创新不断加强，一些关键核心技术实现突破，战略性新兴产业发展壮大，载人航天、探月探火、深海深地探测、超级计算机、卫星导航、量子信息、核电技术、新能源技术、大飞机制造、生物医药等取得重大成果，进入创新型国家行列。”辉煌成就，鼓舞人心，更激发了广大科技工作者再攀科技高峰的信心和决心!

“新工科”建设是我国高等教育主动应对新一轮科技革命与产业革命的战略行动。新工科重在打造新时代高等工科教育的新教改、新质量、新体系、新文化。教育部等五部门在2023年2月21日印发的《普通高等教育学科专业设置调整优化改革方案》“深化新工科建设”部分指出，“主动适应产业发展趋势，主动服务制造强国战略，围绕‘新的工科专业，工科专业的新要求，交叉融合再出新’，深化新工科建设，加快学科专业结构调整”。新的工科专业，主要指以互联网和工业智能为核心，包括大数据、云计算、人工智能、区块链、虚拟现实等相关工科专业。工科专业的新要求，主要是以云计算、人工智能、大数据等技术用于传统工科专业的升级改造。交叉融合再出新，指推动现有工科交叉复合、工科与其他学科交叉融合、应用理科向工科延伸，形成新兴交叉学科专业，培育新的工科领域。相对于传统的工科人才，未来新兴产业和新经济需要的是实践能力强、创新能力强、具备国际竞争力的高素质复合型新工科人才。而新工科人才的培养急需有适应新工科教育的教材作为支撑。

在此背景下，中国铁道出版社有限公司联合北京高等教育学会计算机教育研究分会、河南省高等学校计算机教育研究会、河北省计算机教育研究会等组织共同策划组织“‘十四五’高等学校新工科计算机类专业系列教材”。本系列教材充分吸收了教育部推出“新工科”计划以来的理念和内涵、新工科建设探索经验和研究成果。

本系列教材涉及范围除了本科计算机类专业核心课程教材之外，还包括与计算机专业相关的蓬勃发展的特色专业的系列教材，例如人工智能、数据科学与大数据技术、物联网工程等专业系列教材。各专业系列教材以子集形式出现，主要有:

- “系统能力课程”系列
- “网络工程专业”系列
- “软件工程专业”系列
- “网络空间安全专业”系列
- “物联网工程专业”系列
- “数据科学与大数据技术专业”系列
- “人工智能专业”系列

本系列教材力图体现如下特点：

（1）在育人功能上：坚持立德树人，为党育人、为国育才，把思想政治教育贯穿人才培养体系，注重培养学生的爱国精神、科学精神、创新精神以及历史思维、工程思维，扎实推进习近平新时代中国特色社会主义思想进教材、进课堂、进头脑。

（2）在内容组织上：为了满足新工科专业建设和人才培养的需要，突出对新知识、新理论、新案例的引入。教材中的案例在设计上充分考虑高阶性、创新性和挑战度，并把高质量的科研创新成果在教材中进行了充分体现。

（3）在表现形式上：注重以学生发展为中心，立足教学适用性，凸显教材实践性。另外，教材以媒体融合为亮点，提供大量的视频、仿真资源、扩展资源等，体现教材多态性。

本系列教材由教学水平高的专家、学者撰写。他们不但从事多年计算机类专业教学、教改，而且参加和完成多项计算机类的科研项目和课题，将积累的经验、智慧、成果融入教材中，努力为我国高校新工科建设奉献一套优秀教材。热忱欢迎广大专家、同仁批评、指正。

“十四五”高等学校新工科计算机类专业系列教材总主编  [①]

2023年8月

---

① 陈明：中国石油大学（北京）教授，博士生导师。历任北京高等教育学会计算机教育研究分会副理事长，中国计算机学会开放系统专业委员会副主任，中国人工智能学会智能信息网络专业委员会副主任。曾编著13部国家级规划教材、6部北京高等教育精品教材，对高等教育教学、教改、新工科建设有较深造诣。

前　言

数据仓库作为现代企业决策分析的重要基石，是一个集中存储、管理和整合企业数据的大型数据存储集合。它通过整合分散的业务数据，向企业提供全面的数据分析支持，并可面向主题组织数据，确保数据的稳定性，满足复杂分析需求。随着数据量的爆炸性增长，数据仓库技术不断创新，提升数据存储、处理和分析能力，已成为企业数字化转型和智能化升级的关键驱动力。

本书旨在全面论述数据仓库的基本概念、系统组成及关键技术，并结合实际案例深入探讨数据仓库的设计、实施与优化策略。本书内容组织如下：

第1章介绍了数据仓库的基本概念、发展历程及作用，让读者对数据仓库有一个全面的了解。

第2章详细论述了数据仓库的数据模型，特别是维度模型的相关概念、类型及其在数据仓库中的应用，为数据仓库设计提供理论基础。

第3章论述了基于Ralph Kimball基础的维度建模理论以及企业级数据仓库的数据分层建模思想，并通过实际案例展示了如何进行数据仓库的需求分析、逻辑模型设计及物理模型设计。

第4章论述了大数据场景下的数据仓库项目的技术场景分析、技术方案设计及技术架构设计，帮助读者掌握数据仓库项目开发的流程和方法。

第5章深入讲解了大数据离线场景下的数据采集与同步技术，包括Flume和SeaTunnel框架的应用，以及实际案例的展示。

第6章详细论述了Hive数据仓库工具的技术原理和应用方法，通过实际案例展示了如何利用Hive构建数据仓库、处理海量用户行为数据。

第7章论述了开源大数据主流计算引擎Spark，包括其技术原理、部署方法、任务提交及数据处理等方面的内容，并通过实际案例展示了如何利用Spark实现数据仓库构建过程中的关键步骤。

第8章论述了大数据任务调度系统DolphinScheduler的核心价值与关键技术，并通过实际案例展示了其在大数据平台中的关键角色。

第9章论述了OLAP（online analytical processing，联机分析处理）技术的原理及

其在数据仓库中的应用，同时介绍了Apache Kylin这一开源的、分布式的数据仓库OLAP工具，并通过实际案例展示了其部署、优化及查询加速的实践应用。

第10章论述了大数据项目的完整开发过程，包括行业背景调查、需求分析、技术架构和技术实现等方面的内容，帮助读者了解大数据项目开发的完整流程。

本书紧扣数据仓库设计及开发所需要的知识、技能和素质要求，以技术应用能力培养为主线构建教材内容，具有以下特色：

（1）理论与实践相结合：本书不仅论述了数据仓库的基本理论和关键技术，还通过实际案例展示了如何应用这些理论和技术进行数据仓库的设计、实施与优化。

（2）内容全面深入：本书涵盖了数据仓库的各个方面，从基本概念到关键技术，再到实际应用，内容全面深入。

（3）配套资源丰富：本书配备了丰富的配套资源，包括案例代码、教学视频、PPT课件等，以方便读者学习和实践。读者可联系本书编者获取资源（53235602@qq.com）。

本书由北京城市学院及慧科教育集团联合编写，参考了连续多届选课的同学提出的宝贵建议，编者在此表示衷心感谢。由于时间仓促，编者水平有限，书中难免存在不足之处，恳请广大读者指正。

编　者

2024年12月

目　录

第1章 数据仓库概述

数据仓库是现代企业决策分析的重要基石，通过整合分散的业务数据提供全面的数据分析支持。它面向主题组织数据，确保数据的稳定性，满足复杂分析需求。随着数据量的爆炸性增长，数据仓库技术不断创新，提升了数据存储、处理和分析能力。本章主要介绍数据仓库的基本概念、系统组成及开发工具，并结合大数据时代的特点分析其架构与关键技术，为数据驱动的企业决策提供支持。

本章知识导图

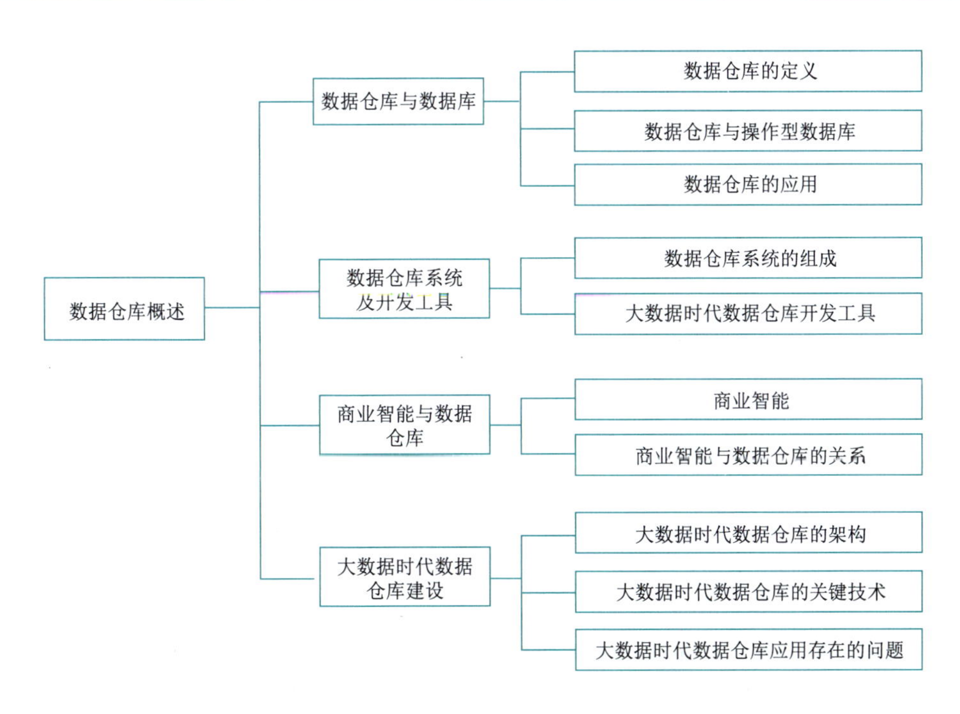

学习目标

◎ 了解：数据仓库的基本定义及其与操作型数据库的主要区别。

◎ 理解：数据仓库面向主题组织数据的特点，以及数据仓库在企业决策支持中的作用。

大数据时代数据仓库的关键技术，特别是数据分布技术的应用及其优势。构建和维护数据仓库时面临的挑战，如容量扩容压力和数据仓库能力限制。

◎ **掌握：**数据仓库系统的组成要素，包括数据集市、元数据管理及其管理内容。

1.1 数据仓库与数据库

视频

数据仓库的定义

1.1.1 数据仓库的定义

随着数据库技术和计算机网络的成熟，以数据处理为基础的相关技术得到巨大的发展。20世纪80年代中期，“数据仓库”（data warehouse，DW）这个名词首次出现在W. H. Inmon（恩门）的*BuildingData Warehouse*一书中。在该书中，W.H.Inmon把数据仓库定义为“一个面向主题的、集成的、稳定的、随时间变化的数据的集合，以用于支持管理决策过程”。数据仓库四大特征如图1-1所示。

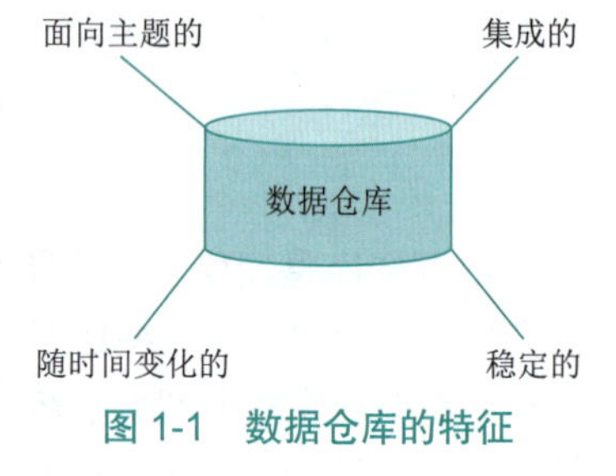

图 1-1 数据仓库的特征

1. 面向主题

主题是指用户使用数据仓库进行决策时所关心的重点领域，也就是在一个较高的管理层次上对信息系统的数据按照某一具体的管理对象进行综合、归类所形成的分析对象。例如，某保险公司有人寿保险和财产保险两类业务，构建有人寿保险和财产保险两个管理信息系统。如果要对所有顾客进行分析，需要构建面向顾客主题的数据仓库；如果要对所有保单进行分析，需要构建面向保单主题的数据仓库；如果要对所有保费进行分析，需要构建面向保费主题的数据仓库，如图1-2所示。

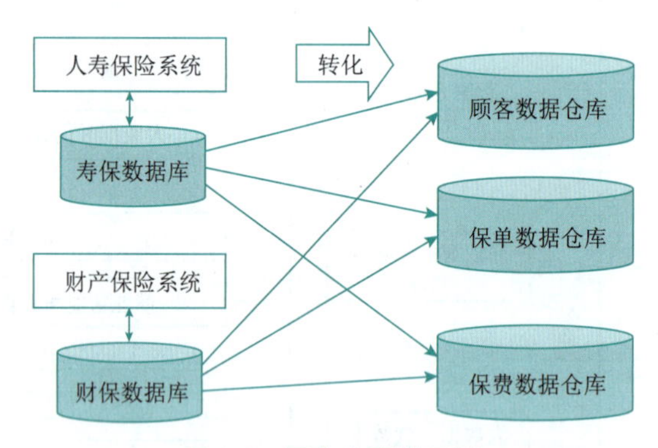

图 1-2 面向主题的示例

从数据组织的角度看，主题是一些数据集合，这些数据集合对分析对象做了比较完整、一致的描述，这种描述不仅涉及数据自身，而且涉及数据之间的关系。面向主题的数据组织方式，就是在较高层次上对分析对象的数据的一个完整、一致的描述，能完整、统一地刻画各个分析对象所涉及的企业的各项数据，以及数据之间的联系。

操作型数据库（如人寿保险数据管理系统）中的数据针对事务处理任务（如处理某顾客的人寿保险），各个业务系统之间各自分离，而数据仓库中的数据是按照一定的主题进行组织的。

面向主题组织的数据具有以下特点：

（1）各个主题有完整、一致的内容，以便在此基础上做分析处理。

（2）主题之间有重叠的内容，反映主题间的联系。重叠是逻辑上的，不是物理上的。

（3）各主题的综合方式存在不同。

（4）主题域应该具有独立性（数据是否属于该主题有明确的界限）和完备性（对该主题进行分析所涉及的内容均要在主题域内）。

2. 集成性

数据仓库中存储的数据一般从企业原来已建立的数据库系统中提取出来，但并不是原有数据的简单复制，而是经过了抽取、筛选、清理、转换、综合等工作得到的数据。例如，某顾客数据仓库中的数据是从应用A、B、C中集成的，则需要将性别数据统一转换成m、f，如图1-3所示。

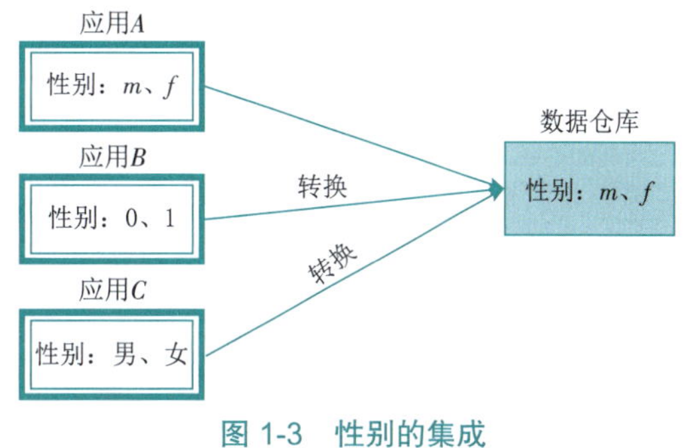

图 1-3　性别的集成

原有数据库系统记录的是每一项业务处理的流水账，这些数据不适合于分析处理。在进入数据仓库之前必须经过综合、计算，同时抛弃一些分析处理不需要的数据项，必要时还要增加一些可能涉及的外部数据。

数据仓库每一个主题所对应的源数据在源分散数据库中有许多重复或不一致之处，必须将这些数据转换成全局统一的定义，消除不一致和错误之处，以保证数据的质量。显然，对不准确甚至不正确的数据分析得出的结果将不能用于指导企业做出科学的决策。

源数据加载到数据仓库后，还要根据决策分析的需要对这些数据进行概括、聚集处理。

3. 稳定性

数据仓库在某个时间段内来看是保持不变的。

操作型数据库系统中一般只存储短期数据，因此其数据是不稳定的，它记录的是系统中数据变化的瞬态。但对于决策分析而言，历史数据是相当重要的，许多分析方法必须以大量的历史数据为依托。没有大量历史数据的支持是难以进行企业的决策分析的，因此数据仓库中的数据大多表示过去某一时刻的数据，主要用于查询、分析，不像业务系统中的数据库那样，要经常进行修改、添加，除非数据仓库中的数据是错误的。

例如，操作型应用数据库中的数据可以随时被插入、更新、删除和访问（查询），可以从中抽取10年的数据构建数据仓库，用于对这10年的数据进行分析，一旦数据仓库构建完成，它主要用于访问，一般不会被修改，具有相对的稳定性，如图1-4所示。

图 1-4　数据仓库稳定性的示例

4. 随时间而变化

数据仓库大多关注的是历史数据，其中数据是批量载入的，即定期从操作型应用系统中接收新的数据内容，这使得数据仓库中的数据总是拥有时间维度。从这个角度看，数据仓库实际是记录了系统的各个瞬态（快照），并通过将各个瞬态连接起来形成动画（即数据仓库的快照集合），从而在数据分析的时候再现系统运动的全过程。数据批量载入（提取）的周期实际上决定了动画间隔的时间，数据提取的周期短，则动画的速度快。

一般而言，为了提高运行速度，操作型应用数据库中的数据期限为60～90天，而数据仓库中数据的时间期限为5～10年，采用批量载入方式将应用数据库中的数据载入数据仓库，如每2个月载入一次，如图1-5所示。

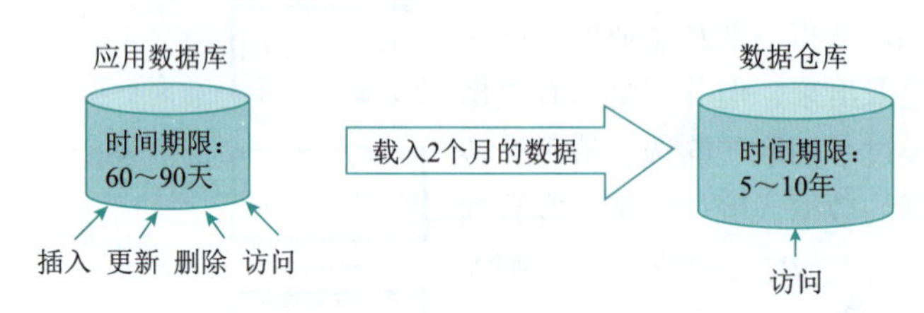

图 1-5 数据仓库随时间而变化的示例

从图1.5可以看到，数据仓库中的数据并不是一成不变的，会随时间变化不断增加新的数据内容，去掉超过期限（例如5～10年）的数据，因此数据仓库中的数据也具有时变性，只是时变周期远大于应用数据库。

数据仓库的稳定性和时变性并不矛盾，从大时间段来看，它是时变的，但从小时间段看，它是稳定的。

除了上述四大特征外，数据仓库还具有高效率、高数据质量、扩展性好和安全性好等特点。

1.1.2 数据仓库与操作型数据库

1. 从数据库到数据仓库

传统的数据库技术是以单一的数据资源，即数据库为中心，进行OLTP（online analytical processing，联机事务处理）、批处理、决策分析等各种数据处理工作，主要划分为两大类：操作型处理和分析型处理（或信息型处理）。操作型处理称为事务处理，是指对操作型数据库的日常操作，通常是对一个或一组记录的查询和修改，主要是为企业的特定应用服务的，注重响应时间、数据的安全性和完整性。分析型处理则用于管理人员的决策分析，经常要访问大量的分析型历史数据。操作型数据和分析型数据的区别见表1-1。

表 1-1 操作型数据和分析型数据的区别

操作型数据	分析型数据
细节的	综合的
存取瞬间	历史数据
可更新	不可更新
事先可知操作需求	操作需求事先不可知
符合软件开发生命周期	完全不同的生命周期
对性能的要求较高	对性能的要求较为宽松
某一时刻操作一个单元	某一时刻操作一个集合
事务驱动	分析驱动
面向应用	面向分析

续表

操作型数据	分析型数据
一次操作的数据量较小	一次操作的数据量较大
支持日常操作	支持管理需求

传统数据库系统侧重于企业的日常事务处理工作，但难于实现对数据的分析处理要求，已经无法满足数据处理多样化的要求。操作型处理和分析型处理的分离成为必然。

近年来，随着数据库技术的应用和发展，人们尝试对数据库中的数据进行再加工，形成一个综合的、面向分析的环境，以更好地支持决策分析，从而形成了数据仓库技术。

2. 数据仓库为什么是分离的

操作型数据库存放了大量数据，为什么不直接在这种数据库上进行OLAP（联机分析处理），而是另外花费时间和资源去构造一个与之分离的数据仓库？主要原因是为了提高两个系统的性能。

操作型数据库是为已知的任务和负载设计的，如使用主关键字索引、检索特定的记录和优化查询，支持多事务的并行处理，需要加锁和日志等并行控制和恢复机制，以确保数据的一致性和完整性。

数据仓库的查询通常是复杂的，涉及大量数据在汇总级的计算，可能需要特殊的数据组、存取方法和基于多维视图的实现方法。对数据记录进行只读访问，以进行汇总和聚集。

如果OLTP和OLAP都在操作型数据库上运行，会极大地降低数据库系统的吞吐量。

总之，数据仓库与操作型数据库分离是由于这两种系统中数据的结构、内容和用法都不相同。操作型数据库一般不维护历史数据，其数据很多，但对于决策是远远不够的。数据仓库系统用于决策支持需要历史数据，将不同来源的数据统一（如聚集和汇总），产生高质量、一致和集成的数据。

3. 数据仓库与操作型数据库的对比

归纳起来，数据仓库与操作型数据库的对比见表1-2。显然数据仓库的出现并不是要取代数据库，目前大部分数据仓库还是用关系数据库管理系统来管理的。可以说数据库、数据仓库相辅相成、各有千秋。

表 1-2　数据仓库与操作型数据库的对比

数 据 仓 库	操作型数据库
面向主题	面向应用
容量巨大	容量相对较小
数据是综合的或提炼的	数据是详细的
保存历史的数据	保存当前的数据
通常数据是不可更新的	数据是可更新的
操作需求是临时决定的	操作需求是事先可知的
一个操作存取一个数据集合	一个操作存取一个记录
数据常冗余	数据非冗余
操作相对不频繁	操作较频繁
所查询的是经过加工的数据	所查询的是原始数据
支持决策分析	支持事务处理
决策分析需要历史数据	事务处理需要当前数据
需做复杂的计算	鲜有复杂的计算

续表

数据仓库	操作型数据库
服务对象为企业高层决策人员	服务对象为企业业务处理方面的工作人员

1.1.3 数据仓库的应用

数据仓库技术是目前已知的最为成熟和被广泛采用的解决方案。利用数据仓库整合金融企业内部所有分散的原始的业务数据，并通过便捷有效的数据访问手段，可以支持企业内部不同部门、不同需求、不同层次的用户随时获得自己所需的信息。

现代企业的运营很大程度上依赖于信息系统的支持，以客户为中心的业务模式需要强大的数据仓库系统提供信息支持，在业务处理流程中，数据仓库的应用体现在决策支持、客户分段与评价、市场自动化等方面。

1. 决策支持

数据仓库系统提供各种业务数据，用户利用各种访问工具从数据仓库获取决策信息，了解业务的运营情况。企业关键绩效指标（KPI）用来量化企业的运营状况，它可以反映企业在盈利、效率、发展等各方面的表现，决策支持系统为用户提供KPI数据。

2. 客户分类与评价

以客户为中心的业务策略，最重要的特征是细分市场，即把客户或潜在客户分为不同的类别，针对不同种类的客户提供不同的产品和服务，采用不同的市场和销售策略。客户的分类和评价是细分市场的主要手段。

数据仓库系统中累积了大量的客户数据，可以作为分类和评价的依据，而且数据访问十分简单方便，建立在数据仓库系统之上的客户分类和评价系统可以达到事半功倍的效果。

客户分类是以客户的某个或某几个属性进行，例如年龄、地区、收入、学历、消费金额等，或它们的组合。

客户评价是建立一个评分模型对客户进行评分，这样可以综合客户各方面的属性对客户做出评价，例如新产品推出前可以建立一个模型，确定最可能接受新产品的潜在客户。

3. 市场自动化

决策支持帮助企业制定产品和市场策略，客户分类和评价为企业指出了目标客户的范围，下一步是对这些客户展开市场攻势。

市场自动化的最主要内容是促销管理，促销管理的功能包括：

（1）提供目标客户的列表。

（2）指定客户接触的渠道。

（3）指定促销的产品、服务或活动。

（4）确定与其他活动的关系。

综上所述，数据仓库系统已经成为现代化企业必不可少的基础设施之一，它是现代企业运营支撑体系的重要组成，是企业对市场需求快速准确响应的有力保证。

1.2　数据仓库系统及开发工具

1.2.1　数据仓库系统的组成

数据仓库系统以数据仓库为核心，将各种应用系统集成在一起，为统一的历史数据分析提供坚实的平台，通过数据分析与报表模块的查询和分析工具OLAP（联机分析处理）、决策分析、数据挖掘完成对信息的提取，以满足决策的需要。

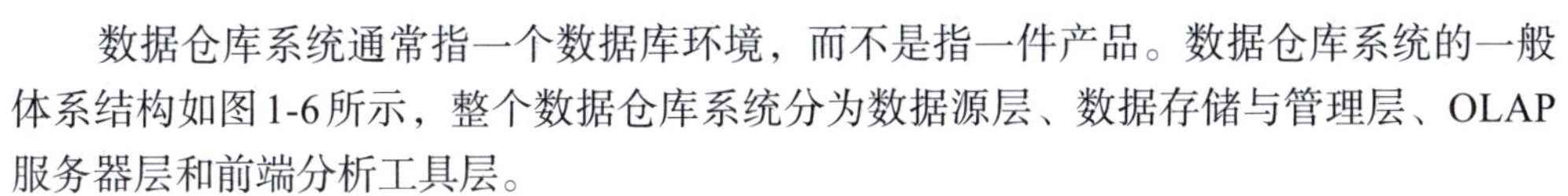

数据仓库系统通常指一个数据库环境，而不是指一件产品。数据仓库系统的一般体系结构如图1-6所示，整个数据仓库系统分为数据源层、数据存储与管理层、OLAP服务器层和前端分析工具层。

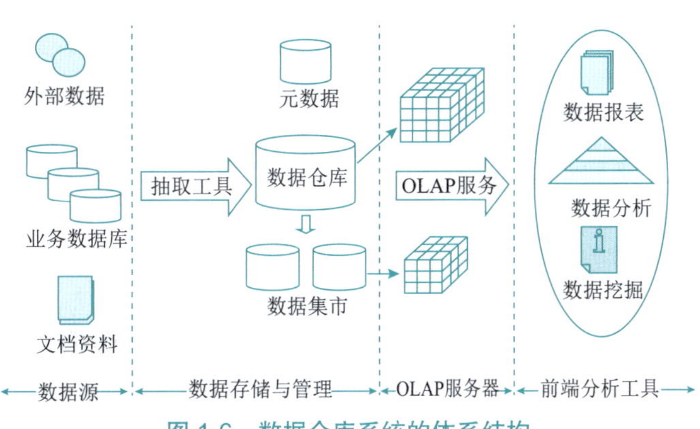

图 1-6　数据仓库系统的体系结构

其中，数据仓库是整个数据仓库环境的核心，是数据存放的地方，并提供对数据检索的支持。相对于操作型数据库来说，其突出的特点是对海量数据的支持和快速的检索技术。OLAP服务指的是对存储在数据仓库中的数据提供分析的一种软件，它能快速提供复杂数据查询和聚集，并帮助用户分析多维数据中的各维情况。

1. 抽取工具

抽取工具用于把数据从各种各样的存储环境中提取出来，进行必要的转化、整理，再存放到数据仓库内。对各种不同数据存储方式的访问能力是数据抽取工具的关键。其功能包括删除对决策应用没有意义的数据、转换到统一的数据名称和定义、计算统计和衍生数据、填补缺失数据、统一不同的数据定义方式。

ETL一词常用在数据仓库，但其对象并不限于数据仓库。它是extract、transform、load三个单词的首字母缩写，也就是抽取、转换和加载。ETL负责完成数据从数据源向目标数据仓库转化的过程，如空值处理、规范化数据格式、拆分数据、验证数据正确性和数据替换等，如图1-7所示，是实施数据仓库的重要步骤。

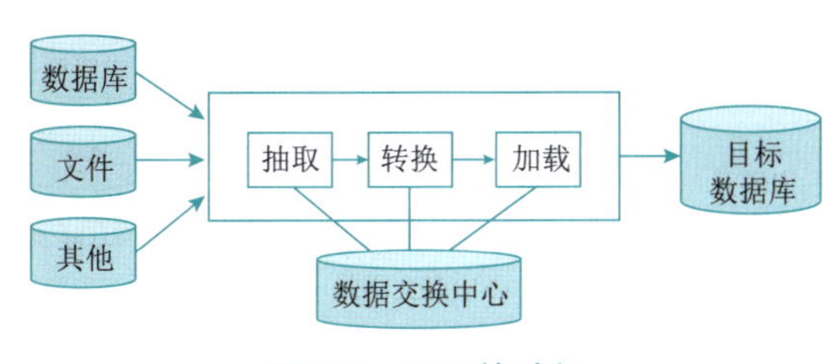

图 1-7　ETL 的过程

2. 数据集市

数据集市是在构建数据仓库的时候经常用到的一个词语。如果说数据仓库是企业范围的，收集的是关于整个组织的主题，如顾客、商品、销售、资产和人员等方面的信息，那么数据集市则是包含企业范围数据的一个子集，例如只包含销售主题的信息，这样数据集市只对特定的用户是有用的，其范围限于选定的主题。

数据集市面向企业中的某个部门（或某个主题），是从数据仓库中划分出来的，这种划分可以是逻辑上的，也可以是物理上的。数据仓库中存放了企业的整体信息，而数据集市只存放了某个主题需要的信息，其目的是减少数据处理量，使信息的利用更加快捷和灵活。

1）数据集市的类型

数据集市可以分为两类：一是从属型数据集市，另一类是独立型数据集市。

从属型数据集市的逻辑结构如图1-8所示，所谓从属，是指它的数据直接来自中央数据仓库。这种结构能保持数据的一致性，通常会为那些访问数据仓库十分频繁的关键业务部门建立从属数据集市，这样可以很好地提高查询操作的反应速度。

独立型数据集市的逻辑结构如图1-9所示，其数据直接来自各个业务系统。许多企业在计划实施数据仓库时，往往出于投资方面的考虑，最终建成的是独立的数据集市，用来解决个别部门较为迫切的决策问题。从这个意义上讲，它和企业数据仓库除了在数据量和服务对象上存在差别外，逻辑结构并无多大区别，也许这就是把数据集市称为部门级数据仓库的主要原因。

总之，数据集市可以是数据仓库的一种继承，只不过在数据的组织方式上，数据集市处于相对较低的层次。

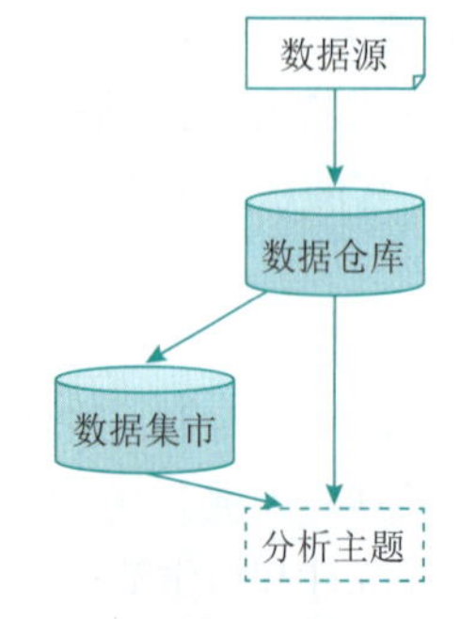

图 1-8 从属型数据集市

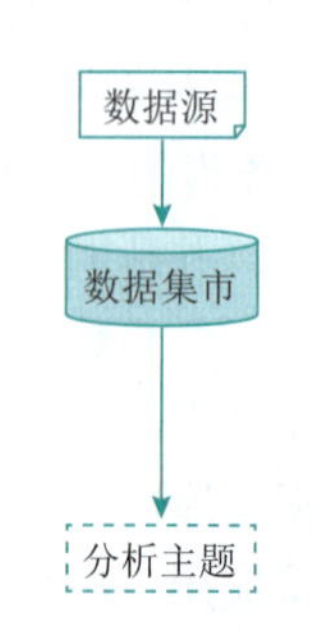

图 1-9 独立型数据集市

2）数据集市与数据仓库的区别

数据集市与数据仓库之间的区别可以从以下三个方面进行理解：

（1）数据仓库向各个数据集市提供数据。前者是企业级的，规模大，后者是部门级，相对规模较小。

（2）若干个部门的数据集市组成一个数据仓库。数据集市开发周期短、速度快，数据仓库开发的周期长、速度慢。

（3）从其数据特征进行分析，数据仓库中的数据结构采用规范化模式（第三范式），数据集市中的数据结构采用星状模式。通常数据仓库中的数据粒度比数据集市的粒度要细。

3. 元数据及其管理

元数据是关于数据的数据，在数据仓库中元数据位于数据仓库的上层，是描述数据仓库内数据的结构、位置和建立方法的数据。可通过元数据进行数据仓库的管理和通过元数据来使用数据仓库。

1）元数据的分类

按照用途对元数据进行分类是最常见的分类方法，可将其分为两类：管理元数据和用户元数据。

管理元数据主要为负责开发、维护数据仓库的人员所使用。管理元数据是存储关于数据仓库系统技术细节的数据，是用于开发和管理数据仓库使用的数据，它主要包括以下信息：

（1）数据仓库结构的描述，包括仓库模式、视图、维、层次结构和导出数据的定义，以及数据集市的位置和内容。

（2）业务系统、数据仓库和数据集市的体系结构和模式。

（3）汇总用的算法，包括度量和维定义算法，数据粒度、主题领域、聚集、汇总、预定义的查询与报告。

（4）由操作环境到数据仓库环境的映射，包括源数据和它们的内容、数据分割、数据提取、清理、转换规则和数据刷新规则、安全（用户授权和存取控制）。

用户元数据从业务角度描述了数据仓库中的数据，它提供了介于使用者和实际系统之间的语义层，使得不懂计算机技术的业务人员也能够“读懂”数据仓库中的数据。用户元数据是从最终用户的角度来描述数据仓库。通过用户元数据，用户可以了解如下内容：

（1）应该如何连接数据仓库。

（2）可以访问数据仓库的哪些部分。

（3）所需要的数据来自哪一个源系统。

2）元数据的作用

元数据的作用主要体现在以下几个方面：

（1）元数据是进行数据集成所必需的。

（2）元数据可以帮助最终用户理解数据仓库中的数据。

（3）元数据是保证数据质量的关键。

（4）元数据可以支持需求变化。

3）元数据的管理

元数据可以作为数据仓库用户使用数据仓库的地图，但它要为数据仓库开发人员和管理人员提供支持。元数据管理的具体内容如下。

（1）获取并存储元数据：数据仓库中数据的时间跨度较长（5～10年），此间，源系统可能会发生变化，则与之对应的数据抽取方法、数据转换算法以及数据仓库本身的结构和内容也有可能变化。因此，数据仓库环境中的元数据必须具有跟踪这些变动的能力。这也意味着元数据管理必须提供按照合适的版本来获取和存储元数据的方法使元数据可以随时间变化。

（2）元数据集成：不论是管理元数据和用户元数据，还是来自源系统数据模型的元数据和来自数据仓库数据模型的元数据，都必须以一种用户能够理解的统一方式集成。元数据集成是元数据管理中的难点。

（3）元数据标准化：每一个工具都有自己专用的元数据，不同的工具（如抽取工具和转换工具）中存储的同一种元数据必须用同一种方式表示，不同工具之间也应该可以自由、容易地交换元数据。元数据标准化是对元数据管理提出的另一个巨大挑战。

（4）保持元数据的同步：关于数据结构、数据元素、事件、规则的元数据必须在任何时间、在整个数据仓库中保持同步。同时，如果数据或规则变化导致元数据发生变化时，这个变化也要反映到数据仓库中。在数据仓库中保持统一的元数据版本控制的工作是十分繁重的。

目前，实施对元数据管理的方法主要有两种：对于相对简单的环境，按照通用的元数据管理标准建立一个集中式的元数据知识库；对于比较复杂的环境，分别建立各部分的元数据管理系统，形成分布式元数据知识库。然后，通过建立标准的元数据交换格式实现元数据的集成管理。

1.2.2 大数据时代数据仓库开发工具

1. Hive 数据仓库工具

Hive是基于Hadoop的一个数据仓库工具，用来进行数据提取、转化、加载，这是一种可以存储、查询和分析存储在Hadoop中的大规模数据的机制。Hive数据仓库工具能将结构化的数据文件映射为一张数据库表，并提供SQL查询功能，能将SQL语句转变成MapReduce任务来执行。Hive的优点是学习成本低，可以通过类似SQL语句实现快速MapReduce统计，使MapReduce变得更加简单，而不必开发专门的MapReduce应用程序。Hive十分适合对数据仓库进行统计分析。Hive不适合用于联机（online）事务处理，也不提供实时查询功能。它最适合应用在基于大量不可变数据的批处理作业。

Hive是一种底层封装了Hadoop 的数据仓库处理工具，使用类SQL的HiveSQL语言实现数据查询，所有Hive的数据都存储在Hadoop兼容的文件系统（如Amazon S3、HDFS）中。Hive在加载数据过程中不会对数据进行任何的修改，只是将数据移动到HDFS中Hive设定的目录下，因此，Hive不支持对数据的改写和添加，所有的数据都是在加载的时候确定的。Hive 的设计特点如下：

- 支持创建索引，优化数据查询。
- 不同的存储类型，如纯文本文件、HBase中的文件。
- 将元数据保存在关系数据库中，大大减少了在查询过程中执行语义检查的时间。
- 可以直接使用存储在Hadoop文件系统中的数据。
- 内置大量用户函数UDF来操作时间、字符串和其他的数据挖掘工具，支持用户扩展UDF 函数来完成内置函数无法实现的操作。
- 类SQL 的查询方式，将SQL 查询转换为MapReduce 的job 在Hadoop集群上执行。

2. 阿里云大数据仓库解决方案

阿里云为企业提供稳定可靠离线数据仓库和实时数据仓库的解决方案，包括数据采集、数据存储、数据开发、数据服务、数据运维、数据安全、数据质量、数据地图等完整链路。图1-10所示为阿里云离线数据仓库架构，图1-11所示为阿里云实时数据仓库架构。

阿里云提供的数据仓库解决方案包括如下几方面内容：

1）实时计算

利用实时计算Flink版提供的一整套的开发平台和完整的流式数据处理业务流程，采用类SQL的方式，对应用日志数据和数据库数据进行快速计算与处理后，数据同步到ADB分析数据库；支持高并发低延时查询的ADB分析数据库，可以对海量数据进行即时的多维分析透视和业务探索。

图 1-10　阿里云离线数据仓库架构

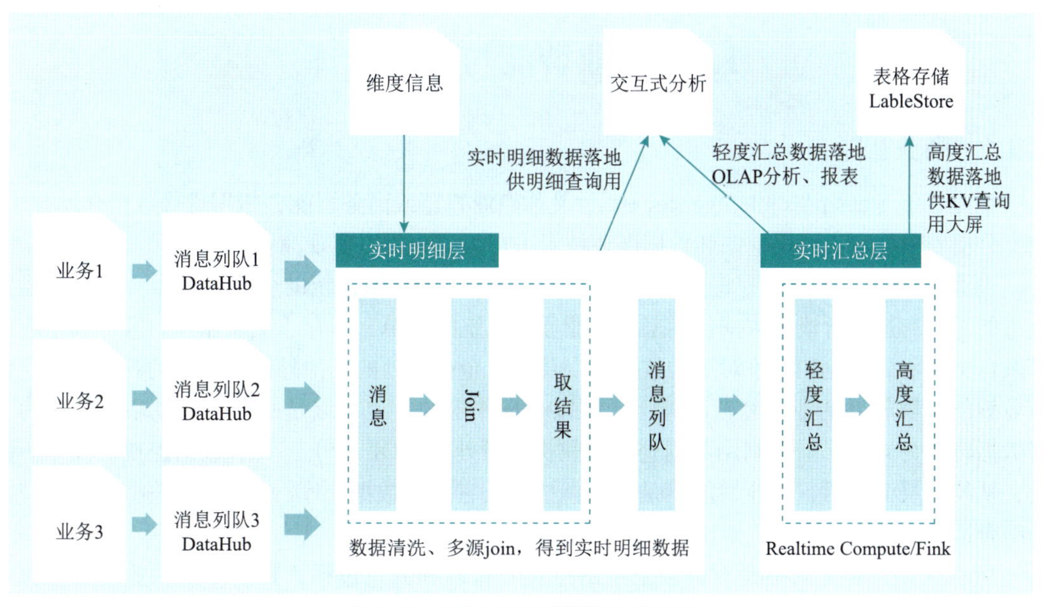

图 1-11　阿里云实时数据仓库架构

2）离线分析

MaxCompute可以将日志服务采集到的埋点数据进行统一的计算与处理；Kafka和数据库内的数据则需要通过同步DataWorks的数据集成模块传输到MaxCompute进行统一计算与处理；使用DataWorks配合MaxCompute，对数据进行传输、转换和集成等操作，从不同的数据存储引入数据，并进行转化和开发，最后将处理好的数据提供给后面的BI和展示模块使用。

3）数据湖

基于阿里云对象存储OSS构建数据湖的存储，全面覆盖ECS、数据库、日志服务等各种数据源，对接多种计算引擎，满足存储资源弹性扩展、低成本的需求；数据库中的数据，可以利用DBS数据备份将数据备份到对象存储OSS中，在没有确定数据如何使用之前，将所有的冷数据存储下来；通过云数据湖分析产品 DLA对对象存储OSS中的冷数据进行查询，更快地获得查询结果，避免需要将数据全部恢复到数据库中。

4）日志服务

利用阿里云的日志服务进行数据埋点，采集ECS业务应用的日志。类似的，也可以在ECS中直接使用Kafka客户端将日志数据推给Kafka。日志服务和Kafka都可以作为数据收集的管道，将数据派发给后面的数据处理模块。

5）数据可视化

计算结果可以推送到DataV进行大屏展示，如常见的订单数据，业务人员可以直观明了地查看；计算结果也可以推送至QuickBI，生成报表数据，业务人员可直接查看，数据工程师也可以对结果数据进行数据挖掘，分类生成报表。

6）机器学习

企业数据同样可以用于PAI机器学习让数据得到进一步的利用，无论是通过对数据进行深度学习为业务提供更智能化的解决方案，还是通过已经学习后生成的经验模型对业务做在线指导，PAI机器学习都可以轻松做到。训练好的模型利用PAI-EAS对外发布服务，服务由API网关来进行全生命周期管理和安全保障。

1.3 商业智能与数据仓库

1.3.1 商业智能

商业智能（business intelligence, BI），又称商业智慧或商务智能，指用现代数据仓库技术、线上分析处理技术、数据挖掘和数据展现技术进行数据分析以实现商业价值。

商业智能通常被理解为将企业中现有的数据转化为知识，帮助企业做出明智的业务经营决策的工具。这里所谈的数据包括来自企业业务系统的订单、库存、交易账目、客户和供应商等来自企业所处行业和竞争对手的数据，以及来自企业所处的其他外部环境中的各种数据。而商业智能能够辅助的业务经营决策，既可以是操作层的，也可以是战术层和战略层的。为了将数据转化为知识，需要利用数据仓库、联机分析处理（OLAP）工具和数据挖掘等技术。因此，从技术层面上讲，商业智能不是什么新技术，它只是数据仓库、OLAP和数据挖掘等技术的综合运用。商业智能系统架构图如图1-12所示。

可以认为，商业智能是对商业信息的搜集、管理和分析过程，目的是使企业的各级决策者获得知识或洞察力（insight），促使他们做出对企业更有利的决策。商业智能一般由数据仓库、联机分析处理、数据挖掘、数据备份和恢复等部分组成。商业智能的实现涉及软件、硬件、咨询服务及应用，其基本体系结构包括数据仓库、联机分析处理和数据挖掘三个部分。

因此，把商业智能看成是一种解决方案应该比较恰当。商业智能的关键是从许多来自不同的企业运作系统的数据中提取出有用的数据并进行清理，以保证数据的正确性，然后经过抽取（extraction）、转换（transformation）和加载（load），即ETL过程，合并到一个企业级的数据仓库里，从而得到企业数据的一个全局视图，在此基础上利用合适的查询和分析工具、数据挖掘工具（大数据魔镜）、OLAP工具等对其进行分析和处理（这时信息变为辅助决策的知识），最后将知识呈现给管理者，为管理者的决策过程提供支持。

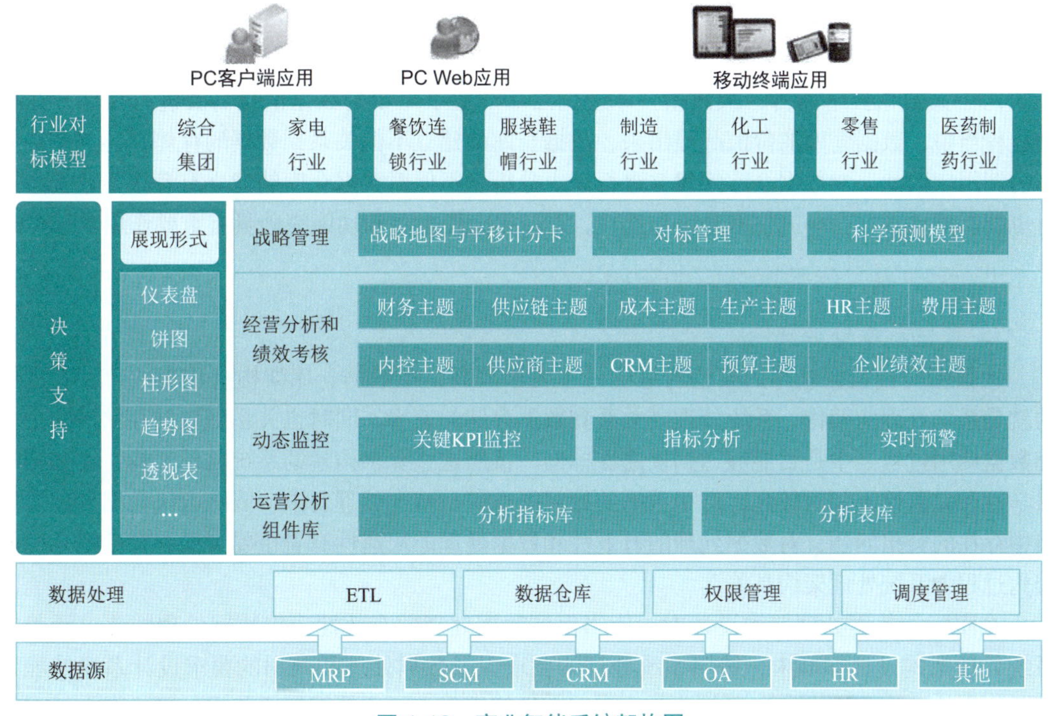

图 1-12　商业智能系统架构图

1.3.2　商业智能与数据仓库的关系

从前面的定义可以看出，商业智能是数据仓库、联机分析处理和数据挖掘等相关技术走向商业应用后形成的一种应用技术。

数据仓库是商业智能的基础，商业智能的应用必须基于数据仓库技术，所以数据仓库的设计工作占据了商业智能项目的核心位置。在很多项目命名时，往往是把数据仓库和商业智能相提并论，要么把它们等同起来，有时这会给人一种混淆的感觉，觉得商业智能和数据仓库是相同的概念，造成了很多初学者在认识上的误区。一般来说，上面所描述的是一个广义上的商业智能概念，在这个概念层面上，数据仓库是其中非常重要的组成部分，数据仓库从概念上更多地侧重于对企业各类信息的整合和存储工作，包括数据的迁移、数据的组织和存储、数据的管理与维护，这些称为后台基础性的数据准备工作。与之对应，狭义的商业智能概念则侧重于数据查询和报告、多维/联机数据分析、数据挖掘和数据可视化工具这些平常称为前台的数据分析应用方面，其中，数据挖掘是商业智能中比较高层次的一种应用。目前广义商业智能概念是主流的观点。

正是因为商业智能和数据仓库的紧密关系，所以许多数据仓库开发工具都将两者整合在一起。例如，在SQL Server中提供了包含SQL Server集成服务、SQL Server RDBMS（关系数据库管理系统）、SQL Server报表服务和SQL Server分析服务的商业智能平台，通过SQL Server Data Tool开发商业智能系统。

1.4 大数据时代数据仓库建设

大数据时代下数据仓库的建立是必然趋势。在大数据技术不断发展的今天，数据的存储成为重要的问题，建立数据仓库不但能够解决数据存储问题，同时还能够缓解数据存储矛盾。

对于大数据技术而言，大数据技术应用之后产生了海量的数据信息需要进行存储，在存储过程当中，数据仓库的价值凸显出来，数据仓库的建立不但关系到数据的存储，还关系到数据的调用。因此，对数据仓库的建立进行深入分析，不但对数据仓库的建立有着重要意义，同时也能够推动数据仓库的技术升级和迭代，对数据仓库建立和功能完善具有重要作用。

1.4.1 大数据时代数据仓库的架构

1. 系统数据处理架构

大数据时代数据仓库的架构对系统处理要求较高，在数据仓库架构过程当中，首先进行的就是系统处理的架构。系统处理既关系到数据存储的速率，同时也关系到数据存储的安全性和数据调用过程当中是否能够达到快速性标准。按照这些要求构建的系统处理架构，在架构的科学性和完善性上相对较高，对于数据的处理能够满足基本处理要求，能够解决数据处理过程当中存在的突出问题，对数据处理的有效性和数据处理的快速性有着重要帮助，在数据仓库的架构过程中系统处理架构是关键。

在实际的数据处理架构设计中，应当保证数据处理的有效性，将数据处理的要求涵盖在系统处理架构设计标准中，按照系统处理的要求以及数据处理和调用的要求设计系统处理架构。这样的架构在科学性和完善性上才能够满足使用要求，才能够解决数据处理中存在的多种问题。因此，我们应当认识到系统处理架构的重要性及系统处理架构在设计中需要考虑的问题，便于提高系统处理架构设计质量。

2. 集群架构

数据仓库在建立中，除了要做好系统处理架构之外，集群的架构也十分关键。数据在数据仓库中的存储并不是以单一数据体现的，而是以数据群或者数据集群的方式体现。这种方式的数据集约程度较高，存储效果较好，无论是在数据存储的安全性，还是数据调用的便捷性方面都能够满足实际需要，在实施过程当中能够解决数据处理存在的实际问题。从这一点来看，集群数据处理决定了在数据仓库建立中需要对集群进行有效的架构，按照集群的方式和集群的特点进行架构，提高架构的合理性。

对于数据仓库而言，集群架构能够将集群进行合理分类，并且按照集群的类别进行模块化的处理，能够使数据仓库在集群模块上具有较强的针对性，能够解决数据存储中集群类别不清晰和集群混乱的问题。通过集群架构的设计，能够使集群的科学性和合理性得以体现，满足数据存储需要。因此，做好集群架构是数据仓库建立中的重要方式，对数据仓库的建立和数据的分类存储有着重要意义。

3. 存储方式

建立数据仓库时存储方式的选择至关重要，存储方式既关系到数据存储的安全性和稳定性，同时也关系到数据的存储和调用速度是否能够满足实际需要。目前在数据存储中，有集中式存储和分布式存储这两种方式，在实际选择中应当按照数据的类别和数据的特点进行合理选择，结合数据仓库的实际特点以及数据仓库在建立过程当中需要考虑的因素，分布式存储是目前主流的存储方式，既能够保证数据的安全性，同时也能够防止数据被恶意篡改，最大限度地保证了数据的原始性和准确性。

分布式存储对于提高数据存储的安全稳定性和维护数据的原始性和准确性具有重要意义，在实际应用过程当中有着广阔的应用前景，能够实现数据的安全稳定运行和存储，保证了数据存储的整体效果。从这一点来看，我们应当认识到数据存储的重要性以及存储方式对数据仓库的重要影响，在数据仓库选择时倾向于分布式存储的选择和设定。通过分布式存储有效解决数据存储过程当中面临的安全风险和威胁。因此，分布式存储对于数据仓库的建立而言就有重要意义，应当在存储方式选择上予以有效倾斜。

1.4.2 大数据时代数据仓库的关键技术

1. 节点优化技术

大数据时代数据仓库的建立需要用到多种关键技术，在实际的技术运营过程当中，应当以数据仓库的需求为准，既要使关键技术能够支撑数据仓库的建立和运行，同时也要保证关键技术在稳定性上能够更好地满足使用要求。其中，在数据仓库建立中，节点优化技术是重要的支撑技术，在应用当中能够为数据仓库建立多个控制节点。通过控制节点的运行，能够对相应的功能模块进行控制，起到提纲挈领的作用。节点优化技术不但能够帮助数据仓库合理设定管控节点，同时还能够提高节点的管控效果。

通过节点优化技术，能够保证数据仓库的数据存储模块在实际运用当中提高数据存储的安全性和稳定性，保证数据存储的整体效果满足实际要求，同时还能够在数据运用当中，通过节点优化技术提高数据调用效率，保证数据在调用中能够符合使用要求。节点优化技术是目前大数据技术中相对成熟的技术体系，在数据仓库的运营中能够起到良好的节点优化作用，对于数据仓库的建立和数据仓库功能的完善具有重要意义。

2. 数据分布技术

数据分布技术与数据的存储有着直接的关系，通过数据分布技术能够使同一类别的数据进行有效的存储，并且分成多个存储的模块，既实现了数据的备份，同时又解决了数据在存储过程当中面临的安全威胁。通过数据分布技术，能够建立分布式存储的模块和分布式存储的数据单元，保证数据在存储和调用过程当中最大限度地维持数据的原始性和安全性，利用数据分布技术，也实现了数据防篡改，避免了数据在存储和调用过程当中发生恶意篡改的情况。

从当前数据分布技术来看，数据分布技术的应用对于数据仓库的建立有着直接的帮助，既解决了数据仓库建立过程当中存在的数据存储问题，同时也保证了数据存储的安全性和稳定性，推动了数据存储方式的升级和迭代，对于数据分布而言具有重要作用。从这点来看，我们应当认识到数据分布技术的优势以及数据分析技术在数据仓库应用当中的优势，做好数据分布技术的全面应用。

3. 索引技术

数据仓库在建立中应当为数据的存储和数据调用提供便捷的技术支持，其中索引技术是保证数据仓库中的数据模块和数据存储位置能够清晰的关键技术。通过索引技术能够为每一个数据单体和数据模块提供准确的位置信息，方便在存储和调用过程当中清楚数据的具体位置，能够在应用当中提高数据的应用效果。在当前数据应用当中，索引技术是关键的支持技术，能够帮助数据仓库为每一个数据模块和数据单体划分存储区域，并按照存储位置对信息进行存储和调用。

从这一点来看，数据仓库对索引技术有较高的要求，既需要索引技术能够指引清楚具体的数据存储位置，同时也需要索引技术能够对数据的存储位置进行标记，保证数据的存储满足使用需要。结合当前数据仓库的建立实际，索引技术已经得到了有效的应用，并且在应用过程当中取得了积极效果，对于数据仓库建立和数据仓库的数据存储调用具有重要意义。因此，我们应当认识到索引技术的重要性，在数据仓库建立过程当中予以有效地应用。

1.4.3 大数据时代数据仓库应用存在的问题

1. 容量扩容压力增大

从目前数据存储过程来看，数据在存储中，数据的量会迅速增加。随着数据仓库的持续应用，数据仓库中的数据量呈几何倍数增加，对数据仓库的容量提出了较高的要求，需要数据仓库在容量方面不断地扩大，才能够满足数据存储需要。这一现实的需求导致了数据仓库在建立过程中应当合理考虑仓库的扩容问题，并且采用模块化的方式进行扩容，才能够降低仓库扩容对数据存储的影响。通过模块化的扩容，也能够提高仓库的扩容效率和扩容效果，保证数据存储不受影响。目前数据仓库的初始容量与原来相比发生了较大的变化，需要数据仓库在整体容量方面予以有效地增加。

2. 数据仓库能力有限

数据仓库的容量即使进行扩大和增加，但是在数据仓库的整体存储能力方面也是有一定限制的。数据仓库的存储能力不可能无限制增加，因为数据仓库不但需要对数据进行存储和管理，同时还需要完成数据调用。数据仓库的规模越大，数据的调用速度越慢，即使采用关键技术支撑，数据仓库的数据管理能力也是有限的。因此，数据仓库在建立过程当中应当对数据仓库的数据保管能力、数据调用能力和数据的未来发展规模和发展瓶颈有正确认识，避免数据仓库无限制扩张，给数据的保管和调用带来不利影响。因此，掌握数据仓库的发展瓶颈、了解数据仓库的存储限制，对于数据仓库的建立而言至关重要。

小 结

本章主要介绍了数据仓库的基本概念、特点、架构以及与传统数据库的区别。数据仓库作为大型企业决策支持系统的重要组成部分，通过集成、存储和管理大量历史数据，为企业的决策分析提供了有力的支持。本章还详细阐述了数据仓库的多维数据模型、OLAP技术和数据挖掘等关键技术，以及数据仓库在企业中的应用场景和优势。通过本章的学习，读者可以对数据仓库有一个全面的了解，为后续深入学习数据仓库的相关知识和技术打下坚实的基础。

思考与练习

1. 简述数据仓库的主要特征。

2. 简述数据仓库与传统数据库的主要区别。

3. 简述数据仓库的体系结构。

4. 简述数据仓库和数据集市的主要差别。

5. 某企业建立了财务管理系统，用于完成日常财务工作和产生统计报表。该企业认为这就是一个数据仓库系统，你认为此说法正确吗？为什么？

第 2 章 数据仓库的数据模型

在当今的数字化时代，数据仓库已成为企业分析和利用数据的重要工具，而在数据仓库中，数据模型的选择与应用是至关重要的。数据仓库的数据模型不仅决定了数据的组织方式和存储结构，还直接影响到数据的查询效率、分析能力和维护成本。本章主要介绍数据仓库的数据模型，特别是维度模型的相关概念、类型及其在数据仓库中的应用。

本章知识导图

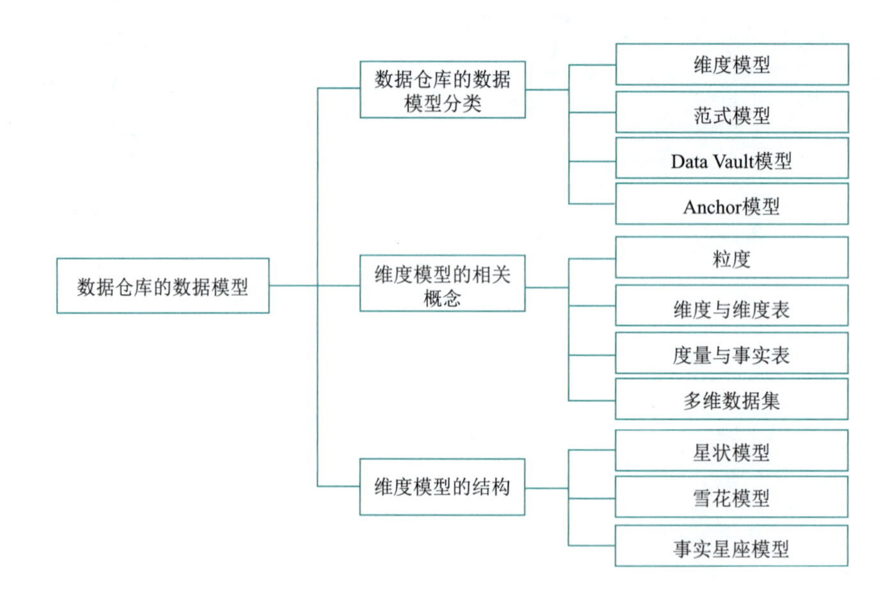

学习目标

◎ **了解：**数据仓库中数据模型的重要性，以及数据模型如何影响数据的组织、存储、查询和分析。

◎ **理解：**常见的数据仓库数据模型（维度模型、范式模型、Data Vault 模型、Anchor 模型）的基本概念及其应用场景。

◎ **掌握：**维度模型的核心组件，包括事实表、维表、粒度、维层次、维属性、度量等，并理解它们在数据仓库设计中的作用。星状模型、雪花模型和事实星座模型的结构特点及其各自的优缺点，掌握在实际应用中如何根据需求选择适合的模型。

2.1　数据仓库的数据模型分类

数据仓库的数据模型能够清晰地反映企业的业务逻辑和数据关系，使得数据仓库能够更好地支持企业的决策和运营需求。良好的数据模型有助于快速查询需要的数据，减少数据的IO吞吐；减少数据冗余、计算结果复用、从而降低存储和计算成本；改善用户使用数据的体验，提高使用数据的效率；改善统计口径的不一致性，减少数据计算错误的可能性。

常见的数据仓库的数据模型主要有四种，分别是维度模型、范式模型、Data Vault模型和Anchor模型。

2.1.1　维度模型

维度模型是数据仓库领域大师Ralph Kimall所倡导的数据仓库建模方法，旨在以业务角度组织数据，使其更易于理解、查询和分析。维度模型从分析决策的需求出发构建模型，构建的数据模型为分析需求服务。它重点解决用户如何更快速完成分析需求，同时具有较好的大规模复杂查询的响应性能。

维度模型是数据仓库中最常用的模型之一，其对应的数据模型也称为多维数据模型，它主要应用于OLAP场景。维度模型将数据分为事实表和维表，其中，事实表存储核心数据，如销售额、点击量等指标，而维表则包含了一系列可用于分析数据的维度，例如时间、地域、产品等。通过将维度模型应用于数据仓库，我们可以更好地探索和理解数据，提高决策的准确性。维度模型主要类型包括星状模型、雪花模型以及事实星座模型，详见2.3节。

本书的数据仓库建模设计即采用维度模型构建数据仓库的数据模型，详细建模设计内容详见本书第3章。

2.1.2　范式模型

范式模型，即实体关系（ER）模型，由数据仓库之父Immon提出。它是从全企业的高度设计一个3NF（第三范式）模型。数据仓库的范式模型是用实体加关系描述的数据模型描述企业业务架构，在范式理论上符合3NF。此建模方法对建模人员的能力要求非常高。

这里提到的范式即关系数据库理论中的一组规范化原则，主要有第一范式（1NF）、第二范式（2NF）、第三范式（3NF）等。这些范式规则旨在消除冗余、提高数据的一致性，并通过最小化数据的插入、更新和删除操作中的异常来改进数据库性能。

范式建模遵循数据库范式化的理念，它强调将数据组织成逻辑上无重复、无部分依赖和无传递依赖的形式，但可能导致复杂的查询和性能下降。而维度建模关注于支持多维分析和查询性能的设计，维度建模将数据组织成事实表和维度表的结构，形成星状模型或雪花模型，这种结构更适合用于多维分析，通过预计算和聚合来提高查询性能。

2.1.3　Data Vault 模型

Data Vault模型是由Dan Linstedt在20世纪90年代提出的一种企业级数据仓库建模方法，旨在存储来自多个业务系统的完整历史数据。它不区分数据在业务层面的准确性，也不做验证和清洗，能够跟踪所有数据的来源。Data Vault模型不同于传统的三范式数据仓库模型和维度模型，主要用于存储来自多个业务系统的完整历史数据，模型只按业务数据的原始状态存储，如客户在不同系统的不同地址都会被存储。

Data Vault模型由中心表、链接表、附属表三部分组成。中心表存储业务实体的业务主键，与源系统无关；链接表存储业务关系，如交易表、客户关联账户等；附属表保存中心表和链接表的描述属性，包含所有历史变化数据。其中，中心表、链接表、附属表的主键一般均为与业务无关的序列数值，确保数据的唯一性。

2.1.4 Anchor模型

数据仓库中的Anchor模型，旨在创建一个能够轻松应对未来数据增长和变化的模型。其核心思想是所有的扩展操作都应该是添加而不是修改，确保模型在面对新数据或数据变更时保持结构的稳定性和一致性。Anchor模型将模型规范到了第六范式（6NF），基本上变成了一个键值（K-V）结构模型，由Anchors（业务实体）、Attributes（属性描述）、Ties（关系描述）和Knots（公用属性提炼）四个基本对象组成。这种高度规范化的处理方式有助于减少数据冗余，提高数据的可扩展性，会增加查询时的JOIN操作数量，从而影响查询性能。

2.2 维度模型的相关概念

2.2.1 粒度

视频

维度模型的相关概念

粒度（granularity）是指多维数据集中数据的详细程度和级别。数据越详细，粒度越小，级别就越低；数据综合度越高，粒度越大，级别就越高。例如，地址数据中"北京市"比"北京市海淀区"的粒度大。

在传统的操作型数据库系统中，对数据处理和操作都是在最低级的粒度上进行的。但是在数据仓库环境中应用的主要是分析型处理，一般需要将数据划分为详细数据、轻度总结、高度总结三级或更多级粒度。

2.2.2 维度与维度表

1. 维与维表

维（dimension）是人们观察数据的特定角度，是考虑问题时的一类属性。此类属性的集合构成一个维度（或维），如时间维、地理维等。

存放维数据的表称为维表，表2-1就是一个时间维表。维表中的数据具有维层次结构，包含维属性和维成员。

说明： 维表设计是根据实际需要来确定的，以时间维表为例，有的还加上星期。

表2-1 时间维表

编号	日期	月份	季度	年份
1	2024.1.5	2024年1月	2024年1季度	2024年
2	2024.3.8	2024年3月	2024年1季度	2024年
3	2024.10.1	2024年10月	2024年4季度	2024年
4	2024.12.3	2024年12月	2024年4季度	2024年

2. 维层次

人们从一个维的角度观察数据，还可以根据细节程度的不同形成多个描述层次，这个描述层次称为维层次。

一个维往往具有多个层次，例如，表2-1的时间维就是从日期、月份、季度和年份四个不同层次来描述时间数据的，用图2-1（a）表示，而图2-1（b）是对应的数据表示。

3. 维属性和维成员

一个维是通过一组属性来描述的。在表2.1所示的时间维中，对应的维属性是年份、季度、月份和日期。

维的一个取值称为该维的一个维成员。如果一个维是多层次的，那么该维的维成员是在不同维层次的取值。

例如，表2-1的时间维中，在年份层次上的维成员为{2015年}，在季度层次上的维成员为{2015年1季度，2015年4季度}，以此类推，如图2-1（c）所示。

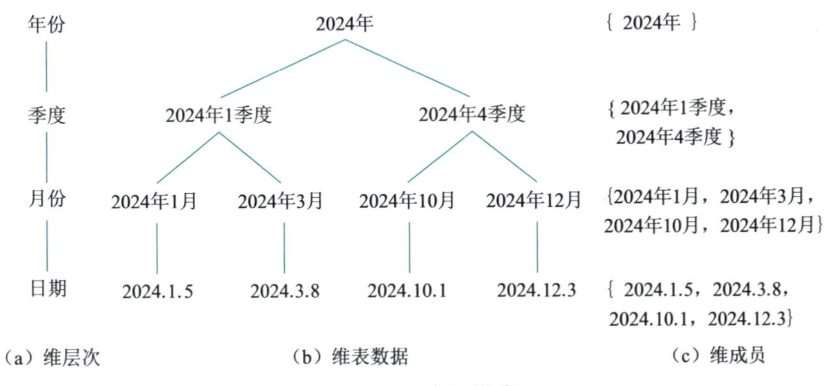

图 2-1　维层次和维成员

2.2.3　度量与事实表

度量（measure）是多维数据集中的信息单元，即多维空间中的一个单元，用以存放数据，也称为事实（fact）。度量是决策者所关心的具有实际意义的数值，通常是数值型数据并具有可加性，例如，销售量、库存量、银行贷款金额等。度量是所分析的多维数据集的核心，它是最终用户浏览多维数据集时重点查看的数值型数据。

度量所在的表称为事实表，事实表中存放的事实数据通常包含大量的数据行。事实表的主要特点是包含数值数据（事实），而这些数值数据可以统计汇总以提供有关单位运作历史的信息。事实表通常比较“细长”，即列较少，但行较多，且行的增速快，可以通过与维度表关联来进行分析和查询。

2.2.4　多维数据集

数据仓库和OLAP服务是基于多维数据模型的，这种模型将多维数据集看作数据立方体（data cube）形式。多维数据集可以用一个多维数组来表示，它是维和度量列表的组合表示。

一个多维数组可以表示为：

（维1，维2，…，维n，度量列表）

例如，表2-2是某商店销售情况表，它按年份、地点和商品组织起来的三维立方体，加上度量“销售量”，就组成了一个多维数组（年份，地点，商品，销售量）。实际上，这里的地区分为两层，假设考虑城市这一层，多维数组为（年份，城市，商品，销售量），其三维立方体如图2-2所示。

表 2-2　某商店销售情况表

地点		2023年			2024年		
分区	城市	电视机	电冰箱	洗衣机	电视机	电冰箱	洗衣机
华北	北京	12	34	43	23	21	67
华东	上海	15	32	32	54	6	70
	南京	11	43	32	37	16	90

在一个多维数据集中可以有一个或多个度量。例如，在多维数组（年份，地点，商品，销售量，销售金额）中，就有两个度量，即销售量和销售金额。

在多维数组中，数据单元（单元格）是多维数组的取值。当多维数组的各个维都选中一个维成员，这些维成员的组合就唯一确定了一个度量的值。例如，图2-2中该商店2023年北京的电视机销售量是12。

尽管经常将数据立方体看作三维几何结构，但在数据仓库中，数据方体是n维的。假定在表2-2中再增加一个维，如顾客维，以四维形式观察这组销售数据。观察四维事物变得有点麻烦，然而，可以把四维立方体看成三维立方体的序列，如图2-3所示。如果按这种方法继续下去，可以把任意n维数据看成（n−1）维“立方体”序列。数据立方体是对多维数据存储的一种可视化展示，这种数据的实际物理存储可以不同于它的逻辑表示。

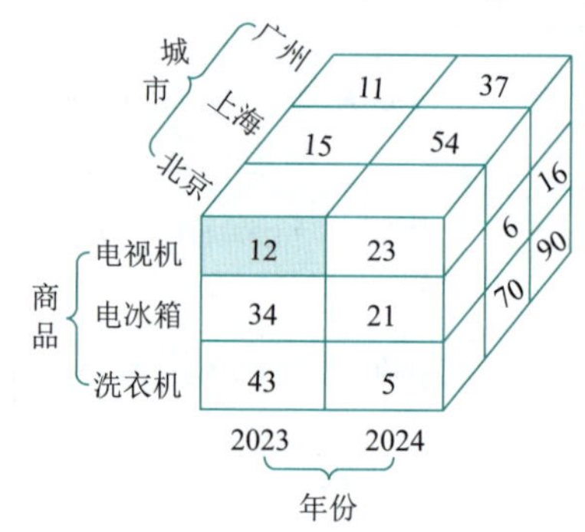

图 2-2　按多维数组组织起来的三维立方体

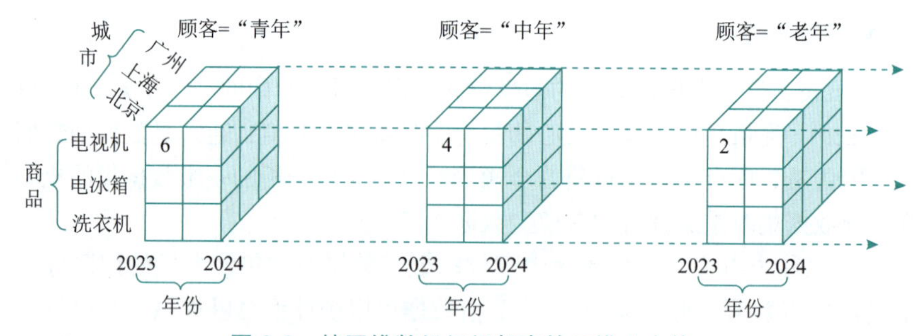

图 2-3　按四维数组组织起来的三维立方体

2.3　维度模型的结构

视频

维度模型的结构

维度建模法构建的维度模型也称为多维数据模型。该方法非常直观，紧紧围绕着业务模型，不需要经过特别的抽象处理即可以完成维度建模。实践表明，维度建模是进行决策支持数据建模的最好方法，数据仓库采用多维数据模型不仅能使其使用方便，而且能提高系统性能。

常用的基于关系数据库的多维数据模型有星状模型、雪花模型和事实星座模型。

2.3.1 星状模型

星状模型（star schema）是最常用的数据仓库设计结构的实现模式，它由一个事实表和一组维表组成，每个维表都有一个维主键，所有这些维组合成事实表的主键，换言之，事实表主键的每个元素都是维表的外键。该模式的核心是事实表，通过事实表将各种不同的维表连接起来，各个维表都连接到中央事实表。维表中的对象通过事实表与另一维表中的对象相关联，这样就能建立各个维表对象之间的联系，如图2-4所示。星状模型形成类似于一颗星的形状，由此得名。

事实表的非主属性便是度量或事实，它们一般都是数值或其他可以进行计算的数据，而维表中大都是文字、时间等类型的数据。归纳起来，星状模型的特点如下：

（1）维度表只与事实表关联，维度表彼此之间没有任何联系。

（2）每个维度表中的主码都只能是单列的，同时该主码被放置在事实数据表中，作为事实数据表与维表连接的外码。

（3）星状模式是以事实表为核心，其他的维度表围绕这个核心表呈星状分布。

星状模型使用户能够很容易地从维表中的数据分析开始，获得维关键字，以便连接到中心的事实表进行查询，这样就可以减少在事实表中扫描的数据量，以提高查询性能。

例如，一个“销售”数据仓库的星状模型如图2-5所示。该模式包含一个中心事实表“销售事实表”和四个维表：时间维表、商品维表、地点维表和顾客维表。在销售事实表中存储着四个维表的主键和两个度量：“销售量”和“销售金额”。这样，通过这四个维表的主键，就将事实表与维表联系在一起，形成了“星状模型”，完全用二维关系表示了数据的多维概念。

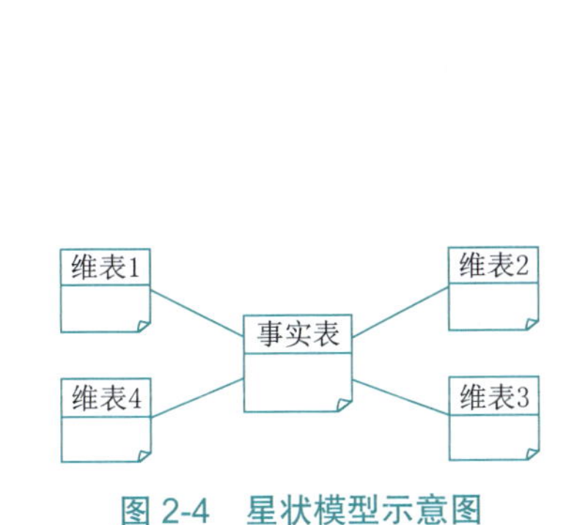

图 2-4　星状模型示意图

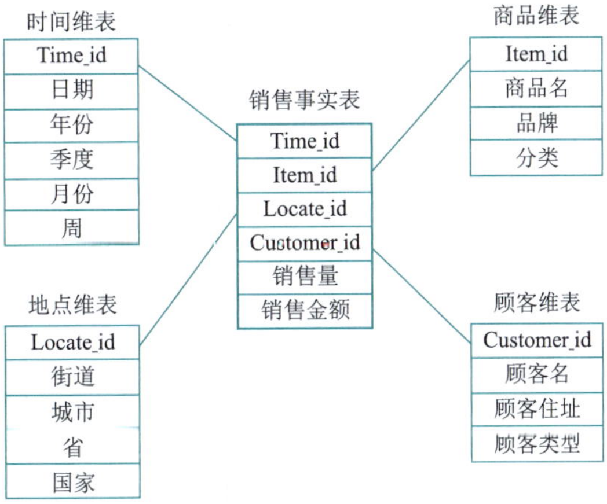

时间维表：Time_id、日期、年份、季度、月份、周

商品维表：Item_id、商品名、品牌、分类

销售事实表：Time_id、Item_id、Locate_id、Customer_id、销售量、销售金额

地点维表：Locate_id、街道、城市、省、国家

顾客维表：Customer_id、顾客名、顾客住址、顾客类型

图 2-5　“销售”数据仓库的星状模型

2.3.2 雪花模型

雪花模型（snowflake schema）是对星状模型的扩展，每一个维表都可以向外连接多个详细类别表。在这种模式中，维表除了具有星状模型中维表的功能外，还连接对事实表进行详细描述的详细类别表，详细类别表通过对事实表在有关维上的详细描述达到了缩小事实表和提高查询效率的目的，如图2.6所示，雪花模型形成类似于雪花的形状，由此得名。

星状模型虽然是一个关系模型，但是它不是一个规范化的模型，在星状模型中，维表被故意地非规范化了，雪花模型对星状模型的维表进一步标准化，对星状模型中的维表进行了规范化处理。雪花模型的维表中存储了规范化的数据，这种结构通过把多个较小的规范化表（而不是星状模型中的大的非规范表）联合在一起来改善查询性能。由于采取了规范化及维的低粒度，雪花模型提高了数据仓库应用的灵活性。

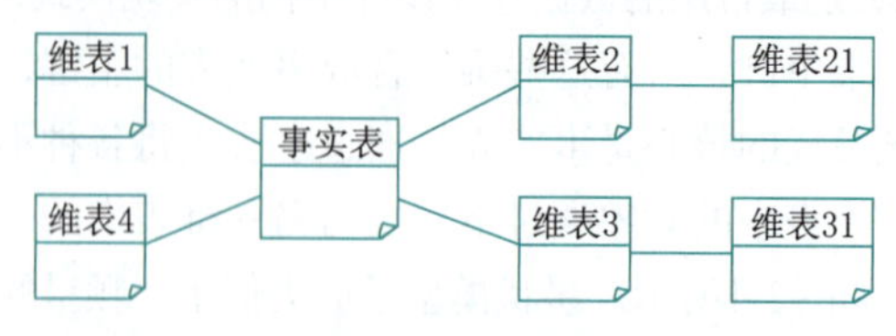

图 2-6　雪花模型示意图

归纳起来，雪花模型的特点如下：

（1）某个维表不与事实表直接关联，而是与另一个维表关联。

（2）可以进一步细化查看数据的粒度。

（3）维表和与其相关联的其他维表也是靠外码关联的。

（4）也以事实数据表为核心。

例如，在图2-5所示的星状模型中，每维只用一个维表表示，而每个维表包含一组属性。如销售地点维表包含属性集{Location_id，街道，城市，省，国家}。这种模式可能造成某些冗余，如可能存在以下含有冗余数据的三条记录：

101，“解放大道12号”，“武汉”，“湖北省”，“中国”

201，“解放大道85号”，“武汉”，“湖北省”，“中国”

255，“解放大道28号”，“武汉”，“湖北省”，“中国”

从中看到城市、省、国家字段存在数据冗余。可以对地点维表进一步规范化，即创建一个城市维表，含有主键City_id，它同时作为地点维表中的外键，如图2-7所示，这样就构成了“销售”数据仓库的雪花模型。

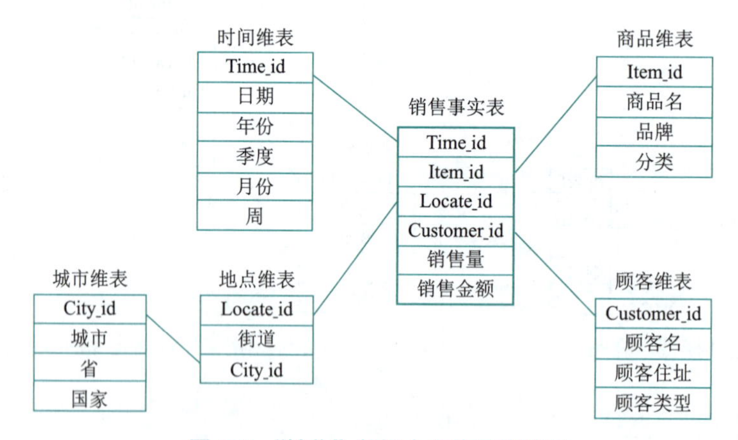

图 2-7　“销售”数据仓库的雪花模型

雪花模型和星状模型的比较如下：雪花模型的维表可能是规范化形式，以便减少冗余。这种表易于维护并节省存储空间。然而，与巨大的事实表相比，这种空间的节省可以忽略。此外，由于执行查询需要更多的连接操作，雪花模型可能降低浏览的性能。这样，系统的性能可能相对受到影响。因此，尽管雪花模型减少了冗余，但是在数据仓库设计中，雪花模式不如星状模型流行。雪花模型与星状模型结构上的差异见表2-3。

表 2-3　雪花模型与星状模型结构的差异

比较项目	星状模型	雪花模型
行数	多	少
可读性	容易	难
表数量	少	多
搜索维的时间	快	慢

2.3.3　事实星座模型

通常，一个星状模型或雪花模型对应一个问题的解决（一个主题），它们都有多个维表，但是只能存在一个事实表。在一个多主题的复杂数据仓库中可能存放多个事实表，此时就会出现多个事实表共享某一个或多个维表的情况，这就是事实星座模型（fact constellations schema）。

例如，在图 2-5 所示的星状模型的基础上，增加一个供货分析主题，包括供货时间（Time_id）、供货商品（Item_id）、供货地点（Locate_id）、供应商（Supplier_id）、供货量和供货金额等属性，设计相应的供货事实表，对应的维表有时间维表、商品维表、地点维表和供应商维表，其中，前三个维表和销售事实表共享，对应的事实星座模型如图 2-8 所示。

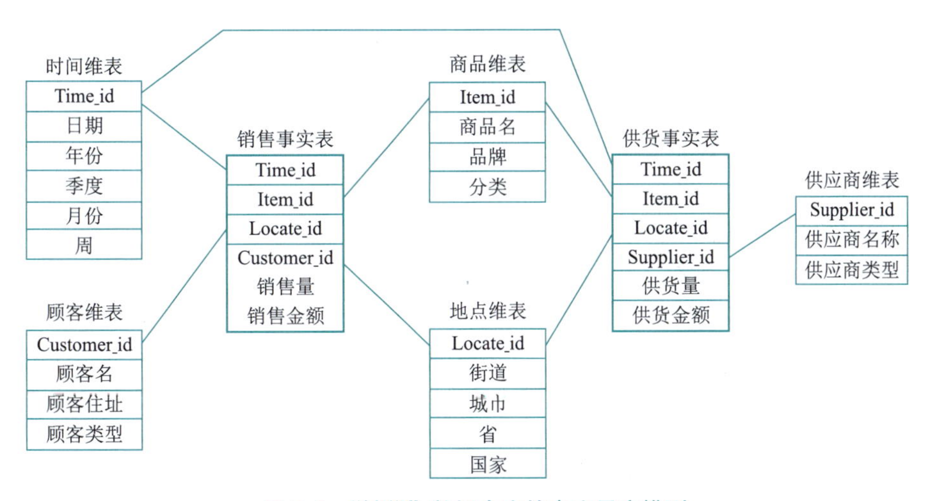

图 2-8　“销售”数据仓库的事实星座模型

星状模型、雪花模型和事实星座模型之间的关系如图 2-9 所示。

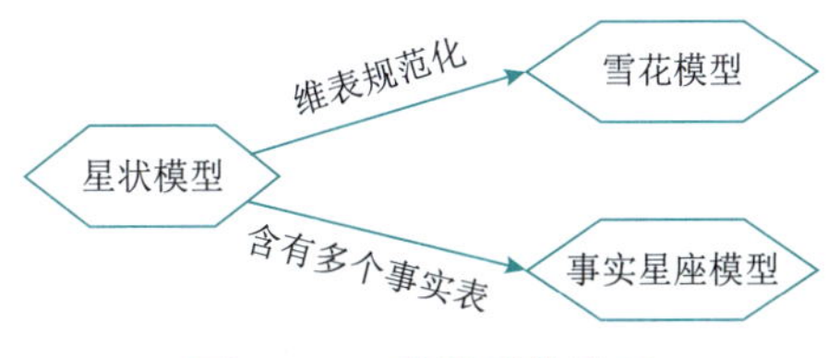

图 2-9　三种模型的关系

星状模型是最基本的模式，一个星状模型有多个维表，但是只能存在一个事实表。在星状模型基础上，为了避免数据冗余，用多个表来描述一个复杂维，即在星状模型的基础上，构造维表的多层结构（或称维表的规范化），就得到雪花模型。

如果打破星状模型只有一个事实表的限制，且这些事实表共享部分或全部已有的维表信息，这种结构就是事实星座模型。

小　结

本章详细介绍了数据仓库的数据模型，特别是维度模型的相关知识。使读者了解到，维度模型能够清晰地反映企业的业务逻辑和数据关系，通过事实表和维表的结构，支持高效的多维分析和查询。此外，本章还探讨了维度模型的三种主要类型——星状模型、雪花模型和事实星座模型，以及它们各自的特点和适用场景。通过学习本章内容，读者可以更好地理解数据仓库的数据模型，为构建高效、易于理解的数据仓库奠定坚实基础。同时，这也将为企业利用数据进行决策和运营提供有力支持。

思考与练习

1. 简述维与度量的基本概念。
2. 简述数据粒度的概念。
3. 简述星状模型、雪花模型和事实星座模型各有什么特点。
4. 简述如何从星状模型产生雪花模型。
5. 假定某大学的学生教务管理系统包含如下关系表：

   学生（学号，姓名，性别，班号，专业号）

   课程（课程号，课程名，课程类别，开课学期）

   专业（专业号，专业名，所属系）

   成绩（学号，姓名，课程号，任课教师，分数）

现设计一个University数据仓库，从该学生教务管理系统加载数据，其主题是分析学生性别、各专业、各课程类别的分数情况，事实表中包含选修课程数和平均分两个度量。画出该数据仓库的多维数据模型图。

第3章 数据仓库设计

大数据系统及平台需数据模型来优化数据组织和存储，数据仓库通过建模实现此目标。模型建设可揭示数据间关联，确保数据一致性，并助力分离技术与业务层，明确开发与业务人员的职责范围及未来规划。

本章主要介绍基于Ralph Kimball基础的维度建模理论及企业级数据仓库的数据分层建模思想进行数据仓库的需求分析、逻辑模型设计和物理模型设计的相关理论，教学内容采用某电信公司案例项目，以电信运营商的套餐资费产品运营情况为需求，进行企业级数据仓库的建模设计，以支撑市场经营分析和决策。通过这些案例，读者将更直观地理解数据仓库建模的实际应用和价值。

本章知识导图

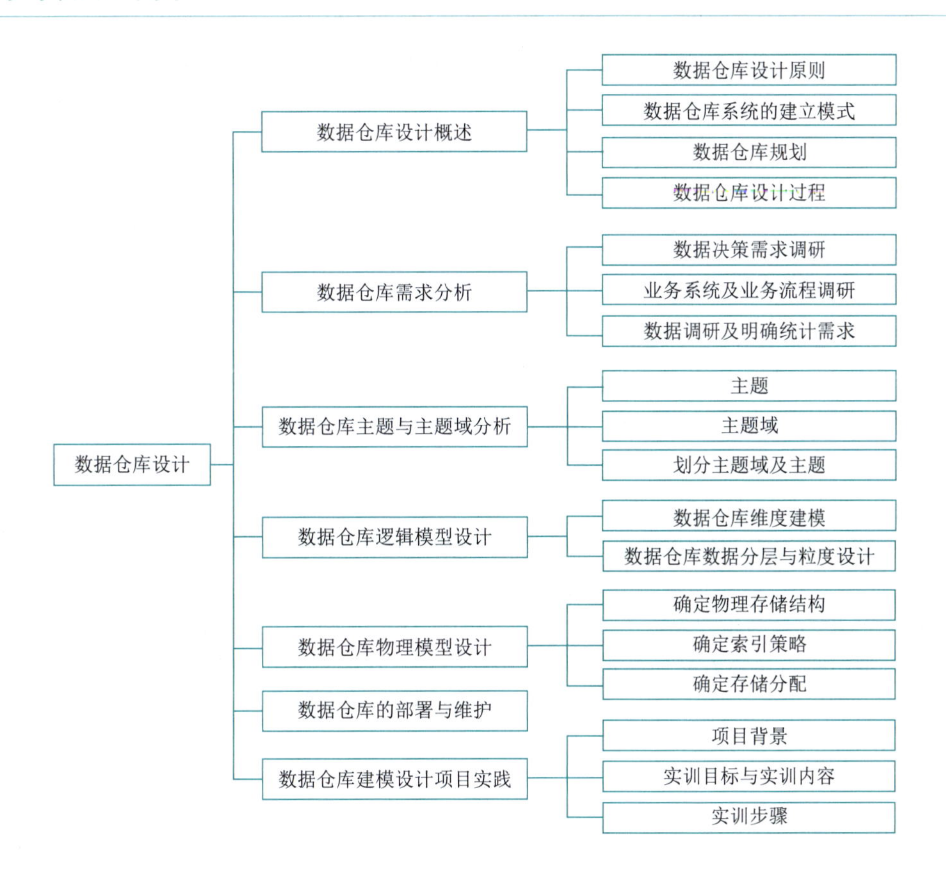

学习目标

◎ **了解**：数据仓库设计原则及设计模式，数据仓库规划及设计过程。

◎ **理解**：企业进行数据仓库建设前期的需求分析，包括数据决策需求调研、企业现有业务系统及业务流程调研，从而分析数据仓库与业务系统的数据对接需求。

◎ **掌握**：掌握数据仓库逻辑建模相关理论知识、数据仓库数据分层的必要性及分层设计方法、数据仓库物理模型设计方法，并能够在实践中灵活运用。

◎ **应用分析**：通过学习本章的教学案例及项目实践，能够应用数据仓库建模理论进行数据仓库的逻辑模型设计及物理模型设计，并能够从案例及项目中获取企业基于数据仓库的企业经营分析实践经验。

3.1 数据仓库设计概述

3.1.1 数据仓库设计原则

数据仓库设计是建立一个面向企业决策者的分析环境或系统。数据仓库的设计原则是以业务和需求为中心，以数据来驱动。其中，“业务”是指围绕业务方向性需求、业务问题等，确定系统范围和总体框架；“需求”是指其所有数据均建立在已有数据源基础上，从已存在于操作型环境中的数据出发进行数据仓库设计。

同时，数据仓库建模设计要围绕性能、成本、效率和数据质量四个指标，寻求最佳平衡点：

- 性能：能够快速查询所需的数据，减少数据I/O的吞吐。
- 成本：减少不必要的数据冗余，实现计算结果的复用，降低大数据系统中的存储成本和计算成本。
- 效率：改善用户使用数据的体验，提高使用效率。
- 质量：改善数据统计口径的不一致性，减少数据计算错误的可能性，提供高质量、一致的数据访问平台。

3.1.2 数据仓库系统的建立模式

1. 先整体再局部的构建模式

该构建模式最早由W.H.Inmon提出，先创建企业数据仓库，即对分散于各个业务数据库中的数据特征进行分析，在此基础上实施数据仓库的总体规划和设计，构建一个完整的数据仓库，提供全局数据视图，再从数据仓库中分离部门业务的数据集市，即逐步建立针对各主题的数据集市，以满足具体的决策需求。

这种构建模式通常在技术成熟、业务过程理解透彻的情况下使用，也称为自顶向下模式，如图3-1所示，其中，数据由数据仓库流向数据集市。

该模式的优点是数据规范化程度高，由于面向全企业构建了结构稳定和数据质量可靠的数据中心，可以相对快速有效地分离面向部门的应用，从而最小化数据冗余与不一致性；当前数据、历史数据与详细数据整合，便于全局数据的分析和挖掘。其缺点是建设周期长、见效慢，风险程度相对大。

2. 先局部再整体的构建模式

该构建模式最早由RalphKimball提出，是先将企业内各部门的要求视作分解后的决策子目标，并针对这些子目标建立各自的数据集市，在此基础上对系统不断进行扩充，逐步形成完善的数据仓库，以实现对企业级决策的支持。

这种构建模式也称为自底向上模式，如图3-2所示，其中数据由数据仓库流向数据集市。

该模式的优点是投资少、见效快；在设计上相对灵活；由于部门级数据的结构简单，决策需求明确，因此易于实现。其缺点是数据需要逐步清洗，信息需要进一步提炼，如数据在抽取时有一定的重复工作，还会有一定级别的冗余和不一致性。

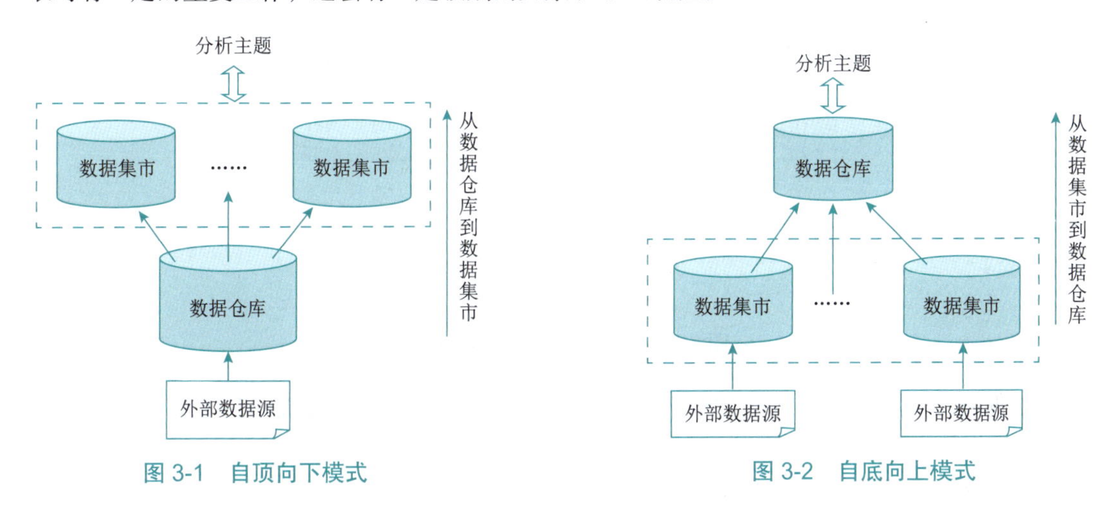

图 3-1　自顶向下模式　　图 3-2　自底向上模式

3.1.3　数据仓库规划

数据仓库的规划主要产生建设数据仓库的策略规划，确定建立数据仓库的长期计划，并为每一建设阶段设定目标、范围和验证标准。数据仓库的策略规划包括：

（1）明确用户的战略远景、业务目标。

（2）确定建设数据仓库的目的和目标。

（3）定义清楚数据仓库的范围、优先顺序、主题和针对的业务。

（4）定义衡量数据仓库成功的要素。

（5）定义精简的体系结构、使用技术、配置、容量要求等。

（6）定义操作数据和外部数据源。

（7）确定建设所需要的工具。

（8）概要性地定义数据获取和质量控制的策略。

（9）数据仓库管理及安全。

其中，非常重要的一条就是业务目标，建设数据仓库的目的就是通过集成不同的系统信息为企业提供统一的决策分析平台，帮助企业解决实际的业务问题（例如，如何提高客户满意度和忠诚度，降低成本、提高利润，合理分配资源，有效进行全面绩效管理等）。因此在规划数据仓库时要以应用驱动，充分考虑如何满足业务目标。

3.1.4　数据仓库设计过程

数据仓库的设计从数据、技术和应用三方面展开，各方面工作完成之后，进行数据仓库部署，然后数据仓库投入运行使用，同时管理人员对数据仓库进行维护，完成数据仓库的一个生命周期。数据仓库建立的基本框架如图3-3所示。

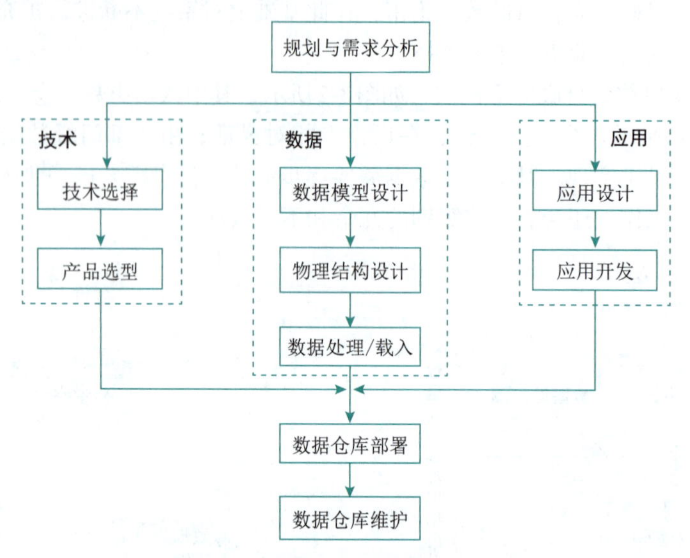

图3-3 数据仓库建立的基本框架

数据路线的实施可以分为数据模型设计、物理结构设计和数据处理/载入三个步骤，用以满足对数据的有效组织和管理。

技术路线的实施分为技术选择和产品选型两个步骤。如何采用有效的技术和合适的开发工具是实现一个好的数据仓库系统的基本条件。

应用路线的实施分为应用设计和应用开发两个步骤。数据仓库的建立最终是为应用服务的，所以需要对应用进行设计和开发，以更好地满足用户的需要。其中，数据路线的实施是后面讨论的重点。

3.2 数据仓库需求分析

全方位了解任务和环境，充分理解需求，绘制大致的系统边界，即数据仓库系统设计的需求分析。在建设数据仓库之前，先要对企业的业务和需求进行充分的调研，这是搭建数据仓库的基石，业务调研与需求分析是否充分直接决定了数据仓库的搭建能否成功，这对后期数据仓库总体架构的设计、数据主题的划分有重大影响。

数据仓库是面向决策分析的，无法在数据仓库设计的最初就得到详细而明确的需求，但是一些基本的方向性的需求还是摆在了设计人员的面前：

（1）要做的决策类型有哪些？

（2）决策者感兴趣的是什么问题？

（3）这些问题需要什么样的信息？

（4）要得到这些信息需要包含原有数据库系统的哪些部分的数据？

这样，可以划定一个当前的大致的系统边界，集中精力进行最需要的部分的开发。因而，从某种意义上讲，界定系统边界的工作也可以看作是数据仓库系统设计的需求分析，因为它将决策者的数据分析的需求用系统边界的定义形式反映出来。

数据仓库需求分析主要包括数据决策需求调研、业务系统及业务流程调研，以及数据调研和统计需求。

3.2.1　数据决策需求调研

要如何进行数据仓库建模需求分析呢？首先，需要明确数据仓库建模要达到的目标。数据仓库建模的主要目的在于提供给企业数据决策支持，因此，需要在需求分析中考虑到数据决策的需求，从而为建模提供有针对性的支持。

进行需求调研时，要让甲方用户参与，尽力让用户的高层参与，双方要紧密配合。在对用户调研时，要注意分清楚用户的类别，不同用户对系统的要求是不同的。通常会将用户分为查询用户、报表用户、决策者、数据挖掘用户，然后分析这些用户各自的行为、职责；同时要注意客户中还存在业务系统专家或信息系统人员，他们提供业务和IT的转换支持，他们推动这个项目的进行，但他们并不是最终用户。面向不同类型用户，调研内容不同。

（1）面向公司领导层，调研内容即为公司需求。内容包括公司的战略规划是什么，衡量成功与否的关键指标是什么，公司的预算是多少，数据仓库的里程碑是什么，数据仓库的人员规划是什么等。

（2）面向各个系统的项目经理，调研内容即为部门需求。内容包括：急于解决哪些问题，业务过程有哪些，确定业务过程的优先级，有哪些使用用户，用户习惯使用哪些分析工具，需要注意的是，需求调研要专注于业务过程而不是业务部门，会使得在整个组织中交付一致信息的成本更为低廉。如果建立一个基于业务部门的数据仓库，就会造成数据的多次复制和不一致的数据。部门需求调研的主要产出是数据仓库总线矩阵，数据仓库总线矩阵描述的是业务过程及维度之间的矩阵关联，即各个业务过程涉及哪些维度，例如采购订单业务过程：涉及日期、产品及供应商维度；商品进货业务过程涉及日期、产品、运输商维度。

（3）面向业务人员，如查询用户、报表用户、业务系统专家或信息系统人员，调研内容即为项目需求。内容包括：候选数据源有哪些，确定维度和度量，确定报表类型和样式，确定报表的刷新频率，确定用户和权限，确定接口标准格式等。

3.2.2　业务系统及业务流程调研

数据仓库需求分析第一步即要迅速、全面地理解用户的业务及工作流程，界定系统边界。企业的实际业务涵盖很多业务领域，不同的业务领域包含很多业务线。数据仓库的搭建是涵盖企业的所有业务领域，还是单独建设每个业务领域，是开发人员需要重点考虑的问题，在业务线方面也面临同样的问题。在搭建数据仓库之前，先要对企业的业务进行深入调研，了解企业的各个业务领域包含哪些业务线、业务线之间存在哪些相同点和不同点、业务线是否可以划分为不同的业务块等问题。在搭建数据仓库时要对以上问题进行充分考量，例如某数据仓库项目不涉及业务领域的划分，但是具有多条业务线，如商品管理、订单管理、用户管理等，所有业务线统一建设数据仓库，为企业决策提供全方位支持。

3.2.3　数据调研及明确统计需求

对业务系统及业务流程有充分的了解并不意味着就可以实施数据仓库建设，根据这些业务流程，可以确定数据仓库要收集、整合的数据对象和数据流程，并根据业务规则和业务流程进行建模。例如，可以通过分析财务系统的数据流程来确定需要收集的财务数据，并根据财务业务规则进行整合和建模。

在此基础上进行详细的数据调研，数据调研是指在搭建数据仓库之前的数据探查工作，开发人员需要充分了解数据库类型、数据来源、每日的数据产生体量、数据库全量数据大小、数据库中表的详细分类，以及所有数据类型的数据格式。通过了解数据格式，可以确定数据是否需要清洗、是否需要做字段一致性规划以及如何从原始数据中提炼出有效信息等。例如，项目中的数据类型主要是用户行为数据和业务数据，所以需要对用户行为数据的数据格式进行充分了解，对业务数据的表类型进行细致划分。

此外，操作者还需要充分收集数据分析人员、业务运营人员的数据诉求和报表需求，即统计需求。需求调研通常从两个方面展开：一方面是通过与数据分析人员、业务运营人员和产品人员进行沟通来获取需求；另一方面是对现有报表和数据进行分析来获取需求。例如，业务运营人员想了解最近7日内所有品牌的销售额，针对该需求，分析需要用到哪些维度数据和度量数据，以及明晰宽表应该如何设计。

案例3-1 小型超市企业数据仓库需求调研。

一家采用“会员制”经营方式的小型超市，按业务已建立起销售、采购、库存管理及人事管理子系统，根据对其业务系统及业务流程的调研，确定其各业务系统数据库表及数据字段，见表3-1。

表 3-1 各子系统的数据信息

业务子系统	数据库表名	数据字段
销售子系统	顾客	顾客号，姓名，性别，年龄，文化程度，地址，电话
	销售记录	订单号，员工号，顾客号，商品号，数量，单价，日期
采购子系统	订单	订单号，供应商号，总金额，日期
	订单细则	订单号，商品号，商品名，类别，规格，质量，单价，数量
	供应商	供应商号，供应商名，地址，电话
库存管理子系统	领料单	领料单号，领料人，商品号，数量，日期
	进料单	进料单号，订单号，进料人，收料人，日期，商品号，数量
	库存	商品号，库房号，库存量
	库房	库房号，仓库管理员，地点，库房电话

3.3 数据仓库主题与主题域分析

视频

数据仓库主题与主题域分析

数据仓库的特点是面向主题，按主题组织数据。所谓主题，就是分析决策的目标和要求，因此主题是建立数据仓库的前提。

3.3.1 主题

数据仓库主题是通过“上帝视角”将企业不同业务流程信息进行汇总、分类然后对其进行分析利用的一个抽象化的概念，也是指企业中某一分析领域具体的分析对象，这样一来，每一个数据仓库分析领域都有一个数据仓库主题相呼应。

每一个主题基本对应一个宏观的分析领域。在逻辑意义上，它是对应企业中某一宏观分析领域所涉及的分析对象。以生产系统为例，可以将整个业务流程中涉及的生产机器、工人、工厂、仓库、经销商、顾客等链条中的每个角色分别建立主题，比如机器设备主题、工人主题、仓库主题、经销商主题、顾客主题等。待到需要对数据仓库中的数据进行实际分析时，分析人员就可以直接在不同主题数据仓库中按照需求自行处理数据，不需要再去寻找不同来源的数据并导入到数据仓库中。图3-4所示为数据仓库的主题划分。

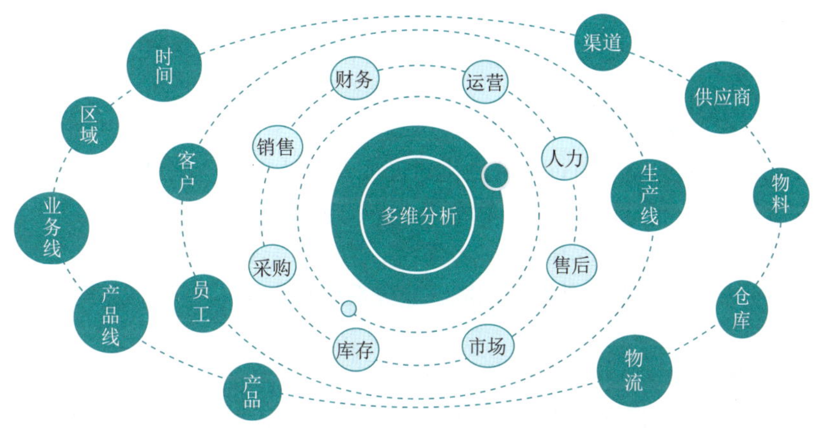

图 3-4　数据仓库的主题划分

每个主题都有该主题的固有信息表（基本信息）及相关的业务信息表。基于一个主题的所有表都含有一个称为公共码键的属性，作为其主键的一部分。主题选取的原则是优先实施管理者目前最迫切需求、最关心的主题。主题内容的描述包括主题的公共键、主题之间的联系和各主题的属性。

例如，若以顾客为主题，则设计的相关主题内容的描述如下：

基本信息：顾客号、顾客姓名、性别、年龄、文化程度、住址、电话。

经济信息：顾客号、年收入、家庭总收入。

公共键：顾客号。

3.3.2 主题域

数据仓库主题域是指将业务对象高度概括的概念层次归类，目的是便于数据的管理和应用。主题域通常是联系较为紧密的数据主题的集合，可以根据业务的关注点将这些数据主题划分到不同的主题域，这种划分与Kimball的维度建模思想更为相似，采用自下而上的方式，根据业务需求分析视角进行划分。例如，一名顾客通过手机在App上购买了一件衣服，在这个过程中涉及了顾客主题、库存主题、产品主题、订单主题等，而购买后，商品需要进行配送，在这个过程中涉及了顾客主题、产品主题、物流主题等，这些业务中主题虽然不同，但因为关系紧密可以融入一个更大的主题域，主题就是主题域的子集。以上主题域划分思想被归于集合论。

在设计数据仓库时，一般是一次先建立一个主题或企业全部主题中的一部分，因此在大多数数据仓库的设计过程中都有一个主题域的选择过程。主题域的确定必须由最终用户和数据仓库的设计人员共同完成。

3.3.3 划分主题域及主题

就和多个主题组合成主题域一样，主题域自然也能进一步地分解、细化为不同的主题，这些主题也可以再次分解，产生更多的“小主题”，直到触及业务流程才不能再继续划分。在企业实际搭建数据仓库时，一般都是把一个比较深层的主题或部分主题当作核心，围绕它来进行建设。这种建设方式因为涉及主题的选择，必须先由最终用户和数据仓库建设人员共同确认主题域，然后继续完成搭建过程。

划分主题域时需要数据仓库建设人员了解业务流程，通过总结和分析，清楚各个不同的业务流程都有哪些业务活动参与其中。划分主题域的方法有很多，不同企业采取的方法也有所不同。

1. 按照业务系统划分

因为大部分企业都已经经历过了信息化建设或者正处于信息化建设当中，企业各种业务系统都已经部署完成，财务部门有财务系统、销售部门有销售系统、生产部门有生产系统、供应链部门有供应链系统等，这些不同的业务系统，因为只会储存对应业务流程中产生的数据，下级数据主题都互相紧贴，是天然的主题域，业务系统有几种，就可以划分为几种主题域，如图3-5所示。

2. 按照部门划分

当企业规模较小，数据仓库团队管辖的是整个公司的数据时，可以按照部门进行划分主题域，例如：最常见的销售/运营/人力/财务等部门作为一级主题域；再结合部门的业务运作流程划分二级主题域，比如人力主题域会细分为招聘/培训/绩效/薪酬/人事变动等业务过程作为二级主题域，如图3-6所示。

图 3-5 按照业务系统划分主题域　　图 3-6 按照部门划分主题域

3. 按照功能（业务需求）划分

很多时候，企业需要长期对某个方向进行分析，因为这个长期分析的过程涉及各种主题，会对数据进行细分、归纳，在这个过程中，就由需求诞生了主题域。以销售分析为例，销售分析涉及的对象有客户、产品、促销等，其中每一个分析对象就是一个数据仓库主题，而包含归纳这些主题的销售分析就成为一个相应的主题域，如图3-7所示。

在现代社会，软件是每个加入互联网的网民都会使用到的，这些由企业开发的软件拥有着不同的功能模块，比如说社交软件中就会有聊天、朋友圈、群聊、发送文件等功能。从这些功能中选一个模块，例如聊天模块，会涉及数据仓库中的语音主题、图片主题、表情主题、文字主题等，所以聊天模块也能被归纳为聊天主题域，如图3-8所示。

主题域划分的注意事项有以下几项：

（1）为了保证整个数据仓库体系的健康成长，主题域必须要长期维护，而且不能轻易变动。

（2）划分主题域时尽量覆盖业务流程中所有的业务需求。

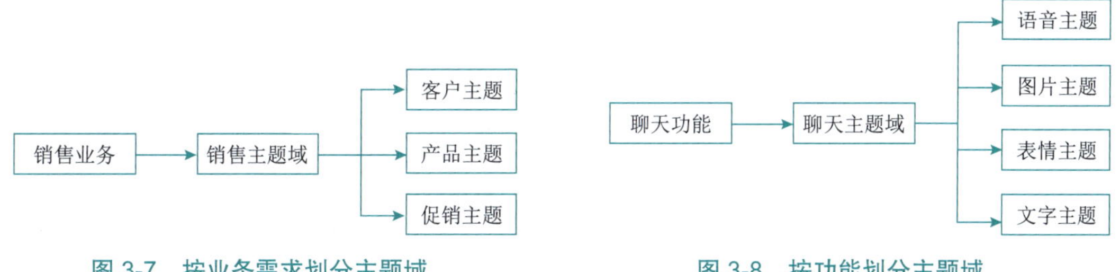

图 3-7　按业务需求划分主题域

图 3-8　按功能划分主题域

（3）体系中增加新的业务流程时，要及时拓展新的主题域或是自然添加到已有的主题域中。

（4）划分主题域时不要期望一次性解决全部问题，要先明确主题，然后依托主题慢慢发展。

4. 按照行业案例划分

对于数据仓库建设应用较早的行业，比如电信、金融等，在行业内已经形成规范的主题划分方案（比如Teradata 公司的 FS-LDM 十大金融主题模型等），面对数据仓库主题划分的场景时，可参考行业典型案例来划分主题即可。图 3-9 所示为 Teradata 公司的 FS-LDM 金融主题模型，其中，资产主题包括银行和客户的资产负债信息；财务主题包括银行内部的会计分录信息；公共主题包括业务系统的码值与参数信息，以及标准化映射；银行主题包括银行内部的机构、层级、员工信息；产品主题包括银行自营或代销的产品信息；营销主题包括银行营销活动和客户权益信息；协议主题包括银行与客户间的契约信息；事件主题包括客户通过银行发生的金融或非金融行为；渠道主题包括银行与客户接触或交易的通道信息；客户主题包括银行登记的客户统一视图。

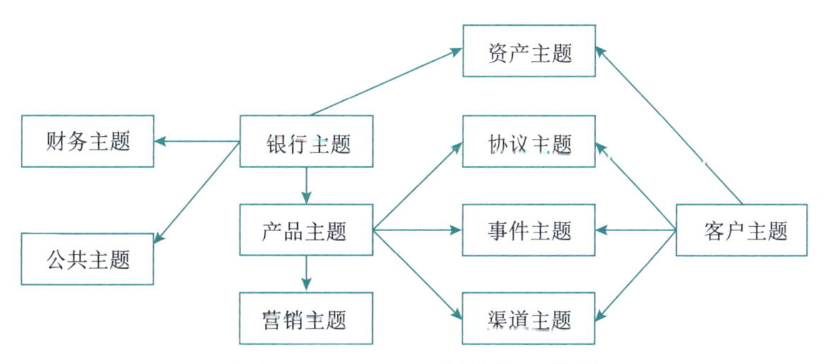

图 3-9　FS-LDM 金融主题模型

案例 3-2　小型超市企业数据仓库主题及主题域划分。

基于“案例 3-1”需求调研，教学案例的业务子系统进行如下主题域及主题分析，将主题域划分为销售主题域、采购主题域以及存储主题域。各主题域信息类及数据字段见表 3-2，主题域结构图如图 3-10 所示。

表 3-2　各主题域信息类及数据字段

主　题　域	信　息　类	数 据 字 段
采购主题域	商品信息	商品号，商品名，类别，规格，质量，单价
	商品采购信息	采购订单号，商品号，供应商号，供应价，供应日期，供应量
	供应商固有信息	供应商号，供应商名，地址，电话

续表

主　题　域	信　息　类	数据字段
销售主题域	商品信息	商品号，商品名，类别，规格，质量，单价
	商品销售信息	销售订单号，商品号，顾客号，售价，销售日期，销售量
	顾客信息	顾客号，顾客名，性别，年龄，文化程度，住址，电话
存储主题域	商品信息	商品号，商品名，类别，规格，质量，单价
	商品库存信息	库存单号，商品号，库房号，库存量，日期
	仓库固有信息	仓库号，仓库地点，仓库电话

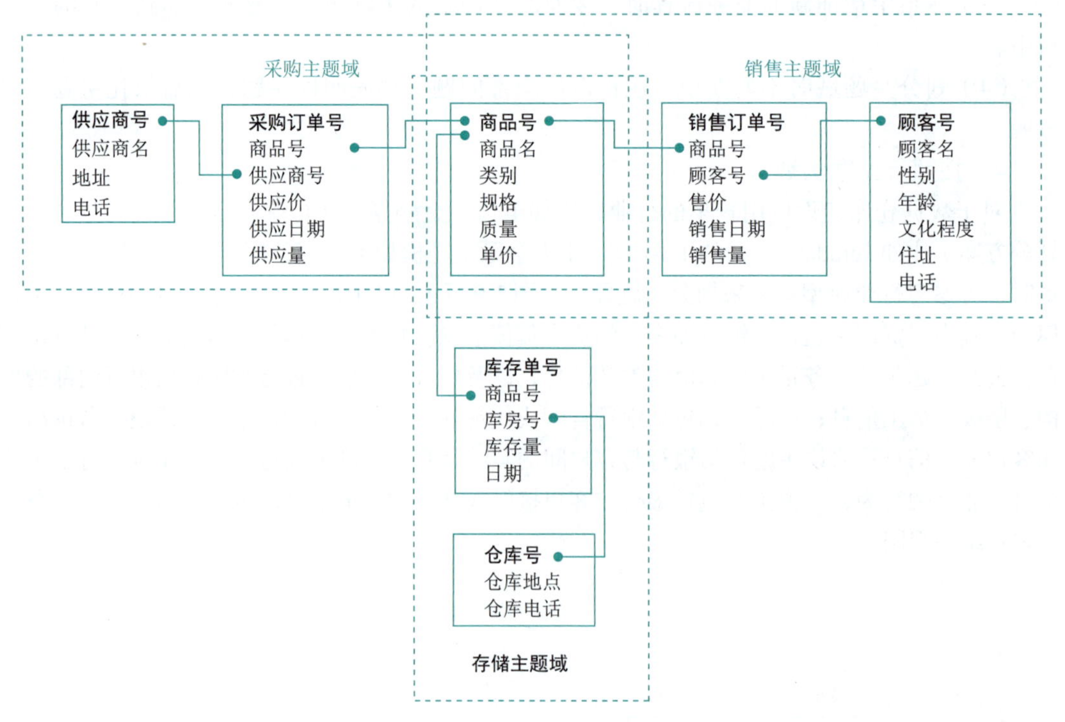

图 3-10　案例主题域结构图

基于主题域及上述业务子系统的数据进行主题分析，概括各种分析领域的分析对象，可以综合得到主题。案例的主题包括仓库、商品、顾客、供应商主题。主题与主题域，关系图如图3-11所示，主题设计图如图3-12所示。

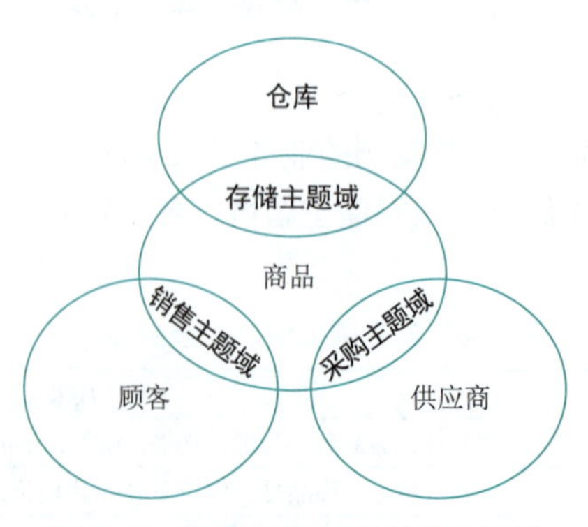

图 3-11　案例主题与主题域关系图

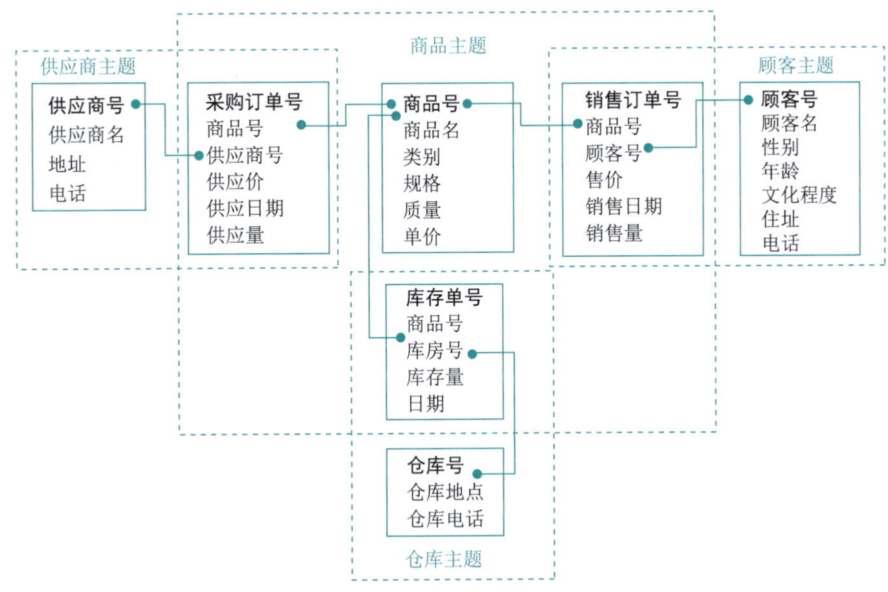

图 3-12　案例主题设计图

面向主题进行数据组织见表3-3，可以看出，基于一个主题的所有表都含有一个称为公共码键的属性作为其主键的一部分。在确定系统所包含的主题域后，对每个主题域的内容进行较详细的描述，描述的内容包括主题域的公共码键、主题域之间的联系和代表主题的属性组。

表 3-3　面向主题的数据组织

主　　题	信　息　类	数 据 字 段
仓库主题	仓库固有信息	仓库号，仓库地点，仓库电话
	仓库库存信息（库存单）	仓库号，商品号，库存数量
商品主题	商品固有信息	商品号，商品名，类别，规格，质量，单价
	商品采购信息（采购订单）	商品号，供应商号，供应价，供应日期，供应量
	商品销售信息（销售订单）	商品号，订单号，顾客号，售价，销售日期，销售量
	商品库存信息	商品号，库房号，库存量，日期
顾客主题	顾客固有信息	顾客号，顾客名，性别，年龄，文化程度，住址，电话
	顾客购物信息（销售订单）	顾客号，商品号，售价，购买日期，购买量
供应商主题	供应商固有信息	供应商号，供应商名，地址，电话
	供应商品信息（采购订单）	供应商号，订单号，商品号，供应价，供应日期，供应量

3.4　数据仓库逻辑模型设计

数据仓库的逻辑模型设计，即设计数据仓库的数据模型，对于企业而言，因为数据仓库数据量巨大，基于数据仓库的决策分析任务复杂，因此当下，企业在进行数据仓库逻辑模型设计时还需要考虑数据分层设计。

3.4.1 数据仓库维度建模

维度模型是数据仓库领域大师Ralph Kimall所提出的，该方法非常直观，紧紧围绕业务模型，不需要经过特别的抽象处理，即可完成维度建模。维度建模就是基于业务模型，满足用户从多角度多层次进行数据查询和分析的需要，从而建立基于事实和维度的多维数据模型，多维数据模型将数据看作数据立方体形式。

数据仓库维度建模即数据仓库的逻辑模型设计，主要内容是确定数据仓库的多维数据模型是星状模型、雪花模型还是事实星座模型。在此基础上设计相应的维表和事实表，从而得到数据仓库的逻辑模型。

从使用的效率角度考虑，设计数据仓库时要考虑以下因素：

（1）尽可能使用星状架构，如果采用雪花结构，还需要进一步规范化维表。

（2）维表的设计应该符合通常意义上的范式约束，维表中不要出现无关的数据。

（3）事实表中包含的数据应该具有必需的粒度。

（4）对事实表和维表中的关键字必须创建索引。

（5）保证数据的引用完整性，避免事实表中的某些数据行在聚集运算时没有参加进来。

1. 维表设计

1）维表的特征

维表用于存放维信息，包括维属性（列）和维成员。一个维用一个维表表示。维表通常具有以下数据特征：

（1）维通常使用解析过的时间、名字或地址元素，这样可以使查询更灵活。例如时间可分为年份、季度、月份和时期等，地址可用地理区域来区分，如国家、省、市、县等。

（2）维表通常不使用业务数据库的关键字作为主键，而是对每个维表另外增加一个额外的字段作为主键来识别维表中的对象。在维表中新设定的键也称为代理键。

（3）维表中可以包含随时间变化的字段，当数据集市或数据仓库的数据随时间变化而有额外增加或改变时，维表的数据行应有标识此变化的字段。

2）维的类型

维表中维的类型包括结构维、信息维、分区维、分类维、一致维和父子维多种类型。

（1）结构维。结构维表示在维层次结构组成中的信息度量，如年份、月份和日期可以组成一个结构维，商品销售地点可以组成另一个结构维，由此可以分析某个时期在某个地区销售价的商品总量。

（2）信息维。信息维是由计算字段建立的。用户也许想通过销售利润了解所有产品的销售总额，也许希望通过增加销售来获得丰厚的利润。然而，如果某一款商品降价销售，可能会发现销售量虽然很大，而利润却很小或几乎没有。从另一方面看，用户可能希望通过提高某种产品的价格获得较大的利润。这种产品可能具有较高的利润空间，但销量却可能很低。因此，就利润建立一个维，包括每种商品利润和全部利润的维，就销售总量建立一个度量，这样可以提供有用的信息，这个维就是一个信息维。

（3）分区维。分区维是以同一结构生成的两个或多个维。例如，对于时间维，每一年有相同的季度、相同的月和相同的天（除了闰年以外，而它不影响维），在OLAP分析中，将频繁使用时间分区维来分割数据仓库中的数据，其中一个时间维中的数据是针对2023年的，而另一个时间维中的数据是针对2024年的，建立事实表时，可以把度量分割为2023年的数据和2024

年的数据，这会提高分析性能。

（4）分类维。分类维是通过对一个维的属性值分组而创建的。如果顾客表中有家庭收入属性，那么，可能希望查看顾客根据收入的购物方式。为此，可以生成一个含有家庭收入的分类维。例如，如果有以下家庭每年收入的数据分组：0～20 000元、20 001～40 000元、40 001～60 000元、60 001～100 000元和大于100 001元。

（5）一致维。当有好几个数据集市要合并成一个企业级的数据仓库时，可以使用一致维来集成数据集市，以便确定所有的数据集市可以使用每个数据集市的事实。所以，一致维常用于属于企业级的综合性数据仓库，使得数据可以跨越不同的模式来查询。

（6）父子维。父子维度基于两个维度表列，这两列一起定义了维度成员中的沿袭关系。一列称为成员键，标识每个成员；另一列称为父键，标识每个成员的父代。该信息用于创建父子链接，该链接将在创建后组合到代表单个元数据级别的单个成员层次结构中。父子维度用通俗的话来讲，就是这个表是自反的，即外键本身就是引用的主键。例如，公司组织结构中，分公司是总公司的一部分，部门是分公司的一部分，员工是部门的一部分，通常公司的组织架构并非处在等层次上，例如总公司下面的部门看起来就和分公司是一样的层次。因此父子维的层次通常是不固定的。

在数据仓库的逻辑模型设计中，有一些维表是经常使用的，它们的设计形成了一定的设计原则，如时间维、地理维、机构维和客户维等，所以在设计维表时应遵循这些设计原则。又例如，数据仓库存储的是系统的历史数据，业务分析最基本的维度就是时间维，所以每个主题通常都有一个时间维。

3）维表中的概念分层

维表中的维一般包含层次关系，也称为概念分层，即按照数据粒度进行层次划分，如在时间维上，按照“年份—季度—月份”形成了一个层次，其中年份、季度、月份成为这个层次的三个级别，粒度从高到低逐层递减。

概念分层的作用如下：

（1）概念分层为不同级别上的数据汇总，如上卷操作提供了一个良好的基础。

（2）综合概念分层和多维数据模型的潜力，如下钻操作可以对数据获得更深入的洞察力。

（3）通过在多维数据模型中在不同的维上定义概念分层，使得用户在不同的维上从不同的层次对数据进行观察成为可能。

（4）多维数据模型使得从不同的角度对数据进行观察成为可能，而概念分层则提供了从不同层次对数据进行观察的能力；结合这两者的特征，可以在多维数据模型上定义各种OLAP操作，为用户从不同角度、不同层次观察数据提供了灵活性。

2. 事实表设计

1）事实表的特征

事实表是多维模型的核心，是用来记录业务事实并做相应指标统计的表，同维表相比，事实表具有如下特征：

（1）记录数量很多，因此事实表应当尽量减小一条记录的长度，避免事实表过大而难于管理。

（2）事实表中除度量外，其他字段都是维表或中间表（对于雪花模式）的关键字（外键）。

（3）如果事实相关的维很多，则事实表的字段个数也会比较多。

2）事实表的类型

事实表的粒度能够表达数据的详细程度。从用途的不同来说，事实表可以分为三类：事务事实表、周期快照事实表和累积快照事实表。

（1）事务事实表（transactional fact table）用来记录各业务过程，它保存的是各业务过程的原子操作事件，即最细粒度的操作事件。事务事实表的特点包括：

- 记录事务级别的事件或业务活动，通常是每个事务的单独记录。
- 每条记录通常包含时间戳、事实数据和维度键。
- 可能包含大量的细节数据，例如订单、交易、事件等。

事务事实表适用于需要详细记录每个事务的细节和具体事件的场景，对数据的插入操作比较频繁，更新操作相对较少，适合支持实时或接近实时的数据加载。

设计事务事实表时一般可遵循四个步骤：选择业务过程→声明粒度→确认维度→确认事实。

① 选择业务过程。在业务系统中，选择我们感兴趣的业务过程，例如电商交易中的下单、取消订单、付款、退单等。每个业务过程对应一张事务事实表。

② 声明粒度。确定每个业务过程的粒度，即定义每张事务事实表的每行数据表示什么。应选择最细粒度，以满足各种详细需求。例如，订单事实表中的一行数据表示一个订单中的一个商品项。

③ 确定维度。确定与每张事务事实表相关的维度。应选择与业务过程相关的环境信息，丰富维度模型，以支持多样化的指标需求。

④ 确定事实。确定每个业务过程的度量值，即可累加的数字类型的值，如次数、个数、金额等。

（2）周期快照事实表（periodic snapshot fact table）以具有规律性的、可预见的时间间隔来记录事实，主要用于分析一些存量型（例如商品库存，账户余额）或者状态型（空气温度，行驶速度）指标。

对于商品库存、账户余额这些存量型指标，业务系统中通常就会计算并保存最新结果，所以定期同步一份全量数据到数据仓库，构建周期型快照事实表，就能轻松应对此类统计需求，而无须再对事务型事实表中大量的历史记录进行聚合了。

周期快照事实表的特点包括：

- 记录在给定周期内的状态或快照，通常是固定时间间隔（如每天、每周）的快照。
- 每个快照周期内只存储一条记录，反映在该周期结束时的状态。
- 包含当前周期内的聚合数据，如订单总额、库存量等。

周期快照事实表适用于需要分析和比较不同时间点的状态变化，对历史数据的查询和分析比较频繁，适合用于周期性报告、趋势分析等场景。

周期快照事实表的设计步骤遵循两步：确定粒度→确认事实。

① 确定粒度。周期型快照事实表的粒度由采样周期和维度描述决定。通常选择每日作为采样周期。维度根据统计指标确定，例如统计每个仓库中每种商品的库存，确定粒度为每日-仓库-商品。

② 确认事实。事实根据统计指标确定，例如统计每个仓库中每种商品的库存，则事实为商品库存。

（3）累积快照事实表（accumulating snapshot fact table）是基于一个业务流程中的多个关键业务过程联合处理而构建的事实表，如交易流程中的下单、支付、发货、确认收货业务过程。累积型快照事实表通常具有多个日期字段，每个日期对应业务流程中的一个关键业务过程

（里程碑）。累积型快照事实表主要用于分析业务过程（里程碑）之间的时间间隔等需求。

例如：用户下单到支付的累计快照事实表中包含订单id、用户id、下单日期、支付日期、发货日期、确认收货日期、订单金额、支付金额这些列，这个表中描述了用户下单到支付的平均时间间隔，使用该表进行统计，就能避免两个事务事实表的关联操作，从而变得十分简单高效。

累计快照事实表的特点如下：

- 记录一个业务过程中的多个关键阶段的状态，通常涵盖整个过程的生命周期。
- 每个阶段会有多条记录，每条记录代表一个关键状态（如订单的下单、发货、送达等）。
- 包含多个日期键和相关维度，如开始日期、结束日期、状态等。

累积快照事实表适用于需要跟踪和分析业务过程中每个阶段的进展和状态的场景，适合于分析业务过程的整体性能和效率，对于跨部门协作和过程优化有很好的支持：

累积快照事实表可遵循四个步骤：选择业务过程→声明粒度→确认维度→确认事实。

① 选择业务过程。选择一个关键业务流程，例如电商平台的订单处理流程。

② 声明粒度。定义每行数据所表示的具体内容，选择最小的数据粒度。例如，每行数据可能表示每个订单的某个关键时间点或事件。

③ 确认维度。确定与每个业务过程相关联的维度，确保包含一个日期维度用于时间分析。

④ 确认事实。选择每个业务过程中需要记录和分析的度量值。例如，订单的金额、数量等。

3）聚集函数

在查询事实表时，通常使用聚集函数，一个聚集函数从多个事实表记录中计算出一个结果。如一个事实表中销售量是一个度量，如果要统计所有的销售量，便用求和聚集函数，即SUM（销售量）。在设计事实表时需要为每个度量指定相应的聚集函数。度量可以根据其所用的聚集函数分为以下三类：

（1）分布的聚集函数：将这类函数用于n个聚集值得到的结果和将函数用于所有数据得到的结果一样。例如COUNT（求记录个数）、SUM（求和）、MIN（求最小值）、MAX（求最大值）等。

（2）代数的聚集函数：函数可以由一个带m个参数的代数函数计算（m为有界整数），而每个参数值都可以由一个分布的聚集函数求得，例如AVG（求平均值）等。

（3）整体的聚集函数：描述函数的子聚集所需的存储没有一个常数界，即不存在一个具有m个参数的代数函数进行这一计算，例如MODE（求最常出现的项）。

在设计事实表时，可以利用减少字段个数、降低每个字段的大小和把历史数据归档到单独事实表中等方法来减小事实表的大小。

案例3-3 小型超市企业数据仓库维度建模设计。

基于“案例3-2”的主题及主题域分析，构建该小型超市企业数据仓库的多维数据模型如图3-13所示，其中维度表和事实表设计如下：

建立维度表：

商品维表（商品号，商品名，类别，规格，质量，单价）

供应商维表（供应商号，供应商名，地址，电话）

顾客维表（顾客号，顾客名，性别，年龄，文化程度）

仓库维表（库房号，仓库管理员，地点）

时间维表（时间键，年，季度，月）

建立事实表：

采购事实表（商品号，供应商号，时间键，供应价，供应量，供应额）

销售事实表（商品号，顾客号，时间键，售价，销售量，销售额）

库存事实表（商品号，库房号，时间键，库存量）

属性转换，度量值计算说明：

时间维度表是派生表，将商品销售信息、采购信息、库存信息中的日期进行分解，以销售日期做主键，提取年、季度、月份。

采购事实表中的供应额=供应价 × 供应量

销售事实表中的销售额=售价 × 销售量

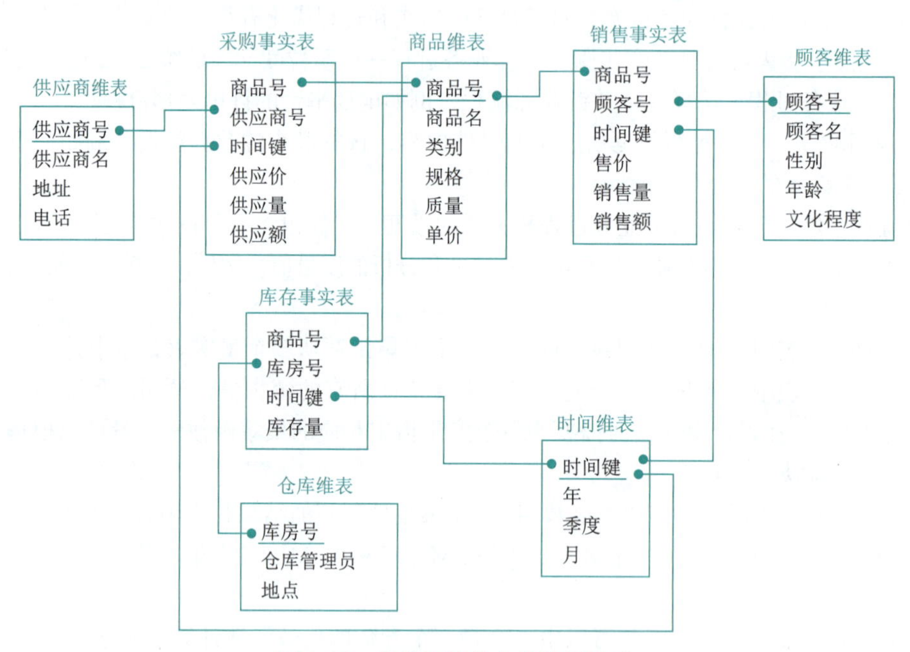

图 3-13 教学案例的多维数据模型

3.4.2 数据仓库数据分层与粒度设计

数据仓库中的数据是随时间变化的、稳定的、集成的数据，因此数据仓库会存在大量冗余的数据，如果源业务系统的业务规则发生变化将会影响整个数据清洗过程，工作量巨大，此外，基于海量数据的决策分析所对应的数据体系中的数据表间依赖更加复杂混乱，这就需要一套行之有效的数据组织和管理方法使数据体系更有序，将复杂问题简单化，即数据分层。

1. 数据仓库分层设计的必要性

（1）清晰数据结构：每一个数据分层都有它的作用域和职责，在使用表的时候能更方便地定位和理解。

（2）统一数据口径：通过数据分层，提供统一的数据出口，统一对外输出的数据口径。

（3）复杂问题简单化：将复杂的任务分解成多个简单任务，由不同层来完成，每一层只处理简单任务，方便定位问题。

（4）减少重复开发：规范数据分层，通过中间层数据，能够极大减少重复计算，增加一次计算结果的复用性。

（5）隔离原始数据：面对数据异常的处理以及数据敏感性的脱敏操作，数据分层能够使真实数据与统计数据解耦开，真实数据的处理及脱敏与统计数据查询相互不干扰。

2. 数据仓库数据分层架构

一般来说，数据仓库数据分层主要分为三层：原始数据层（operational data store，ODS）、数据仓库层（data warehouse，DW）和数据应用层（application data service，ADS），其中各企业根据公司的业务需求对DW数据仓库层进行进一步细化，在命名方式上，DW层细化后的每一层均是以DW开头对层进行命名。数据分层设计时需要对各层的数据粒度进行设计，随着数据分层逐层上升，数据粒度越来越大，即通过数据聚合提升粒度级别。本书采用图3-14所示的数据仓库数据分层架构设计。

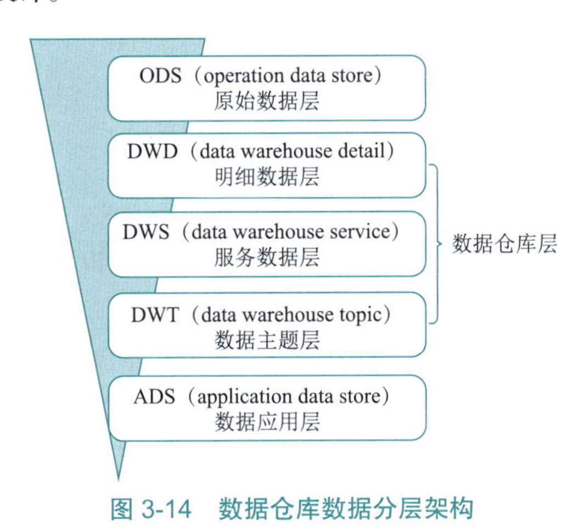

图 3-14　数据仓库数据分层架构

1）原始数据层

原始数据层（ODS）也称为"面向主题的"数据运营层，该层是最接近数据源中数据的一层，数据源中的数据，经过数据ETL（抽取、转换、加载）之后，装入ODS层。ODS层的数据，大多是按照数据源的分类方式而分类的。为了考虑后续可能需要追溯数据问题，一般对于这一层不建议做过多的数据清洗工作，原封不动地接入原始数据即可，数据的去噪、去重、异常值处理等工作可以放在后面的DWD层进行处理。ODS层主要内容如下：

（1）保持数据原貌不做任何修改，起到备份数据的作用。

（2）数据采用压缩，减少磁盘存储空间（例如：原始数据100 GB，可以压缩到10 GB左右）。

（3）创建分区表，防止后续的全表扫描。

2）数据仓库层（DW）

本书数据仓库层细化分为明细数据层（data warehouse detail，DWD）、服务数据层（data warehouse service，DWS）和数据主题层（data warehouse topic，DWT），而3.4.1中的数据仓库维度建模内容将应用于这一层，其中：

（1）明细数据层的主要任务包括：数据清洗，即对ODS层数据进行清洗（去除空值、脏数据、离群值等）及脱敏处理等；定义粒度，即数据粒度与ODS基本保持一致；维度建模（见3.4.1节），即定义维度表、事实表，其中，事实表宽表化，维度退化，以便构建星状模型。

明细数据层的粒度设计举例如下：

订单当中的每个商品项作为下单事实表中的一行，粒度为每次。

每周的订单次数作为一行，粒度为每周。

每月的订单次数作为一行，粒度为每月。

如果在DWD层粒度就是每周或者每月，那么后续就没有办法统计细粒度的指标了。所以建议采用最小粒度。

（2）服务数据层是以DWD层的数据为基础，进行轻度汇总，一般聚集各主题对象每日的行为，如用户每日、商家每日、商品每日的数据粒度级别汇总。在这一层通常会以某一个维度为线索，汇总成跨主题的宽表，比如：由一个用户当日的签到数、收藏数、评价数、抽奖数、订阅数、点赞数、浏览商品数、加购数、下单数、支付数、退款数及广告点击数组成的宽表。

（3）数据主题层是按主题对DWS层数据进行进一步聚合，构建每个主题的全量宽表。如“会员主题宽表”，包括会员ID，首次下单时间、末次下单时间、累计下单次数、累计下单金额、最近30日下单次数、最近30日下单金额、首次支付时间、末次支付时间、累计支付次数、累计支付金额、最近30日支付次数、最近30日支付金额。

3）数据应用层

数据应用层（ADS）是面向实际数据应用开发及展示需求，以DWD层、DWS层和DWT层的数据为基础，面向不同主题，组成各种统计报表或指标分析表，将统计结果最终同步到关系型数据库，如MySQL中，以供BI或应用系统查询使用。

具体数据仓库数据分层设计应用详见3.7节。

3.5 数据仓库物理模型设计

数据仓库的物理模型是逻辑模型在数据仓库中的实现模式。构建数据仓库的物理模型与所选择的数据仓库开发工具密切相关。这个阶段所做的工作是确定数据的存储结构、确定索引策略和确定存储分配等。

设计数据仓库的物理模型时，要求设计人员必须做到以下几方面：

（1）要全面了解所选用的数据仓库开发工具，特别是存储结构和存取方法。

（2）了解数据环境、数据的使用频度、使用方式、数据规模以及响应时间要求等，这些是对时间和空间效率进行平衡和优化的重要依据。

（3）了解外部存储设备的特性，如分块原则、块大小的规定、设备的I/O特性等。

3.5.1 确定数据的存储结构

一个数据仓库开发工具往往都提供多种存储结构供设计人员选用，不同的存储结构有不同的实现方式，各有各的适用范围和优缺点。设计人员在选择合适的存储结构时应该权衡三个方面的主要因素：存取时间、存储空间利用率和维护代价。

同一个主题的数据并不要求存放在相同的介质上。在物理设计时，常常要按数据的重要程度、使用频率以及对响应时间的要求进行分类，并将不同类的数据分别存储在不同的存储设备中。重要程度高、经常存取并对响应时间要求高的数据就存放在高速存储设备上，如硬盘；存取频率低或对存取响应时间要求低的数据则可以放在低速存储设备上，如磁盘或磁带。此外，还可考虑如下策略：

1. 合并表组织

在常见的一些分析处理操作中，可能需要执行多表连接操作。为了节省I/O开销，可以把这些表中的记录混合放在一起，以减少表连接运算的代价，这称为合并表组织。这种组织方式在访问序列经常出现或者表之间具有很强的访问相关性时具有很好的效果。

2. 引入冗余

在面向某个主题的分析过程中，通常需要访问不同表中的多个属性，而每个属性又可能参与多个不同主题的分析过程。因此可以通过修改关系模式把某些属性复制到多个不同的主题表中，从而减少一次分析过程需要访问的表的数量。

3. 分割表组织

在逻辑设计中按时间、地区、业务类型等多种标准把一个大表分割成许多较小的、可以独立管理的小表，称为分割表。这些分割表可以采用分布式的存储方式，当需要访问大表中的某类数据时，只需访问分割后的对应小表，从而提高访问效率。

4. 生成导出数据

在原始、细节数据的基础上进行一些统计和计算，生成导出数据，并保存在数据仓库中，避免在分析过程中执行过多的统计和计算操作，既可提高分析的性能，又避免不同用户进行重复统计可能产生的偏差。

3.5.2 确定索引策略

数据仓库的数据量很大，因而需要对数据的存取路径进行仔细的设计和选择。由于数据仓库的数据都是不常更新的，因而可以设计多种多样的索引结构来提高数据存取效率。

在数据仓库中，设计人员可以考虑对各个数据存储建立专用的、复杂的索引，以获得最高的存取效率，因为在数据仓库中的数据是不常更新的，也就是说每个数据存储是稳定的，因而虽然建立专用的、复杂的索引有一定的代价，但一旦建立就几乎不需维护索引的代价。

3.5.3 确定存储分配

许多数据仓库开发工具提供了一些存储分配的参数供设计者进行物理优化处理，例如，块的尺寸、缓冲区的大小和个数等，它们都要在物理设计时确定。这同创建数据库系统时的考虑是一样的。

3.6 数据仓库的部署与维护

1. 数据仓库的部署

完成前面各项工作之后，可以进入数据仓库的部署阶段，主要包括用户认可、初始加载、桌面准备和初始培训。

1）用户认可

用户的认可在部署阶段不只是一个形式而是绝对必需的，在关键用户没有对数据仓库表示满意前不要强行进行部署。用户是否认可主要通过相关测试来进行，下面是测试的一些要点：

（1）在每个主题域或部门，让用户选择几个典型的查询和报表，执行查询并产生报表，最后从操作型系统生成报表作为验证数据库产生的报表。

（2）测试预定义查询和报表。

（3）测试OLAP系统。让用户选择大约五个典型分析会话进行测试并与操作型系统的结果比较。

（4）进行前端工具的可用性设计测试。

（5）如果数据仓库支持Web，则需要进行Web特性测试。

（6）进行系统性能测试。

2）初始加载

初始加载的主要任务是运行接口程序，将数据装入到数据仓库中。初始加载的主要步骤如下：

（1）删除数据仓库关系表中的索引。因为初始加载数据量很大，建立索引耗费大量的时间。

（2）可以限制关系完整性的检验。

（3）确保已经建立合适的检查点。为了避免在加载过程中失败需要全部重新开始加载，所以必须建立检查点。

（4）加载维表。

（5）加载事实表。

（6）基于已经为聚集和统计表建立的计划，建立基于维表和事实表的聚集表。

（7）如果加载时停止了索引建立，那么现在建立索引。

（8）检查数据加载参考完整性约束。在加载过程中，所有的参考性错误记录在系统中，检查日志文件，找出所有加载异常。

3）桌面准备

桌面准备的主要工作是安装好所有需要的桌面用户工具，包括桌面计算机需要的硬件、网络连接的全部需求，测试每个客户的计算机。

4）初始培训

培训用户学习数据仓库相关的概念、相关的内容和数据访问工具，建立对初始用户的基本使用支持。

2. 数据仓库的维护

维护数据仓库的工作主要是管理日常数据装入的工作，包括刷新数据仓库的当前详细数据、将过时的数据转化成历史数据、清除不再使用的数据、管理元数据等。

另外，还有如何利用接口定期从操作型环境向数据仓库追加数据、确定数据仓库的数据刷新频率等。

3.7 数据仓库建模设计项目实践

本项目名称为《电信资费产品评估》项目数据仓库建模设计。

3.7.1 项目背景

电信经营分析系统是电信公司以市场经营分析和决策支持为目的建设的、以数据仓库为基础数据平台的企业级综合应用系统。数据仓库在整合电信公司相关业务系统源数据的基础上，为从属数据集市及分析统计、数据挖掘等应用提供基础数据支持，可以说数据仓库是电信公司经营分析系统的基础核心。电信经营分析系统的数据仓库基于运营商通信业务运营支撑系统（BOSS）及客户关系管理系统（CRM）的数据源，分析需求及业务流程，构建数据仓库。

3.7.2　实训目标与实训内容

1. 实训目标

运营商针对不同的使用者提供不同的电信套餐产品，电信用户通过购买运营商提供的套餐，与运营商建立联系，图3-15所示包括：38元档套餐、58元档套餐、88元档套餐、108 元档套餐等。本实训项目的实训目标是对电信运营商的套餐资费产品运营情况进行分析，评估出符合市场需求的套餐产品，设计数据仓库的逻辑数据模型，具体实训目标如下：

（1）通过思维导图的方式梳理数据仓库设计涉及的知识内容，并可结合架构图的形式绘制数据仓库各层之间的上下游依赖关系，从而加深对数据仓库理论的理解程度、数据平台链路的了解程度和提高数据仓库设计的运用能力。

（2）通过对数据仓库设计，掌握数据仓库包括模型设计的几个重要阶段：业务流程分析、概念模型设计、逻辑模型设计、物理模型设计。

（3）掌握数据仓库模型中数据分层设计的几个重要层次：ODS层、DWD层、DWB层、DWS层等。

（4）掌握数据仓库的数据抽取过程。

（5）掌握基于数据仓库的企业经营分析应用。

套餐档位	语音(分钟)	流量	协议期(月)	备注
38元档	50	300 MB	3	赠送900 MB，每月300 MB
58元档	100	500 MB		赠送1500 MB，每月500 MB
88元档	220	700 MB		赠送2100 MB，每月700 MB
108元档	300	1 GB	6	赠送6 GB，每月1 GB
128元档	420	1 GB		赠送6 GB，每月1 GB
158元档	510	2 GB		赠送12 GB，每月2 GB

图 3-15　电信套餐产品

2. 实训内容

主要实训内容包括以下几点：

（1）分析电信用户购买、消费及使用运营商的套餐资费产品的相关业务流程及数据结构，分析电信套餐资费评估指标，以及与运营商通信业务运营支撑系统（BOSS）及客户关系管理系统（CRM）的数据对接需求。

（2）基于这一业务场景进行主题分析，构建设计数据仓库逻辑模型，包括数据分层设计及维度建模设计。

3.7.3　实训步骤

1. 数据仓库需求分析

1）业务流程分析

针对用户在运营商套餐办理业务场景，基于CRM系统及BOSS系统进行业务流程分析，绘制业务流程图，如图3-16所示。用户通过办理套餐和运营商建立用户行为的联系，通过电信运营商行为记录用户的使用情况。

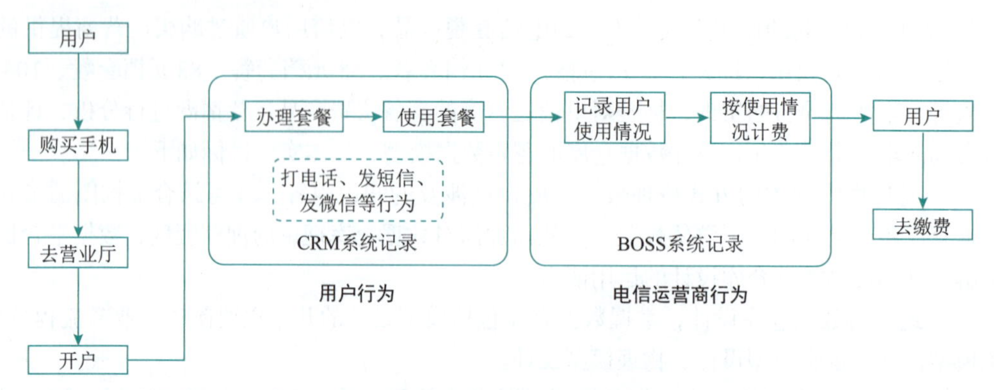

图3-16　套餐办理业务流程图

2）业务系统数据表

基于业务流程及业务系统数据库数据调研分析，本实训项目涉及业务系统10张数据表，分别是CRM系统的用户表、客户表、资费产品表、用户和资费产品关系表，以及BOSS系统的账户表、费用表、用户账户对应关系表、账户出账信息表、语音详单与流量详单。具体数据表结构见表3-4～表3-13。

（1）电信资费套餐——CRM系统业务表：

表3-4　用户表（User）

属 性 名	含　义	数据类型	字段长度
USER_ID	用户编号	number	14
CUST_ID	客户编号	number	14
BILL_ID	计费号	string	30
ACTIVE_DATE	激活时间	datetime	29
STATE	用户状态	string	3
OP_ID	操作员	number	12
CREATE_DATE	创建日期	datetime	29
EFFECTIVE_DATE	生效日期	datetime	29
EXPIRE_DATE	失效日期	datetime	29
REMARKS	备注	string	255

表3-5　客户表（Customer）

属 性 名	含　义	数据类型	字段长度
CUST_ID	客户编号	number	14
CUST_NAME	客户名称	string	255
CUST_STATUS	客户状态	number	2
CUST_ZIPCODE	邮政编码	string	6
CUST_ADDRESS	客户地址	string	3
CUST_CERT_TYPE	证件类型	number	2
CUST_CERT_CODE	证件号码	string	50
GENDER	客户性别	number	2
BIRTHDAY	出生日期	datetime	29

续表

属 性 名	含　义	数据类型	字段长度
OP_ID	操作员	number	12
CREATE_DATE	创建日期	datetime	29
DONE_DATE	受理日期	datetime	29
EFFECTIVE_DATE	生效日期	datetime	29
EXPIRE_DATE	失效日期	datetime	29
REMARKS	备注	string	255

表 3-6　资费产品表（Product）

属 性 名	含　义	数据类型	字段长度
PRODUCT_ID	产品编号	number	12
PRODUCT_NAME	产品名称	string	256
PRODUCT_PLAN_TYPE	产品类别	number	3
MODIFY_DATE	修改日期	datetime	29
MODIFIER	修改用户	number	12
CREATE_DATE	创建日期	datetime	29
CREATER	创建用户	number	12
DEL_FLAG	删除标记	string	1

表 3-7　用户 - 资费产品关系表（User_Product）

属 性 名	含　义	数据类型	字段长度
PRODUCT_INST_ID	产品实例编号	number	14
USER_ID	用户编号	number	14
PRODUCT_ID	产品编号	number	12
STATE	状态	number	2
DONE_CODE	受理编号	number	14
CREATE_DATE	创建日期	datetime	29
DONE_DATE	受理日期	datetime	29
EFFECTIVE_DATE	生效日期	datetime	29
EXPIRE_DATE	失效日期	datetime	29
REMARKS	备注	string	255

（2）电信资费套餐——BOSS 系统业务表

表 3-8　账户表（Account）

属 性 名	含　义	数据类型	字段长度
ACCOUNT_ID	系统内部唯一的账户标识	number	
ACCOUNT_STATUS	账户状态：O-open\SUS-suspend\CAN-cancel	varchar2	4
ACCOUNT_TYPE	账户类型	varchar2	4
ACCOUNT_SUB_TYPE	账户子类型	varchar2	4
COLLECTION_INDICATOR	催缴状态标志	char	1

表 3-9　费用项目表（Charge）

属 性 名	含　义	数据类型	字段长度
CHARGE_CODE	费用代码	varchar2	15
CHARGE_CODE_DESC	费用代码描述	varchar2	150

表 3-10 账户客户对应关系表（Account_Customer）

属性名	含义	数据类型	字段长度
ACCOUNT_ID	系统内部唯一的账户标识	number	12
CUSTOMER_ID	客户编号	number	9

表 3-11 账户出账信息表（Account_Charge）

属性名	含义	数据类型	字段长度
ACCOUNT_ID	系统内部唯一的账户标识	number	12
CHARGE_CODE	费用代码	varchar2	15
CHARGES_AMOUNT	费用金额	number	18

表 3-12 语音详单表（Call）

属性名	含义	数据类型	字段长度
CUST_ID	客户编号	number	14
ACC_ID	账户编号	number	14
USER_ID	用户编号	number	14
IMSI	计费用户标识	varchar2	15
USER_NUMBER	计费用户号码	varchar2	64
OPP_NUMBER	对端号码：主叫话单时为被叫号码；被叫话单时为主叫号码	varchar2	64
START_TIME	通话起始时间	datetime	29
DURATION	通话时长	number	8
CALL_TYPE	呼叫类型：0 主叫；1 被叫；2 呼转	number	2
ROAM_TYPE	漫游类型：0-本地；1-省内漫游；2-省际漫游	number	2
ITEM_CODE1	科目代码	number	8
CHARGE1	费用	number	10
CHARGE1_DISC	费用优惠	number	10

表 3-13 流量详单表（Flow）

属性名	含义	数据类型	字段长度
CUST_ID	客户编号	number	14
ACC_ID	账户编号	number	14
USER_ID	用户编号	number	14
IMSI	计费用户标识	varchar2	15
USER_NUMBER	计费用户号码	varchar2	64
IMEI	计费终端设备标识	varchar2	20
START_TIME	通话起始时间	datetime	29
DURATION	通话时长	number	8
RATING_RES	计费资源量：批价用到的资源量，gprs业务填流量	number	16
ROAM_NET_TYPE	漫游网络类型：对于WLAN业务，填写HOME_CARRIER，即计费用户的归属	number	6
ITEM_CODE1	科目代码	number	8
CHARGE1	费用	number	10
CHARGE1_DISC	费用优惠	number	10

2. 主题设计及主题域划分

1）电信业务主题域分析

基于电信业务的业务特点以及运营目标，在业务分析时需要考虑以下几个元素：

（1）电信运营商为客户提供服务，客户选择提供的服务（产品）。

（2）客户使用服务并被详细记录（服务使用），电信服务提供商根据客户的服务使用情况对其收费（账务）。

（3）电信服务提供商借助自身或外部服务合作方的网络、人力、物质等资源为服务提供支撑，并与服务合作方产生费用摊分（结算）。

（4）电信服务提供商通过客服与营销体系和客户接触，向客户提供客户服务、宣传产品并接受客户的反馈。

根据电信业务活动各对象和内容的特征，可将电信业务划分为七个主题域，如图3-17所示。

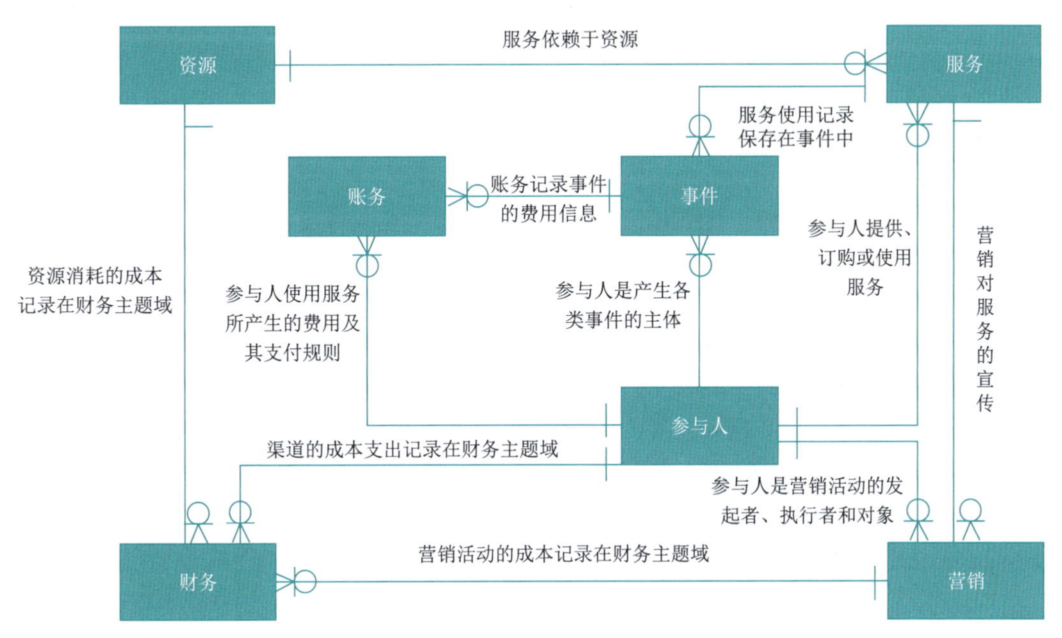

图 3-17　电信业务主题域分析

（1）参与人主题域：描述各类参与人（个人、集团、团体等）在业务活动所处角色的各类信息，包括客户、渠道、竞争对手和合作伙伴等。

（2）服务主题域：描述运营商向客户提供的主要业务和产品，以及客户对产品的选择和定制。

（3）资源主题域：资源是运营商拥有的为客户提供服务的所有载体，包括服务资源、网络资源、地域资源。

（4）事件主题域：描述参与人在参与和使用各项业务时所产生的事件记录，包括各类清单、日志、订单和客户交互记录等。

（5）账务主题域：描述用户使用服务所产生的账目、账单和付款记录。

（6）营销主题域：描述运营商针对特定的市场环境及客户群体所进行的市场宣传、促销等计划与活动。

（7）财务主题域：描述中国移动在对客户提供各项服务及日常运营过程中，各类支出的成本信息。

由于本实训场景只对用户的资费套餐进行评估。因此，只需要使用到客户、用户、账单、资费产品、详单的相关信息，涉及的主题域包括参与人主题域、服务主题域、事件主题域、账务主题域。客户、用户、账单、资费产品、详单相关信息的数据源系统仅涉及电信经营分析系统上游的CRM和BOSS源系统。

2）电信业务三户关系简化

在电信业务的三户（客户、用户、账户）模型中，很可能存在一个客户和多个用户、多个账户的对应情况，如图3-18所示，即一个客户拥有多个手机号和账号。但在此实训中仅考虑最简单的情况，对三户实体进行了简化，即该模型下一个客户只拥有一个手机用户，有一个账户，该模型下客户定购的产品，是通过用户的定购关系体现，账单按月提供。

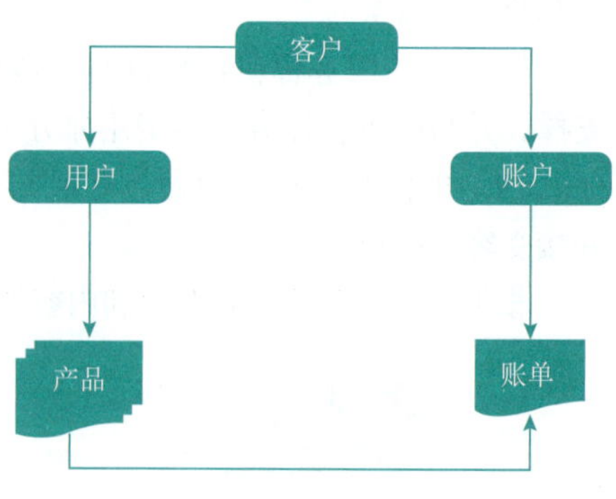

图 3-18　电信业务的三户关系模型

（1）对应业务流程中办理业务的用户，可以设计出客户实体和用户实体这两个实体。

（2）对应业务流程中用户办理的资费产品，可以设计出一个产品实体。

（3）对应业务流程中的套餐使用情况，可以设计出语音使用详单实体和流量使用详单实体。

（4）对应业务流程中的套餐使用计费流程，可以设计出账户实体和账务信息实体。

3）主题域划分及主题分析

本实训项目的主题域包括客户主题域，服务主题域，服务使用（事件）主题域，账务主题域，结算主题域，其中：

（1）服务主题域涉及数据表：资费产品表、用户表、用户-资费产品关系表。

（2）账务主题域涉及数据表：用户表、账户表、账户客户对应关系表、账户出账信息表、费用项目表。

（3）结算主题域涉及数据表：账户表、账户出账信息表、费用项目表。

（4）服务使用（事件）主题域涉及数据表：用户表、流量详单表、语音详单表。

（5）客户主题域涉及数据表：账户表、客户表。

本实训项目的主题包括：客户主题、用户主题、资费产品主题、账户主题及费用项目主题。其中，费用项目以下简称费项。

3. 数据仓库数据分层设计

本项目电信资费产品评估数据仓库数据分层设计，分为原始数据层（ODS）、数据仓库层（DW）和数据应用层（ADS），其中，数据仓库层（DW）细分为明细数据层（DWD）、服务数据层（DWS）以及数据主题层（DWT）。具体各层设计如下：

1）ODS层

ODS层与CRM系统及BOSS系统相关原始数据表结构和数据保持一致，数据原貌不做任何修改，起到备份数据的作用，在ODS层创建分区表，防止后续的全表扫描。具体表结构如图3-19所示。

2）DWD层

DWD层是数据明细层：DWD的数据来自ODS层，是DW明细事实层。为DW提供各主题业务明细数据。可能会根据ODS增量数据进行合并生成全量数据，做轻度数据清洗转换，保留原始全量数据。

此外，在DWD层即进行数据仓库的维度建模设计，如图3-20所示，其中：

维度表：用户信息维表、费项维表、资费产品维表。

事实表：用户出账事实表、用户资费产品事实表、流量详单事实表、语音详单事实表。

本项目数据仓库的多维数据模型为事实星座模型。

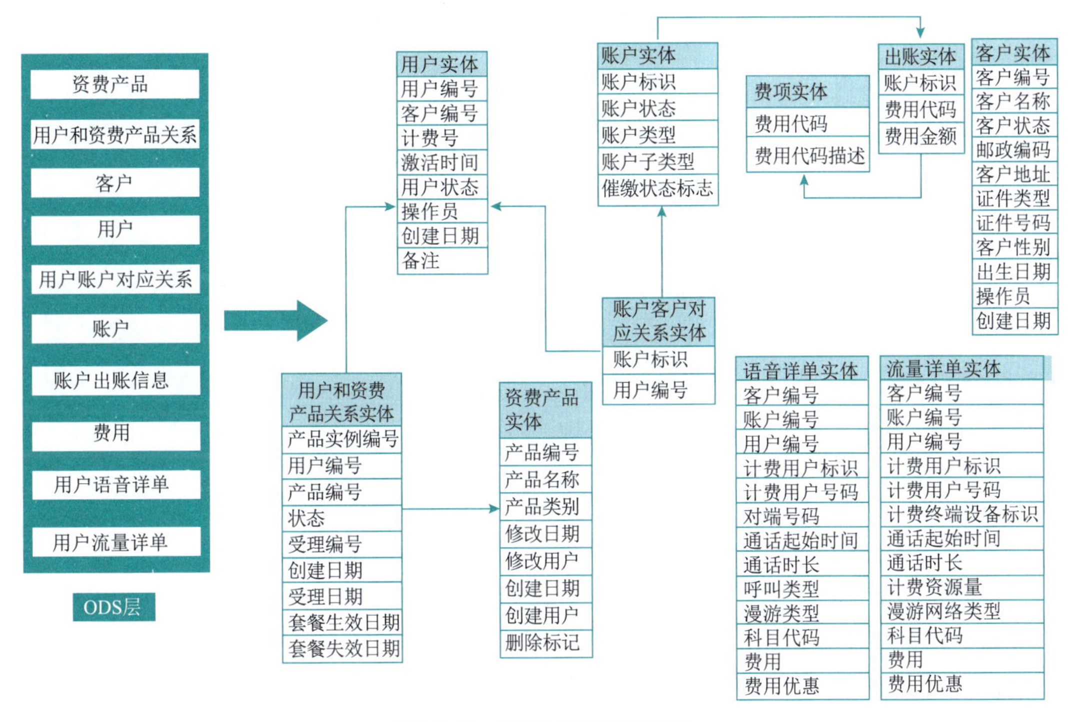

图 3-19　ODS 层数据表设计

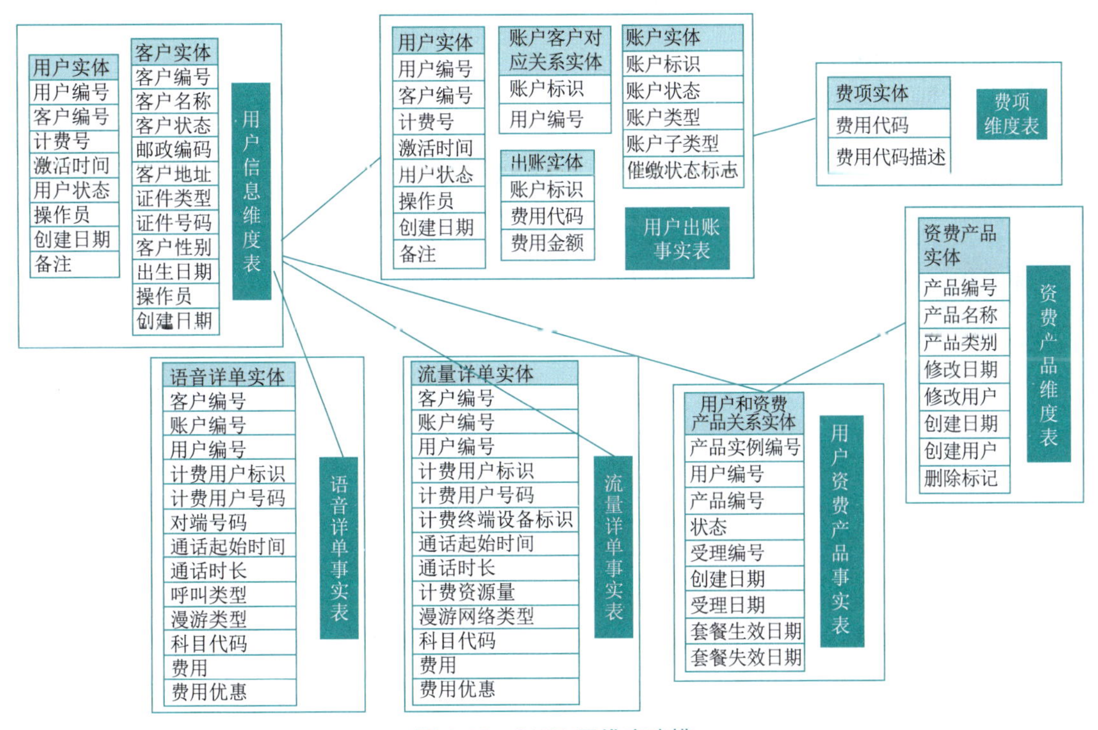

图 3-20　DWD 层维度建模

其中，除费项维表及资费产品维表不需要清洗及汇总，保持ODS层原表不做变化外，其余五张表均需要基于ODS层相应数据表进行轻度清洗及汇总，具体汇总如图3-21所示。

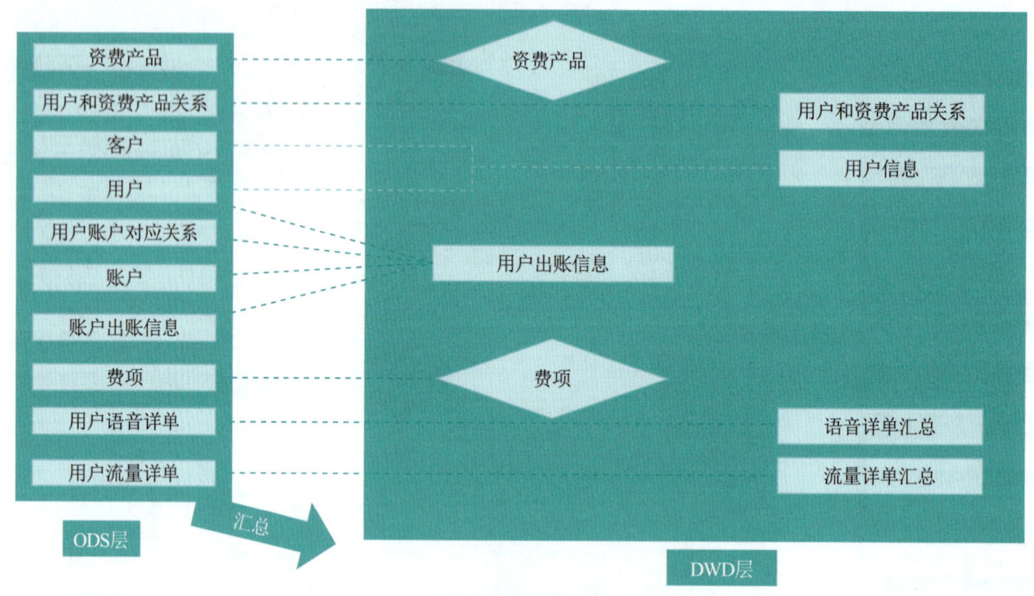

图3-21 DWD层数据抽取汇总示意

给账户出账信息中关联用户字段汇总出用户出账信息表。给用户信息实体中关联客户实体汇总出用户信息表。语音详单和流量详单都做相应的汇总。共汇总成五张表，DWD层数据清洗及汇总的五张表属性如图3-22所示。

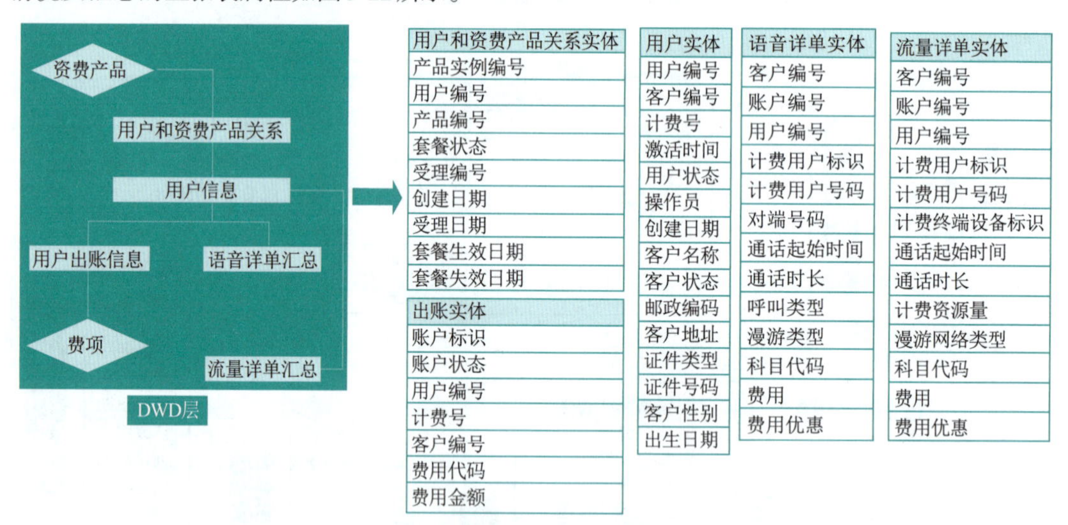

图3-22 DWD层数据表结构

3）DWB/DWS层

本实训将DWS层细分为DWB和DWS层，其中：

DWB层是在DWD层基础上对事实表进行了轻度聚合，包括：

（1）语音详单和流量详单事实表进行了汇总，并按月聚合，生成用户详单使用汇总事实表。

（2）对用户出账信息在“费用类型”上进行了汇总，生成用户出账汇总事实表。

以上两个事实表为DWS层的宽表数据抽取提供数据支持，同时为用户详单汇总分析和用户出账汇总分析提供支持。DWB层数据汇总如图3-23所示。

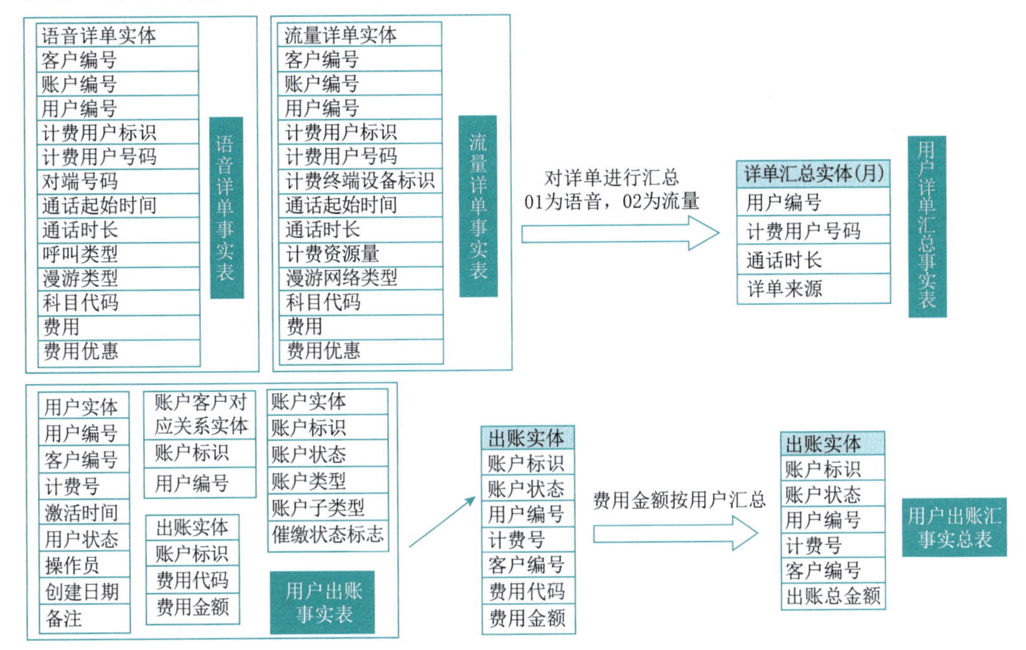

图 3-23　DWB 层数据汇总示意图

在以上设计的DWB表基础上进一步汇总DWS层，该层是一个统一的信息宽带，以便用于数据主题层（DWT）取数。本实训DWS层是以月为单位，建立用户主题当月信息，包括是否新增用户、是否离网用户、用户状态、用户转前产品编号、用户转后产品编号、是否当月转移套餐、当月总流量、当月出账总金额等信息宽表。汇总的过程中需要用到DWB层的表和DWD层的表。具体DWB层向DWS层汇总示意如图3-24所示。

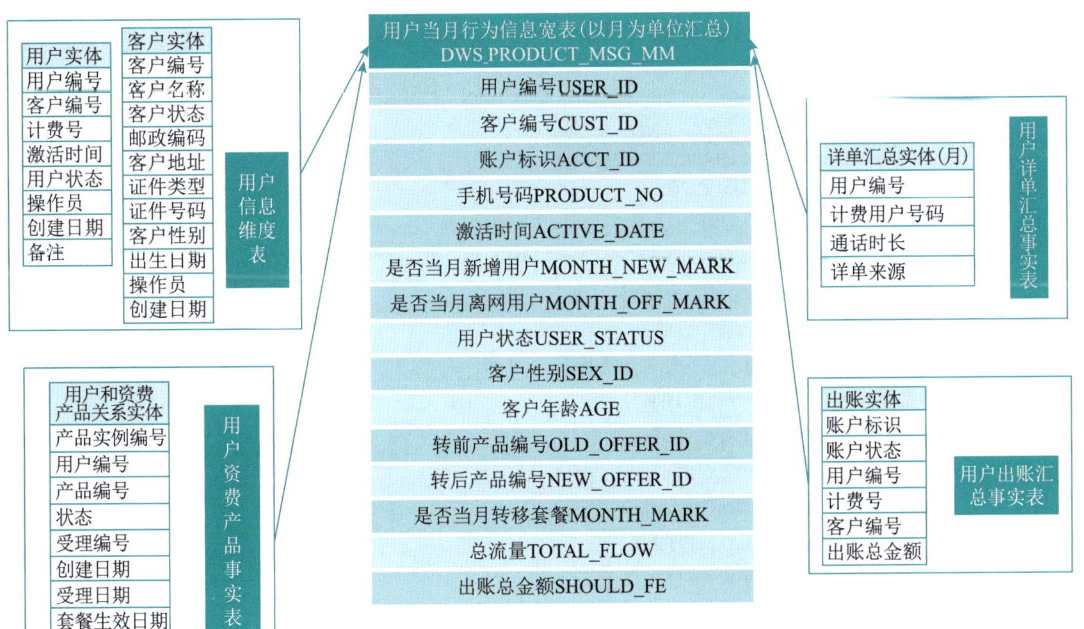

图 3-24　DWS 层数据汇总示意图

4）DWT 层

DWT层是以电信套餐评分这一分析需求为基础，面向套餐主题构建套餐主题信息宽表。套餐评分计算指标如图3-25所示。这个模型中涉及的几个用于生成打分指标的套餐主题信息有：

- 使用套餐的离网用户数。
- 套餐用户数。
- 存量客户转入套餐的用户数。
- 套餐转出的用户数。
- 当月入网选择套餐的用户数。
- 当月入网的用户数。
- 套餐用户MOU（平均每户每月通话时间）、总MOU。
- 套餐用户ARPU（每用户每月平均收入）、总ARPU。

指标名称		权重	计算公式
健康度（60%）	稳定性	50%	使用套餐的用户离网数/套餐用户数
	套餐吸引度	30%	存量客户转入套餐的用户数/(套餐转出的用户数+存量客户转入套餐的用户数)
	总用户占比	20%	使用套餐的用户数/总用户数
成长性（20%）	新增用户比率	60%	当月入网选择套餐的用户数/当月新入网用户数
	MOU占比	40%	MOU/总 MOU
价值贡献度（20%）	ARPU占比	100%	ARPU/总ARPU

图 3-25　套餐评分计算指标

因此，DWT层汇总的套餐主题信息宽表包含的属性为：产品编号、用户数、离网用户数、转入用户数、转出用户数、当月新增用户数、当月总流量、当月总金额。DWS层至DWT层汇总过程如图3-26所示。

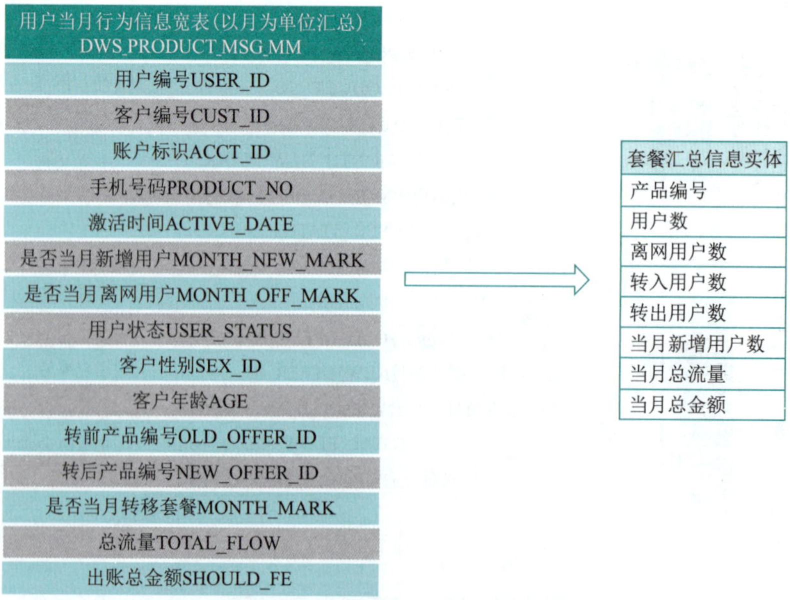

用户当月行为信息宽表(以月为单位汇总) DWS_PRODUCT_MSG_MM
用户编号USER_ID
客户编号CUST_ID
账户标识ACCT_ID
手机号码PRODUCT_NO
激活时间ACTIVE_DATE
是否当月新增用户MONTH_NEW_MARK
是否当月离网用户MONTH_OFF_MARK
用户状态USER_STATUS
客户性别SEX_ID
客户年龄AGE
转前产品编号OLD_OFFER_ID
转后产品编号NEW_OFFER_ID
是否当月转移套餐MONTH_MARK
总流量TOTAL_FLOW
出账总金额SHOULD_FE

套餐汇总信息实体
产品编号
用户数
离网用户数
转入用户数
转出用户数
当月新增用户数
当月总流量
当月总金额

图 3-26　DWS 层至 DWT 层汇总过程

5）ADS 层

ADS 层数据通常是以 DWD 层、DWS 层和 DWT 层的数据为基础，面向不同主题，组成各种统计报表或指标分析表。本实训通过 DWT 层的数据指标可以计算出电信套餐产品的稳定性、套餐吸引度、总用户占比、新增用户比率、MOU 占比、ARPU 占比这些指标值。根据这些指标值，再乘上模型中的权重即可计算出套餐得分。套餐得分 =（稳定性 ×0.5+ 套餐吸引度 ×0.3+ 总用户占比 ×0.2）×0.6+（新增用户比 ×0.6+mou 占比 ×0.4）×0.2+（arpu 占比 ×0.2）。DWT 层至 ADS 层汇总过程如图 3-27 所示。

综上，《电信资费评估》项目数据仓库建模设计完成。

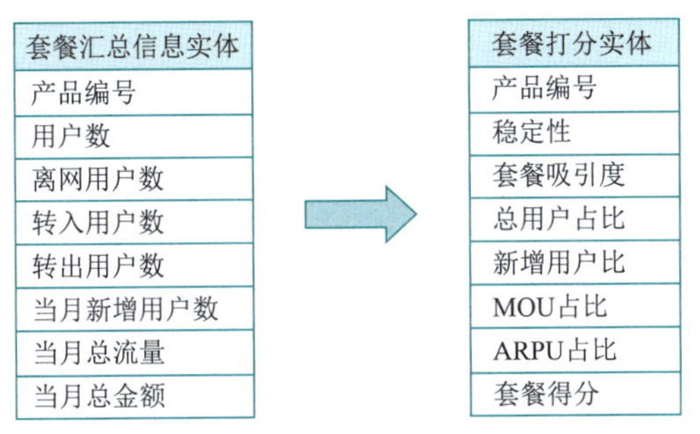

图 3-27　DWT 层至 ADS 层汇总过程

小　　结

本章主要介绍数据仓库设计原则及设计模式，数据仓库规划及设计过程。介绍企业进行数据仓库建设前期的需求分析、数据仓库主题分析、逻辑模型设计及物理模型设计的相关理论，并结合一个小型超市企业数据仓库设计的教学案例以及《电信资费产品评估》数据仓库建模设计项目，将理论与实践相结合，使读者能够从案例及项目中获取企业数据仓库设计及基于数据仓库的经营分析的实践经验。

思考与练习

一、问答题

1. 简述数据仓库设计的步骤。
2. 简述维有哪些类型。
3. 简述事实表有哪些类型。
4. 简述数据仓库维度建模设计的主要内容。

二、实践题

随着学生数量的增加以及教学管理要求的提高，某中学为满足数据信息化管理，拟建设数据仓库用于进行教学分析，目前，该校已有的教学管理系统包括课程管理和学生管理两个模块，假设该系统中的表如下：

学生表（学生 ID，姓名，性别，出生日期，籍贯，职务，班级 ID）

班级表（班级 ID，班级名，教室 ID，班主任 ID）

课程表（课程ID，课程名称，课程性质，学期ID，课时）

学期表（学期ID，学年名，学期名）

教师表（教师ID，教师姓名，性别，职称，出生日期，籍贯）

教室表（教室ID，教室地址）

教师任课表（教师ID，课程ID）

学生成绩表（学生ID，课程ID，成绩）

根据以上的系统表进行数据仓库的主题分析及维度建模设计。

第4章 数据仓库技术架构

大数据场景下的数据仓库项目开发应根据项目开发的逻辑流程分别进行技术场景分析、技术方案设计，并最终完成技术架构设计。其中，技术场景分析明确了系统的需求和约束条件，技术方案提供了实现这些需求和约束条件的具体方法，而技术架构则是对这些方法和需求进行抽象和整合，形成系统的整体框架和结构设计，确保了系统能够按照既定的技术路线和方法实现功能，并满足性能、成本、安全等方面的要求。

本章主要介绍基于大数据离线场景下的数据仓库项目的技术场景分析，包括了数据仓库的各种特点分析，随后详细介绍了围绕数据仓库开发过程的各类技术路线（具体包括数据采集、数据集成、数据存储、数据计算、任务调度、联机分析处理）并进行技术方案说明，最终实现完整的技术链路，形成数据仓库项目的技术架构设计。通过学习本章内容，使读者可以在进行数据仓库项目设计开发时进行正确合理的技术场景分析、技术选型与架构，深入理解各个技术链路的技术特点及需要关注并解决的现实问题。

本章知识导图

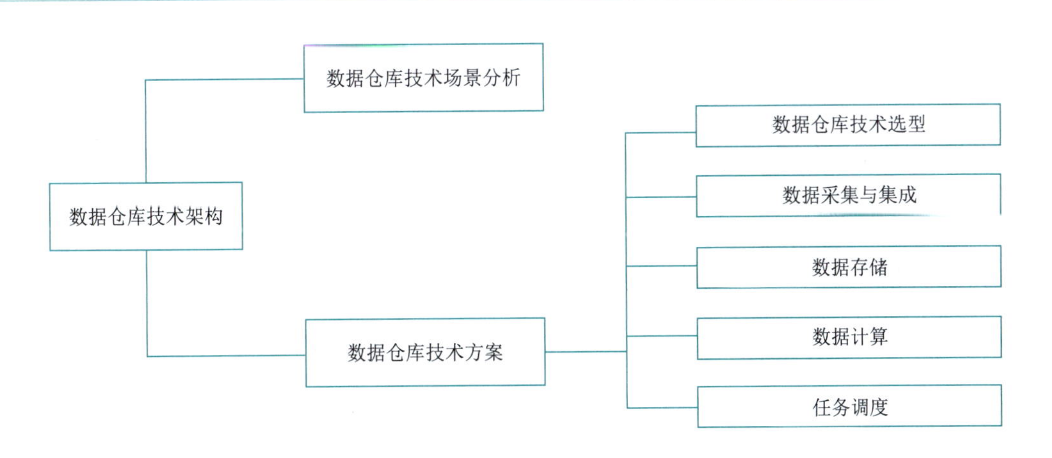

学习目标

◎ **了解：** 数据仓库的技术场景分析、技术解决方案设计及其基本技术原理。

◎ **理解：** 数据仓库平台中使用的技术方案及技术流程原理，大数据技术框架选型依据。

◎ **掌握**：熟练掌握常见的数据仓库应用场景的技术方案和技术链路设计，具体包括数据采集、数据集成、数据存储、数据计算、任务调度等核心技术，并能够在实践中灵活运用。

4.1 数据仓库技术场景分析

视频

数据仓库技术场景分析

数据仓库的技术场景分析是对数据仓库项目进行应用场景或问题域的全面剖析，旨在深入理解其背景、需求、限制条件以及潜在的技术挑战。这一过程为后续的技术方案设计和技术架构构建提供了基础与指导。

数据仓库以其批处理方式、相对较低的数据时效性、高容量、广泛的应用场景以及面向主题的数据模型等特征，在企业数据管理和决策支持中发挥着重要作用，主要体现在数据容量、数据时效性、数据处理方式、应用场景以及数据模型等方面。

1. 数据高容量

离线场景下的数据仓库通常设计用于存储大量历史数据，能够处理并存储PB级甚至更高级别的数据量，为企业提供了丰富的历史数据资源。

2. 数据时效性相对较低

相较于实时场景下的数据仓库，离线数仓的数据更新和查询响应时间相对较长。传统离线数据仓库的数据时效性是T+1，即数据通常是在第二天才能被处理和查询到。即使调度频率可以设置成小时级，也只能满足部分时效性要求不高的场景。

3. 数据处理方式

（1）批处理：离线场景下的数据仓库通过批处理作业来处理数据，这意味着数据是在一定时间周期内被收集、存储，并一次性地进行处理。这种处理方式与实时场景下的数据仓库的流式处理形成鲜明对比。

（2）ETL过程：离线场景下的数据仓库的数据处理通常包括数据抽取（extract）、数据清洗和转换（transform）、数据加载（load）三个步骤，即ETL过程。这一过程确保了数据从源系统到数仓的准确性和一致性。

4. 应用场景

（1）历史数据分析：离线场景下的数据仓库广泛应用于需要进行历史数据分析、报告生成的应用场景，如销售分析、市场趋势预测、客户行为分析等。在这些场景下，数据的全面性和分析深度比数据的实时性更为重要。

（2）非实时决策支持：由于数据时效性相对较低，离线场景下的数据仓库更适合为企业的非实时决策提供支持，如月度财务报表、年度销售总结等。

5. 数据模型

（1）面向主题：离线场景下的数据仓库的数据模型通常是面向主题的，即根据业务需求将数据进行整合、分析和归类，形成具有特定业务含义的数据集合。

（2）多层次结构：离线场景下的数据仓库的数据模型通常包括多个数据分层，以满足不同层次的业务需求，具体内容详见3.4.2节。

4.2　数据仓库技术方案

视 频

数据仓库技术方案

数据仓库的技术方案是一个复杂而系统的过程，主要是通过数据采集、数据集成、数据存储、数据计算、任务调度和OLAP等关键技术路线的有机结合，实现了对历史数据的全面采集、高效存储、深度加工和便捷查询等功能，对于数据仓库技术方案的设计应基于上述技术场景分析和技术选型的基础上，针对特定问题或需求提出的具体解决方案。

数据仓库的技术方案应涵盖实现目标所需的技术路线、方法、步骤及所需资源等，对于其中关键的技术路线及其需实现的核心功能如下所述。

4.2.1　数据仓库技术选型

大数据数据仓库的技术选型是一个综合性的过程，涉及数据采集、数据集成、数据存储、数据计算、任务调度和OLAP联机分析处理等多个环节，下面对于上述不同的技术环节进行了简要说明介绍，并列举了实践中常用的数据仓库技术选型信息，具体相关内容见表4-1。

表 4-1　数据仓库技术选型

技术选型	技术框架
数据采集	Apache Flume（海量日志采集、聚合和传输系统）
数据集成	Apache SeaTunnel（数据集成框架）
数据存储	Apache Hadoop(HDFS 分布式文件系统)
数据计算	Apache Spark（计算引擎）、Apache Hive（数仓处理工具）
任务调度	Apache DolphinScheduler（工作流调度平台）
OLAP联机分析处理	Apache Kylin（分布式分析数据库，可提供多维分析能力）

1. 数据采集与集成

数据采集与集成负责从各种数据源（如社交媒体、业务系统、物联网设备等）的数据摄取，包括批量导入工具和实时数据流处理工具。

数据采集是大数据数据仓库的起点，主要目的是从各种数据源中捕获数据。常见的数据采集技术框架如下所示：

（1）Flume：Apache Flume是一个分布式、可靠且可用的服务，用于高效地收集、聚合和移动大量日志数据。

（2）Kafka：作为分布式流处理平台，Kafka能够高效地收集来自不同源的数据，支持高吞吐量的数据写入。

（3）HTTP接口：对于某些应用，可能需要通过HTTP接口实时或批量地获取数据。

数据集成是将来自不同数据源的数据整合到一起的过程，确保数据的准确性和一致性。常见的数据集成技术框架如下所示：

（1）Apache SeaTunnel：Apache SeaTunnel是一个开源的数据集成框架，支持多种数据源之间的数据同步和集成，广泛应用于企业数据共享和多源数据处理场景。

（2）Apache NiFi：Apache NiFi是一个易于使用、强大且可靠的系统，用于数据流的自动化管理和自动化处理，支持多种数据源和目标，提供数据路由、转换和系统中介逻辑等丰富的功能。

（3）Kafka Connect：Kafka Connect是Apache Kafka的一部分，用于将数据流从各种源系

统连接到Kafka，并支持将数据从Kafka导出到目标系统。它提供了一个可扩展的连接器框架，使得用户可以轻松地编写自定义连接器以支持新的数据源和目标。Kafka Connect支持高吞吐量的数据传输，适用于实时数据流处理场景。

2. 数据存储

数据存储是大数据数据仓库的核心环节，需要选择适合的数据存储技术来满足数据存储需求。在数据采集过程中需要指定采集数据的存储系统，包括分布式文件系统（如HDFS）、NoSQL数据库和数据仓库等存储解决方案。

常见的数据存储技术框架或工具如下所示：

（1）分布式存储：如Hadoop HDFS、HBase等，适用于大规模非结构化或半结构化数据的存储。

（2）关系型数据库：如Oracle、SQL Server等，适用于结构化数据的存储。

3. 数据计算

数据计算是大数据数据仓库中处理和分析数据的关键环节，是对存储系统的数据进行预处理、清洗、转换和分析。

常见的数据计算技术框架如下所示：

（1）Spark：基于内存计算的分布式处理框架，支持批处理和流处理，提供高效的数据处理能力。

（2）Hive：基于Hadoop的数据仓库工具，支持类SQL查询语言HiveQL，使得用户能够方便地进行数据分析。

（3）Flink：支持高吞吐、低延迟的流处理框架，适用于实时数据处理场景。

4. 任务调度

任务调度是离线数据仓库中自动化处理任务的重要环节，它负责按照一定的时间表和依赖关系自动执行数据采集、数据计算等任务，是大数据数据仓库中自动化执行数据抽取、转换和加载（ETL）等任务的关键。常见的任务调度框架或工具如下所示：

（1）Apache DolphinScheduler：是一个分布式易扩展的可视化DAG（有向无环图）工作流任务调度系统，旨在解决大数据任务之间错综复杂的依赖关系，提供开箱即用的数据处理解决方案。

（2）Azkaban：基于Web的开源批量工作流任务调度器，支持任务流程图可视化操作。

（3）Airflow：Airbnb开源的任务调度平台，支持复杂的DAG（有向无环图）工作流，具有可扩展性和动态性。

5. 联机分析处理

联机分析处理（OLAP）是数据仓库中提供数据分析和决策支持的关键技术。开源的OLAP框架是大数据领域中用于支持复杂数据分析的一类工具，它们通常基于数据仓库或多维数据模型，提供高效的查询和分析能力。常见的OLAP技术框架如下所示：

（1）Apache Kylin是一个分布式的分析引擎，专为大数据环境中的快速分析和查询而设计。通过构建OLAP（联机分析处理）立方体，极大地提升了数据查询的效率。

（2）Doris（原名Palo）是一款高性能、开源的实时分析数据仓库，旨在为用户提供毫秒级查询响应、高并发、高可用以及易于扩展的OLAP解决方案，支持PB级别的数据存储和分析。

（3）Druid是一个开源的实时分析数据存储和查询引擎，由MetaMarkets开发并于2015年开源。专为快速查询和分析大规模的实时和历史数据而设计，适用于需要实时监控、实时分析和实时洞察的应用场景。

4.2.2 数据采集与集成

数据采集又称为数据获取，在大数据场景下的数据采集是指从各类数据源中获取数据并传输到数据存储引擎上的技术框架，目前开源领域的主流的数据采集框架包括Apache Flume、DataX等。

数据集成是一个数据整合过程，是指通过各类数据源，将异构数据整合归纳在一起，对各类异构数据的数据格式、取值方式在落地存储之前进行集成，去除冗余，保证数据质量，目前开源领域的主流的数据集成框架是Apache Seatunnel。

数据采集和数据集成的核心功能都实现了将原始数据源摄取到数据存储系统上的应用功能，所不同的是原始数据源的支持范围有所差异，具体的应用方式如图4-1所示。

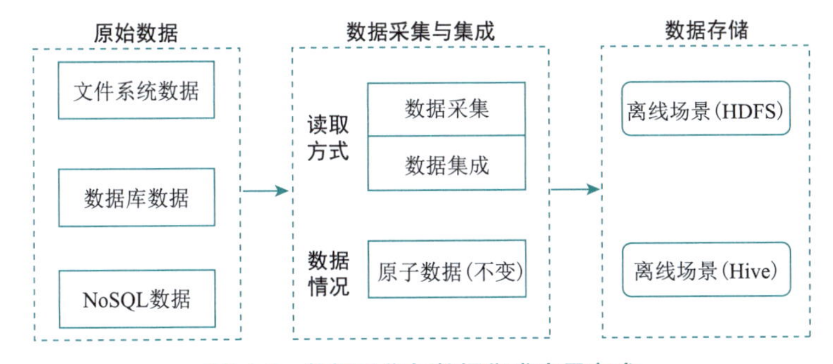

图 4-1　数据采集与数据集成应用方式

另外，数据采集和数据集成需要关注下列几个方面内容：

（1）支持丰富的数据源：包括数据库、文件系统、NoSQL数据库等。

（2）数据收集方式：针对不同数据来源，拥有多种数据采集或数据集成方式，典型包括支持文件数据的Flume日志数据采集和支持数据源范围更广的Seatunnel数据集成这两种主要方式。

（3）收集性能：如何保障在数据收集过程中提升性能、缓解压力，比如负载均衡。

（4）容错处理：如何保障在数据收集过程中进行容错处理，比如故障转移。

（5）附属功能：在数据收集过程中是否具备简单的数据过滤、处理等功能，比如加密、简单的ETL规范化处理等。

4.2.3 数据存储

数据存储是信息技术中至关重要的一个环节，涉及将数据以某种格式保存起来，以便在需要时能够方便地检索和使用。在离线数据仓库的上下文中，数据存储特指将采集到的业务数据按照一定的组织结构和存储策略保存在数据仓库中，以支持后续的数据分析和决策过程。目前广泛使用的数据存储方式分为结构化数据、半结构化数据和非结构化数据。

数据存储技术是指用于将数据以特定格式存储在介质中，以便未来可以方便、安全、高效地检索和使用的技术集合，常见的数据存储技术包括文件系统、数据库及各种类型的NoSQL数据库（如键值对、列式存储、文档型等）等，具体情况如图4-2所示。

数据存储技术是数据仓库构建中的重要环节，它与数据采集、数据计算、资源管理等密切相关，在离线数据仓库应用中主要使用的数据存储技术如下所示：

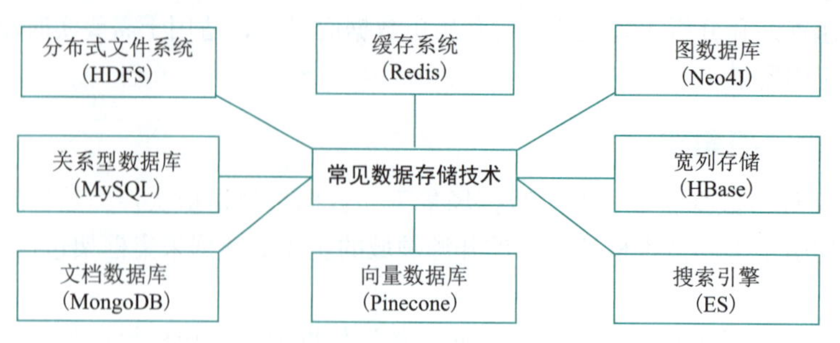

图 4-2 数据存储技术分类

1. 分布式文件系统

分布式文件系统（如Hadoop HDFS）将大文件分割成多个小文件块，并将这些文件块存储在网络中的多个节点上。这种存储方式能够充分利用集群的计算和存储资源，提供高可用性和容错性。

HDFS是Hadoop生态系统中的核心组件之一，广泛用于大数据存储和处理场景。在离线数据仓库中，HDFS常用于存储原始数据和经过处理后的中间结果。

2. 大数据数据仓库系统

数据仓库系统（如Hive）是建立在分布式文件系统之上的数据管理系统，它提供了类似SQL的数据查询和分析功能。数据仓库系统通过优化查询计划和数据存储结构，提高了大规模数据集的处理效率和查询性能。

Hive是离线数据仓库中常用的数据仓库系统之一，它支持复杂的查询语句和自定义函数，能够处理PB级别的数据集。Hive表通常用于存储经过清洗和转换后的业务数据，为数据分析和报表生成提供支持。

4.2.4 数据计算

大数据中的数据计算是一个复杂而关键的过程，它涉及对海量、多样化且快速生成的数据进行高效、准确的处理和分析。

1. 数据计算分类

根据不同的大数据计算场景，数据计算主要包括了离线计算、实时计算、即席查询和图计算，而在数据仓库的构建过程中主要使用Hadoop MapReduce、Hive和Apache Spark计算框架和计算工具。

1）离线计算

离线计算是指对大规模数据集进行一次性处理的过程，通常用于处理历史数据或离线数据。

离线计算的典型技术包括Hadoop MapReduce和Apache Spark，是离线计算的代表性技术。Hadoop MapReduce通过Map和Reduce两个阶段对数据进行分布式处理，而Spark则基于内存计算，提供了更好的处理速度和灵活性。

2）实时计算

实时计算即流处理计算，是指对实时数据流进行连续、无界的处理，通常用于处理实时生成的数据。

实时计算的典型技术包括Apache Spark Streaming和Apache Flink，是流处理计算的代表性技术。Apache Spark Streaming基于Spark的批处理引擎实现了高吞吐量的数据流的微批处理，而 Apache Flink 则基于数据的事件时间实现数据流的实时计算。

3）即席查询

即席查询是指对数据库或数据仓库中的数据进行快速、灵活的查询分析，通常用于满足临时性的数据分析需求。即席查询需要支持快速的响应时间和复杂的查询逻辑，以便用户能够快速地获取所需的信息。

4）图计算

图计算是基于图模型的数据分析方法，用于处理具有复杂关系的数据集。图计算在社交网络分析、推荐系统、金融欺诈检测等领域具有广泛的应用。

2. 数据计算方式

在大数据数据仓库构建过程中，处理和分析大数据时常用的几种计算方式包括了明细计算、统计计算、累计计算和多维计算。它们各自具有不同的特点和应用场景，下面将分别进行概述。

1）明细计算

明细计算是指对大数据集中的每一条记录或每一项数据进行详细、精确的计算和记录。它保留了数据的原始性和完整性，是后续进行统计分析、累计计算和多维计算的基础。

应用场景：

（1）财务报表中的每一项收支记录。

（2）电子商务网站中的每一个订单详情。

（3）物联网设备采集的每一条传感器数据。

计算特点：

（1）明细计算的数据量大，数据维度多。

（2）明细计算需要高效的存储和计算技术来支持。

（3）明细计算的计算结果是后续进行各类分析计算的原始数据来源。

2）统计计算

统计计算是基于大数据集进行的汇总、分析和解释的过程。它通过对大量数据的整理、分类、计算和比较，揭示数据背后的规律和趋势。

应用场景：

（1）用户行为分析，如浏览量、点击率、转化率等指标的统计。

（2）市场调研，如消费者偏好、市场份额等数据的统计。

（3）运营数据分析，如销售业绩、库存状况等指标的统计。

计算特点：

（1）常用的统计指标有平均值、中位数、众数、方差、标准差等。

（2）统计计算结果可以通过图表、报告等形式直观地展示分析结果。

3）累计计算

累计计算是指对大数据集中的数据进行连续累加或累减的过程。它关注数据在时间序列上的累积效应，常用于计算总量、增量或减量等，一般应用于实时计算场景。

应用场景：

（1）用户累计消费金额的计算。

（2）网站累计访问量的统计。

（3）股票累计涨跌幅的计算。

计算特点：

（1）累计计算强调数据在时间维度上的累积性。

（2）累计计算需要考虑数据的时序性和连续性。

（3）累计计算结果通常用于评估长期趋势或累积效应。

4）多维计算

多维计算是指在多个维度上对大数据集进行综合分析的过程。它通过将数据划分为不同的维度，并在每个维度上进行计算和分析，以揭示数据之间的复杂关系和模式。

应用场景：

（1）交叉销售分析，如不同年龄段、性别、地域的消费者对产品的偏好分析。

（2）供应链优化，如从成本、时间、质量等多个维度评估供应商的表现。

（3）风险评估，如从多个财务指标和市场指标综合评估企业的风险状况。

计算特点：

（1）多维计算强调数据的多维度性和综合性。

（2）多维计算需要使用复杂的数据分析技术和算法。

（3）多维计算结果通常用于支持决策制定和战略规划。

综上所述，明细计算、统计计算、累计计算和多维计算在大数据计算中各有其独特的价值和作用。各种计算方式相互补充，共同构成了大数据分析和应用的完整体系。

4.2.5 任务调度

1. 任务调度概述

大数据任务调度是大数据处理中的一项关键技术，主要负责协调和管理各种数据处理任务的执行。任务调度的核心构成涵盖了任务的全生命周期管理，从任务的定义、依赖管理、资源分配到执行监控、异常处理，确保了任务能够高效、稳定地执行，满足各种业务需求。

大数据任务调度的主要功能包括：

（1）任务定义。用户或系统可以定义各种数据处理任务，如数据采集、数据清洗、数据转换、数据分析等。

（2）任务依赖管理。任务之间往往存在复杂的依赖关系，任务调度系统需要能够识别并处理这些依赖关系，确保任务按照正确的顺序执行。

（3）资源分配。在有限的计算资源下，任务调度系统需要合理地分配资源给各个任务，以最大化资源利用率和任务执行效率。

（4）任务执行监控。实时监控任务的执行状态，包括任务是否正在运行、已完成、失败或等待中。提供任务执行进度的可视化界面，帮助用户或管理员了解任务的执行情况。

（5）异常处理。任务执行过程中可能会出现各种异常情况，如数据错误、资源不足等，任务调度系统需要能够及时发现并处理这些异常，确保系统的稳定性和可靠性。

2. 任务调度与数据仓库

大数据任务调度在大数据数据仓库的建设和运维中发挥着至关重要的作用。通过合理的任务定义、依赖管理、资源分配、任务监控和异常处理，任务调度系统能够确保数据仓库中的数据能够及时、准确地更新，为企业的数据分析和决策支持提供有力保障。

在离线数据仓库的构建过程中，数据计算往往会以作业的形式呈现，而作业又由多个任务并行执行，在任务触发并执行的过程中完成了数据计算。

任务调度与数据仓库之间存在着紧密的联系和互动关系，主要体现在以下几个方面：

（1）数据计算支持。数据仓库的建设和运维中，各种数据计算过程是不可或缺的一环。任务调度负责将来自不同数据源的数据按照预定的规则进行提取、转换和加载到数据仓库中，并可进行各类数据统计计算。任务调度系统通过定义和执行计算任务，自动化地完成数据的抽取、转换、加载、统计等过程，确保数据仓库中的数据能够及时、准确地更新。

（2）任务依赖管理。数据仓库中的计算任务往往存在复杂的依赖关系，如某个任务的输出可能是另一个任务的输入。任务调度系统通过管理这些依赖关系，确保ETL任务能够按照正确的顺序执行，避免数据不一致和错误的发生。

（3）资源优化。数据仓库的计算任务通常需要消耗大量的计算资源和存储资源。任务调度系统通过合理的资源分配和负载均衡策略，优化计算任务的执行过程，提高资源利用率和任务执行效率。

（4）异常监控与处理。数据仓库中的计算任务在执行过程中可能会遇到各种异常情况，如数据源中断、数据质量问题等。任务调度系统通过实时监控计算任务的执行状态，及时发现并处理这些异常情况，确保数据仓库的稳定性和可靠性。

小　结

本章主要介绍数据仓库的技术方案，具体包括了数据仓库技术场景分析和数据仓库技术构成相关的理论知识。其中，对数据仓库技术构成从实践过程出发将具体的技术实现流程一一进行了相关介绍，使读者能够从中获取数据仓库建设过程涉及的完整技术知识和实践经验。

思考与练习

一、问答题

1. 简述数据仓库应用实践的主要过程。
2. 简述数据仓库的主要特征。
3. 简述数据仓库应用实践的核心技术环节。

二、实践题

选择某一业务场景，根据具体情况进行数据仓库技术方案设计。具体要求如下：

1. 分析技术场景的特征。
2. 设计技术方案和具体的技术环节并对技术环节进行技术选型。

第 5 章
数据集成与存储

面向数据仓库系统建设时，其数据获取面临数据量大、格式复杂、数据源异构等挑战。为解决这些问题，开源社区推出Flume数据采集框架和SeaTunnel数据集成框架，为数据采集、同步和集成提供技术解决方案，满足大数据处理需求，简化流程。

本章以案例教学法及企业项目实践为核心，深入讲解了大数据离线场景下的数据采集与同步技术。教学内容围绕数据采集和数据集成技术的理论展开，结合实际案例使读者更易理解和掌握。以互联网行业日志文件的采集与存储为例，阐述了基于Flume和SeaTunnel框架的数据采集与集成方案设计。此外，还通过电商行业的数据采集项目，展示了大数据在电商领域的重要性及应用，指导读者基于两大框架进行技术方案的设计与实践，以满足海量电商数据的处理需求。

本章知识导图

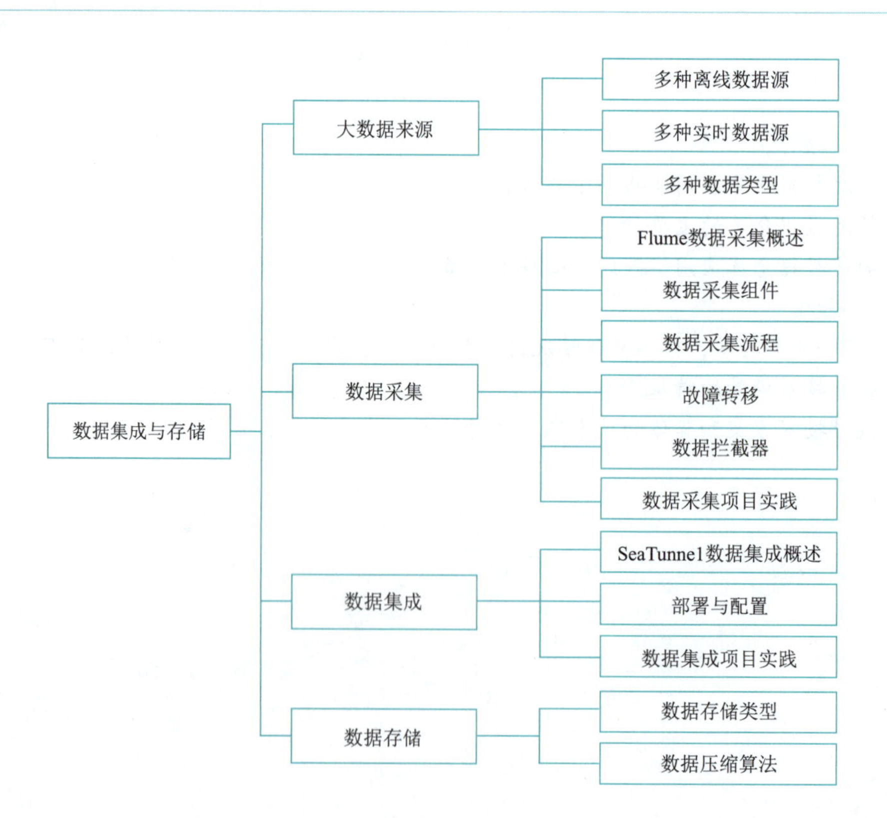

学习目标

◎ 了解：数据源分类及数据特征，数据类型之间的重要区别，数据采集、同步、集成的应用场景。

◎ 理解：数据采集的核心意义，数据采集的全流程处理逻辑，数据采集组件的功能特点，从而完成大数据平台的数据获取任务。

◎ 掌握：数据采集流程的相关理论知识，数据采集框架Flume和数据集成框架SeaTunnel的应用方式，并能够在实践中灵活运用。

◎ 应用分析：通过学习本章案例及项目实践，读者将能应用Flume进行数据文件的采集与存储，运用SeaTunnel实现数据库数据同步，并从中积累两大数据处理框架的实战经验，提升应用分析能力。

5.1　大数据来源

在进行大数据数据采集之前，针对大数据场景分别对离线场景和实时场景的不同先分析数据来源的主要构成，同时也对数据类型作了简单描述，这对于后期的数据采集实现中使用的数据输入、输出源及数据保存格式有更好的理解作用。

视 频

大数据来源

5.1.1　多种离线数据源

在离线场景中，大数据平台的主要数据来源其显著特征是数据体量较大，数据从产生到被加工、处理的时间周期较长，下列示例是离线场景中常见的数据来源类型。

（1）关系型数据库。关系型数据库是数据仓库的主要数据来源之一，其中存储了海量的结构化业务数据，如产品订单、交易、产品、店铺等数据。

（2）日志数据文件。日志数据是数据仓库的重要来源，其中存储了大量的结构化或半结构化数据，如用户的行为数据即埋点数据、程序运行日志、系统监控日志等。

（3）NoSQL数据库。NoSQL数据库是数据仓库的常见数据来源，比如存储服务接口数据的MongoDB、用于进行数据搜索的Elasticsearch、存储业务关联关系的图数据库Neo4j等。

5.1.2　多种实时数据源

在实时场景中，大数据平台的主要数据来源其显著特征是实时性较强，要求数据实时产生并被实时或近实时加工、处理，数据被处理的时间周期较短，如：消息队列数据源，即通过消息可以承载各种业务数据、报警数据、监控数据等；网络通信数据源，即底层网络通信数据、网关数据等。

5.1.3　多种数据类型

1. 结构化数据

结构化数据也称为行数据，是由二维表来逻辑表达及实现的数据，严格遵循数据格式与长度规范，主要通过关系数据库进行存储和管理。结构化数据有固定的字段数，每个字段有固定的数据类型（数字、字符、日期等），并且每个字段的字节长度也相对固定。数据以行为单位，一行数据表示一个实体的信息，每列表示实体的属性，对于结构化数据来讲通常是先有结构再有数据。

表5-1所示为结构化数据示例，为用户信息表，每行表示一个用户实体的各种属性信息。

表 5-1　用户信息表

num	name	age	gender	addr
001	张三	10	男	北京
002	李四	30	男	上海

2. 半结构化数据

半结构化数据是一种介于结构化数据（如关系型数据库中的数据）和非结构化数据（如声音、图像文件等）之间的数据形式。半结构化数据不遵循严格的数据模型，但仍然具有一定的组织结构，使其便于处理。常见的半结构化数据例子包括JSON和XML文件、邮件和HTML文档、日志文件等。这些数据类型通常用于存储和传输复杂的数据结构，如网页内容、配置文件、消息传递格式等。

下面的半结构化数据示例为用户行为日志数据，其数据格式为JSON格式的文档，示例选取了启动日志和页面浏览两种用户行为数据，一个JSON文档数据是由键值对组成的无序集合，键是字符串，值可以是任何类型，由一对花括号{ }包围，键和值之间用冒号分隔。键值对之间用逗号分隔。

用户启动行为数据如下所示：

```
{
    "action":"02",
    "eventType":"",
    "userDevice":"12345",
    "lonitude":"115.27267",
    "latitude":"36.90133",
    "ct":1578036900000,
    "exts":""
}
```

用户页面浏览行为数据如下所示：

```
{
    "action":"08",
    "eventType":"01",
    "userDevice":"12345",
    "lonitude":"115.27267",
    "latitude":"36.90133",
    "ct":"1578036200000",
    "targetSource":"01",
    "targetPage":"001"
}
```

3. 非结构化数据

非结构化数据是指数据结构不规则或不完整，没有预定义的数据模型，不方便用数据库二维逻辑表来表现的数据。这些数据包括所有格式的办公文档、文本、图片、HTML、各类报表、图像和音频/视频信息等。

典型非结构化数据包括：

（1）社交媒体：来自新浪微博、微信、QQ等平台的数据。

（2）网站：YouTube，Instagram，照片共享网站。

（3）通信：聊天、即时消息、电话录音、协作软件等。

（4）媒体：MP3、数码照片、音频文件、视频文件。

（5）卫星图像：天气数据、地形、军事活动。

（6）科学数据：石油和天然气勘探、空间勘探、地震图像、大气数据。

（7）数字监控：监控照片和视频。

5.2 数据采集

5.2.1 Flume数据采集概述

视频

数据采集

随着计算机、智能手机及各种智能终端设备的广泛流行和飞速发展，以及各类应用的数量不断增多，每天都会产生数以亿计的日志数据，需要通过日志数据进行剖析，比如用户行为日志分析、硬件设备运行状态分析以及各种流量分析等，对各种日志数据的收集需求也越来越迫切，所以需要一套高容错、高可用、可恢复的高性能日志收集系统来保证日志数据的收集，特别是确保日志数据的实时采集和简单加工处理。目前比较有代表性的日志收集技术是Cloudera公司提供的开源数据采集系统Flume。

1. Flume简介

Apache Flume是Cloudera公司开发的分布式、高可用的日志收集系统，是Hadoop生态圈内的关键组件之一，目前已开源给Apache开源社区。Flume原始版本为Flume-OG，经过对整体架构的重新设计，已改名为Flume-NG。Flume发展到现在已经不仅限于日志收集，还可以通过简单的配置收集不同数据源的海量数据并将数据准确高效地传输到不同的中心存储。在使用Flume的过程中，通过配置文件可以实现整个数据收集过程的负载均衡和故障转移，整个流程不需要修改Flume的任何代码。Flume具有上述的诸多特性得益于优秀的框架设计，Flume通过可扩展、插件化、组合式、高可用、高容错的设计模式，为用户提供了简单、高效、准确的轻量化大数据采集工具。

Apache Flume是一个分布式、高可靠、高可用的海量日志采集、聚合、传输的系统，其中Flume提供从本地文件、实时日志、REST消息、Thift、Avro、Syslog、Kafka等数据源上收集数据的能力，支持在日志系统中定制各类数据发送方，用于采集数据，提供对数据进行简单处理，并写到各种数据接收方的能力，另外，还提供了丰富的Source和Sink类型，并且支持自定义Source、Sink。

Flume主要功能特点：

• 良好的扩展性：Flume 的架构是完全分布式的，没有任何中心化组件，使得其非常容易扩展。

• 高度定制化：采用插拔式架构，各组件插拔式配置，用户可以很容易地根据需求自由定义。

• 良好的可靠性：Flume内置了事务支持，能保证发送的每条数据能够被下一跳收到而不丢失。

- 可恢复性：依赖于其核心组件channel，选择缓存类型为FileChannel，事件可持久化到本地文件系统中。

2. Flume基本架构及核心组件

1）Flume基本架构

Flume框架采用数据流模型，将多个节点连接起来，将最初的数据源经过收集、存储到最终的存储系统中。主要应用于集群外的数据导入到集群内，Flume框架体系结构如图5-1所示。

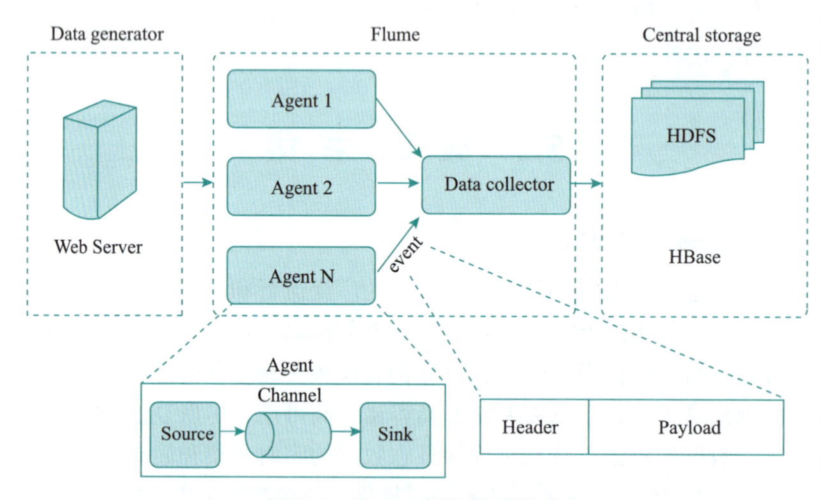

图5-1 Flume框架体系结构

（1）Data generator（数据生产器）。在Flume框架体系结构图中，Data generator可以视为数据的源头，即产生或提供数据给Flume进行处理的组件或系统，这一角色通常由Source组件承担。Source组件负责从各种数据源（如日志文件、网络端口、消息队列等）捕获数据，并将其封装成Flume的事件（Event）格式，然后推送到Channel中。因此，Data generator在Flume框架中可以理解为是那些能够生成或提供数据给Source组件的系统或组件。

（2）Flume采集流程。在Flume框架体系结构图中，Flume 的数据流是通过一系列称为Agent的组件构成的，Agent为最小的独立运行单位。Flume的Agent可以从客户端或前一个Agent接收数据，经过过滤（可选）、路由等操作，传递给下一个或多个Agent，直到抵达指定的目标系统。用户可根据需求拼接任意多个Agent构成一个数据流流水线。

Flume将数据流水线中传递的数据称为Event，每个Event由头部（Header）和字节数组（Payload）两部分构成，其中头部由一系列key/value对构成，可用于数据路由。字节数组封装了实际要传递的数据内容，通常是由avro、thrif、protobuf等对象序列化而成。Flume中Event可由专门的客户端程序产生，这些客户端程序将要发送的数据封装成 Event对象，调用Flume提供的SDK发送给Agent。

Flume的一个Agent就是Flume的一个部署实例，一个完整的Agent中包含了三个组件，即Source、Channel和Sink，Source是指数据的来源和方式，Channel是一个数据的缓冲池，Sink定义了数据输出的方式和目的地。

Flume采用了插拔式软件架构，所有组件均是可插拔的，用户可以根据自己的需求定制每个组件。Flume的数据采集一个event在一个Agent中的传输流程如图5-2所示。Flume数据采集的传输顺序为：Source→Interceptor→Selector→Channel→Sink Processor→Sink→数据存储或是下一级Agent。

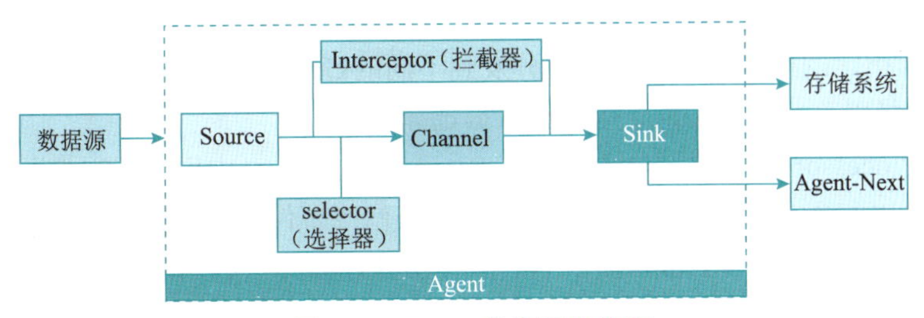

图 5-2　Flume 数据采集流程

（3）Central storage（中心存储）。在Flume框架体系结构图中，Central storage可以视为数据最终存储的目的地，这些目的地通常是分布式存储系统，如Hadoop Distributed File System（HDFS）、HBase等。Flume通过其Sink组件将数据从Channel传输到这些中心存储系统中。Sink组件负责从Channel中读取并移除事件（Event），然后将这些事件写入到指定的存储系统中。因此，在Flume框架体系结构图中，Central storage可以被视为由Sink组件所连接的各种分布式存储系统的统称。

2）Flume 组件

（1）Event（事件）：Event是Flume中的基本数据单元，由消息头和消息体组成。消息体通常包含要传输的日志数据或其他数据，而消息头则包含关于该事件的元数据，如时间戳、来源等。

（2）Source（数据源）：Source负责从外部数据源（如日志文件、网络数据等）获取数据，并将数据传递给Flume的下一级组件。Source可以是单个源，也可以是多个源的组合。当Source捕获到事件后，会进行特定的格式化，然后将事件推入到Channel中。常用的Source组件包括Taildir Source、Spooling Directory Source、Kafka Source、Avro Source等。

（3）Channel（数据通道）：Channel是Flume中的缓冲区，用于存储从Source获取的数据。它可以看作是一个管道，将保存事件直到Sink处理完该事件。Channel的存在是为了保证数据在传输过程中的可靠性，即使Sink处理数据出现延迟或者失败，数据也不会丢失，而是会在Channel中等待重新传输。Channel线程安全并且具有事务性，支持Source写失败重复写和Sink读失败重复读等操作。常用的Channel组件包括Memory Channel、File Channel、Kafka Channel等。

（4）Sink（数据目的地）：Sink负责将Channel中的数据发送到指定的目的地，如Hadoop HDFS、Kafka、HBase等。Sink可以将数据写入单个目的地，也可以复制数据并写入多个目的地。在数据传输过程中，Sink会负责数据的序列化和格式转换等操作。常用的Sink组件包括file、HDFS、logger、thrift、HBase、Kafka，以及自定义Sink组件等。

（5）Agent（采集代理）：Agent是Flume的核心组件，它是一个独立的进程，负责数据的收集、处理和传输。每个Agent都由一个或多个Source、Channel和Sink组成，这些组件共同协作以实现数据的流动。

（6）Interceptor（数据拦截器）：Interceptor是Flume中的一个组件，通常设置在Source和Channel之间。当Source接收到数据事件时，拦截器可以对这些事件进行转换、修改或删除操作，然后再将其写入到Channel中。每个拦截器只处理同一个Source接收到的事件，因此可以根据不同的需求使用不同的拦截器来处理数据。同时，Flume也支持自定义拦截器，用户可以根据自己的业务需要编写符合自己应用场景的拦截器。

（7）Selector（数据选择器）：Selector是Flume中的一个组件，用于实现数据的输出功能，它可以根据指定的规则或条件将事件分发到不同的Channel或Sink中，Flume提供了复制（replicating）和复用（multiplexing）等多种数据选择器。

（8）Sink Processor：Event Sink处理器，Processor是Flume中用于实现失败恢复和负载均衡的组件。它可以配置在Sink组件之前，用于处理或修改事件，或者根据一定的策略将事件分发到多个Sink或Channel中，Flume提供了故障转移处理器和负载均衡处理器等多种数据输出处理器。

3. Flume 部署与配置

备注： 本章配置里凡涉及服务器地址信息的相关参数使用node代表（node代表服务器的机器名），在进行应用练习时请参考个人实际情况，请勿照搬使用。

1）Flume 软件版本

本章所使用的Flume框架版本见表5-2。

表 5-2 Flume 框架使用版本

Flume版本	依赖的Java版本
Flume-1.9.0	Java 1.8

2）Flume 软件下载

Flume下载地址如图5-3所示，需要下载二进制软件包apache-flume-1.9.0-bin.tar.gz，比如下载到服务器（/opt/soft）。

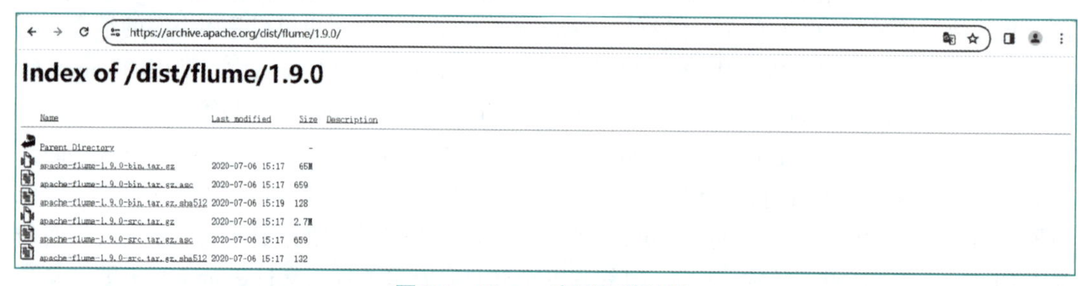

图 5-3 Flume 官网下载地址

3）解压软件包

解压下载软件包并将其安装到指定存储位置（/opt/framework），对解压后的软件包进行重命名处理。

```
## 解压 flume 软件包
tar -zxvf apache-flume-1.9.0-bin.tar.gz -C /opt/framework/
## 重命名目录
mv /opt/framework/apache-flume-1.9.0-bin  /opt/framework/flume-1.9.0
```

4）系统环境变量

安装完成Flume框架之后，需要设置Flume相关的全局系统环境变量并进行环境变量生效处理，命令如下所示：

（1）设置全局系统环境变量（/etc/profile）：

```
## 修改全局系统环境变量
vi /etc/profile
## 设置 Flum 系统环境变量
export FLUME_HOME=/opt/framework/flume-1.9.0
## 系统全局路径
export PATH=$PATH:$JAVA_HOME/bin:$FLUME_HOME/bin
```

（2）修改全局系统环境变量生效并测试：

```
##source 命令生效
source /etc/profile
## 检测系统环境变量
echo $FLUME_HOME
echo $PATH
```

具体运行完成后的情况如图 5-4 所示。

```
[root@node flume-1.9.0]#
[root@node flume-1.9.0]# echo $FLUME_HOME
/opt/framework/flume-1.9.0
[root@node flume-1.9.0]#
[root@node flume-1.9.0]#
[root@node flume-1.9.0]# echo $PATH
/usr/local/sbin:/usr/local/bin:/sbin:/bin:/usr/sbin:/usr/bin:/root/bin:/opt/framework/jdk1.8.0_301/bi
n:/opt/framework/scala-2.12.10/bin:/opt/framework/flume-1.9.0/bin:/opt/framework/hadoop-2.10.2/bin:/o
pt/framework/hadoop-2.10.2/sbin:/opt/framework/hive-2.3.9/bin:/opt/framework/spark-3.1.2/bin:/opt/fra
mework/spark-3.1.2/sbin:/opt/framework/kylin-4.0.3-spark3/bin:/opt/framework/zookeeper-3.6.4/bin:/opt
/framework/kafka-2.8.1/bin:
[root@node flume-1.9.0]#
```

图 5-4　检查 Flume 的系统环境变量

5）配置参数

配置 Flume 的运行环境参数：

```
## 重命名运行脚本模板文件
mv $FLUME_HOME/conf/flume-env.sh.template $FLUME_HOME/conf/flume-env.sh
## 打印 Java 安装路径并设置 flume 的 Java 安装路径
echo $JAVA_HOME
## 修改运行脚本文件
vi $FLUME_HOME/conf/flume-env.sh
## 修改 Flume 框架配置
export JAVA_HOME=/usr/java/jdk1.8.0_201-amd64
```

5.2.2　数据采集组件

Flume 框架主要使用 Flume-ng 版本进行数据采集，Flume 框架采集的数据流是通过一系列称为 Agent 的组件构成的，Agent 为最小的独立运行单位，Flume Agent 主要由三个核心组件构成，分别是数据源组件（Source）、数据通道组件（Channel）、数据输出组件（Sink）。具体信息如图 5-5 所示。

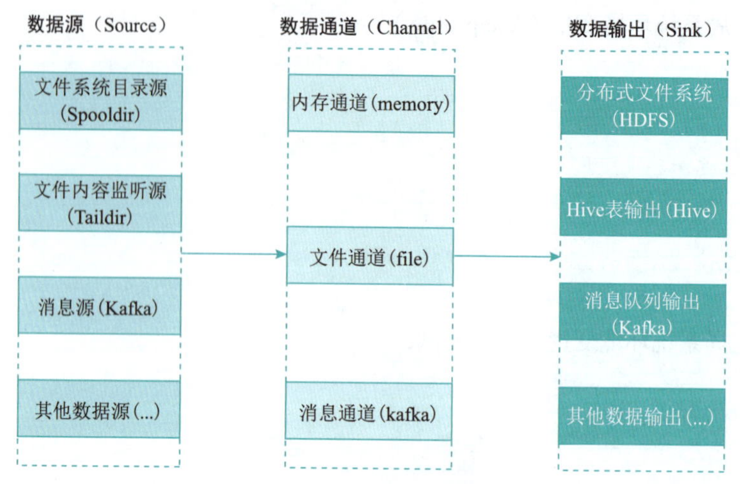

图 5-5　Flume 数据采集组件

1. 数据源组件（Source）

Flume框架支持多种数据来源进行数据采集，常用的组件类型包括了文件目录类型（Spooldir）、文件内容监听类型（Taildir）、消息队列类型（Kafka）等，常用Flume数据源及其具体使用如下所示。

1）文件目录类型数据源（Spooling Directory Source）

监听一个文件夹，收集文件夹下新文件数据，收集完新文件数据会将文件名称的后缀改为“.COMPLETED”，缺点是不支持老文件新增数据的收集，并且不能对嵌套文件夹递归监听，Spooling Directory Source组件具体属性信息见表5-3。

表 5-3　Spooling Directory Source 关键参数说明

参　数　名	参　数　值
type	类型名称spooldir
spoolDir	source监听的文件夹
fileHeader	是否添加文件的绝对路径到event的header中，默认值false
channels	source组件对接的channel组件名称

Spooling Directory Source组件使用示例如下所示：

```
a1.sources = r1
#Spooling Directory Source 数据源
a1.sources.r1.type = spooldir
a1.sources.r1.spoolDir = /opt/data/flume/spooldir
a1.sources.r1.fileHeader = true
```

说明： Agent名称为a1，Source名称为r1，Source类型为spooldir，r1监听的文件目录路径为/opt/data/flume/spooldir。

2）文件内容监听类型数据源（Taildir Source）

监听一个文件或文件夹，通过正则表达式匹配需要监听的数据源文件，支持文件夹嵌套递归监听，Taildir Source将通过监听的文件位置写入到文件中实现断点续传，并且能够保证没有重复数据的读取。Taildir Source关键参数说明见表5-4。

表 5-4　Taildir Source 关键参数说明

参　数　名	参　数　值
type	类型名称 TAILDIR
positionFile	保存监听文件读取位置的文件路径
batchSize	批量写入 channel 最大 event 数，默认值 100
fileHeader	是否添加文件的绝对路径到 event 的 header 中，默认值 false
fileHeaderKey	添加到 event header 中文件绝对路径的键值，默认值 file
filegroups	监听的文件组列表，taildirsource 通过文件组监听多个目录或文件
filegroups.<filegroupName>	文件正则表达式路径或者监听指定文件路径

Taildir Source 组件使用示例如下所示：

```
a1.sources = r1
#Taildir Source 数据源
a1.sources.r1.type = TAILDIR
a1.sources.r1.positionFile = /opt/data/flume/taildir/taildir_position.json
a1.sources.r1.filegroups = f1 f2
a1.sources.r1.filegroups.f1 = /opt/data/flume/taildir/t1/taildir_example.log
a1.sources.r1.filegroups.f2 = /opt/data/flume/taildir/t2/.*log.*
a1.sources.r1.fileHeader = true
```

说明： Agent 名称为 a1，Source 名称为 r1，Source 类型为 TAILDIR，r1 对接的 channel 名称为 c1，保存监听文件读取位置信息的文件路径为 /opt/data/flume/taildir/taildir_position.json，监听文件列表包含两个监听文件组——f1、f2，f1 监听指定 log 文件 /opt/data/flume/taildir/t1/taildir_example.log，f2 通过正则表达式匹配 /opt/data/flume/taildir/t2 路径下包含 log 关键字的所有文件，并且可以将文件的绝对路径添加到 event 的头信息中。

3）消息队列类型数据源（Kafka Source）

对接分布式消息队列 Kafka，作为 Kafka 的消费者持续从 Kafka 中拉取数据，如果多个 Kafka Source 同时消费 Kafka 中同一个主题（topic），则 Kafka Source 的 kafka.consumer.group.id 应该设置成相同的组 id，多个 Kafka Source 之间不会消费重复的数据，每一个 Source 都会拉取 topic 下的不同数据。Kafka Source 关键参数说明见表 5-5。

表 5-5　Kafka Source 关键参数说明

参　数　名	参　数　值
type	类型名称 org.apache.flume.source.kafka.KafkaSource
kafka.bootstrap.servers	Kafka broker 列表，建议配置集群方式即多个服务器访问地址，其中格式为 ip:port，多个值使用逗号隔开
kafka.topics	消费的 topic 主题名词
kafka.consumer.group.id	Kafka Source 所属 kafka 消费组，默认值为 flume
batchSize	批量写入 channel 的最大消息数，默认值 1 000
batchDurationMillis	等待批量写入 channel 的最长时间，这个参数和 batchSize 只要有一个满足都会触发批量写入 channel 操作，默认值 1 000（单位：毫秒）
channels	source 组件对接的 channel 组件名称

Kafka Source 组件使用示例如下所示：

```
a1.sources = r1
#Kafka Source 数据源
a1.sources.r1.type = org.apache.flume.source.kafka.KafkaSource
a1.sources.r1.channels = c1
a1.sources.r1batchSize = 5000
a1.sources.r1.batchDurationMillis = 2000
a1.sources.r1.kafka.bootstrap.servers = node:9092
a1.sources.r1.kafka.topics = test
a1.sources.r1.kafka.consumer.group.id = flume_kafka_source
```

说明： Agent名称为a1，Source名称为r1,Source类型为org.apache.flume.source.kafka.KafkaSource，r1对接的channel名称为c1，r1批量写入c1的最大消息数为5 000，r1等待批量写入c1的最长时间为2 s，r1拉取数据的kafka broker列表为node:9092，r1消费的主题名称为test，r1所属的consumer group id为flume_kafka_source。

2. 数据通道组件（Channel）

Flume框架内置了数据通道组件，用来在数据源组件和数据输出组件之间进行缓冲和数据流量控制，常用的组件类型包括了文件通道（File Channel）类型、内存通道（Memory Channel）类型、消息通道（Kafka Channel）类型等。

1）文件通道（File Channel）

File Channel将event写入磁盘文件，与Memory Channel相比存储容量大，无数据丢失风险。File Channle数据存储路径可以配置多磁盘文件路径，通过磁盘并行写入提高File Channel性能。Flume将Event顺序写入到File Channel文件的末尾，在配置文件中通过设置maxFileSize参数配置数据文件大小，当被写入的文件大小达到上限时，Flume会重新创建新的文件存储写入的Event。当然数据文件数量也不会无限增长，当一个已关闭的只读数据文件中的Event被读取完成，并且Sink已经提交读取完成的事务，则Flume将删除存储该数据的文件。Flume通过设置检查点和备份检查点实现在Agent重启之后快速将File Channle中的数据按顺序回放到内存中，保证在Agent失败重启后仍然能够快速安全地提供服。File Channel组件主要属性信息见表5-6。

表5-6 File Channel关键参数说明

参数名	参数值
type	类型名称file
capacity	channel中存储的最大event数，默认值100
transactionCapacity	一次事务中写入和读取的event最大数，默认值100
byteCapacityBufferPercentage	缓冲空间占Channel容量（byteCapacity）的百分比，为event中的头信息保留了空间，默认值20%
byteCapacity	Channel占用内存的最大容量，默认值为Flume堆内存的80%，如果该参数设置为0，则强制设置Channel占用内存为200 GB

File Channel组件使用示例如下所示：

```
a1.channels = c1
#File channel 数据通道
a1.channels.c1.type = file
a1.channels.c1.checkpointDir = /opt/data/flume/channels/checkpoint
```

```
    a1.channels.c1.dataDirs = /opt/data/log1, /opt/data/log2
    a1.channels.c1.useDualCheckpoints = true
    a1.channels.c1.backupCheckpointDir = /opt/data/flume/channels/ck_backup/
checkpoint
```

说明： Agent名称为a1，Channel名称为c1,channel类型为file，检查点路径为系统某一存储路径，数据存放路径为系统某一存储路径，开启备份检查点，备份检查点路径为系统某一存储路径。

2）内存通道（Memory Channel）

对比其他Channel, Memory Channel读写速度快，但是存储数据量小，Flume进程挂掉、服务器停机或者重启都会导致数据丢失。部署Flume Agent的线上服务器内存资源充足、不关心数据丢失的场景下可以使用，特别是生产环境不建议使用。Memory Channel组件主要属性信息见表5-7。

表 5-7　Memory Channel 关键参数说明

参 数 名	参 数 值
type	类型名称memory
capacity	channel中存储的最大event数，默认值100
transactionCapacity	一次事务中写入和读取的event最大数，默认值100
byteCapacityBufferPercentage	缓冲空间占Channel容量（byteCapacity）的百分比，为event中的头信息保留了空间，默认值20%
byteCapacity	Channel占用内存的最大容量，默认值为Flume堆内存的80%，如果该参数设置为0则强制设置Channel占用内存为200 GB

Memory Channel组件使用示例如下所示：

```
    a1.channels = c1
    #Memory channel 数据通道
    a1.channels.c1.type = memory
    a1.channels.c1.capacity = 10000
    a1.channels.c1.transactionCapacity = 10000
```

说明： Agent名称为a1,Channel名称为c1,channel类型为memory,channel中存储的最大event数为10 000，一次事务中可读取或添加的event数为10 000。

3）消息通道（Kafka Channel）

Kafka是一款开源的分布式消息队列，在消息传递过程中引入Kafka会从很大程度上降低系统之间的耦合度，提高系统稳定性和容错能力。在Flume框架中，Kafka Channel允许事件（Events）被存储在Kafka集群中，而不是传统的内存或文件系统中。这使得Flume能够利用Kafka的可靠性和扩展性来增强数据传输的稳定性和效率。Kafka Channel组件主要属性信息见表5-8。

表 5-8　Kafka Channel 关键参数说明

参 数 名	参 数 值
type	类型名称org.apache.flume.channel.kafka.KafkaChannel
kafka.bootstrap.servers	访问的kafka集群服务地址及端口

续表

参 数 名	参 数 值
kafka.topic	访问的kafka消息主题topic
kafka.consumer.group.id	访问kafka消息主题的消费组编号

Kafka Channel组件使用示例如下所示。

```
# 配置 kafka channel
a1.channels = c1
a1.channels.c1.type = org.apache.flume.channel.kafka.KafkaChannel
a1.channels.c1.kafka.bootstrap.servers = kafka1:9092,kafka2:9092
a1.channels.c1.kafka.topic = myTopic
a1.channels.c1.kafka.consumer.group.id = flume-consumer
```

说明： Agent名称为a1，Channel名称为c1,channel类型为KafkaChannel, channel中连接的kafka服务器为kafka1和kafka2，访问端口为9092，访问kafka的topic为myTopic，消费组编号为flume-consumer。

3. 数据输出组件（Sink）

Flume框架支持多种数据输出目的地，常用的组件类型包括了分布式文件系统输出类型（HDFS Sink）、Hive数据表输出类型（Hive Sink）、消息通道输出类型（Kafka Sink）等。

1）分布式文件系统输出（HDFS Sink）

HDFS是目前主流的分布式文件系统，具有高容错、可扩展、高性能、低成本等特点。HDFS Sink将Event写入HDFS文件存储，能够有效地长期存储大量数据。HDFS Sink组件主要属性信息见表5-9。

表 5-9 HDFS Sink 关键参数说明

参 数 名	参 数 值
type	类型名称HDFS
hdfs.path	HDFS存储路径，支持按日期时间分区
hdfs.filePrefix	Event输出到HDFS的文件名前缀，默认前缀为FlumeData
hdfs.fileSuffix	source组件对接的channel组件名称
hdfs.rollInterval	HDFS文件滚动生成时间间隔，默认值为30 s，该值设置为0表示文件不根据时间滚动生成
hdfs.rollSize	临时文件滚动生成大小，默认值为1 024 B，该值设置为0表示文件不根据文件大小滚动生成
hdfs.rollCount	临时文件滚动生成的Event数，默认值为10，该值设置为0表示文件不根据Event数滚动生成
hdfs.idleTimeout	临时文件等待Event写入的超时时间，达到超时时间临时文件自动关闭，重命名为目标文件名称，默认值为0秒，该值设置为0表示禁用此功能，不自动关闭临时文件
hdfs.batchSize	Flume批量写入HDFS的Event数量，默认值为100
hdfs.codeC	文件压缩格式，目前支持的压缩格式有gzip、bzip2、lzo、lzop、snappy，默认不采用压缩
hdfs.roundUnit	按时间分区使用的时间单位，可以选择second(秒)、minute(分钟)、hour(小时)三种粒度的时间单位，默认值为second
hdfs.callTimeout	操作HDFS文件的超时时间，如果需要写入HDFS文件的Event数比较大或者发生了打开、写入、刷新、关闭文件超时的问题，可以根据实际情况适当增大超时时间。默认值为10 000 ms

HDFS Sink配置示例如下所示：

```
# 定义 agent 的组件名称
```

```
a1.sinks = k1
#HDFS Sink 数据目的地
a1.sinks.k1.type = hdfs
a1.sinks.k1.hdfs.path = hdfs://node:8020/data/log/%Y%m%d
a1.sinks.k1.hdfs.filePrefix = log-
a1.sinks.k1.hdfs.round = true
a1.sinks.k1.hdfs.roundValue = 10
a1.sinks.k1.hdfs.roundUnit = minute
a1.sinks.k1.hdfs.callTimeout = 60000
```

说明：Event将会被写入到HDFS系统某目录中，并且按照年月日分区，生成的文件前缀为“log-”，每10 min生成一个文件。

2）Hive数据表输出（Hive Sink）

Hive Sink组件的主要作用是将包含分割文本或JSON数据的事件流直接传输到Hive表中。这一过程通过使用Hive事务来完成，确保一旦事件被提交到Hive就会立即对Hive查询可见。此外，Hive Sink还支持将数据写入到指定的分区中，这些分区可以是预先创建的，也可以在需要时动态创建。Hive Sink组件主要属性信息见表5-10。

表 5-10　Hive Sink 关键参数说明

参 数 名	参 数 值
type	类型名称Hive
hive.metastore	配置Hive元数据的访问地址，通常是Thrift服务的地址和端口
hive.database	访问的Hive数据库
hive.table	访问的Hive数据表
serializer	配置数据序列化方式。Hive Sink支持多种序列化方式，如DELIMITED（分隔符方式）、JSON等

Hive Sink配置示例如下所示：

```
# 定义 agent 的组件名称
a1.sinks = k1
# 配置 Hive Sink
a1.sinks.k1.type = hive
a1.sinks.k1.hive.metastore = thrift://hive-metastore-host:9083
a1.sinks.k1.hive.database = ods_user
a1.sinks.k1.hive.table = ods_rsync_user_behavior
a1.sinks.k1.serializer = DELIMITED
```

3）消息通道输出（Kafka Sink）

在消息传递过程中引入Kafka会从很大程度上降低系统之间的耦合度，提高系统稳定性和容错能力。Flume通过Kafka Sink将Event写入到Kafka中的主题，其他应用通过订阅主题消费数据。Kafka Sink组件主要属性信息见表5-11。

表 5-11　Kafka Sink 关键参数说明

参 数 名	参 数 值
type	类型名称org.apche.flume.sink.kafka.KafkaSink
kafka.bootstrap.servers	Kafka broker列表，建议配置集群方式，即多个服务器访问地址，格式为ip:port，多个值使用逗号隔开

续表

参数名	参数值
kafka.topic	生产topic主题名词
kafka.producer.acks	设置Producer端发送消息到Borker是否等待接收Broker返回成功送达信号：0表示Producer发送消息到Broker之后不需要等待Broker返回成功送达的信号；1表示Broker接收到消息成功写入本地log文件后向Producer返回成功接收的信号，不需要等待所有的Follower全部同步完消息后再做回应
flumeBatchSize	Producer端单次批量发送的消息条数，该值应该根据实际环境适当调整，增大批量发送消息的条数能够在一定程度上提高性能，但是同时也增加了延迟和Producer端数据丢失的风险。默认值为100

Kafka Sink配置示例如下所示：

```
# 定义 agent 的组件名称
a1.sinks = k1
#Kafka Sink 数据目的地
a1.sinks.k1.type = org.apache.flume.sink.kafka.KafkaSink
a1.sinks.k1.kafka.topic= test
a1.sinks.k1.kafka.bootstrap.servers = node:9092
a1.sinks.k1.kafka.flumeBatchSize = 100
a1.sinks.k1.kafka.producer.acks = 1
a1.sinks.k1.kafka.producer.linger.ms = 10
a1.sinks.k1.kafka.producer.compression.type = lz4
```

说明：使用Kafka Sink向“test”主题批量发送lz4压缩的消息，批量发送的消息数量为100，延迟发送时间为10 ms。

5.2.3 数据采集流程

1. 数据采集流程介绍

基于Flume框架的数据采集流程如图5-6所示，通过选择不同类型数据源组件进行数据源读取，随后数据源（Source）组件通过数据通道（Channel）组件进行数据缓冲并最终通过数据输出（Sink）组件进行数据存储，至此整个数据采集流程全部完成。

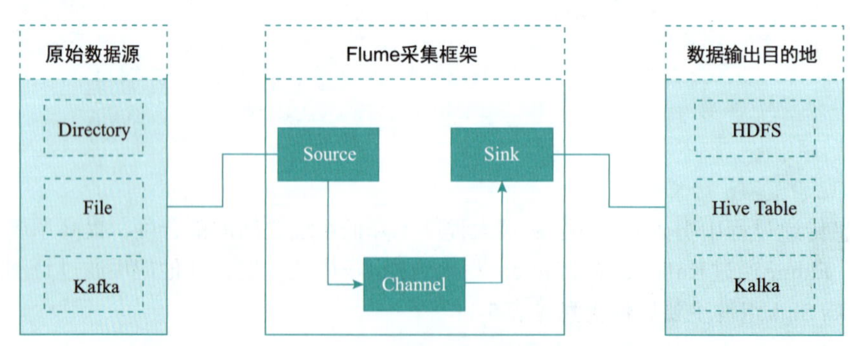

图5-6 数据采集流程图

2. 数据采集流程定义

Flume框架是通过读取数据采集流程文件来进行数据采集的，数据采集流程文件中分别对数据源、数据通道、数据输出的具体应用方式及相关参数进行了设置，整体上表达了数据采集的处理流程和采集细节，数据采集流程配置文件（flume_spooldir2hdfs.agent）具体示例如下所示：

```
## 采集流程设置
a.sources = r1
a.sinks = k1
a.channels = c1
## 数据源 source 设置：目录数据源
a.sources.r1.channels = c1
a.sources.r1.type = spooldir
a.sources.r1.spoolDir = /opt/data
## 数据通道 channel 设置：内存通道
a.channels.c1.type = memory
a.channels.c1.capacity = 1000
a.channels.c1.transactionCapacity = 100
## 数据输出 sink 设置：输出 HDFS
a.sinks.k1.channel = c1
a.sinks.k1.type = hdfs
a.sinks.k1.hdfs.path = hdfs://node:8020/flume/events/%y-%m-%d/
a.sinks.k1.hdfs.fileType = DataStream
a.sinks.k1.hdfs.round = true
a.sinks.k1.hdfs.roundValue = 60
a.sinks.k1.hdfs.roundUnit = second
a.sinks.k1.hdfs.rollInterval = 1
a.sinks.k1.hdfs.rollSize = 1048576
a.sinks.k1.hdfs.rollCount = 30
a.sinks.k1.hdfs.hdfs.callTimeout = 60
a.sinks.k1.hdfs.filePrefix = ul-
a.sinks.k1.hdfs.fileSuffix = .gz
a.sinks.k1.hdfs.codeC = gzip
a.sinks.k1.hdfs.writeFormat = Text
a.sinks.k1.hdfs.fileType = CompressedStream
a.sinks.k1.hdfs.useLocalTimeStamp = falase
a.sinks.k1.hdfs.idleTimeout = 5
```

3. 数据采集服务启动

通过flume-ng命令和agent参数指定采集任务以进程方式执行，另外通过指定具体的数据采集流程文件使得Flume框架明确采集流程的具体细节，启动flume采集进程执行数据采集任务。Flume数据采集服务启动命令具体示例如下所示：

```
##Flume 数据采集流程启动
##${FLUME_HOME} 代表系统全局环境变量

${FLUME_HOME}/bin/flume-ng agent -c ${FLUME_HOME}/conf \
-f ${FLUME_HOME}/agent/flume_agent_spooldir2hdfs.agent \
-n f \
-Dflume.root.logger=INFO,console \
-Dflume.monitoring.type=http \
-Dflume.monitoring.port=31001
```

5.2.4 故障转移

1. 故障转移介绍

在进行数据采集时可能会发生各种异常情况，为了保障数据采集流程能稳定运行，Flume框架内置了多种容错机制，其中故障转移是最为常见的一种。Flume的故障转移主要是解决当数据采集流程中的传输节点出现单点故障时，会根据设置的优先级别从之前设置的多条备选采集流程中选择一条传输线路继续进行数据传输，同时保证整个采集任务正确执行。Flume框架的故障转移机制如图5-7所示，使用Flume进行数据文件方式的数据收集，使用故障转移机制配置了两个Sink并分别配置了不同的优先级别和相同的输出属性，其中优先级高的作为主Sink（实线部分），其他的作为备份Sink（虚线部分），当主Sink失败时，故障转移机制会自动将数据发送到优先级最高的备份Sink来保障数据采集的高可用性和数据可靠性。

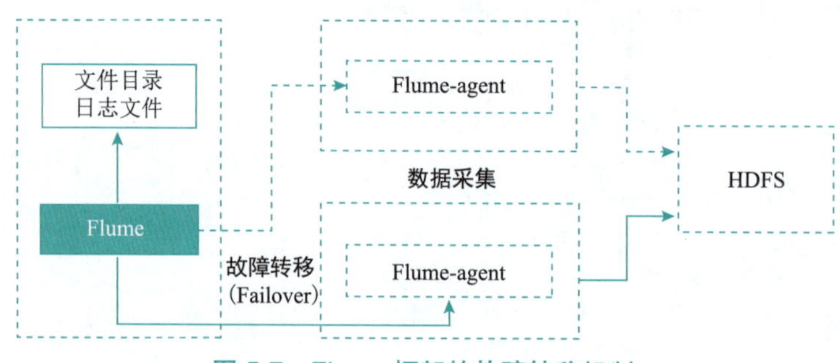

图 5-7 Flume 框架的故障转移机制

2. 故障转移应用

使用Flume框架解决故障转移问题本质上是通过集群设置多个数据采集点，对每个采集点上的输出端设置多个输出通道及其优先级，监听输出通道，一旦出现问题就切换到备选的数据通道上，这样就解决了数据丢失的问题。下面示例中所在的集群信息见表5-12。

表 5-12 Flume 集群

服务器	备注
node1	采集节点
node2	采集节点＋故障转移
node3	采集节点

定义数据采集流程定义文件（flume_spooldir2hdfs_failover.agent），其中加入故障转移功能的相关配置，保障数据采集流程稳定、安全的运行，故障转移应用具体示例如下所示：

```
#数据采集流程
a1.sources = r1
a1.sinks = k1 k2
a1.channels = c1 c3
#source--------------------------------
a1.sources.r1.type = spooldir
a1.sources.r1.channels = c1 c3
a1.sources.r1.spoolDir = /opt/logs/user_logs/
a1.sources.r1.batchSize = 10000
#channel--------------------------------
```

```
a1.channels.c1.type = file
a1.channels.c1.checkpointDir = /opt/framework/flume-1.9.0/data/c1_
channel_checkpoint
a1.channels.c1.dataDirs = /opt/framework/flume-1.9.0/data/c1_channel_data
a1.channels.c1.capacity = 1000000
a1.channels.c1.transactionCapacity = 10000
a1.channels.c1.keep-alive = 10
a1.channels.c3.type = file
a1.channels.c3.checkpointDir = /opt/framework/flume-1.9.0/data/c3_
channel_checkpoint
a1.channels.c3.dataDirs = /opt/framework/flume-1.9.0/data/c3_channel_data
a1.channels.c3.capacity = 1000000
a1.channels.c3.transactionCapacity = 10000
a1.channels.c3.keep-alive = 10
#define sinkgroups------------------------------------
a1.sinkgroups = g1
a1.sinkgroups.g1.sinks = k1 k2
a1.sinkgroups.g1.processor.type = failover
#发生异常的sink故障转移优先级
a1.sinkgroups.g1.processor.priority.k1 = 100
a1.sinkgroups.g1.processor.priority.k2 = 10
#发生异常的sink最大故障转移时间（毫秒）
a1.sinkgroups.g1.processor.maxpenalty = 10000
#sink：输出到采集节点1
a1.sinks.k1.channel = c1
a1.sinks.k1.type = avro
a1.sinks.k1.hostname = node1
a1.sinks.k1.port = 6666
#sink：输出到采集节点3
a1.sinks.k2.channel = c3
a1.sinks.k2.type = avro
a1.sinks.k2.hostname = node3
a1.sinks.k2.port = 6666
```

数据采集任务执行：

```
##Flume数据采集流程启动（增加故障转移处理）
${FLUME_HOME}/bin/flume-ng agent -c ${FLUME_HOME}/conf \
-f ${FLUME_HOME}/agent/flume_spooldir2hdfs_failover.agent \
-n f \
-Dflume.root.logger=INFO,console \
-Dflume.monitoring.type=http \
-Dflume.monitoring.port=31001
```

5.2.5　数据拦截器

1. Flume 拦截器介绍

Flume Source组件将Event写入到Flume Channel组件之前可以使用拦截器对Event进行各

种逻辑处理，Flume Source和Flume Channel组件之间可以有多个拦截器，不同的拦截器使用不同的规则处理Event。拦截器是比较轻量级的插件，不建议使用拦截器对Event进行过于复杂的处理，复杂的处理操作可能需要耗费更多的时间，对Flume整体性能会产生负面的影响。

Flume已经提供的拦截器有时间戳拦截器（timestamp interceptor）、主机拦截器（host interceptor）、静态拦截器（static interceptor）、正则表达式过滤拦截器（regex filtering interceptor）等多种形式的拦截器。Flume也支持自定义编写拦截器，只需实现Interceptor接口，下面主要介绍内置的时间戳拦截器、主机拦截器以及用户自定义拦截器。

2. Flume 内置拦截器

1）时间戳拦截器

Flume使用时间戳拦截器在Event头信息中添加时间戳信息，Key为timestamp,Value为拦截器拦截Event时的时间戳。头信息时间戳的作用，比如HDFS存储的数据采用时间分区存储，Sink可以根据Event头信息中的时间戳将Event按照时间分区写入到HDFS。时间拦截器组件主要属性信息见表5-13。

表 5-13　时间拦截器关键参数

参数名	参数值
type	拦截器类型为timestamp
preserveExisting	如果头信息中存在timestamp时间戳信息，是否保留原来的时间戳信息，true保留，false使用新的时间戳替换已经存在的时间戳，默认值为false

时间拦截器应用示例如下：

```
## 配置 agent
a1.sources = r1
a1.channels = c1
## 设置时间拦截器
a1.sources.r1.interceptors = i1
a1.sources.r1.interceptors.i1.type = timestamp
```

2）主机拦截器

Flume使用主机拦截器在Event头信息中添加主机名称或者IP，Key通过参数hostHeader配置，默认值host，如果配置参数useIP设置为false，则Value值为主机名称，反之Value值为IP。主机拦截器的作用，比如Source将Event按照主机名称写入到不同的Channel中便于后续Sink对不同Channnel中的数据分开处理。主机拦截器组件主要属性信息见表5-14。

表 5-14　主机拦截器关键参数

参数名	参数值
type	拦截器类型为host
preserveExisting	如果头信息中存在主机信息，是否保留原来的主机信息，true保留，false使用新的主机信息替换已经存在的主机信息，默认值为false
useIP	是否使用IP作为主机信息写入头信息，默认值为false
hostHeader	设置头信息中主机信息的key，默认为host

主机拦截器应用示例如下：

```
## 配置 agent
a1.sources = r1
a1.channels = c1
## 设置主机拦截器
a1.sources.r1.interceptors = i1
a1.sources.r1.interceptors.i1.type = host
a1.sources.r1.interceptors.i1.useIP = true
a1.sources.r1.interceptors.i1.hostHeader = host
```

3）用户自定义拦截器

Flume作为一个成熟的大数据的采集框架，内置各种自带的拦截器，比如：时间拦截器、主机拦截器等，通过使用不同的拦截器实现不同的数据拦截功能。但是Flume内置的拦截器功能单一且局限性较大，如果想实现对采集数据进行安全加密处理、数据解析、附加外部信息等操作，内置的拦截器无法实现，因此如果需要对采集数据进行各种逻辑处理，可以通过实现用户自定义拦截器接口来满足此功能需求。

（1）构建Maven项目及开发环境。构建maven项目并添加flume依赖包，maven主要依赖配置如下所示：

```
<!-- flume 核心包引用 -->
<dependency>
    <groupId>org.apache.flume</groupId>
    <artifactId>flume-ng-core</artifactId>
    <version>1.9.0</version>
</dependency>
```

（2）实现Flume自定义拦截器接口。基于Base64编码算法实现Flume数据拦截器，为了保障数据安全，在数据丢失的情况下最大限度地保护数据不会被使用，当然也可以使用加密算法进行更高级、安全的数据处理，如对称加密算法AES等。

基于Base64数据编码处理的拦截器实现代码如下：

```
package com.bigdata.bc.flume.interceptor;
import com.google.common.collect.Lists;
import org.apache.commons.codec.binary.Base64;
import org.apache.commons.lang3.StringUtils;
import org.apache.flume.Context;
import org.apache.flume.Event;
import org.apache.flume.event.SimpleEvent;
import org.apache.flume.interceptor.Interceptor;
import org.slf4j.Logger;
import org.slf4j.LoggerFactory;
import java.nio.charset.StandardCharsets;
import java.util.List;
```

```
    /**
     * 数据编码处理拦截器
     */
    public class Base64Interceptor implements Interceptor {
        //日志
        private final static Logger LOG = LoggerFactory.
getLogger(Base64Interceptor.class);
        /**
         * 拦截处理逻辑
         * @param event 对原始数据进行数据编码拦截处理
         * @return
         */
        @Override
        public Event intercept(Event event) {
            String bodys = new String(event.getBody(), StandardCharsets.
UTF_8);
            byte[] bodyDatas = null;
            if (StringUtils.isNotEmpty(bodys)){
                try {
                    //数据编码
                    bodyDatas = Base64.encodeBase64(bodys.
getBytes(StandardCharsets.UTF_8));
                } catch (Exception e) {
                    e.printStackTrace();
                }
            }
            event.setBody(bodyDatas);
            return event;
        }
        /**
         * 数据流拦截处理
         */
        @Override
        public List<Event> intercept(List<Event> list) {
            List<Event> intercepted = Lists.newArrayListWithCapacity(list.
size());
            for (Event event : list) {
                Event interceptedEvent = intercept(event);
                if (interceptedEvent != null) {
                    intercepted.add(interceptedEvent);
                }
            }
            return intercepted;
        }
```

运行基于Base64数据编码处理的拦截器，结果均对数据进行了编码处理，具体情况如图5-8所示。

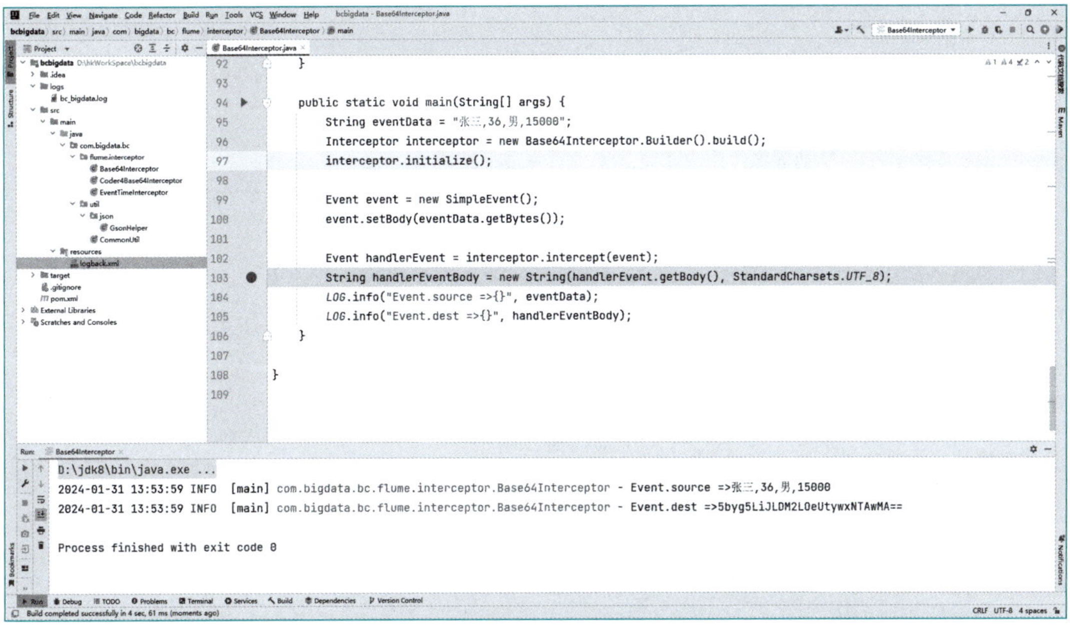

图 5-8 数据编码拦截器测试效果

基于事件时间的分区计算拦截器代码示例：

```
package com.bigdata.bc.flume.interceptor;
import com.bigdata.bc.util.json.FastJsonHelper;
import com.google.common.collect.Lists;
import org.apache.commons.lang3.StringUtils;
import org.apache.flume.Context;
import org.apache.flume.Event;
import org.apache.flume.event.SimpleEvent;
import org.apache.flume.interceptor.Interceptor;
import org.slf4j.Logger;
import org.slf4j.LoggerFactory;
import java.nio.charset.StandardCharsets;
import java.text.SimpleDateFormat;
import java.util.*;
/**
 * 基于事件时间的分区计算拦截器
 */
public class EventTimeInterceptor implements Interceptor {
    // 日志
    private final static Logger LOG = LoggerFactory.
getLogger(EventTimeInterceptor.class);
    // 事件时间数据列
    public static final String KEY_CT = "ct";
    // 时间 header
    public final static String HEADER_ET = "eventtime";
    // 日期格式化
    public static final String HEADER_ET_FORMAT = "yyyy-MM-dd";
```

```
        /**
         * 数据拦截处理逻辑
         * 主要依赖数据的事件时间进行分区计算，保障数据可以准确地保存到对应的分区目录中
         * @param event 对原始数据提取事件时间并进行转换
         */
        @Override
        public Event intercept(Event event) {
            //flume headers
            Map<String,String> headers = event.getHeaders();
            //数据采集对应的时间分区值（无事件时间值的分区目录为特殊目录 19700101)
            String partition = "19700101";
            //原始数据
            String bodys = new String(event.getBody(), StandardCharsets.
UTF_8);
            if (StringUtils.isNotEmpty(bodys)){
                try {
                    //抽取采集数据中的事件时间 (ct) 并进行日期计算，添加到 event 的
header 中
                    Map<String,Object> bodyValues = FastJsonHelper.
gJson2Obj(bodys,Map.class);
                    if(null != bodyValues){
                        //事件时间
                        Object ct = bodyValues.get(KEY_CT);
                        Long et = Long.valueOf(ct.toString());
                        partition = formatDate4Timestamp(et, HEADER_ET_
FORMAT);
                    }
                } catch (Exception e) {
                    e.printStackTrace();
                } finally {
                    //设置拦截器 header 用于存储 HDFS 数据文件的时间分区选择
                    headers.put(HEADER_ET, partition);
                    event.setHeaders(headers);
                }
            }
            return event;
        }
        /**
         * 数据流拦截处理
         * @param list
         * @return
         */
        @Override
        public List<Event> intercept(List<Event> list) {
            List<Event> intercepted = Lists.newArrayListWithCapacity(list.
size());
            for (Event event : list) {
                Event interceptedEvent = intercept(event);
                if (interceptedEvent != null) {
                    intercepted.add(interceptedEvent);
```

```
            }
        }
        return intercepted;
    }
    /**
     * Flume 自定义拦截器的内置构造器
     */
    public static class Builder implements Interceptor.Builder {
        @Override
        public Interceptor build() {
            return new EventTimeInterceptor();
        }
        @Override
        public void configure(Context context) {
        }
    }
}
```

运行基于事件时间分区计算的拦截器，结果均对数据进行了编码处理，具体情况如图 5-9 所示。

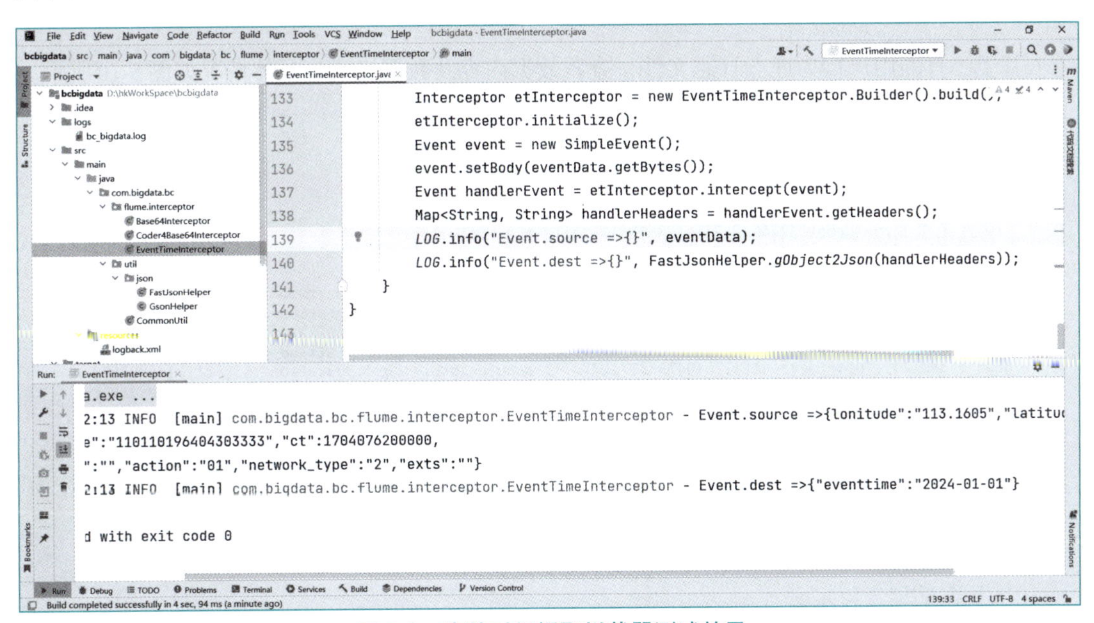

图 5-9　事件时间提取拦截器测试效果

5.2.6　数据采集项目实践

视 频

数据采集应用实践

1. 项目背景

随着互联网的发展，电子商务行业迅速崛起并成为全球经济的重要组成部分。互联网电商平台每天都会产生海量的数据，企业越来越注重用户体验和用户需求。为了更好地了解用户的行为习惯、兴趣爱好和需求，企业需要通过埋点日志采集来获取用户的访问记录、点击行为、页面停留时间等数据。这些数据可以帮助企业更准确地分析用户行为，优化产品设计和提升用户体验。

2. 实训目标与实训内容

1）实训目标

用户埋点日志通常包括了用户识别信息、行为事件的类型、发生时间、访问内容、输入信息及其他附加信息等，这些信息包含了用户在使用产品或服务过程中的详细数据，如页面浏览、点击事件、搜索查询、交易记录等。

学生通过设计埋点日志的数据采集方案及流程图，加深对数据采集理论知识的理解、数据采集流程的熟悉并提高技术架构的设计能力。学生通过对埋点日志采集的实践，熟练掌握数据采集技术中的核心组件——数据源、数据通道、数据目的地，可以根据应用场景和应用需求的不同选择匹配的组件组合予以应用并对其中的重要属性参数进行调优处理。

2）实训内容

（1）设计数据采集流程，明确数据采集流程的数据源和数据目的地的种类、连接方式及参数，依据数据量级选择匹配的数据通道。根据上述确定信息编写基于Flume的数据采集流程定义文件。

（2）启动Flume数据采集服务，编写数据采集脚本文件并执行数据采集任务，查看数据采集后的核对结果或记录标记。

3. 实训步骤

1）埋点日志数据准备

基于已有的用户行为埋点日志文件，查看数据内容及数据格式，具体情况如图5-10所示。

```
[root@node t1]# pwd
/opt/data/flume/taildir/t1
[root@node t1]#
[root@node t1]# ll
总用量 1688
-rw-r--r-- 1 root root 1724802 2月   5 12:12 taildir_example.log
[root@node t1]#
[root@node t1]# cat taildir_example.log
{"user_ip":"121.125.224.60","os":"2","lonitude":"117.46682999999999","latitude":"31.313","user_reg
ion":"340124","user_device":"110104196807107777","manufacturer":"07","duration":0,"ct":16400166000
00,"carrier":"1","event_type":"","action":"02","network_type":"1","exts":""}
{"user_ip":"104.224.145.185","os":"2","lonitude":"117.46682999999999","latitude":"31.313","user_re
gion":"340124","user_device":"110104196807107777","manufacturer":"03","duration":53,"ct":164001660
3000,"carrier":"1","event_type":"01","action":"08","network_type":"3","exts":"{\"target_page\":\"0
13006\",\"target_source\":\"03\"}"}
{"target_page":"013006","user_ip":"237.233.220.50","os":"2","lonitude":"117.46682999999999","latit
ude":"31.313","user_region":"340124","user_device":"110104196807107777","event_target":"105","manu
facturer":"03","duration":0,"ct":1640016600000,"carrier":"3","target_source":"03","event_type":"02
","action":"05","network_type":"3"}
```

图5-10 数据文件信息

2）数据采集流程定义

创建数据采集流程定义文件（flume2taildir4hdfs.agent），本采集流程细节为：在采集节点上监控指定的目录文件（SpoolDir Source组件），并将目录文件中的数据传输到内存通道中（Memory Channel组件），最终输出保存到HDFS系统的指定目录中（HDFS Sink组件）。具体的数据采集流程定义示例如下所示：

```
#flume 数据采集
f.sources = r1
f.sinks = k1
```

```
f.channels = c1
#source--------------------------------
f.sources.r1.type = TAILDIR
f.sources.r1.positionFile = /opt/data/flume/taildir/taildir_position.json
f.sources.r1.filegroups = f1
f.sources.r1.filegroups.f1 = /opt/data/flume/taildir/t1/taildir_example.log
f.sources.r1.fileHeader = true
f.sources.r1.channels = c1
f.sources.r1.maxBatchCount = 1000
#channel--------------------------------
f.channels.c1.type = memory
f.channels.c1.capacity = 1000000
f.channels.c1.transactionCapacity = 10000
#sink--------------------------------
f.sinks.k1.channel = c1
f.sinks.k1.type = hdfs
f.sinks.k1.hdfs.path = hdfs://node:8020/data/flume/data/
f.sinks.k1.hdfs.fileType = DataStream
f.sinks.k1.hdfs.round = true
f.sinks.k1.hdfs.roundValue = 60
f.sinks.k1.hdfs.roundUnit = second
f.sinks.k1.hdfs.rollInterval = 1
f.sinks.k1.hdfs.rollSize = 1048576
f.sinks.k1.hdfs.rollCount = 30
f.sinks.k1.hdfs.hdfs.callTimeout = 60
f.sinks.k1.hdfs.filePrefix = fl-
f.sinks.k1.hdfs.fileSuffix = .log
f.sinks.k1.hdfs.writeFormat = Text
f.sinks.k1.hdfs.useLocalTimeStamp = falase
f.sinks.k1.hdfs.idleTimeout = 5
```

3）数据采集任务执行

通过编写命令，对指定的采集流程进行数据采集处理，具体命令如下所示：

```
## 执行采集流程执行
${FLUME_HOME}/bin/flume-ng agent -c ${FLUME_HOME}/conf \
-f ${FLUME_HOME}/agent/flume2taildir4hdfs.agent \
-n f \
-Dflume.root.logger=INFO,console \
-Dflume.monitoring.type=http \
-Dflume.monitoring.port=31001
```

数据采集过程如图5-11所示。

4）数据采集结果核对

使用Flume框架完成基于文件监听方式的数据采集，结果核对主要由数据读取记录文件（taildir_position.json）和数据存储信息（hdfs系统的/data/flume/data）构成，具体核对结果信息如图5-12所示。

```
2024-02-05 13:09:46,972 (PollableSourceRunner-TaildirSource-r1) [INFO - org.apache.flume.source.ta
ildir.TailFile.readEvent(TailFile.java:159)] Backing off in file without newline: /opt/data/flume/
taildir/t1/taildir_example.log, inode: 102752561, pos: 1724802
2024-02-05 13:09:51,973 (PollableSourceRunner-TaildirSource-r1) [INFO - org.apache.flume.source.ta
ildir.TailFile.readEvent(TailFile.java:159)] Backing off in file without newline: /opt/data/flume/
taildir/t1/taildir_example.log, inode: 102752561, pos: 1724802
2024-02-05 13:09:56,975 (PollableSourceRunner-TaildirSource-r1) [INFO - org.apache.flume.source.ta
ildir.TailFile.readEvent(TailFile.java:159)] Backing off in file without newline: /opt/data/flume/
taildir/t1/taildir_example.log, inode: 102752561, pos: 1724802
2024-02-05 13:10:01,976 (PollableSourceRunner-TaildirSource-r1) [INFO - org.apache.flume.source.ta
ildir.TailFile.readEvent(TailFile.java:159)] Backing off in file without newline: /opt/data/flume/
taildir/t1/taildir_example.log, inode: 102752561, pos: 1724802
2024-02-05 13:10:06,980 (PollableSourceRunner-TaildirSource-r1) [INFO - org.apache.flume.source.ta
ildir.TailFile.readEvent(TailFile.java:159)] Backing off in file without newline: /opt/data/flume/
taildir/t1/taildir_example.log, inode: 102752561, pos: 1724802
2024-02-05 13:10:11,982 (PollableSourceRunner-TaildirSource-r1) [INFO - org.apache.flume.source.ta
ildir.TailFile.readEvent(TailFile.java:159)] Backing off in file without newline: /opt/data/flume/
taildir/t1/taildir_example.log, inode: 102752561, pos: 1724802
2024-02-05 13:10:16,983 (PollableSourceRunner-TaildirSource-r1) [INFO - org.apache.flume.source.ta
ildir.TailFile.readEvent(TailFile.java:159)] Backing off in file without newline: /opt/data/flume/
taildir/t1/taildir_example.log, inode: 102752561, pos: 1724802
```

图 5-11　数据采集执行过程信息

```
[root@node taildir]#
[root@node taildir]# ll
总用量 4
drwxr-xr-x 2 root root 33 2月   5 13:07 t1
-rw-r--r-- 1 root root 91 2月   5 13:33 taildir_position.json
[root@node taildir]# more taildir_position.json
[{"inode":102752561,"pos":1724802,"file":"/opt/data/flume/taildir/t1/taildir_example.log"}]
[root@node taildir]#
[root@node taildir]#
[root@node taildir]# hdfs dfs -ls /data/flume/data
24/02/05 13:34:09 WARN util.NativeCodeLoader: Unable to load native-hadoop library for your platfo
rm... using builtin-java classes where applicable
Found 376 items
-rw-r--r--   1 root supergroup       9068 2024-02-05 13:08 /data/flume/data/fl-.1707109731829.log
-rw-r--r--   1 root supergroup       9290 2024-02-05 13:08 /data/flume/data/fl-.1707109731830.log
-rw-r--r--   1 root supergroup       9221 2024-02-05 13:08 /data/flume/data/fl-.1707109731831.log
-rw-r--r--   1 root supergroup       9225 2024-02-05 13:08 /data/flume/data/fl-.1707109731832.log
-rw-r--r--   1 root supergroup       9322 2024-02-05 13:08 /data/flume/data/fl-.1707109731833.log
-rw-r--r--   1 root supergroup       9172 2024-02-05 13:08 /data/flume/data/fl-.1707109731834.log
-rw-r--r--   1 root supergroup       9224 2024-02-05 13:08 /data/flume/data/fl-.1707109731835.log
-rw-r--r--   1 root supergroup       9259 2024-02-05 13:08 /data/flume/data/fl-.1707109731836.log
-rw-r--r--   1 root supergroup       9258 2024-02-05 13:08 /data/flume/data/fl-.1707109731837.log
-rw-r--r--   1 root supergroup       9188 2024-02-05 13:08 /data/flume/data/fl-.1707109731838.log
-rw-r--r--   1 root supergroup       9232 2024-02-05 13:08 /data/flume/data/fl-.1707109731839.log
-rw-r--r--   1 root supergroup       9250 2024-02-05 13:08 /data/flume/data/fl-.1707109731840.log
-rw-r--r--   1 root supergroup       9279 2024-02-05 13:08 /data/flume/data/fl-.1707109731841.log
-rw-r--r--   1 root supergroup       9183 2024-02-05 13:08 /data/flume/data/fl-.1707109731842.log
```

图 5-12　数据采集结果核对

5.3 数据集成

视频

数据集成

5.3.1 SeaTunnel 数据集成概述

1. SeaTunnel 介绍

数据集成是指将来自不同数据源的数据整合到一起形成一个统一的数据集。这个过程包括从不同的数据源中收集数据，对数据进行清洗、转换、重构和整合，以便能够在一个统一的数据仓库或数据湖中进行存储和管理。

Apache SeaTunnel 是 Apache 软件基金会下的一个高性能开源大数据集成工具，同时也是新一代分布式超高性能云原生数据同步工具，为数据集成场景提供灵活易用、易扩展并支持千亿级数据集成的解决方案，已经在B站、腾讯云等数百家公司使用。

Apache SeaTunnel整体的特征和优势包括：

（1）支持上百种数据源、传输速度快、准确率高。

（2）降低复杂性，基于 API 开发的连接器能兼容离线同步、实时同步、全量同步、增量同步、CDC（数据变更捕获）实时同步等多种场景。

（3）简单易用，提供可拖动和类SQL语言界面，节省开发者更多时间，提供了作业可视化管理、调度、运行和监控能力，加速低代码和无代码工具的集成。

（4）简单易维护，支持单机和集群部署，可选择内置的SeaTunnel Zeta引擎部署，无须依赖Spark、Flink等大数据组件。

2. SeaTunnel 基本架构

Apache SeaTunnel框架针对数据集成场景内的主要工作，设计了数据连接器（connector）、底层执行引擎（engine）及Web客户端，SeaTunnel框架的整体架构如图5-13所示。

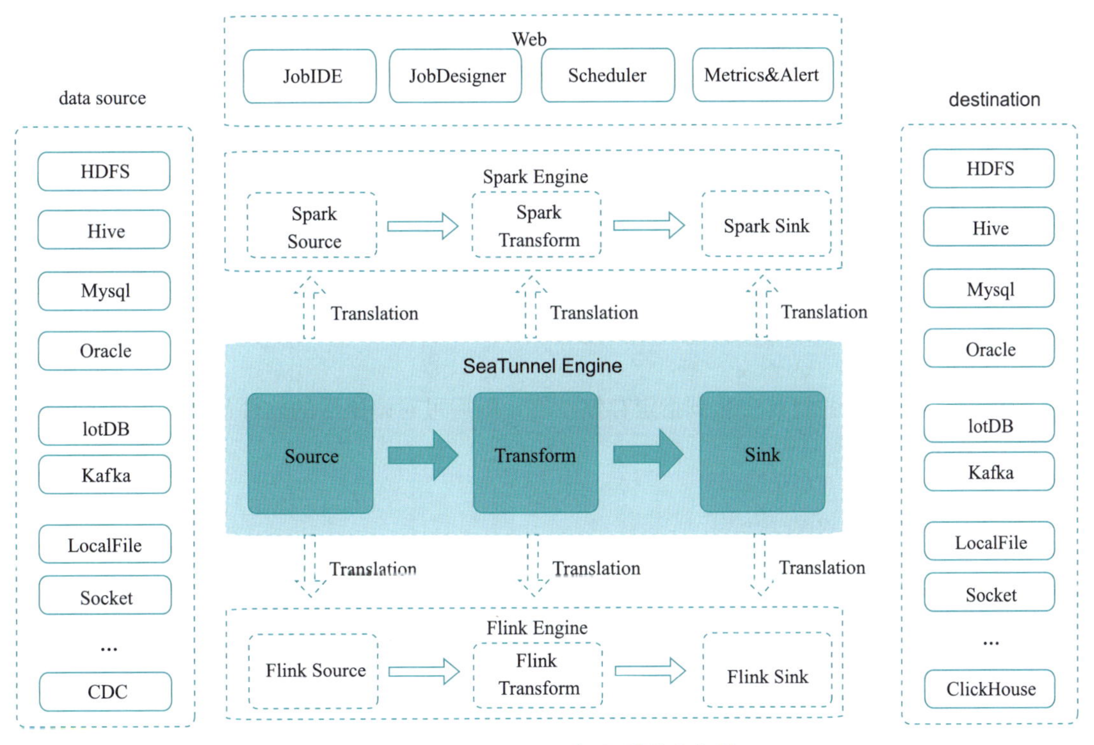

图 5-13　SeaTunnel 框架的整体架构

SeaTunnel整体架构组成如下：

（1）数据源：用于从各种数据源中读取数据，包含了目前所有常见的数据库，数据湖和数据仓库，以及国内外的 SaaS 服务。

（2）目标端：主要负责向目标端写入数据，包含了目前常见的数据库、数据湖、数据仓，以及国内外的 SaaS 服务。

（3）数据处理引擎：SeaTunnel 默认使用自己的引擎 SeaTunnel Engine 同步数据，同时也支持使用 Spark/Flink。

（4）数据连接器：基于这些连接器，有一个转化端，把连接器转化为适应不同引擎运行的Connector。

（5）Table API：为了降低上层的使用难度和提高通用性，提供了 Table API，基于 Table API，上层用户可以做Web端或者以 Table API的形式创建应用。

5.3.2 部署与配置

备注：本章中凡涉及服务器地址信息的相关参数使用node代表（node代表服务器的机器名），在进行应用练习时请参考个人实际情况，请勿照搬使用。

1. SeaTunnel 运行环境准备

1）SeaTunnel 软件下载

SeaTunnel框架可到官网下载，需要下载二进制软件包（apache-seatunnel-2.3.2-bin.tar.gz），具体如图5-14所示。

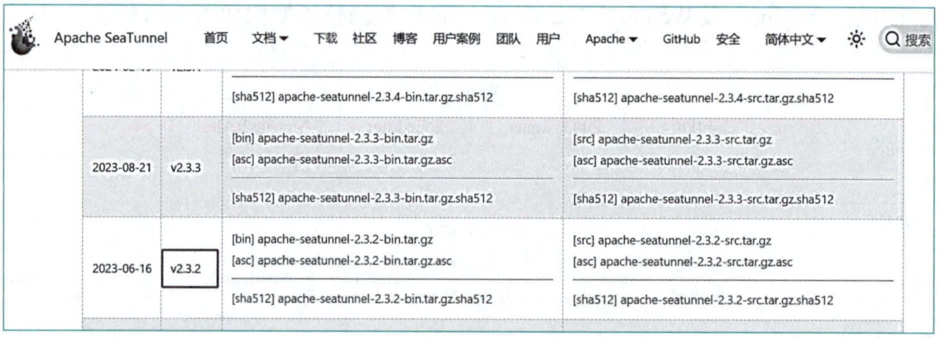

Apache SeaTunnel 首页 文档 下载 社区 博客 用户案例 团队 用户 Apache GitHub 安全 简体中文 搜索

		[sha512] apache-seatunnel-2.3.4-bin.tar.gz.sha512	[sha512] apache-seatunnel-2.3.4-src.tar.gz.sha512
2023-08-21	v2.3.3	[bin] apache-seatunnel-2.3.3-bin.tar.gz [asc] apache-seatunnel-2.3.3-bin.tar.gz.asc [sha512] apache-seatunnel-2.3.3-bin.tar.gz.sha512	[src] apache-seatunnel-2.3.3-src.tar.gz [asc] apache-seatunnel-2.3.3-src.tar.gz.asc [sha512] apache-seatunnel-2.3.3-src.tar.gz.sha512
2023-06-16	v2.3.2	[bin] apache-seatunnel-2.3.2-bin.tar.gz [asc] apache-seatunnel-2.3.2-bin.tar.gz.asc [sha512] apache-seatunnel-2.3.2-bin.tar.gz.sha512	[src] apache-seatunnel-2.3.2-src.tar.gz [asc] apache-seatunnel-2.3.2-src.tar.gz.asc [sha512] apache-seatunnel-2.3.2-src.tar.gz.sha512

图 5-14 Seatunnel 官网下载地址

2）解压软件包

解压下载软件包并将其安装到指定存储位置，随后可对解压后的软件包进行重命名处理，具体命令如下所示：

```
## 解压 SeaTunnel 软件包
tar -zxvf apache-seatunnel-2.3.2-bin.tar.gz -C /opt/framework/
## 重命名目录
mv /opt/framework/apache-seatunnel-2.3.2 /opt/framework/seatunnel-2.3.2
```

3）系统环境变量

对SeaTunnel框架设置全局系统环境变量，然后对全局系统环境变量进行生效、验证处理，具体操作过程如图5-15所示。

设置全局系统环境变量：

```
## 修改全局系统环境变量
vi /etc/profile
## 设置 Flum 系统环境变量
export SEATUNNEL_HOME=/opt/framework/seatunnel-2.3.2
## 系统全局路径
export PATH=$PATH:$JAVA_HOME/bin:$SEATUNNEL_HOME/bin
```

修改全局系统环境变量生效并测试，具体命令如下所示：

```
##source 命令生效
source /etc/profile
## 检测系统环境变量
echo $SEATUNNEL_HOME
echo $PATH
```

```
[root@node seatunnel-2.3.2]#
[root@node seatunnel-2.3.2]# echo $SEATUNNEL_HOME
/opt/framework/seatunnel-2.3.2
[root@node seatunnel-2.3.2]#
[root@node seatunnel-2.3.2]# echo $PATH
/usr/local/sbin:/usr/local/bin:/sbin:/bin:/usr/sbin:/usr/bin:/root/bin:/opt/framework/jdk1.8.0_301/bi
n:/opt/framework/scala-2.12.10/bin:/opt/framework/flume-1.9.0/bin:/opt/framework/seatunnel-2.3.2/bin:
/opt/framework/hadoop-2.10.2/bin:/opt/framework/hadoop-2.10.2/sbin:/opt/framework/hive-2.3.9/bin:/opt
/framework/spark-3.1.2/bin:/opt/framework/spark-3.1.2/sbin:/opt/framework/kylin-4.0.3-spark3/bin:/opt
/framework/zookeeper-3.6.4/bin:/opt/framework/kafka-2.8.1/bin:
[root@node seatunnel-2.3.2]#
```

图 5-15　检测 SeaTunnel 的系统环境变量

2. SeaTunnel 框架配置

1）日志设置

（1）创建日志目录：

```
## 进入框架目录
cd $SEATUNNEL_HOME
## 创建日志目录
mkdir logs
```

（2）日志参数设置：

```
## 进入框架目录
vi $SEATUNNEL_HOME/config/log4j2.properties
## 修改日志设置内容如下
property.file_path = /opt/framework/seatunnel-2.3.2/logs
property.file_name = seatunnel.log
property.file_split_size = 100MB
property.file_count = 100
property.file_ttl = 7d
```

2）数据连接插件

备注： 本示例中的数据连接插件均保存在 /opt/soft/seatunnel-plugins。

（1）数据连接插件概述。从 SeaTunnel 软件的 2.3 版本之后内置了两种数据插件：connector-fake-2.3.1 和 connector-console。其中，fake 插件可以提供随机数据，主要用于数据源组件的测试，console 插件可以将数据输出到控制台，主要用于数据目的地的测试。

数据连接插件的依赖包可以通过脚本进行下载使用，也可以提前下载好放置在相关位置，本示例中所有插件均保存在 $SEATUNNEL_HOME/connector。SeaTunnel 数据连接插件下载地址如图 5-16 所示。

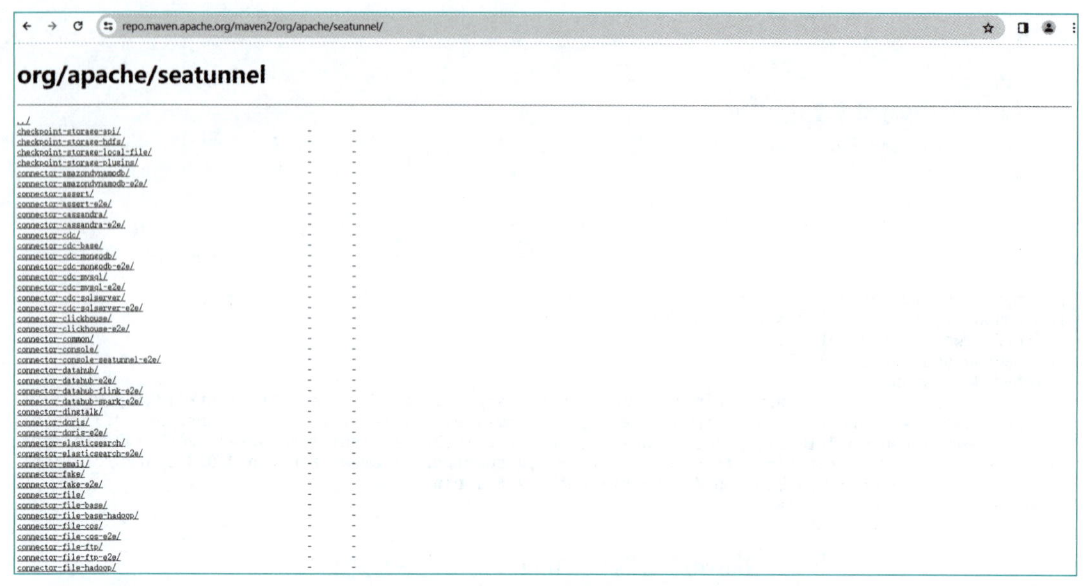

图 5-16　SeaTunnel 数据连接插件下载地址

（2）数据连接插件配置。配置路径：$SEATUNNEL_HOME/config/pluginconfig。

```
--connectors-v2--
connector-jdbc
connector-file-local
connector-file-hadoop
connector-hive
connector-doris
connector-kafka
--end--
```

（3）数据连接插件依赖包复制。数据连接插件依赖包的存储路径：${SEATUNNEL_HOME}/connectors/seatunnel/。选择将下载的数据连接插件复制到上述指定位置，具体操作命令如下所示：

```
## 复制依赖包
cp /opt/soft/seatunnel-plugins/*  ${SEATUNNEL_HOME}/connectors/
seatunnel/
```

3）SeaTunnel 框架的依赖包拷贝

（1）Hadoop依赖包复制：复制Hadoop依赖包到SeaTunnel的类库目录，具体命令如下所示：

```
## 复制 Hadoop 依赖包
cp /opt/soft/seatunnel-plugins/lib/seatunnel-hadoop3-3.1.4-uber-2.3.2-
optional.jar ${SEATUNNEL_HOME}/lib/
```

（2）Hive依赖包复制：复制Hive依赖包到SeaTunnel的类库目录，具体命令如下所示：

```
## 复制 Hive 依赖包
cp $HIVE_HOME/lib/hive-exec-2.3.9.jar ${SEATUNNEL_HOME}/lib/
```

（3）JDBC依赖包复制：复制JDBC依赖包到SeaTunnel的类库目录，具体命令如下所示：

```
## 复制 JDBC 依赖包
cp $HIVE_HOME/lib/mysql-connector-java-5.1.47-bin.jar  ${SEATUNNEL_
HOME}/lib/
```

5.3.3　数据集成项目实践

1. 项目背景

互联网平台每天都会产生海量的数据，其中用户埋点日志和业务数据是数据平台中非常重要的两种数据来源，彼此之间存在着紧密关系并往往是相互关联的。用户埋点日志主要记录了用户在使用产品或服务过程中的行为信息，如点击、浏览、搜索、购买等，而业务数据则是指用户在办理业务过程中产生的存储在数据库中的数据，如用户数据表、商品详情表等。通过对用户埋点日志和业务数据的结合分析，企业可以更全面地了解用户的行为和需求，实现更精准的用户画像和业务分析。

视频

数据集成应用实践

2. 实训目标与实训内容

1）实训目标

学生通过基于SeaTunnel框架进行数据集成方案的设计和流程规划，从而加深对数据集成理论知识的理解、熟悉数据集成流程并提高数据集成的架构设计能力及实践应用能力。学生通过对埋点日志、业务数据库表的数据集成实践，熟练掌握数据集成技术中的核心组件——数据源连接器，并可以根据应用场景和应用需求的不同选择匹配的组件组合予以应用并对其中的重要属性参数进行调优处理。

2）实训内容

（1）设计数据集成流程，明确数据集成任务中的数据源、目的地的连接器类型及参数。基于上述确定信息编写基于SeaTunnel的数据集成流程定义文件。

（2）启动SeaTunnel数据采集服务，编写数据采集脚本文件并执行数据采集任务，查看数据采集后的核对结果或记录标记。

3. 实训步骤

1）运行环境准备

使用SeaTunnel框架对本地数据文件进行数据采集，并将数据传输、保存到HDFS存储系统的指定目录，即创建数据采集任务定义文件（batch_localfile_hdfs.config）。

（1）Hadoop服务启动。启动Hadoop服务并通过jps命令进行检测，如图5-17所示。

```
[root@node seatunnel-2.3.2]#
[root@node seatunnel-2.3.2]# jps
1938 NameNode
2035 DataNode
2660 Jps
2405 ResourceManager
2185 SecondaryNameNode
2507 NodeManager
[root@node seatunnel-2.3.2]#
```

图5-17　检查Hadoop服务启动

（2）数据库初始化。创建数据库表对象并进行数据初始化加载。

① 数据库对象定义：

```
-- 数据库
create database if not exists hk default CHARSET utf8 collate utf8_general_ci;
-- 订单表
create table if not exists hk.tbl_orders (
order_id bigint(20) NOT NULL auto_increment COMMENT '订单自增id',
order_num varchar(32) NOT NULL COMMENT '订单号',
buyer_id varchar(20) NOT NULL COMMENT '买家id',
trade_status varchar(4) NOT NULL DEFAULT '0' COMMENT '交易状态：待支付、已支付、交易结束',
order_amount decimal(8,1) COMMENT '订单金额',
ct bigint(20) COMMENT '创建时间',
dt varchar(10) NOT NULL COMMENT '创建日期',
PRIMARY KEY (order_id)
) ENGINE=InnoDB DEFAULT CHARSET=utf8;
```

② 初始化加载数据：

```
-- 登录mysql
mysql -hnode -u root -p
--(1) 通过source命令执行创建数据表的sql语句文件
source /opt/scripts/sql/jdbc_table.sql
--(2) 通过source命令执行加载数据的sql语句文件
source /opt/scripts/sql/hk_jdbc_orders.sql
```

操作完成后，通过查看存储在MySQL的数据表核对库表数据。其中数据库对象操作结果如图5-18所示，数据核对结果如图5-19所示。

```
mysql> show tables;
+---------------+
| Tables_in_hk |
+---------------+
| goods        |
+---------------+
1 row in set (0.00 sec)

mysql> source /opt/scripts/sql/jdbc_table.sql;
Query OK, 1 row affected, 1 warning (0.00 sec)

Query OK, 0 rows affected (0.02 sec)

mysql> show tables;
+---------------+
| Tables_in_hk |
+---------------+
| goods        |
| tbl_orders   |
+---------------+
2 rows in set (0.00 sec)

mysql> source /opt/scripts/sql/hk_jdbc_orders.sql;
Query OK, 0 rows affected (0.00 sec)

Query OK, 0 rows affected (0.00 sec)
```

图 5-18　数据库初始化并加载数据

```
[root@node batch_config]# mysql -hlocalhost -uroot -p
Enter password:
Welcome to the MySQL monitor.  Commands end with ; or \g.
Your MySQL connection id is 4
Server version: 5.7.43 MySQL Community Server (GPL)

Copyright (c) 2000, 2023, Oracle and/or its affiliates.

Oracle is a registered trademark of Oracle Corporation and/or its
affiliates. Other names may be trademarks of their respective
owners.

Type 'help;' or '\h' for help. Type '\c' to clear the current input statement.

mysql> select * from hk.tbl_orders limit 10;
+----------+-----------+----------+--------------+--------------+---------------+----------+
| order_id | order_num | buyer_id | trade_status | order_amount | ct            | dt       |
+----------+-----------+----------+--------------+--------------+---------------+----------+
|        1 | 0tgojo2t  | hkg1blco | 04           |     361523.1 | 1688169600000 | 20230701 |
|        2 | 8o9y2om9  | m02hnbm8 | 02           |     208063.8 | 1688169600000 | 20230701 |
|        3 | d78ldqxf  | 04oltze6 | 01           |     400716.2 | 1688169600000 | 20230701 |
|        4 | 11kzcg83  | m8bc0sdy | 05           |     605634.9 | 1688169600000 | 20230701 |
|        5 | qbbzemrr  | 6ol4fny5 | 05           |     957388.4 | 1688169600000 | 20230701 |
|        6 | 6dpl0ckz  | 4d8qgc28 | 03           |     699416.3 | 1688169600000 | 20230701 |
|        7 | fnzpqbet  | 3xghr9rj | 05           |     370687.9 | 1688169600000 | 20230701 |
|        8 | 82xo4qmr  | bhfhe52s | 02           |     397944.3 | 1688169600000 | 20230701 |
|        9 | h4qrr0r2  | f35o3ffm | 05           |     293771.9 | 1688169600000 | 20230701 |
|       10 | okmd616n  | x9ghs5sb | 02           |     793913.4 | 1688169600000 | 20230701 |
+----------+-----------+----------+--------------+--------------+---------------+----------+
10 rows in set (0.00 sec)
```

图 5-19　查看数据表数据

2）数据文件集成流程

使用SeaTunnel进行本地数据文件的数据集成，定义并编辑数据集成流程，具体命令如下所示：

```
## 创建数据集成定义文件目录
mkdir -p $SEATUNNEL_HOME/batch_config
## 进入定义目录
cd $SEATUNNEL_HOME/batch_config
## 创建数据采集定义文件
touch batch_localfile_hdfs.config
## 编辑定义文件
vi batch_localfile_hdfs.config
```

其中，batch_localfile_hdfs.config文件内容如下所示：

```
env {
  execution.parallelism = 1
  job.mode = "BATCH"
}
source {
    LocalFile {
      path = "/opt/data/userlogs"
      file_format_type = "json"
      schema {
        fields {
            user_device = string
            user_region = string
            action = string
            event_type = string
            os = string
            ct = bigint
        }
      }

    }
}
sink {
  HdfsFile {
        fs.defaultFS = "hdfs://node:8020"
        path = "/seatunnel/localfile/"
        file_format_type = "text"
        field_delimiter = "\t"
        row_delimiter = "\n"
        have_partition = true
        partition_by = ["user_region"]
        partition_dir_expression = "${k0}=${v0}"
        is_partition_field_write_in_file = true
        custom_filename = true
        file_name_expression = "${transactionId}_${now}"
        filename_time_format = "yyyyMMdd"
        sink_columns = ["user_device","user_region","action","event_
type","os","ct"]
        is_enable_transaction = true
    }
}
```

3）数据文件集成任务

定义好数据文件的集成流程后，基于SeaTunnel框架执行本地数据集成任务，具体命令如下所示：

```
## 执行命令
${SEATUNNEL_HOME}/bin/seatunnel.sh \
--config $SEATUNNEL_HOME/batch_config/batch_localfile_hdfs.config \
-e local
```

SeaTunnel数据集成的执行过程中会出现集成信息汇总，显示集成任务的开始时间、结束时间、执行数据量，成功和失败的数量，执行细节信息如图5-20所示。SeaTunnel数据集成结束后进行数据存储核对，具体结果如图5-21所示。

```
04568442881), Pipeline: [(1/1)] resource
2024-01-30 15:30:09,781 INFO  org.apache.seatunnel.engine.server.service.slot.DefaultSlotService - received slot release request, j
obID: 804614304568442881, slot: SlotProfile{worker=[localhost]:5801, slotID=3, ownerJobID=804614304568442881, assigned=true, resour
ceProfile=ResourceProfile{cpu=CPU{core=0}, heapMemory=Memory{bytes=0}}, sequence='29abbaf6-32fe-41af-97c6-d3b25710aaa0'}
2024-01-30 15:30:09,781 INFO  org.apache.seatunnel.engine.server.service.slot.DefaultSlotService - received slot release request, j
obID: 804614304568442881, slot: SlotProfile{worker=[localhost]:5801, slotID=1, ownerJobID=804614304568442881, assigned=true, resour
ceProfile=ResourceProfile{cpu=CPU{core=0}, heapMemory=Memory{bytes=0}}, sequence='29abbaf6-32fe-41af-97c6-d3b25710aaa0'}
2024-01-30 15:30:09,782 INFO  org.apache.seatunnel.engine.server.service.slot.DefaultSlotService - received slot release request, j
obID: 804614304568442881, slot: SlotProfile{worker=[localhost]:5801, slotID=2, ownerJobID=804614304568442881, assigned=true, resour
ceProfile=ResourceProfile{cpu=CPU{core=0}, heapMemory=Memory{bytes=0}}, sequence='29abbaf6-32fe-41af-97c6-d3b25710aaa0'}
2024-01-30 15:30:09,788 INFO  org.apache.seatunnel.engine.server.dag.physical.PhysicalPlan - Job SeaTunnel_Job (804614304568442881)
 end with state FINISHED
2024-01-30 15:30:09,809 INFO  org.apache.seatunnel.engine.client.job.ClientJobProxy - Job (804614304568442881) end with state FINIS
HED
2024-01-30 15:30:09,834 INFO  org.apache.seatunnel.core.starter.seatunnel.command.ClientExecuteCommand -
***********************************************
           Job Statistic Information
***********************************************
Start Time                : 2024-01-30 15:29:59
End Time                  : 2024-01-30 15:30:09
Total Time(s)             :                  10
Total Read Count          :                 100
Total Write Count         :                 100
Total Failed Count        :                   0
***********************************************

2024-01-30 15:30:09,834 INFO  com.hazelcast.core.LifecycleService - hz.client_1 [seatunnel-747242] [5.1] HazelcastClient 5.1 (20220
228 - 21f20e7) is SHUTTING_DOWN
2024-01-30 15:30:09,841 INFO  com.hazelcast.internal.server.tcp.TcpServerConnection - [localhost]:5801 [seatunnel-747242] [5.1] Con
nection[id=1, /127.0.0.1:5801->/127.0.0.1:58805, qualifier=null, endpoint=[127.0.0.1]:58805, remoteUuid=8cec15d2-cf02-40d6-9df9-6f9
0a93c0125, alive=false, connectionType=JVM, planeIndex=-1] closed. Reason: Connection closed by the other side
2024-01-30 15:30:09,843 INFO  com.hazelcast.client.impl.connection.ClientConnectionManager - hz.client_1 [seatunnel-747242] [5.1] R
emoved connection to endpoint: [localhost]:5801:29a10671-3c72-4e8e-90e1-7ec59cb761f0, connection: ClientConnection{alive=false, con
nectionId=1, channel=NioChannel{/127.0.0.1:58805->localhost/127.0.0.1:5801}, remoteAddress=[localhost]:5801, lastReadTime=2024-01-3
0 15:30:09.832, lastWriteTime=2024-01-30 15:30:09.810, closedTime=2024-01-30 15:30:09.838, connected server version=5.1}
2024-01-30 15:30:09,843 INFO  com.hazelcast.core.LifecycleService - hz.client_1 [seatunnel-747242] [5.1] HazelcastClient 5.1 (20220
```

图5-20　SeaTunnel数据集成执行过程

```
[root@node seatunnel-2.3.2]# hdfs dfs -ls /seatunnel/localfile
24/01/30 15:37:34 WARN util.NativeCodeLoader: Unable to load native-hadoop library for your platform... using builtin-java classes
where applicable
Found 25 items
drwxr-xr-x   - root supergroup          0 2024-01-30 15:30 /seatunnel/localfile/user_region=320116
drwxr-xr-x   - root supergroup          0 2024-01-30 15:30 /seatunnel/localfile/user_region=320830
drwxr-xr-x   - root supergroup          0 2024-01-30 15:30 /seatunnel/localfile/user_region=321202
drwxr-xr-x   - root supergroup          0 2024-01-30 15:30 /seatunnel/localfile/user_region=321302
drwxr-xr-x   - root supergroup          0 2024-01-30 15:30 /seatunnel/localfile/user_region=321323
drwxr-xr-x   - root supergroup          0 2024-01-30 15:30 /seatunnel/localfile/user_region=330112
drwxr-xr-x   - root supergroup          0 2024-01-30 15:30 /seatunnel/localfile/user_region=330481
drwxr-xr-x   - root supergroup          0 2024-01-30 15:30 /seatunnel/localfile/user_region=340121
drwxr-xr-x   - root supergroup          0 2024-01-30 15:30 /seatunnel/localfile/user_region=340421
drwxr-xr-x   - root supergroup          0 2024-01-30 15:30 /seatunnel/localfile/user_region=340523
drwxr-xr-x   - root supergroup          0 2024-01-30 15:30 /seatunnel/localfile/user_region=340828
drwxr-xr-x   - root supergroup          0 2024-01-30 15:30 /seatunnel/localfile/user_region=341024
drwxr-xr-x   - root supergroup          0 2024-01-30 15:30 /seatunnel/localfile/user_region=341523
drwxr-xr-x   - root supergroup          0 2024-01-30 15:30 /seatunnel/localfile/user_region=341602
drwxr-xr-x   - root supergroup          0 2024-01-30 15:30 /seatunnel/localfile/user_region=341822
drwxr-xr-x   - root supergroup          0 2024-01-30 15:30 /seatunnel/localfile/user_region=341823
drwxr-xr-x   - root supergroup          0 2024-01-30 15:30 /seatunnel/localfile/user_region=341881
drwxr-xr-x   - root supergroup          0 2024-01-30 15:30 /seatunnel/localfile/user_region=411523
drwxr-xr-x   - root supergroup          0 2024-01-30 15:30 /seatunnel/localfile/user_region=411524
drwxr-xr-x   - root supergroup          0 2024-01-30 15:30 /seatunnel/localfile/user_region=411624
drwxr-xr-x   - root supergroup          0 2024-01-30 15:30 /seatunnel/localfile/user_region=411625
drwxr-xr-x   - root supergroup          0 2024-01-30 15:30 /seatunnel/localfile/user_region=411724
drwxr-xr-x   - root supergroup          0 2024-01-30 15:30 /seatunnel/localfile/user_region=420116
drwxr-xr-x   - root supergroup          0 2024-01-30 15:30 /seatunnel/localfile/user_region=420982
drwxr-xr-x   - root supergroup          0 2024-01-30 15:30 /seatunnel/localfile/user_region=421321
[root@node seatunnel-2.3.2]# hdfs dfs -ls /seatunnel/localfile/user_region=421321
24/01/30 15:37:41 WARN util.NativeCodeLoader: Unable to load native-hadoop library for your platform... using builtin-java classes
where applicable
Found 1 items
-rw-r--r--   3 root supergroup         45 2024-01-30 15:30 /seatunnel/localfile/user_region=421321/T_804614304568442881_7501c6c85f_
0_1_20240130_0.txt
```

图5-21　SeaTunnel数据集成结果核对

4）数据同步集成流程

创建数据同步的流程定义文件，具体操作如下所示：

```
## 创建数据集成定义文件目录
mkdir -p $SEATUNNEL_HOME/batch_config
## 进入定义目录
cd $SEATUNNEL_HOME/batch_config
## 创建数据同步定义文件
touch batch_jdbc_hdfs.config
## 编辑定义文件
vi batch_jdbc_hdfs.config
```

数据同步流程（batch_jdbc_hdfs.config）如下所示：

```
env {
  execution.parallelism = 1
  job.mode = "BATCH"
}
source {
    Jdbc {
        parallelism=2
        partition_column="order_id"
        partition_num="2"
        result_table_name="tbl_orders"
        query="select order_id, order_num, buyer_id, trade_status,
order_amount, ct from hk.tbl_orders"
        driver="com.mysql.jdbc.Driver"
        user="root"
       password="hk2024bc"
url="jdbc:mysql://node:3306/hk?useUnicode=true&characterEncoding=utf8&us
eSSL=false"
    }
}
sink {
  HdfsFile {
        fs.defaultFS = "hdfs://node:8020"
        path = "/seatunnel/jdbc/"
        file_format_type = "text"
        field_delimiter = "\t"
        row_delimiter = "\n"
        have_partition = false
        custom_filename = true
        file_name_expression = "${transactionId}_${now}"
        filename_time_format = "yyyyMMdd"
        sink_columns = ["order_num", "buyer_id", "trade_status", "order_
amount", "ct"]
        is_enable_transaction = true
    }
}
```

5）数据同步集成任务

SeaTunnel的数据同步任务是通过SeaTunnel脚本处理传入的数据采集流程定义文件并进行本地处理而完成的，具体命令如下所示：

```
## 执行命令
${SEATUNNEL_HOME}/bin/seatunnel.sh \
--config $SEATUNNEL_HOME/batch_config/batch_jdbc_hdfs.config \
-e local
```

SeaTunnel的数据同步执行过程中会出现的同步信息汇总，显示采集任务的开始时间、结束时间、执行数据量，成功和失败的数量，执行结果如图5-22所示。SeaTunnel数据同步结束后进行数据存储核对，核对结果如下图5-23所示。

```
ceProfile=ResourceProfile{cpu=CPU{core=0}, heapMemory=Memory{bytes=0}}, sequence='a3f08a3a-44d4-4e93-b6d2-3ebd21d500cb'}
2024-01-30 17:25:26,807 INFO  org.apache.seatunnel.engine.server.service.slot.DefaultSlotService - received slot release request, j
obID: 804643344243228673, slot: SlotProfile{worker=[localhost]:5801, slotID=1, ownerJobID=804643344243228673, assigned=true, resour
ceProfile=ResourceProfile{cpu=CPU{core=0}, heapMemory=Memory{bytes=0}}, sequence='a3f08a3a-44d4-4e93-b6d2-3ebd21d500cb'}
2024-01-30 17:25:26,807 INFO  org.apache.seatunnel.engine.server.service.slot.DefaultSlotService - received slot release request, j
obID: 804643344243228673, slot: SlotProfile{worker=[localhost]:5801, slotID=2, ownerJobID=804643344243228673, assigned=true, resour
ceProfile=ResourceProfile{cpu=CPU{core=0}, heapMemory=Memory{bytes=0}}, sequence='a3f08a3a-44d4-4e93-b6d2-3ebd21d500cb'}
2024-01-30 17:25:26,815 INFO  org.apache.seatunnel.engine.server.dag.physical.PhysicalPlan - Job SeaTunnel_Job (804643344243228673)
 end with state FINISHED
2024-01-30 17:25:26,845 INFO  org.apache.seatunnel.engine.client.job.ClientJobProxy - Job (804643344243228673) end with state FINIS
HED
2024-01-30 17:25:26,875 INFO  org.apache.seatunnel.core.starter.seatunnel.command.ClientExecuteCommand -
***********************************************
           Job Statistic Information
***********************************************
Start Time                : 2024-01-30 17:25:22
End Time                  : 2024-01-30 17:25:26
Total Time(s)             :                   4
Total Read Count          :                 500
Total Write Count         :                 500
Total Failed Count        :                   0
***********************************************

2024-01-30 17:25:26,875 INFO  com.hazelcast.core.LifecycleService - hz.client_1 [seatunnel-694670] [5.1] HazelcastClient 5.1 (20220
228 - 21f20e7) is SHUTTING_DOWN
2024-01-30 17:25:26,880 INFO  com.hazelcast.internal.server.tcp.TcpServerConnection - [localhost]:5801 [seatunnel-694670] [5.1] Con
nection[id=1, /127.0.0.1:5801->/127.0.0.1:59856, qualifier=null, endpoint=[127.0.0.1]:59856, remoteUuid=b7c53523-1c23-4013-822e-a7c
824d78b86, alive=false, connectionType=JVM, planeIndex=-1] closed. Reason: Connection closed by the other side
2024-01-30 17:25:26,881 INFO  com.hazelcast.client.impl.connection.ClientConnectionManager - hz.client_1 [seatunnel-694670] [5.1] R
emoved connection to endpoint: [localhost]:5801:26f46ddc-bffa-426a-b83e-b5af0e784ca8, connection: ClientConnection{alive=false, con
nectionId=1, channel=NioChannel{/127.0.0.1:59856->localhost/127.0.0.1:5801}, remoteAddress=[localhost]:5801, lastReadTime=2024-01-3
0 17:25:26.872, lastWriteTime=2024-01-30 17:25:26.846, closedTime=2024-01-30 17:25:26.878, connected server version=5.1}
2024-01-30 17:25:26,881 INFO  com.hazelcast.core.LifecycleService - hz.client_1 [seatunnel-694670] [5.1] HazelcastClient 5.1 (20220
228 - 21f20e7) is CLIENT_DISCONNECTED
2024-01-30 17:25:26,886 INFO  com.hazelcast.core.LifecycleService - hz.client_1 [seatunnel-694670] [5.1] HazelcastClient 5.1 (20220
228 - 21f20e7) is SHUTDOWN
```

图 5-22　SeaTunnel 数据同步执行结果

```
[root@node seatunnel-2.3.2]#
[root@node seatunnel-2.3.2]# hdfs dfs -ls /seatunnel
24/01/30 17:28:39 WARN util.NativeCodeLoader: Unable to load native-hadoop library for your platform... using builtin-java classes
where applicable
Found 2 items
drwxr-xr-x   - root supergroup          0 2024-01-30 17:25 /seatunnel/jdbc
drwxr-xr-x   - root supergroup          0 2024-01-30 15:30 /seatunnel/localfile
[root@node seatunnel-2.3.2]# hdfs dfs -ls /seatunnel/jdbc
24/01/30 17:28:43 WARN util.NativeCodeLoader: Unable to load native-hadoop library for your platform... using builtin-java classes
where applicable
Found 2 items
-rw-r--r--   3 root supergroup      10975 2024-01-30 17:25 /seatunnel/jdbc/T_804643344243228673_054bbbf000_0_1_20240130_0.txt
-rw-r--r--   3 root supergroup      10968 2024-01-30 17:25 /seatunnel/jdbc/T_804643344243228673_297e11dc27_1_1_20240130_0.txt
[root@node seatunnel-2.3.2]#
```

图 5-23　SeaTunnel 数据核对结果

5.4　数据存储

5.4.1　数据存储类型与存储格式

1. 数据存储类型

1）文件存储

文件存储也称为文件级存储或基于文件的存储，将大量数据集中存储在一起，当需要访问该数据时，需要知道相应的查找路径。存储在文件中的数据会根据数量有限的元数据来进行整理和检索。文件存储系统示例包括分布式文件系统（HDFS）、GFS（Google的分布式文件系统）等。

2）块存储

块存储会将数据拆分成块，并单独存储各个块。每个数据块都有一个唯一标识符，所以存储系统能将较小的数据存放在最方便的位置。由于块存储不依赖于单条数据路径（和文件存储一样），因此可以实现快速检索。每个块都独立存在，且可进行分区，因此可以通过不同的操作系统进行访问，这使得用户可以完全自由地配置数据。它是一种高效可靠的数据存储方式，且易于使用和管理，块存储框架示例包括Ceph、MooseFS等框架。

3）对象存储

对象存储，也称为基于对象的存储，是一种扁平结构，其中的文件被拆分成多个部分并散布在多个硬件间。在对象存储中，数据会被分解为称为“对象”的离散单元，并保存在单个存储库中，而不是作为文件夹中的文件或服务器上的块来保存。对象存储框架示例如阿里云的OSS、华为云的OBS，以及腾讯云的COS、Swift框架等。

2. 数据存储格式

目前的数据存储格式中主要有行式存储和列式存储两种常见类型，见表5-15。

表5-15　数据存储格式分类

存储格式	应用场景	文件格式
行式存储	OLTP（Row-based），数据CRUD操作	CSV、JSON、Text等
列式存储	OLAP（Column-based），数据部分列读取操作	ORC、Parquet等

1）行式存储

行式存储是按照行数据为基础逻辑存储单元进行存储的，一行中的数据在存储介质中以连续存储形式存储。行式数据库把一行中的数据值串在一起存储起来，然后再存储下一行的数据，以此类推。行式数据以二维表格形式呈现并使用。查找数据时需对涉及的数据提前构建数据索引，来加快数据查询速度，另外，也可以对数据进行分区处理，进而避免全表扫描；对于随机的增删改查操作，需要频繁插入或更新的操作，其操作与索引和行的大小更为相关。行式存储示例见表5-16。

表5-16　行式存储示例

编　号	姓　名	年　龄	性　别
001	张三	11	男
002	李四	22	女
003	王五	33	男

2）列式存储

列式存储数据是按照列为基础逻辑存储单元进行存储的，一列中的数据在存储介质中以连续存储形式存在。列式数据库把一列中的数据值串在一起存储起来，然后再存储下一列的数据，以此类推。查询数据过程中针对各列的运算并发执行（SMP），在内存中聚合完整记录集，可降低查询响应时间。可在数据列中高效查找数据，无须维护索引（任何列都能作为索引），查询过程中能够尽量减少无关I/O，避免全表扫描；列式存储中每列数据独立存储且数据类型已知，可以针对该列的数据类型、数据量大小等因素动态选择压缩算法，以提高物理存储利用率；如果某一行的某一列没有数据，那在列式存储时，就可以不存储该列的值，这将比行式存储更节省空间。列式存储示例见表5-17。

表 5-17　列式存储示例

编　号	001	002	003
姓名	张三	李四	王五
年龄	11	22	33
性别	男	女	男

5.4.2　数据压缩算法

1. 数据压缩格式介绍

在计算机科学和信息论中，数据压缩或者源编码是按照特定的编码机制用比未经编码少的数据表示信息的过程。常见的例子是ZIP文件格式。目前在大数据体系中，应用广泛的主要数据压缩格式见表5-18。

表 5-18　数据压缩格式及算法对比表

压缩格式	工　具	算　法	扩 展 名	是否可切分
Gzip	gzip	DEFLATE	.gz	否
lzo	Lzop	LZO	.lzo	否
Lz4	无	LZ4	.lz4	是
Snappy	无	Snappy	.snappy	否

2. 大数据支持的数据压缩格式

大数据中常见的压缩方式有Deflate、Snappy、ZLib、Gzib、Bzip2、LZ4、LZO，不同的压缩方式效率不同。压缩方式的选择主要是由压缩比、压缩速度、是否支持分片来决定的。另外，因为压缩比和压缩速度是成反比的，所以比较了压缩比实际上也就比较了压缩速度。

不同的压缩算法，在压缩大小、效率、压缩时间等数据项方面表现不同，具体数据压缩算法综合对比结果见表5-19。

表 5-19　数据压缩测试对比

压缩格式	原始文件大小	压缩文件大小	压缩时间(ms)	解压时间(ms)	最大CPU(%)
Bzip2	35984	8677	11591	2362	29.5
Gzip	35984	8804	2179	389	26.5
Deflate	35984	9704	680	344	20.5
Lzo	35984	13069	581	230	22
Lz4	35984	16355	327	147	12.6

从压缩比来说，Bzip2 > ZLib > Gzip > Deflate > Snappy，除了Snappy之外的压缩方式可以保证最小的压缩，但是在运算过程中时间消耗较大。从压缩性能上来说，Snappy > Deflate > Gzip > Bzip2，其中，Snappy压缩和解压缩速度快，压缩比低。通常生产环境中，经常会采用snappy压缩，以保证运算效率。

小　　结

本章主要介绍数据采集、数据集成的相关理论知识、基本架构、核心组件、底层执行流程以及数据采集、数据集成框架Apache Sea Tunnel框架配置的编写。在理论内容介绍的同时列举应用示例，并在5.3.3节的数据集成项目实践中结合用户日志采集场景详细讲述了数据采集的完整应用流程，将理论与实践相结合，使读者能够从应用示例中获取数据采集、数据集成的实践经验。

思考与练习

一、问答题

1. 简述数据采集的主要应用流程。

2. 简述Flume数据采集框架内置哪几种数据源组件。

3. 简述数据集成的主要应用流程。

4. 简述SeaTunnel数据集成框架支持哪些数据源组件。

二、实践题

随着各类应用系统日益增多，企业数据中台利用这类系统的日志数据进行数据统一处理、分析是企业数据中台面临的重要问题，为此拟建立数据收集系统，解决各类数据分散存储、不能集中统一处理的核心需求。目前，某企业已有某某系统的埋点日志（如日志文件存储于服务器的/opt/）和业务数据库（MySQL数据库）两个原始数据源，现需要将数据收集到大数据存储系统（HDFS）中的指定目录（/datas），请设计这些数据采集和数据集成方案，完成数据收集工作。具体要求如下：

（1）基于Flume框架，设计数据采集流程并完成对埋点日志数据的数据采集任务，重点考虑根据需要场景、数据量级、安全和稳定性等方面，选择合适的数据采集组件并可以根据实际情况进行参数调优。

（2）基于SeaTunnel框架，设计数据同步流程并完成对业务数据库的数据同步任务，重点考虑需要场景、数据量级、安全和稳定性等方面，选择合适的数据同步组件并可以根据实际情况进行参数调优。

（3）为了以后使用方便，编写脚本文件对上述功能进行封装、测试，并最终完成本案例要求的数据收集任务。

第6章

数据仓库工具Hive

数据仓库是一个集中存储、管理和整合企业数据的大型数据存储集合。Hive是一个基于Hadoop的数据仓库工具，它能够将结构化的数据文件映射为数据库表，并提供类似于SQL的查询语言（HiveQL），使得用户能够轻松地对Hadoop集群中的大规模数据进行查询和分析。Hive作为数据仓库的一个工具，为数据仓库提供了强大的数据处理和分析能力，使得企业能够更好地利用数据资源，提升决策效率和业务价值。

本章通过案例教学法与企业项目实践，主要介绍离线数据仓库工具Hive的技术原理和应用方法。以互联网企业用户行为日志为教学案例，展示从数据仓库设计规划到数据处理、分析的全过程，强调分层设计、指标构建及数据清洗转换等关键步骤。项目实践聚焦于利用Hive构建数据仓库，处理海量用户行为数据。

本章知识导图

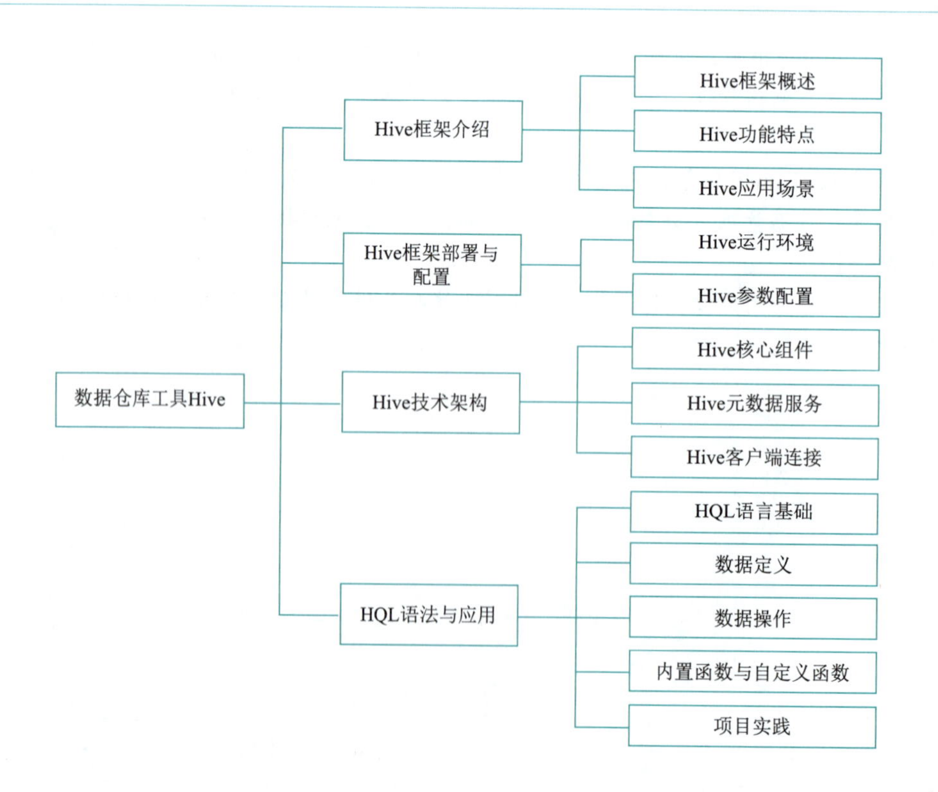

学习目标

◎ 了解：数据仓库工具Hive的功能特点、应用场景。

◎ 理解：Hive框架的技术架构及其核心组件、元数据服务的重要意义。

◎ 掌握：熟练掌握多种Hive客户端访问方式、HQL语法语句以及自定义函数等常见应用开发能力，并能够在实践中灵活运用。

◎ 应用分析：通过学习本章的教学案例及项目实践，能够通过定义库表语句与存储的数据目录或数据文件进行信息映射，能够使用HQL语句完成多种数据处理任务，并能够从案例中获取使用Hive工具进行数据计算的实践经验。

6.1　Hive 框架介绍

6.1.1　Hive 框架概述

Hive是一个构建在Hadoop上的数据仓库工具，可以将结构化的数据文件映射为一张数据库表，并提供SQL查询功能，从而将Hadoop中存储的海量数据转化为易于查询和分析的结构。

视 频

Hive框架介绍

Hive框架是构建在分布式数据存储系统（HDFS）及资源管理和调度系统（Yarn）之上，通过自身实现的元数据管理系统并结合可选的第三方分布式计算引擎（2.x版本之前为MapReduce，2.x版本之后可选择MR、Spark或Tez计算引擎）完成对数据的逻辑处理，其中，Hive框架提供了类似于SQL的数据操作方式，称之为HQL，HQL在系统内部可以编译转换为MapReduce作业或DAG作业运行，另外，客户端可以利用HQL简单高效地完成对数据的读写、清洗、统计、分析、多维分析等各种复杂操作。

6.1.2　Hive 功能特点

Hive作为数据仓库的构建工具，使用类SQL方式的HQL语言实现数据的查询、计算、分析功能，其中，元数据信息一般存储在关系型数据库之中，而数据则存储在HDFS存储系统之中。Hive的功能特点如下：

（1）可扩展：Hive是建立在Hadoop之上的，可以自由地扩展集群规模并不需要重启服务。

（2）容错性：基于Hadoop良好的容错性，节点出现问题计算任务仍可完成执行。

（3）简单易用：提供类SQL查询，兼容大部分SQL-92语义和部分SQL-2003扩展语义。将HQL查询底层转换为MR或DAG任务在Hadoop集群上运行，完成数据ETL、报表统计、数据分析等数据仓库任务，HQL内置大量功能函数并支持UDF（用户自定义函数）来扩展增强框架的计算功能。

6.1.3　Hive 应用场景

Hive是一个基于Hadoop框架的数据仓库工具，主要应用于离线场景下的数据仓库、数据分析、数据挖掘、商业智能等场景，并提供了丰富而强大的数据计算、分析能力。Hive框架的具体应用场景分类如图6-1所示。

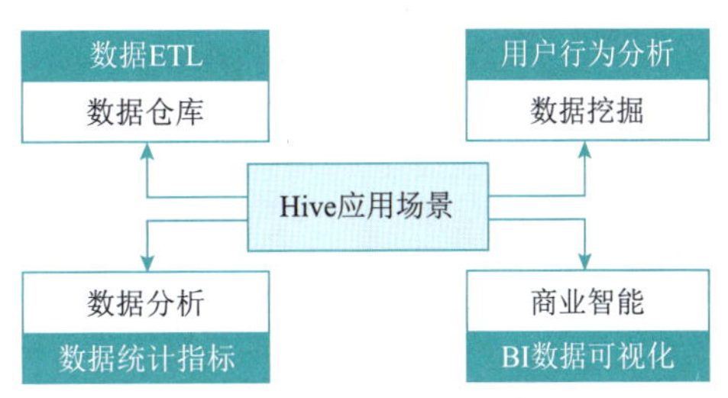

图 6-1　Hive 应用场景

（1）数据仓库：Hive可以将Hadoop集群中的数据转换为SQL形式，使得用户可以通过SQL查询语言来查询Hadoop集群中的数据，从而实现数据仓库的功能。

数据仓库中的核心技术数据ETL：ETL是数据抽取（extract）、转换（transform）和加载（load）的缩写，构成了数据仓库构建和数据管理的重要组成部分。ETL过程确保数据从多个异构数据源中准确、高效地转移到数据仓库，为数据分析和报告提供可靠的基础。比如常见的数据采集、数据同步、数据清洗等数据处理过程。

（2）数据分析：Hive可以提供SQL接口，使得用户可以使用SQL查询语言来对Hadoop集群中的数据进行分析和处理。用户可以通过HiveQL语句进行数据查询、聚合、过滤等操作。

数据分析的结果往往是为了实现一个数据指标需求，在数据仓库中的数据指标可以按照不同的维度进行分类，常见的数据指标如下所示：

- 原子指标（支付金额、注册用户数）。
- 派生指标（本月支付成功的销售金额）。
- 复合指标（最近一年销售部的人均销售金额）。
- 应用指标（客户满意度、市场份额）。

（3）数据挖掘：Hive可以与机器学习工具（如Apache Mahout、Weka等）集成，用于进行数据挖掘和机器学习分析。通过HiveQL和机器学习工具，用户可以快速对大规模数据进行分析和挖掘，发现数据中的模式和趋势。

基于用户行为数据的数据挖掘是指利用数据挖掘技术和算法，对用户在互联网、移动应用、社交媒体等平台上产生的行为数据进行深度分析和挖掘，常常使用下列分析算法进行数据挖掘：

- 聚类分析：将用户划分为不同的群体，以便进行针对性的营销和服务。
- 关联规则挖掘：发现用户行为之间的关联关系，如“购买A商品的用户往往也会购买B商品”。
- 分类与预测：通过机器学习算法预测用户未来的行为或偏好。
- 协同过滤：基于用户的历史行为推荐相似的内容或产品。
- 深度学习：利用神经网络等深度学习技术对用户行为数据进行高级分析和预测。

（4）商业智能：Hive可以与商业智能工具（如Tableau、Power BI等）集成，用于生成数据报表、数据可视化等功能。通过HiveQL和商业智能工具，用户可以快速了解业务数据和趋势，从而支持决策和管理。

商业智能（business intelligence, BI）下的BI数据可视化是将企业内部和外部的复杂数据转化为直观、易于理解的图形、图表和仪表盘的过程。

BI可视化在商业智能中的可视化效果：

- 销售额趋势图：展示销售额随时间的变化趋势，帮助管理层了解销售周期性和季节性特征。
- 产品销量对比图：对比不同产品的销量，识别畅销产品和滞销产品，为产品策略调整提供依据。
- 区域销售分布图：展示各区域销售情况，识别销售热点和潜力区域，优化销售布局。

视频

Hive框架部署与配置

6.2 Hive框架部署与配置

备注： 本章配置中所使用的服务器地址信息均为node，使用全局系统环境变量$HIVE_HOME代表Hive的安装目录，在进行应用练习时请参考个人实际情况，请勿照搬使用。

6.2.1 Hive 运行环境

1. 前置依赖服务

Hive是一款基于Hadoop的数据仓库工具，因此依赖的核心软件包括了Hadoop、Spark等Hadoop生态系统组件，为了从其他应用程序或工具连接到Hive并执行查询，需要JDBC或ODBC驱动程序，以及关系型数据库（MySQL）。表6-1列举了本章使用的Hive框架及依赖软件版本。

表 6-1　Hive 运行环境依赖软件

框　架	依赖软件
Hive-2.3.9	jdk1.8+
	Mysql-5.1.7
	Hadoop-2.10.2

Hive运行环境的依赖服务，主要由下列服务组成，具体包括了数据存储服务（HDFS）、资源管理及调度服务（Yarn）、元数据存储服务（MySQL）、计算服务（MR、Spark或Tez，本章默认使用MR计算引擎），Hive工具与其依赖服务的相互关系如图6-2所示。

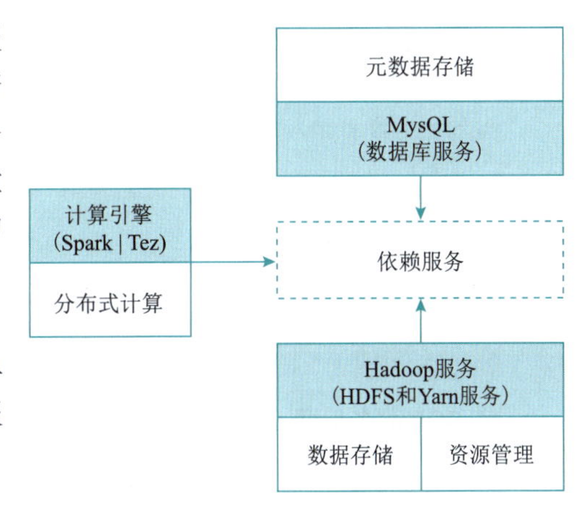

图 6-2　Hive 运行环境前置依赖

1）Hadoop 服务器启动

本小节采用Hadoop伪分布式部署方式（单点），需要启动Hadoop框架的HDFS数据存储服务、Yarn资源管理和调度服务。

2）Flume 软件版本

（1）设置全局系统环境变量。设置Hadoop的全局系统环境变量，并使用source命令使得对修改的系统环境变量生效，具体命令如下所示：

```
## 设置系统全局环境变量
vi /etc/profile
##Hadoop
export HADOOP_HOME=/opt/framework/hadoop-2.10.2
export HADOOP_COMMON_HOME=$HADOOP_HOME
export HADOOP_HDFS_HOME=$HADOOP_HOME
export HADOOP_MAPRED_HOME=$HADOOP_HOME
export HADOOP_CONF_DIR=$HADOOP_HOME/etc/hadoop
export HADOOP_YARN_HOME=$HADOOP_HOME
export HADOOP_COMMON_LIB_NATIVE_DIR=$HADOOP_HOME/lib/native
export HADOOP_OPTS="-Djava.library.path=$HADOOP_HOME/lib"
export HADOOP_CONF=$HADOOP_HOME/etc/hadoop
export YARN_CONF=$HADOOP_HOME/etc/hadoop
##PATH
export PATH=$PATH:$JAVA_HOME/bin:$HADOOP_HOME/sbin:$HADOOP_HOME/bin:
##source 命令使得系统变量生效
source /etc/profile
```

（2）检测Hadoop启动服务进程。通过运行Hadoop内置的服务启动脚本（start-dfs.sh和start-yarn.sh）启动Hadoop服务，随后使用jps命令对启动的Hadoop服务进程进行检查核对。

```
## 数据存储服务
start-dfs.sh
## 资源管理及调度服务
start-yarn.sh
```

具体运行进程结果如图6-3所示。

```
[root@node ~]# jps
2353 NodeManager
2229 ResourceManager
2006 SecondaryNameNode
2711 Jps
1753 NameNode
1853 DataNode
```

图6-3 Hadoop服务启动验证

3）MySQL服务启动

关系型数据库MySQL安装时会默认使用系统自启动方式运行，在特殊情况下也可以使用自定义脚本方式对数据库进行服务管理（启动或停止），下文显示了管理脚本的主要内容，具体完整脚本请参考本书的线上资源。

MySQL服务脚本（mysql_service.sh）：

```
##MySQL 服务开启与停止
mysql_start() {
  /sbin/mysqld --user=root &
}
mysql_stop() {
/bin/mysqladmin -uroot -phk2024bc shutdown
}
```

MySQL服务管理：

```
##mysql 脚本方式启动或停止服务
sh mysql_service.sh start
sh mysql_service.sh stop
```

MySQL服务启动后，可以进行用户登录校验，用户登录信息如图6-4所示。

```
[root@node ~]# mysql -hnode -uroot -p
Enter password:
Welcome to the MySQL monitor.  Commands end with ; or \g.
Your MySQL connection id is 2
Server version: 5.7.43 MySQL Community Server (GPL)

Copyright (c) 2000, 2023, Oracle and/or its affiliates.

Oracle is a registered trademark of Oracle Corporation and/or its
affiliates. Other names may be trademarks of their respective
owners.

Type 'help;' or '\h' for help. Type '\c' to clear the current input statement.

mysql> show databases;
+--------------------+
| Database           |
+--------------------+
| information_schema |
| hive               |
| hk                 |
| kylin              |
| mysql              |
| performance_schema |
```

图6-4 MySQL数据库登录

2. Hive下载与安装

1）Hive软件下载

去官网下载软件，随后对下载的Hive安装包进行解压缩，并完成对目录名称的重命名工作，具体命令如下所示：

```
## 解压 hive 安装包
tar -zxvf apache-hive-2.3.9-bin.tar -C /opt/framework/
## 安装文件重命名
mv /opt/framework/apache-hive-2.3.9-bin  /opt/framework/hive-2.3.9
```

2）设置系统环境变量

设置全局系统环境变量HIVE_HOME，并将Hive的安装目录添加到系统变量PATH中，成为可直接执行命令，具体命令如下所示：

```
##Hadoop
export HADOOP_HOME=/opt/framework/hadoop-2.10.2
export HADOOP_COMMON_HOME=$HADOOP_HOME
export HADOOP_HDFS_HOME=$HADOOP_HOME
export HADOOP_MAPRED_HOME=$HADOOP_HOME
export HADOOP_CONF_DIR=$HADOOP_HOME/etc/hadoop
export HADOOP_YARN_HOME=$HADOOP_HOME
export HADOOP_COMMON_LIB_NATIVE_DIR=$HADOOP_HOME/lib/native
export HADOOP_OPTS="-Djava.library.path=$HADOOP_HOME/lib"
export HADOOP_CONF=$HADOOP_HOME/etc/hadoop
export YARN_CONF=$HADOOP_HOME/etc/hadoop
##Hive
export HIVE_HOME=/opt/framework/hive-2.3.9
##PATH
export PATH=$PATH:$JAVA_HOME/bin:$HADOOP_HOME/sbin:$HADOOP_HOME/bin:$HIVE_
HOME/bin:
```

通过打印系统环境变量对Hive的全局系统环境变量是否生效进行检测，具体命令如下所示：

```
## 系统环境变量生效
source /etc/profile
## 打印环境变量
echo $HADOOP_HOME
echo $HIVE_HOME
echo $PATH
```

检查结果如图6-5所示。

```
[root@node hive-2.3.9]#
[root@node hive-2.3.9]# echo $HADOOP_HOME
/opt/framework/hadoop-2.10.2
[root@node hive-2.3.9]#
[root@node hive-2.3.9]# echo $HIVE_HOME
/opt/framework/hive-2.3.9
[root@node hive-2.3.9]#
[root@node hive-2.3.9]# echo $PATH
/usr/local/sbin:/usr/local/bin:/sbin:/bin:/usr/sbin:/usr/bin:/root/bin:/opt/framework/jdk1.8.0_301/bi
n:/opt/framework/scala-2.12.10/bin:/opt/framework/flume-1.9.0/bin:/opt/framework/seatunnel-2.3.2/bin:
/opt/framework/hadoop-2.10.2/bin:/opt/framework/hadoop-2.10.2/sbin:/opt/framework/hive-2.3.9/bin:/opt
/framework/spark-3.1.2/bin:/opt/framework/spark-3.1.2/sbin:/opt/framework/kylin-4.0.3-spark3/bin:/opt
/framework/zookeeper-3.6.4/bin:/opt/framework/kafka-2.8.1/bin:
[root@node hive-2.3.9]#
```

图 6-5　检测 Hive 的系统环境变量

6.2.2 Hive参数配置

Hive框架的配置文件位于$HIVE_HOME/conf/hive-site.xml，其中主要涉及Hive框架的元数据存储、数据存储、计算引擎、第三方依赖包应用等方面的参数设置。本节仅对Hive主要的配置参数进行讲解，详细配置信息请参考官网文档。

1. Hive运行环境脚本

Hive运行环境的脚本文件位置为$HIVE_HOME/conf/hive-env.sh，主要设置Hadoop的安装目录和Hive配置文件目录相关的环境变量值，具体设置参数如下所示：

Hive运行环境脚本：

```
# 设置 HADOOP_HOME 环境变量
export HADOOP_HOME=/opt/framework/hadoop-2.8.5/
# 设置 HIVE_CONF_DIR 环境变量
export HIVE_CONF_DIR=/opt/framework/hadoop-2.8.5/conf/
```

2. Hive运行参数设置

默认解压后的Hive配置目录只提供了配置模板文件（hive-default.xml.template），可以参考配置模板或官网文档进行Hive参数的配置，具体操作如下所示：

```
## 进入 Hive 配置目录
cd $HIVE_HOME/conf
##(1) 根据默认配置模板编写配置文件
mv hive-default.xml.template hive-site.xml
##(2) 新建空配置文件，然后参考默认配置模板设置主要参数
touch hive-site.xml
```

1）数据存储相关参数

Hive构建在Hadoop框架之上，其中的库表数据存储需要设置对应的数据存储目录（HDFS），具体配置如下所示：

```
<!-- Hive 数据存储目录 (HDFS) -->
<property>
    <name>hive.metastore.warehouse.dir</name>
    <value>hdfs://node:8020/hive/db</value>
</property>
```

2）元数据相关参数

Hive对外提供metastore元数据服务，下文列出了元数据服务的主要相关参数，包括元数据存储位置、元数据校验、元数据服务地址、端口等参数设置，具体配置如下所示：

```
<!--Hive 元数据相关参数 -->
<!-- 参数表示该服务器是否提供元数据服务 -->
<property>
    <name>hive.metastore.local</name>
```

```
        <value>true</value>
    </property>
    <!-- 参数表示元数据是否校验 -->
    <property>
        <name>hive.metastore.schema.verification</name>
        <value>false</value>
    </property>
    <!-- 参数表示元数据对象不存在是否自动创建 -->
    <property>
        <name>datanucleus.schema.autoCreateAll</name>
        <value>true</value>
    </property>
    <!-- JDBC 连接 Hive：连接地址、驱动名称、用户名和密码 -->
    <property>
        <name>javax.jdo.option.ConnectionURL</name>
        <value>jdbc:mysql://node:3306/hive?createDatabaseIfNotExist=true&amp
;characterEncoding=UTF-8&amp;useSSL=false</value>
    </property>
    <property>
        <name>javax.jdo.option.ConnectionDriverName</name>
        <value>com.mysql.jdbc.Driver</value>
    </property>
    <property>
        <name>javax.jdo.option.ConnectionUserName</name>
        <value>root</value>
    </property>
    <property>
        <name>javax.jdo.option.ConnectionPassword</name>
        <value>hk2024bc</value>
    </property>
    <!-- Hive 元数据服务 -->
    <!-- metastore -->
    <property>
        <name>hive.metastore.uris</name>
        <value>thrift://node:9083</value>
    </property>
    <!-- thrift -->
    <property>
        <name>hive.server2.thrift.port</name>
        <value>10000</value>
    </property>
    <property>
       <name>hive.server2.thrift.bind.host</name>
       <value>node</value>
    </property>
```

3）计算引擎设置

Hive作为数据仓库工具底层依赖第三方的计算引擎进行数据计算（比如Hadoop框架的MR、Tez框架、Spark框架等），具体配置如下所示：

```
<!-- Hive 计算引擎设置 -->
<property>
    <name>hive.execution.engine</name>
    <value>mr</value>
</property>
```

4）Hive 其他重要参数

Hive框架中其他使用的重要参数，比如控制台的数据库、列头是否显示，第三方依赖包或自定义功能实现等，其中，扩展库路径配置需新建目录auxlib，具体配置如下所示：

```
<!-- Hive 的 HQL 语句在控制台界面中是否显示当前数据库 -->
<property>
    <name>hive.cli.print.current.db</name>
    <value>true</value>
</property>
<!-- Hive 的 HQL 语句在控制台界面中是否显示表列头 -->
<property>
    <name>hive.cli.print.header</name>
    <value>true</value>
</property>
<!-- Hive 使用的第三方依赖包或自定义功能实现扩展 -->
<property>
    <name>hive.aux.jars.path</name>
    <value>file:///opt/framework/hive-2.3.9/lib/,file:///opt/framework/
hive-2.3.9/auxlib</value>
</property>
<!-- hive 授权检查 -->
<property>
    <name>hive.metastore.authorization.storage.checks</name>
    <value>false</value>
</property>
<!-- hive 用户访问权限：将以运行 hiveserver2 进程的用户访问 -->
<property>
    <name>hive.server2.enable.doAs</name>
    <value>false</value>
</property>
```

3. Hive 日志配置

Hive配置目录conf（$HIVE_HOME/conf）中存在多种日志配置的属性文件，包括了Hive框架日志（hive-log4j2.properties）、Hive执行日志（hive-exec-log4j2.properites）、beeline客户端连接日志（beeline-log4j2.properties），具体日志文件信息如图6-6所示。

```
-rw-r--r-- 1 root root   1596 6月   2 2021 beeline-log4j2.properties
-rw-r--r-- 1 root root 257574 6月   2 2021 hive-default.xml.template
-rw-r--r-- 1 root root   2427 1月  12 10:30 hive-env.sh
-rw-r--r-- 1 root root   2244 2月   1 09:51 hive-exec-log4j2.properties.template
-rw-r--r-- 1 root root   2880 2月   1 11:08 hive-log4j2.properties
-rw-r--r-- 1 root root   5016 1月  12 10:33 hive-site.xml
-rw-r--r-- 1 root root   2060 6月   2 2021 ivysettings.xml
-rw-r--r-- 1 root root   2719 6月   2 2021 llap-cli-log4j2.properties.template
-rw-r--r-- 1 root root   7041 6月   2 2021 llap-daemon-log4j2.properties.template
-rw-r--r-- 1 root root   2662 6月   2 2021 parquet-logging.properties
```

图 6-6　Hive 日志文件信息

对Hive框架进行日志配置，以hive-log4j2.properties日志配置为例，主要配置日志的级别、输出类型（控制台、文件等）、输出存储路径等内容，主要配置如下所示：

```
## 主要修改参数如下：日志信息存储路径
property.hive.log.level = INFO
property.hive.root.logger = DRFA
property.hive.log.dir = /opt/framework/hive-2.3.9/logs
property.hive.log.file = hive.log
property.hive.perflogger.log.level = INFO
```

6.3　Hive 技术架构

Hive是基于 Hadoop 的一个数据仓库工具，可以将结构化的数据文件映射为一张表，并提供类 SQL 查询功能。Hive处理的数据存储在HDFS系统上，数据计算、分析底层实现依赖于第三方的MapReduce、Spark或Tez完成。

视频

Hive技术架构

6.3.1　Hive 核心组件

Hive框架主要由客户端接口、Hive底层驱动、Hive底层依赖三部分组成。其中，底层依赖部分主要包括数据存储服务（HDFS）、资源管理及调度服务（Yarn）、元数据存储依赖（MySQL）、计算引擎依赖（MR、Spark或Tez），客户端接口则包括了CLI、Beeline命令行调用、JDBC程序调用等多种方式。Hive框架的核心组件构成如图6-7所示。

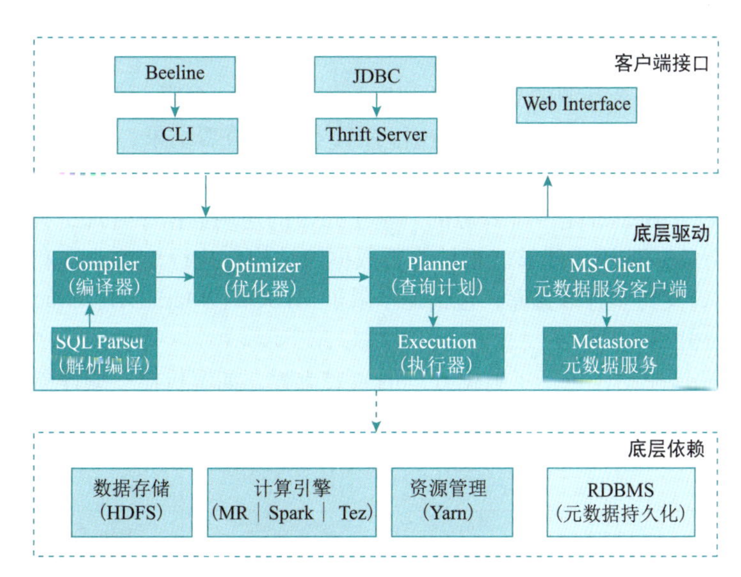

图 6-7　Hive 系统架构图

Hive框架提供客户端接口、框架核心驱动、框架依赖服务这三大部分。

- 客户端接口：主要用来响应客户的数据操作。
- 框架核心驱动（Hive-Driver）：由一系列核心组件构成，在接收到客户数据操作情况后对操作内容进行编译、解析、建立处理计划并进行计划优化，最终确立并执行计算任务，在此过程中需要对元数据进行服务访问并通过第三方计算引擎对数据进行ETL操作，在整个计算任务执行完成后将结果返回给客户端。

- 框架依赖服务（底层依赖）：Hive的依赖服务主要包括元数据存储、数据存储和数据计算等方面的应用服务。

1. 用户连接接口

Hive提供了多种用户连接接口，以便用户能够方便地连接到Hive并执行查询任务。

1）命令行接口

（1）Hive CLI。Hive CLI是Hive提供的一个基本命令行工具，用户可以在终端或命令行窗口中直接使用HiveQL语言来执行查询。通过Hive CLI，用户可以连接到HiveServer2并执行SQL查询，查看结果，以及执行其他Hive相关的操作。

（2）HiveServer2。HiveServer2是Hive的主要服务组件，它提供了Hive的Thrift服务，允许用户通过Thrift协议连接到Hive。用户可以使用各种支持Thrift协议的客户端来连接HiveServer2，并执行查询，这包括JDBC、ODBC等。

（3）Beeline。Beeline是Hive的一个轻量级命令行工具，用于与HiveServer2进行交互。它比Hive CLI更轻量级，提供了更多的连接选项和配置选项，并支持使用SSL进行安全连接。

2）程序访问连接

（1）JDBC（Java数据库连接）。Hive提供了JDBC驱动程序，允许Java应用程序通过JDBC API连接到HiveServer2。使用JDBC，Java开发者可以编写程序来查询Hive中的数据，并将结果集成到他们的应用程序中。

（2）ODBC（开放数据库连接）。Hive也支持ODBC，这意味着任何支持ODBC的客户端或应用程序都可以连接到Hive。通过ODBC，用户可以使用各种BI工具（如Tableau、Power BI等）来连接到Hive，并创建报表和可视化。

3）第三方工具访问连接

（1）Hue。Hue是一个开源的Web应用程序，它提供了一个用户友好的界面来管理和查询Hive。通过Hue，用户可以创建、编辑和执行Hive查询，查看结果，以及管理Hive表和其他资源。

（2）DBeaver。DBeaver是一个开源的、基于Java的通用数据库管理工具，提供了一个直观且强大的图形界面，使用户能够轻松地查看数据库结构、执行SQL查询和脚本、浏览和导出数据等。DBeaver支持多种数据库，包括但不限于MySQL、MariaDB、Oracle、Hive等。

2. 底层驱动引擎

Hive框架的底层驱动，包括了数据处理的主要流程，如解析器、编译器、优化器、查询计划、执行器，并辅以元数据服务进行数据表和数据列信息校对、数据文件位置读写等操作，Hive底层驱动引擎内部组件的职责、关联关系和工作流程如图6-8所示。

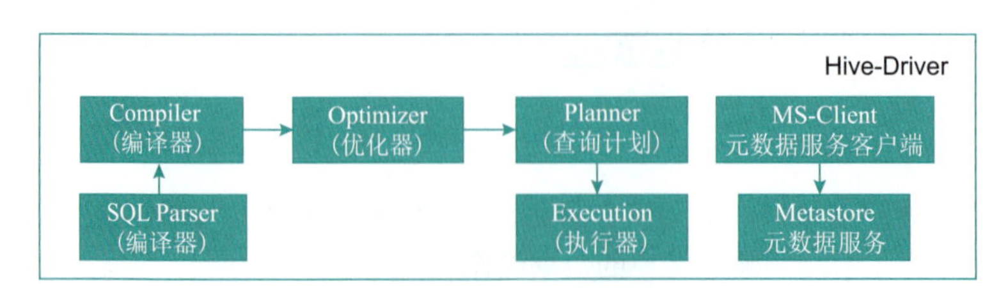

图6-8　Hive底层驱动引擎内部组件的职责、关联关系和工作流程

（1）解释器（SQL Parser）。将HQL字符串转换成抽象语法树AST，这一步一般都用第三方工具库完成，比如antlr框架。对AST进行语法分析，比如表是否存在、字段是否存在、SQL语义是否有误等。

（2）编译器（Compiler）。对HQL语句进行词法、语法、语义的编译（需要跟元数据关联），编译完成后会生成一个执行计划，Hive本质上就是编译成mapreduce的job。

（3）优化器（Optimizer）。将执行计划进行优化，减少不必要的列、使用分区、使用索引等，优化job。

（4）执行器（Executor）。将逻辑执行计划转成可执行的物理计划并提交到Hadoop的Yarn资源管理器中进行计算任务（MR/Tez/Spark）的分配与执行。

6.3.2 Hive 元数据服务

1. Hive 元数据初始化操作

在完成运行环境及参数配置的工作之后，Hive服务应用之前需执行初始化操作，主要包括Hive元数据初始化［即在元数据存储引擎（如MySQL）上创建各种元数据管理库表］。

1）查验是否已存在元数据库

通过检查元数据存储引擎（Mysql）中是否存在名为Hive的数据库，用来核对Hive的元数据服务是否可以正常使用，数据库查看命令及查询结果如图6-9所示。

```
mysql> show databases;
+--------------------+
| Database           |
+--------------------+
| information_schema |
| hk                 |
| kylin              |
| mysql              |
| performance_schema |
| sys                |
+--------------------+
6 rows in set (0.00 sec)
```

图 6-9　查看 Hive 元数据库

2）Hive 元数据初始化

使用Hive框架内置的元数据工具脚本（schematool）进行元数据初始化操作，可以指定元数据的存储引擎种类，如MySQL、derby、PostgreSQL等。

Hive元数据初始化

```
## 初始化元数据库
##schemaTool 脚本工具的主要参数
usage: schemaTool
 -dbType <databaseType>  Metastore database type
 -initSchema             Schema initialization
## 初始化示例
$HIVE_HOME/bin/schematool -dbType mysql -initSchema
```

脚本命令执行结果可如图6-10所示。

```
[root@node hive-2.3.9]# $HIVE_HOME/bin/schematool -dbType mysql -initSchema
SLF4J: Class path contains multiple SLF4J bindings.
SLF4J: Found binding in [jar:file:/opt/framework/hive-2.3.9/lib/log4j-slf4j-impl-2.6.2.jar!/
org/slf4j/impl/StaticLoggerBinder.class]
SLF4J: Found binding in [jar:file:/opt/framework/hadoop-2.10.2/share/hadoop/common/lib/slf4j
-reload4j-1.7.36.jar!/org/slf4j/impl/StaticLoggerBinder.class]
SLF4J: See http://www.slf4j.org/codes.html#multiple_bindings for an explanation.
SLF4J: Actual binding is of type [org.apache.logging.slf4j.Log4jLoggerFactory]
Metastore connection URL:        jdbc:mysql://node:3306/hive?createDatabaseIfNotExist=true&c
haracterEncoding=UTF-8&useSSL=false
Metastore Connection Driver :    com.mysql.jdbc.Driver
Metastore connection User:       root
Starting metastore schema initialization to 2.3.0
Initialization script hive-schema-2.3.0.mysql.sql
Initialization script completed
schemaTool completed
```

图 6-10　Hive 元数据初始化结果

Hive元数据初始化完成后会自动在MySQL数据库中创建名为hive的数据库，其中存放Hive的各种元数据对象信息，具体库表信息如图6-11所示。

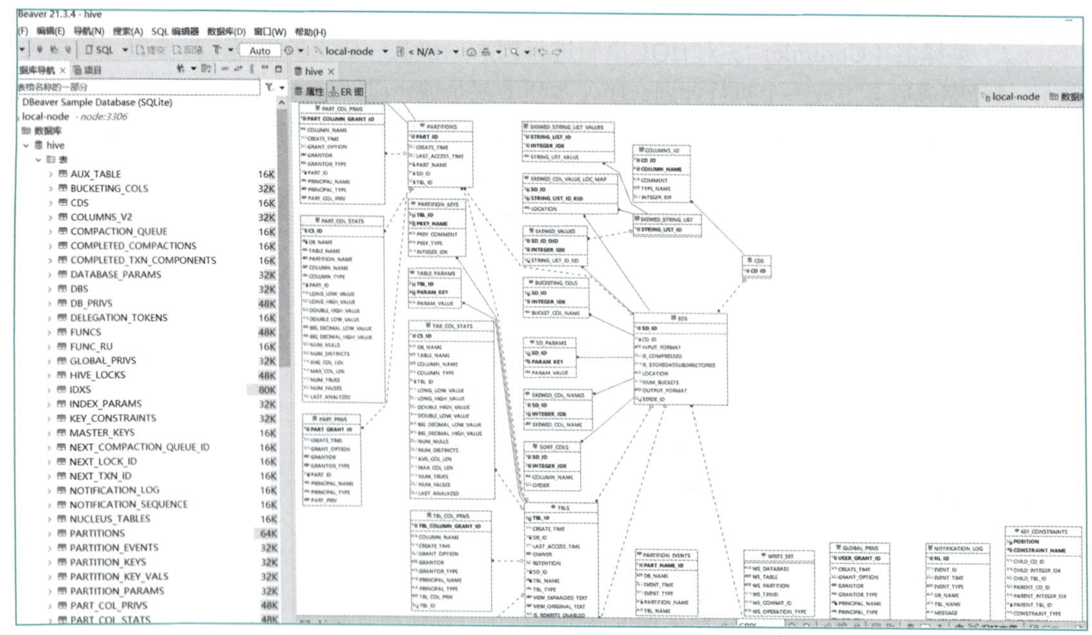

图6-11　Hive元数据信息

2. Hive元数据相关服务

1）Hive元数据服务概述

Hive元数据服务（Metastore）是Hive用来管理库表元数据的一个服务。元数据包含用Hive创建的database、table、表的字段等元信息，并存储在关系型数据库中，如Hive内置的Derby或第三方数据库如MySQL等。

Metastore服务的作用是管理这些元数据，并对外暴露服务地址，让各种客户端连接Metastore服务，再由Metastore去连接MySQL数据库来存取元数据。有了Metastore服务，就可以有多个客户端同时连接，而且这些客户端不需要知道MySQL数据库的用户名和密码，只需要连接Metastore服务即可。这种机制不仅保证了Hive元数据的安全，也简化了客户端与Hive元数据的交互过程。

Metastore还分为内嵌模式、本地模式以及远程模式三种部署模式。内嵌模式下，Metastore服务和Hive服务运行在同一个JVM中，包含一个内嵌的以本地磁盘作为存储的Derby数据库实例。这种模式不需要额外Metastore服务。

总的来说，Hive元数据服务在Hive架构中扮演着至关重要的角色，它确保了元数据的安全存储和高效访问，为Hive的各种操作提供了有力的支持。

2）metastore元数据服务

Hive的MetaStore元数据服务是Hive的核心组件之一，负责管理Hive的元数据信息，包括表、分区、视图、函数等。MetaStore元数据服务提供了一种标准的数据存储格式，可以让Hive的不同节点之间共享元数据信息。启动Metastore服务的应用示例如下所示。

（1）元数据服务管理脚本。可以基于Hive的内置脚本对Metastore元数据服务进行管理操作并进行功能封装，具体脚本内容如下所示：

```
#!/bin/bash
## 服务帮助: Hive
hive_service_help() {
  echo "hive service start|stop|restart"
}
## 服务开启: Hive
hive_service_start() {
  nohup ${HIVE_HOME}/bin/hive --service metastore >> ${HIVE_HOME}/logs/
hive.log 2>&1 &
  echo "hive service start"
}
## 服务停止: Hive
hive_service_stop() {
  proExit=`ps -ef | grep 'hive' | grep -v grep | awk '{print $2}' | wc -l'
  if [ 1 -le $proExit ];then
    ps -ef | grep 'hive' | grep -v grep | awk '{print $2}'| xargs kill
  else
    echo 'hive service not run...'
  fi
}
main() {
  case "${1:-}" in
    start)
      hive_service_start
      ;;
    stop)
      hive_service_stop
      ;;
    restart)
      hive_service_stop
      hive_service_start
      ;;
    help)
      hive_service_help
      ;;
    *)
      hive_service_help
      ;;
  esac
}
main "$@"
```

（2）元数据服务管理与校验。使用上述的自定义服务管理脚本，通过调用服务脚本文件对Hive元数据服务进行管理操作，服务启动后通过查看进程命令（ps）来校验服务是否正确启动，具体的脚本文件的使用方式及使用参数如下所示：

```
## 管理元数据服务（启动: start | 停止: stop)
sh /opt/scripts/hive_service.sh start

## 服务校验
ps aux | grep hive | grep -v grep
```

服务启动效果如图6-12所示。

```
[root@node scripts]#
[root@node scripts]# ps aux | grep hive | grep -v grep
[root@node scripts]#
[root@node scripts]# sh /opt/scripts/hive_service.sh start
hive service start
[root@node scripts]#
[root@node scripts]# ps aux | grep hive | grep -v grep
root      4261 95.5  2.9 2067056 297404 pts/0  Sl   10:28   0:11 /opt/framework/jdk1.8.0_301/bin/java -Xmx256m -Djava.lib
rary.path=/opt/framework/hadoop-2.10.2/lib -Djava.net.preferIPv4Stack=true -Dhadoop.log.dir=/opt/framework/hadoop-2.10.2/l
ogs -Dhadoop.log.file=hadoop.log -Dhadoop.home.dir=/opt/framework/hadoop-2.10.2 -Dhadoop.id.str=root -Dhadoop.root.logger=
INFO,console -Dhadoop.policy.file=hadoop-policy.xml -Djava.net.preferIPv4Stack=true -Dproc_metastore -Dlog4j.configuration
File=hive-log4j2.properties -Djava.util.logging.config.file=/opt/framework/hive-2.3.9/conf/parquet-logging.properties -Dha
doop.security.logger=INFO,NullAppender org.apache.hadoop.util.RunJar /opt/framework/hive-2.3.9/lib/hive-metastore-2.3.9.ja
r org.apache.hadoop.hive.metastore.HiveMetaStore
[root@node scripts]#
[root@node scripts]# jps
1920 SecondaryNameNode
4352 Jps
1667 NameNode
4261 RunJar
1767 DataNode
2248 NodeManager
2143 ResourceManager
```

图 6-12　Hive metastore 元数据服务启动校验

3）hiveserver2 客户端连接服务

HiveServer2是一种可选的Hive内置服务，可以允许远程客户端使用不同编程语言向 Hive 提交请求并返回结果。HiveServer2是 HiveServer1 的改进版，主要解决了无法处理来自多个客户端的并发请求以及身份验证问题，但HiveServer2服务是依赖于Metastore服务的，所以启动顺序要先启动Metastore服务再启动HiveServer2服务。

（1）HiveServer2客户端连接服务。可以基于Hive的内置脚本对HiveServer2服务进行管理操作并进行功能封装，具体脚本内容如下所示：

```
## 开启 hiveserver2 服务
hive_service_start() {
  nohup ${HIVE_HOME}/bin/hive --service hiveserver2 >> ${HIVE_HOME}/
logs/hive2.log 2>&1 &
  echo "hive service start"
}
## 停止 hiveserver2 服务
hive_service_stop() {
  proExit=`ps -ef | grep 'hive' | grep -v grep | awk '{print $2}' | wc -l`
  if [ 1 -le $proExit ];then
    ps -ef | grep 'hive' | grep -v grep | awk '{print $2}'| xargs kill
  else
    echo 'hive service not run...'
  fi
}
```

（2）HiveServer2服务管理与校验。调用自定义的Hive元数据服务管理脚本，通过传入参数执行元数据服务的启动和停止操作。通过调用上述的自定义服务管理脚本启动HiveServer2服务，服务启动后通过查看进程命令（ps）来校验服务是否正确启动，具体的脚本文件的使用方式及使用参数如下所示：

```
## 管理 HiveServer2 服务 ( 启动: start | 停止: stop)
sh /opt/scripts/hive_service2.sh start
## 服务校验
ps aux | grep hive | grep -v grep
```

服务启动效果如图6-13所示。

```
[root@node ~]# ps aux | grep HiveServer2 | grep -v grep
root       5695 12.4  2.8 2074392 289356 pts/2  Sl   14:06   0:09 /opt/framework/jdk1.8.0_30
1/bin/java -Xmx256m -Djava.library.path=/opt/framework/hadoop-2.10.2/lib -Djava.net.preferIP
v4Stack=true -Dhadoop.log.dir=/opt/framework/hadoop-2.10.2/logs -Dhadoop.log.file=hadoop.log
 -Dhadoop.home.dir=/opt/framework/hadoop-2.10.2 -Dhadoop.id.str=root -Dhadoop.root.logger=IN
FO,console -Dhadoop.policy.file=hadoop-policy.xml -Djava.net.preferIPv4Stack=true -Dproc_hiv
eserver2 -Dlog4j.configurationFile=hive-log4j2.properties -Djava.util.logging.config.file=/o
pt/framework/hive-2.3.9/conf/parquet-logging.properties -Djline.terminal=jline.UnsupportedTe
rminal -Dhadoop.security.logger=INFO,NullAppender org.apache.hadoop.util.RunJar /opt/framewo
rk/hive-2.3.9/lib/hive-service-2.3.9.jar org.apache.hive.service.server.HiveServer2 --hiveco
nf hive.aux.jars.path=file:///opt/framework/hive-2.3.9/lib/accumulo-core-1.7.3.jar,file:///o
pt/framework/hive-2.3.9/lib/accumulo-fate-1.7.3.jar,file:///opt/framework/hive-2.3.9/lib/acc
umulo-start-1.7.3.jar,file:///opt/framework/hive-2.3.9/lib/accumulo-trace-1.7.3.jar,file:///
opt/framework/hive-2.3.9/lib/activation-1.1.jar,file:///opt/framework/hive-2.3.9/lib/aether-
api-0.9.0.M2.jar,file:///opt/framework/hive-2.3.9/lib/aether-connector-file-0.9.0.M2.jar,fil
e:///opt/framework/hive-2.3.9/lib/aether-connector-okhttp-0.0.9.jar,file:///opt/framework/hi
ve-2.3.9/lib/aether-impl-0.9.0.M2.jar,file:///opt/framework/hive-2.3.9/lib/aether-spi-0.9.0.
M2.jar,file:///opt/framework/hive-2.3.9/lib/aether-util-0.9.0.M2.jar,file:///opt/framework/h
```

图 6-13　Hive hiveserver2 元数据服务启动校验

6.3.3　Hive 客户端连接

1. CLI 命令行连接并执行

1）命令行连接

由于设置了Hive的系统环境变量，所以在Hive的安装服务器上可以直接执行命令hive可以进入到Hive的CLI命令行界面，具体使用方式如下所示：

```
##CLI 命令行连接（设置 Hive 环境变量配置情况下）
hive
## 或者全路径方式执行
$HIVE_HOME/bin/hive
```

命令行进入执行界面效果如图6-14所示。

```
[root@hadoop01 ~]# start-all.sh    启动yarn和hdfs
This script is Deprecated. Instead use start-dfs.sh and start-yarn.sh
Starting namenodes on [hadoop01]
hadoop01: starting namenode, logging to /opt/software/hadoop-2.7.1/logs/hadoop-root-namenode-hadoop01.out
hadoop01: starting datanode, logging to /opt/software/hadoop-2.7.1/logs/hadoop-root-datanode-hadoop01.out
Starting secondary namenodes [0.0.0.0]
0.0.0.0: starting secondarynamenode, logging to /opt/software/hadoop-2.7.1/logs/hadoop-root-secondarynamenode-hadoop01.out
starting yarn daemons
starting resourcemanager, logging to /opt/software/hadoop-2.7.1/logs/yarn-root-resourcemanager-hadoop01.out
hadoop01: starting nodemanager, logging to /opt/software/hadoop-2.7.1/logs/yarn-root-nodemanager-hadoop01.out
[root@hadoop01 ~]# jps -l    检查启动的进程
1939 org.apache.hadoop.hdfs.server.namenode.SecondaryNameNode
2536 sun.tools.jps.Jps
2393 org.apache.hadoop.yarn.server.nodemanager.NodeManager
1626 org.apache.hadoop.hdfs.server.namenode.NameNode
2107 org.apache.hadoop.yarn.server.resourcemanager.ResourceManager
1758 org.apache.hadoop.hdfs.server.datanode.DataNode
[root@hadoop01 ~]# hive    使用CLI连接Hive

Logging initialized using configuration in jar:file:/home/hadoop/hive-1.2.2/lib/hive-common-1.2.2.jar!/hive-log4j.properties
hive> show databases;
OK
default
hive_database
Time taken: 0.561 seconds, Fetched: 2 row(s)
hive>
```

图 6-14　Hive CLI 命令行连接

2）单语句执行方式

Hive CLI命令行提供了多种交互方式用来进行作业执行，比如指定单调HQL语句或是HQL语句文件均可以进行作业提交执行，具体使用方式如下所示：

命令行执行单条语句

```
##hive 命令执行语句
$HIVE_HOME/bin/hive -e " show databases; "
```

语句执行结果如图6-15所示。

```
[root@node ~]#
[root@node ~]# hive -e "show databases;"
which: no hbase in (/usr/local/sbin:/usr/local/bin:/sbin:/bin:/usr/sbin:/usr/bin:/root/bin:/
opt/framework/jdk1.8.0_301/bin:/opt/framework/scala-2.12.10/bin:/opt/framework/flume-1.9.0/b
in:/opt/framework/seatunnel-2.3.2/bin:/opt/framework/hadoop-2.10.2/bin:/opt/framework/hadoop
-2.10.2/sbin:/opt/framework/hive-2.3.9/bin:/opt/framework/spark-3.1.2/bin:/opt/framework/spa
rk-3.1.2/sbin:/opt/framework/kylin-4.0.3-spark3/bin:/opt/framework/zookeeper-3.6.4/bin:/opt/
framework/kafka-2.8.1/bin::/root/bin)
SLF4J: Class path contains multiple SLF4J bindings.
SLF4J: Found binding in [jar:file:/opt/framework/hive-2.3.9/lib/log4j-slf4j-impl-2.6.2.jar!/
org/slf4j/impl/StaticLoggerBinder.class]
SLF4J: Found binding in [jar:file:/opt/framework/hadoop-2.10.2/share/hadoop/common/lib/slf4j
-reload4j-1.7.36.jar!/org/slf4j/impl/StaticLoggerBinder.class]
SLF4J: See http://www.slf4j.org/codes.html#multiple_bindings for an explanation.
SLF4J: Actual binding is of type [org.apache.logging.slf4j.Log4jLoggerFactory]

Logging initialized using configuration in file:/opt/framework/hive-2.3.9/conf/hive-log4j2.p
roperties Async: true
OK
database_name
default
Time taken: 1.27 seconds, Fetched: 1 row(s)
```

图6-15 CLI命令行执行语句

3）语句文件执行方式

将多条执行语句存储在一个文件中，如下所示，分别创建数据库和数据表，展示了语句文件中的多条执行语句和Hive执行命令。

HQL语句示例文件：

```
## 创建数据库
create database if not exists test;
## 查看已有数据库
show databases;
```

执行多语句文件：

```
##hive 命令执行文件（即多条语句）
$HIVE_HOME/bin/hive -f /opt/scripts/hql/hive-db-ddl.hql
```

语句文件的执行结果如图6-16所示。

```
[root@node hql]#
[root@node hql]# $HIVE_HOME/bin/hive -f /opt/scripts/hql/hive-db-ddl.hql
which: no hbase in (/usr/local/sbin:/usr/local/bin:/sbin:/bin:/usr/sbin:/usr/bin:/root/bin:/
opt/framework/jdk1.8.0_301/bin:/opt/framework/scala-2.12.10/bin:/opt/framework/flume-1.9.0/b
in:/opt/framework/seatunnel-2.3.2/bin:/opt/framework/hadoop-2.10.2/bin:/opt/framework/hadoop
-2.10.2/sbin:/opt/framework/hive-2.3.9/bin:/opt/framework/spark-3.1.2/bin:/opt/framework/spa
rk-3.1.2/sbin:/opt/framework/kylin-4.0.3-spark3/bin:/opt/framework/zookeeper-3.6.4/bin:/opt/
framework/kafka-2.8.1/bin::/root/bin)
SLF4J: Class path contains multiple SLF4J bindings.
SLF4J: Found binding in [jar:file:/opt/framework/hive-2.3.9/lib/log4j-slf4j-impl-2.6.2.jar!/
org/slf4j/impl/StaticLoggerBinder.class]
SLF4J: Found binding in [jar:file:/opt/framework/hadoop-2.10.2/share/hadoop/common/lib/slf4j
-reload4j-1.7.36.jar!/org/slf4j/impl/StaticLoggerBinder.class]
SLF4J: See http://www.slf4j.org/codes.html#multiple_bindings for an explanation.
SLF4J: Actual binding is of type [org.apache.logging.slf4j.Log4jLoggerFactory]

Logging initialized using configuration in file:/opt/framework/hive-2.3.9/conf/hive-log4j2.p
roperties Async: true
OK
Time taken: 1.675 seconds
OK
database_name
default
test
Time taken: 0.163 seconds, Fetched: 2 row(s)
```

图6-16 读取文件方式执行语句

2. Beeline 客户端连接

Beeline是Hive的命令行界面工具，允许用户通过JDBC的方式，借助于Hive Thrift服务来访问Hive数据仓库。使用Beeline连接Hive，用户需要先启动HiveServer2服务，然后在Beeline客户端中执行连接命令。与Hive的原始命令行工具Hive-cli相比，Beeline具有更灵活和强大的功能，特别是在处理大型数据集和复杂查询时。同时，随着Hive功能的不断发展和版本升级，Beeline的命令行结构也更能满足用户的需求。

1）前置依赖

（1）HiveServer2服务。Beeline客户端连接依赖HiveServer2服务，所以使用Beeline方式进行连接要保证Hive服务器的HiveServer2服务已启动。

（2）配置参数。HiveServer2服务默认的启动端口是10000，端口的具体配置信息参考配置文件$HIVE_HOME/conf/hive-site.xml中的hive.server2.thrift.port属性。

2）Beeline 连接

Beeline的连接方式使用JDBC通信格式：jdbc:hive2://<HiveServer2地址>:<端口号>/<数据库名>。默认的启动端口是10000。

Beeline常用参数：

```
##Beeline 命令常用的命令参数
$HIVE_HOME/bin/beeline \
-u 数据库地址      如 jdbc:hive2://ip:port username password \
-n 用户名称  -p 用户密码 \
-e 执行 SQL 命令 \
-f 执行 SQL 脚本 \
```

Beeline连接示例：

```
##Beeline 使用 JDBC 连接到远程 HiveServer 实例
$HIVE_HOME/bin/beeline -u jdbc:hive2://node:10000 -n root -p root -e
"show databases; "
```

Beeline连接执行结果如下图6-17所示。

```
[root@node hive-2.3.9]# beeline -u jdbc:hive2://node:10000 -n root -p root -e "show database
s;"
SLF4J: Class path contains multiple SLF4J bindings.
SLF4J: Found binding in [jar:file:/opt/framework/hive-2.3.9/lib/log4j-slf4j-impl-2.6.2.jar!/
org/slf4j/impl/StaticLoggerBinder.class]
SLF4J: Found binding in [jar:file:/opt/framework/hadoop-2.10.2/share/hadoop/common/lib/slf4j
-reload4j-1.7.36.jar!/org/slf4j/impl/StaticLoggerBinder.class]
SLF4J: See http://www.slf4j.org/codes.html#multiple_bindings for an explanation.
SLF4J: Actual binding is of type [org.apache.logging.slf4j.Log4jLoggerFactory]
Connecting to jdbc:hive2://node:10000
Connected to: Apache Hive (version 2.3.9)
Driver: Hive JDBC (version 2.3.9)
Transaction isolation: TRANSACTION_REPEATABLE_READ
+----------------+
| database_name  |
+----------------+
| default        |
| test           |
+----------------+
2 rows selected (0.126 seconds)
Beeline version 2.3.9 by Apache Hive
Closing: 0: jdbc:hive2://node:10000
```

图 6-17　Beeline 连接操作

3. JDBC客户端连接

Hive框架推荐客户端使用JDBC驱动程序来访问HiveServer2数据服务，使用方式与JDBC访问MySQL数据库类似，代码开发如下所示。

（1）Hive-JDBC依赖包。通过创建maven项目增加Hive的JDBC依赖包，具体依赖信息配置如下所示：

```
<!-- HDFS 客户端依赖包 -->
<dependency>
    <groupId>org.apache.hadoop</groupId>
    <artifactId>hadoop-client</artifactId>
    <version>2.10.2</version>
</dependency>
<!-- Hive JDBC 连接依赖包 -->
<dependency>
    <groupId>org.apache.hive</groupId>
    <artifactId>hive-jdbc</artifactId>
    <version>2.3.9</version>
</dependency>
```

（2）Hive-JDBC连接程序。使用JDBC协议编写代码访问Hive数据，代码实现过程类似JDBC访问MySQL数据库，创建连接对象并输入执行语句进行任务计算，主要代码如下所示：

```
public static void executeSQL(String sql) throws SQLException {
        Connection conn = null;
        PreparedStatement ps = null;
        ResultSet rs = null;
        try{
            //(1) 加载驱动
            Class.forName(JDBC_DRIVER);
            conn =DriverManager.getConnection(JDBC_URL, JDBC_USER, JDBC_PASS);
            //(2) 执行 SQL 查询
            ps = conn.prepareStatement(sql);
            rs = ps.executeQuery();
            while (rs.next()) {
                ResultSetMetaData metaData = rs.getMetaData();
                int colCount = metaData.getColumnCount();
                for(int i=1; i<=colCount; i++){
                    String colName = metaData.getColumnName(i);
                    Object colValue = rs.getObject(colName);
                System.out.println("col.name=" + colName +",value=" + colValue );
}
            }
        }catch (Exception e){
            LOG.error("hive.jdbc.executeSQL.err=", e);
        }finally {
            closeResource(conn, ps, rs);
        }
    }
```

执行结果如图6-18所示。

```
97        } catch (Exception e) {
98            LOG.error("JDBCHelper.closeResource.err=", e);
99            System.exit( status: -1);
100       }
101   }
102
103   public static void main(String[] args) throws Exception{
104       String sql = "show databases";
105       Map<String,Object> result = executeSQL(sql);
106
107       Log.info( msg: "hive.jdbc.executeSQL={}", result);
108   }
109
110
111 }
```

```
SLF4J: Found binding in [jar:file:/D:/maven-3.9.1/repository/org/slf4j/slf4j-log4j12/1.6.1/slf4j-log4j12-1.6.1.jar!/org/slf4j/impl/StaticLoggerBinder.
SLF4J: See http://www.slf4j.org/codes.html#multiple_bindings for an explanation.
SLF4J: Actual binding is of type [ch.qos.logback.classic.util.ContextSelectorStaticBinder]
2024-02-01 17:30:34 INFO  [main] com.bigdata.bc.jdbc.hive.HiveHelper - Running: show databases
2024-02-01 17:30:34 INFO  [main] org.apache.hive.jdbc.Utils - Supplied authorities: node:10000
2024-02-01 17:30:34 INFO  [main] org.apache.hive.jdbc.Utils - Resolved authority: node:10000
colName=database_name,colValue=default
colName=database_name,colValue=test
2024-02-01 17:30:35 INFO  [main] org.mortbay.log - Logging to Logger[org.mortbay.log] via org.mortbay.log.Slf4jLog
2024-02-01 17:30:35 INFO  [main] org.mortbay.log - hive.jdbc.executeSQL={database_name=test}
```

图 6-18　Hive-JDBC 方式访问 Hive 数据

6.4　HQL 语法与应用

Hive框架进行数据处理的方式是使用一种类SQL的语言，称为HQL语言，以下介绍了基本语法、DDL语句、DML语句、主流函数及用户自定义函数等内容。

6.4.1　HQL 语言基础

1. 数据类型

1）基本数据类型

（1）基本数据类型介绍。HQL语言的基本数据类型包括了数值类型、时间类型、字符串和布尔类型等基本数据类型，具体数据类型的概要信息见表6-2。

表 6-2　基本数值类型

数据类型分类	数 据 类 型	备　注
数值类型	tinyint	1字节，有符号整数，范围为-128～127
	smallint	2字节，有符号整数，范围为-32 768～32 767
	int/integer	4字节，有符号整数
	bigint	8字节，有符号整数
	float	4字节，单精度浮点数
	double	8字节，双精度浮点数
	decimal	精度为38位
	numeric	等同于DECIMAL（Hive3.0.0开始支持）
时间类型	timestamp	时间戳
	date	日期
字符串类型	string	存储变长文本，长度无限制

续表

数据类型分类	数据类型	备　注
字符串类型	varchar	有长度限制，不定长，长度范围在1～65 355之间
	char	有长度限制，长度范围在1～255之间
其他类型	boolean	布尔值
	binary	二进制类型

（2）基本数据类型应用示例。HQL语言兼容大部分SQL-92语义和部分SQL-2003扩展语义，所以数据类型和关系型数据库比较相似，下例所示为建表语句中数据字段使用的基本类型，也可以通过HQL语句命令对已存在的数据表进行结构查看。

```
-- 人员信息表
create external table if not exists test.person(
  num string,
  name string,
  age int,
  gender int,
  slary double
)
row format delimited fields terminated by ','
stored as textfile
location '/data/person/';

-- 查看人员信息表定义信息
desc test.person
```

查看结果如图6-19所示。

```
hive (default)> desc test.person;
OK
col_name        data_type       comment
num                     string
name                    string
age                     int
gender                  int
slary                   double
Time taken: 0.053 seconds, Fetched: 5 row(s)
hive (default)>
              > select * from test.person limit 3;
OK
person.num      person.name     person.age      person.gender   person.slary
1001    1       60      1       9133.0
1002    2       59      1       4827.0
1003    3       29      1       3155.0
Time taken: 0.151 seconds, Fetched: 3 row(s)
```

图6-19　查看数据库表结构

2）复杂数据类型

（1）复杂数据类型介绍。复杂数据类型为Hive提供了处理复杂数据结构和建立更灵活的数据模型的能力。同时，Hive还提供了一些函数和操作符，用于处理这些复杂数据类型，如EXPLODE函数用于将Hive一列复杂的array或map结构拆分成多行等。

HQL的复杂数据类型包括了数组类型（Array）、映射类型（Map）、结构体类型（Struct）和联合体类型（Union），具体数据类型的概要信息见表6-3。

表6-3　复杂数据类型

数据类型	备　注
数组类型（Array）	数组是一组具有相同数据类型的元素的有序集合。数组可以使用ARRAY关键字定义。 数组类型的元素分割符定义：collection items terminated by '|'

续表

<table>
<tr><th>数据类型</th><th>备　注</th></tr>
<tr><td>映射类型（Map）</td><td>映射是一种键值对的集合，其中键和值都可以是任意数据类型。映射可以使用MAP关键字定义，例如：MAP<key_type, value_type>。
映射类型的元素分割符定义：collection items terminated by '|'
map元素中key与value的分割符定义：map keys terminated by ':'</td></tr>
<tr><td>结构体类型（Struct）</td><td>结构体是由一组有序的字段组成的数据类型，每个字段都有一个名称和一个对应的数据类型。
结构体可以使用STRUCT关键字定义，例如：STRUCT<field1:datatype1, field2:datatype2,...>。
结构体类型的元素分割符定义：collection items terminated by '|'</td></tr>
<tr><td>联合类型（Union）</td><td>联合类型表示一个值可以是多个数据类型之一。这意味着，一个Union类型的列可以存储多种数据类型中的任何一种，但每次只能存储其中一种类型的值</td></tr>
</table>

（2）数据分隔符。Hive框架的复杂数据类型都是集合类型，其中保存了大量的数据记录和数据字段，而数据分隔符就是用来在创建表时指定区分不同字段或记录的方法。Hive支持多种分隔符并且可以在建表时指定分隔符，以确保Hive正确地解析和处理数据文件。目前，数据分隔符分为记录分隔符（行分隔符）、字段分隔符（列分隔符）、自定义分隔符。

① 记录分隔符（行分隔符）。记录分隔符用于区分表中的不同记录，数据记录间分隔为lines terminated by char（char为分隔符）。在Hive中，通常使用换行符（\n）作为记录分隔符，表示每行一条记录。

② 字段分隔符（列分隔符）。字段分隔符用于区分表中的不同字段。Hive支持多种字段分隔符，例如逗号、制表符、自定义字符等。Hive框架默认的字段分隔符为ASCII码的控制符001，建表的时候用fields terminated by '001'，列间分隔为 fields terminated by char（char为分隔符），复杂类型元素间分隔为 collection items terminated by char（char为分隔符），map类型的keys分隔为map keys terminated by char（char为分隔符）。但需要注意的是，如果数据中本身就包含所选的分隔符，可能会导致数据解析错误。因此，在实际应用中，通常会选择一些不太可能在数据内容中出现的字符作为分隔符。

③ 自定义分隔符。在Hive中，可以使用row format delimited子句来指定自定义的分隔符，除了常见的字段分隔符和记录分隔符外，Hive还支持自定义分隔符。用户可以根据数据的实际情况选择适合的分隔符。例如，可以使用一些特殊字符或字符组合作为分隔符，以提高数据的可读性或减少数据解析错误的可能性。

数据分隔符应用示例：

```
-- 创建雇员信息表
create external table if not exists test.employee(
  num string,
  likes array<string>,
  pets map<string,int>,
  friends struct<name:string, age:int>
)
row format delimited fields terminated by '#'
collection items terminated by '|'
map keys terminated by ':'
lines terminated by '\n'
stored as textfile
location '/data/employee/';
```

如上例所示，雇员表（employee）定义了多个复杂数据类型的数据列，分别是数组类型（likes）、映射类型（pets）、结构体类型（friends），并分别定义了行记录分隔符（'\n'）、数据列分隔符（'#'）以及特殊的map结构的KV数据元素分隔符（':'）。对于定义复杂数据结构并查看数据存储样式，可以通过图6-20进行比对认识。

```
hive (default)> desc test.employee;
OK
col_name        data_type       comment
num                     string
likes                   array<string>
pets                    map<string,int>
friends                 struct<name:string,age:int>
Time taken: 0.086 seconds, Fetched: 4 row(s)
hive (default)>
              > select * from test.employee limit 3;
OK
employee.num    employee.likes  employee.pets   employee.friends
1001    ["c","java","python"]   {"height":80,"weight":30}       {"name":"Ammi","age":10}
1002    ["c","java","rust"]     {"height":60,"weight":25}       {"name":"Cherl","age":10}
1003    ["go","java","php"]     {"height":40,"weight":25}       {"name":"Mesi","age":10}
Time taken: 0.152 seconds, Fetched: 3 row(s)
```

图 6-20　复杂数据类型示例

2. 数据存储格式

数据的存储格式主要分为行式存储（如TextFile、CSV、JSON等）和列式存储（ORC、Parquet等）。从应用角度出发，行式存储则更适合于处理需要读取整行数据的操作，如简单的查询和更新。而在查询效率方面，列式存储在处理统计、聚合等操作时表现优秀，因为列式存储可以只对需要的列进行读取和计算，避免了读取不必要的数据。此外，行式存储和列式存储在数据压缩和编码方面也有不同的优化策略。列式存储由于数据的同质性更高，更容易实现高效的压缩和编码，进一步节省存储空间和提高查询性能。

总的来说，行式存储和列式存储各有其优势和应用场景。在实际应用中，需要根据数据的特性和查询需求来选择适合的存储方式。同时，随着技术的发展和应用的深入，未来可能会出现更多创新的存储方式以满足不断变化的需求。

Hive框架支持多种数据存储格式，表6-4列举了目前主流的两大存储分类，具体情况如图6-21所示，有关数据存储格式的详细信息请参考Hive官网。

表 6-4　主流数据存储格式

存储格式	应用场景	文件格式
行式存储	OLTP（Row-based）数据CRUD操作	CSV、JSON、Text等
列式存储	OLAP（Column-based）数据部分列读取操作	ORC、Parquet等

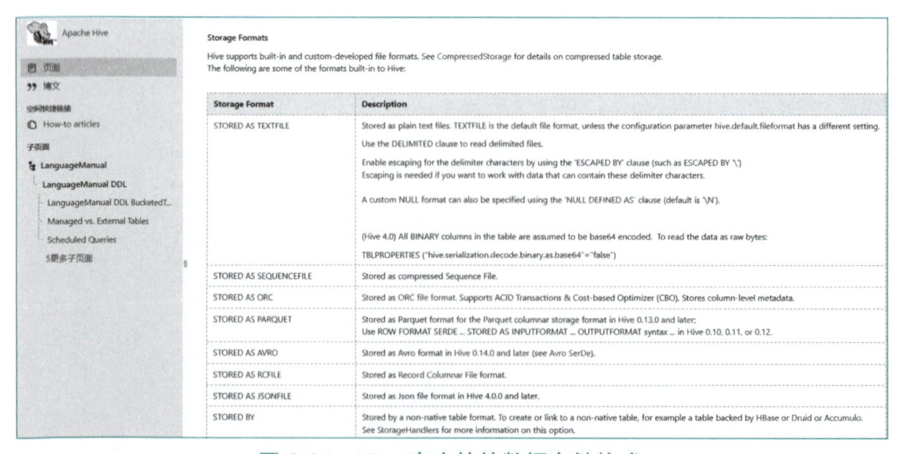

图 6-21　Hive 表支持的数据存储格式

1）行式存储

行式存储，也称为传统的关系型数据库存储方式，将一行中的所有数据字段作为一个整体存储在连续的物理空间中。这种存储方式使得读取整行数据非常高效，因为数据在物理存储上是连续的。然而，当只需要读取某些列的数据时，行式存储可能会导致不必要的I/O操作，因为即使只需要读取少数列，也需要读取整行数据。因此，行式存储更适合于读取少行多列的情况。行式数据存储的具体形式可见表6-5。

表 6-5　行式存储形式

num	name	age	gender
001	张三	33	1
002	李四	18	0
003	王五	10	1

行式存储特点：

- 行式存储是按照行数据为基础逻辑存储单元进行存储的，一行中的数据在存储介质中以连续存储形式存。
- 行式数据库把一行中的数据值串在一起存储起来，然后再存储下一行的数据，以此类推。
- 行式数据以二维表格形式呈现并使用。
- 查找数据过程中需对涉及的数据提前构建数据索引，来加快数据查询速度，另外，也可以对数据进行分区处理，进而避免全表扫描。
- 适合随机的增删改查操作，需要频繁插入或更新的操作，其操作与索引和行的大小更为相关。

2）列式存储

列式存储则是将数据按列进行存储，每一列的数据在物理存储上是连续的。这种存储方式使得读取特定列的数据非常高效，因为只需要读取该列的物理存储位置即可。列式存储特别适合于读取少数列多数行的情况，例如在进行数据分析和统计时，经常需要针对某些列进行聚合运算，此时列式存储的优势就体现出来了。此外，列式存储还可以节省存储空间，因为对于没有数据的列，可以不进行存储。列式数据存储的具体形式可见表6-6。

表 6-6　列式存储形式

num	001	002	003
name	张三	李四	王五
age	33	18	10
gender	1	0	1

列式存储特点：

- 列式存储数据是按照列为基础逻辑存储单元进行存储的，一列中的数据在存储介质中以连续存储形式存在。
- 列式数据库把一列中的数据值串在一起存储起来，然后再存储下一列的数据，以此类推。
- 查询数据过程中针对各列的运算并发执行（SMP），在内存中聚合完整记录集，可降低查询响应时间。
- 可在数据列中高效查找数据，无须维护索引（任何列都能作为索引），查询过程中能够尽量减少无关I/O，避免全表扫描。

- 列式存储中每列数据独立存储且数据类型已知，可以针对该列的数据类型、数据量大小等因素动态选择压缩算法，以提高物理存储利用率；如果某一行的某一列没有数据，在列存储时就可以不存储该列的值，这将比行式存储更节省空间。

3）数据存储文件

数据存储是Hive操作的基础，选择一个合适的底层数据存储文件格式，即使在不改变当前Hive HQL的情况下性能也得到数量级的提升，目前主流的数据文件存储格式主要由行式存储和列式存储组成，但由于Hive主要应用于OLAP场景下的数据分析领域，所以Hive库表的底层数据文件应该选择列式存储更适合。

（1）TextFile。TextFile是一种基础的、未经压缩的文本文件格式。它的主要特点在于数据以纯文本的形式存储，易于人工阅读和理解。但是，由于没有进行数据压缩，TextFile的磁盘开销相对较大，数据解析开销也较高。此外，对于复杂的数据结构，TextFile的表达能力有限，通常需要通过特定的分隔符来区分字段。

（2）CSV文件。CSV是一种常见的表格数据存储格式，它以纯文本形式存储表格数据（数字和文本），并使用逗号作为字段之间的分隔符。CSV文件的优点在于格式简单，易于在不同的应用程序之间交换数据。然而，CSV文件不支持复杂的数据类型，如嵌套结构或数组，且对于包含逗号或换行符的数据字段，需要额外的处理来避免解析错误。

（3）JSON文件。JSON是一种轻量级的数据交换格式，它基于ECMAScript的一个子集，采用完全独立于语言的文本格式来存储和表示数据。JSON文件易于人类阅读和编写，同时也易于机器解析和生成。它支持嵌套和复杂的数据结构，支持的数据类型丰富，可以表示字符串、数字、布尔值、对象、数组等。然而，相较于二进制格式，这使得表示复杂对象变得简单，但JSON文件的存储和传输效率可能较低，解析开销相对较大，特别在处理海量数据时。

（4）ORC文件。ORC是一种高效的列式存储格式，专为Hadoop和Hive等大数据处理平台设计。ORC通过列式存储和高效的数据压缩极大地提高了数据查询性能，减少了I/O开销。同时，ORC还支持复杂的数据类型和嵌套结构，提供了索引、谓词下推等优化手段以及丰富的元数据支持，使得数据查询更加高效。此外，ORC文件是自解析的，包含了数据和元数据，使得数据处理更加便捷。相比较TextFile和CSV，ORC文件可能无法直接查看和编辑，需要专门的工具或程序库进行读写操作，不是所有的编程语言和工具都支持。

（5）Parquet文件。Parquet是另一种列式存储格式，由Cloudera公司开发并开源。与ORC类似，Parquet也通过列式存储和压缩技术来提高查询性能和数据存储效率。Parquet支持嵌套和复杂的数据结构，支持数据压缩和编码，减少存储空间和I/O开销，同时提供了丰富的元数据描述，有助于查询优化，兼容性好，可以在多种计算框架和系统中使用。然而，相较于ORC，Parquet的写速度可能较慢，Parquet文件不容易直接查看和编辑，需要专门的工具或程序库进行读写操作，不是所有的编程语言和工具都支持。

6.4.2 数据定义

视频

数据库对象定义DDL

1. 定义及操作数据库

Hive中的数据库与关系型数据库中的数据库在概念和使用方式上基本一致，数据库中都可以包含数据表、数据视图等数据库对象，但Hive的数据库本质上与HDFS文件系统中的目录是一种映射关系，因此删除库表对象不一定可以同时删除HDFS上的物理文件目录。下文列举了数据库对象的常用操作，如创建、删除、切换、查看信息等。

1）创建数据库

在HQL语法中，创建数据库对象和标准SQL语法类似，但HQL语法创建数据库需要通过关键字指定数据库的存储位置、备注信息、附属信息等相关信息，数据库建库语句如下所示：

```
-- 创建数据库语法
CREATE [REMOTE] (DATABASE|SCHEMA) [IF NOT EXISTS] database_name
  [COMMENT database_comment]
  [LOCATION hdfs_path]
  [MANAGEDLOCATION hdfs_path]
  [WITH DBPROPERTIES (property_name=property_value, ...)];
-- 创建数据库示例
create database if not exists demo;
```

2）删除数据库

HQL语法中删除数据库操作与标准SQL语法类似，使用drop关键字进行数据库的删除操作，具体语法应用如下所示：

```
-- 删除数据库语法
drop database database_name;
-- 删除数据库示例
drop database demo;
```

3）切换数据库

HQL语法中删除数据库操作与标准SQL语法类似，使用use关键字进行数据库的切换操作，具体语法应用如下所示：

```
-- 切换数据库语法
use database_name;
-- 切换数据库示例
use demo;
```

4）查看数据库信息

HQL语法中删除数据库操作与标准SQL语法类似，使用show关键字进行数据库、数据库所属表的查看操作，具体语法应用如下所示：

```
-- 查看数据库语法
show databases;
-- 查看数据库信息
desc database database_name;
```

2. 定义数据表

Hive数据表是Hive中用于存储数据的基本单位。

总的来说，Hive数据表为大数据处理提供了灵活且强大的数据组织和管理方式，用户可以根据实际需求选择适合的表类型并进行相应的配置。

1）数据表定义

根据HQL的语法规则，创建数据表主要涉及表种类（外部表或内部表）、数据字段、存储位置、是否分区、存储数据类型等信息的声明和指定，具体语法如下所示：

```
-- 指定外部表或内部表
CREATE [TEMPORARY] [EXTERNAL] TABLE [IF NOT EXISTS] [db_name.]table_name
[(col_name data_type [COMMENT col_comment], ...] --- 指定列名和列数据类型
[COMMENT table_comment] -- 指定表的描述信息
-- 若使用指定表分区信息
[PARTITIONED BY (col_name data_type [COMMENT col_comment], ...)]
[CLUSTERED BY (col_name, col_name, ...) [SORTED BY (col_name [ASC|DESC], ...)] INTO num_buckets BUCKETS] ON ((col_value, col_value, ...), (col_value, col_value, ...), ...)-- 若使用指定表分桶信息
[
   [ROW FORMAT row_format]   -- 指定表的数据分割信息
   [STORED AS file_format]   -- 指定表的数据存储信息
]
[LOCATION hdfs_path]         -- 指定表的数据存储目录
```

数据表定义示例：

```
-- 创建数据库
create database if not exists test;

-- 创建用户日志数据表
create external table if not exists test.userlog(
  action string comment '行为类型',
  event_type string comment '行为类型',
  user_device string comment '设备号',
  os string comment '手机系统',
  manufacturer string comment '手机制造商',
  carrier string comment '电信运营商',
  network_type string comment '网络类型',
  user_region string comment '所在区域',
  user_ip string comment '所在区域IP',
  longitude string comment '经度',
  latitude string comment '纬度',
  exts string comment '扩展信息(json格式)',
  duration int comment '停留时长',
  ct bigint comment '创建时间'
) partitioned by (dt string)
ROW FORMAT SERDE 'org.apache.hive.hcatalog.data.JsonSerDe'
STORED AS TEXTFILE
location '/data/userlog/';

-- 数据表详情查看
show create table test.userlog;
```

查看表结构信息的语句命令示例如图6-22所示。

```
hive (default)> show create table  test.userlog;
OK
createtab_stmt
CREATE EXTERNAL TABLE `test.userlog`(
  `action` string COMMENT 'from deserializer',
  `event_type` string COMMENT 'from deserializer',
  `user_device` string COMMENT 'from deserializer',
  `os` string COMMENT 'from deserializer',
  `manufacturer` string COMMENT 'from deserializer',
  `carrier` string COMMENT 'from deserializer',
  `network_type` string COMMENT 'from deserializer',
  `user_region` string COMMENT 'from deserializer',
  `user_ip` string COMMENT 'from deserializer',
  `longitude` string COMMENT 'from deserializer',
  `latitude` string COMMENT 'from deserializer',
  `exts` string COMMENT 'from deserializer',
  `duration` int COMMENT 'from deserializer',
  `ct` bigint COMMENT 'from deserializer')
PARTITIONED BY (
  `dt` string)
ROW FORMAT SERDE
  'org.apache.hive.hcatalog.data.JsonSerDe'
STORED AS INPUTFORMAT
  'org.apache.hadoop.mapred.TextInputFormat'
OUTPUTFORMAT
  'org.apache.hadoop.hive.ql.io.HiveIgnoreKeyTextOutputFormat'
LOCATION
  'hdfs://node:8020/data/userlog'
TBLPROPERTIES (
  'transient_lastDdlTime'='1708392025')
Time taken: 1.412 seconds, Fetched: 27 row(s)
```

图 6-22　Hive 数据表结构信息查看

2）Hive 数据表构建内容

根据HQL的建表语句中对数据表的语法要求，在创建一张Hive数据表时要涉及很多方面的内容，为了方便大家理解记忆，将上述内容概述为思维导图形式呈现，具体如图6-23所示。

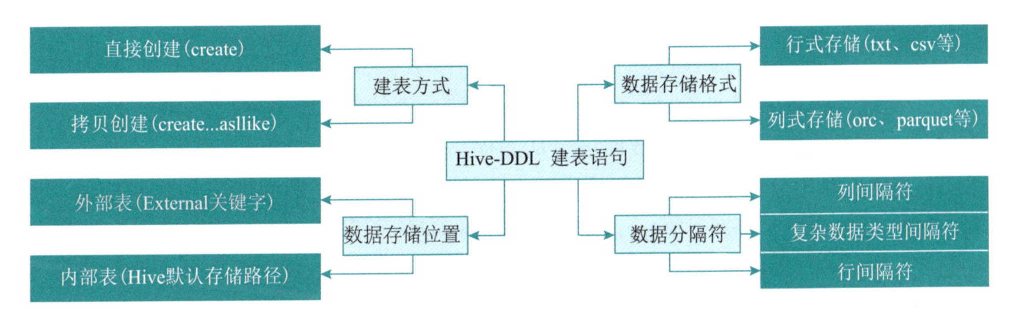

图 6-23　Hive 数据表构建内容

（1）建表方式：创建表create table，创建指定名称的数据表，如果存在同名的数据库表则抛出异常，所以可以使用if not exists选项来忽略这个异常。Hive有三种创建表的方式：第一种直接使用create table语句，第二种使用create table...as select（复制表结构和数据），第三种使用create table like exist_table语句（仅仅复制表结构）。

（2）外部表与内部表：内部表由Hive完全管理，Hive会负责数据的生命周期，包括数据的存储和删除。当创建一个内部表时，Hive会在由配置项hive.metastore.warehouse.dir所定义的目录（如/user/hive/warehouse）的子目录下为该表创建一个目录，用于存储表的数据。当删除内部表时，Hive不仅会删除表在关系数据库中存储的元数据，还会删除warehouse目录下的数据。

外部表则与内部表有所不同。创建外部表时，需要使用external关键字，对于外部表Hive仅记录数据所在的路径，并不会将数据移动到数据仓库指向的路径。因此，外部表的数据可以有自己的存储位置，且数据的生命周期不由Hive管理。当删除外部表时，Hive只会删除表的元数据，而不会删除数据。这使得外部表在数据共享和安全性方面更具优势。外部表在建表时，通过Location关键字指定表数据的存储位置。

除了内部表和外部表，Hive还支持创建分区表和分桶表，这些表类型都是基于内部表或外部表进行扩展的。分区表可以根据某个字段将数据分成多个部分，每个部分对应一个分区，这有助于提高查询效率。分桶表则是将数据分成多个桶，每个桶中的数据按照某种规则进行划分，有助于数据的并行处理和优化。

（3）数据分割符。在创建Hive表时，还可以使用一些选项来指定表的属性，包括存储类型、数据分隔符、数据字段声明等。Hive数据表中存在简单数据类型和复杂数据类型，不论数据类型简单与否，都需要指定列分割符来对数据文件进行正确的列值读取，具体针对简单数据类型的数据表仅需要指定列间分隔符即可，具体语法为fields terminated by char（char为分隔符）。而复杂数据类型的数据列除了需要指定列分隔符外，元素间分隔符也要根据具体的数据类型来设置，比如指定数组类型元素间的分隔符，具体语法为collection items terminated by char（char为分隔符），指定map类型的keys分割 map keys terminated by char（char为分隔符），数据记录间分割 lines terminated by char（char为分隔符）。

（4）数据存储格式。Hive建表时是使用STORED AS语法声明数据存储格式，具体数据表的存储格式主要使用的常见存储类型包括TextFile、CSV、JSON、ORC、Parquet。

3. 数据分区

Hive数据分区是一种机制，用于将大的数据集根据业务需要分割成更小的数据集。在Hive中，分区实际上是表目录的子目录，通过将数据按照分区列的值放入不同的子目录中，可以实现对数据的更精细管理。

Hive数据分区的主要目的是提高查询性能。由于数据被分散到不同的子目录中，Hive可以只扫描那些包含所需数据的子目录，而无须扫描整个表的数据。这种分区裁剪的技术可以避免全表扫描，显著减少数据处理的数据量，从而提高查询效率。

在Hive中，创建分区表时需要指定分区键，然后根据分区键的值来创建对应的子目录。查询时，Hive会根据查询条件中的分区键来定位到相应的子目录，从而只扫描那些包含所需数据的子目录。

此外，Hive还支持多级分区，即一个表可以有多个分区键，每个分区键都可以进一步细分数据。然而，需要注意的是，分区并不是越多越好。过多的分区可能导致管理上的复杂性增加，因此在设计分区方案时需要根据实际业务情况进行权衡。

总的来说，Hive数据分区是一种有效的数据管理技术，可以显著提高查询性能并优化数据管理。在实际应用中，需要根据业务需求和数据量来选择合适的分区策略。

1）数据表分区定义

Hive数据分区表需要指定数据分区列以及数据分区列的数据类型（数据分区列可以看成特殊的数据列）。另外，Hive表的数据分区可以有多种形式，包括单分区表定义和多分区表定义，具体语法如下例所示：

```
--创建数据分区表
create external table if not exists db.table_name(
  ...
) partitioned by (partition_name partition_data_type)
```

单分区表数据表定义：

```
-- 创建用户日志数据表（单分区）
create external table if not exists test.userlog(
  ...
) partitioned by (dt string)
...
```

多分区表数据表定义：

```
-- 创建用户日志数据表（多分区）
create external table if not exists test.userlog_multipartition(
  ...
) partitioned by (dt string, area_code string)
...
```

2）增加数据分区

Hive数据表增加数据分区有两种方式：其一使用动态分区的方式进行指定数据分区字段（相关内容后续有详细介绍），另一种即使用alter关键字对数据分区表进行修改操作，手动指定数据分区列的列值，具体语法示例如下所示：

```
-- 增加数据表分区语法
alter table db_name.table_name add partition(partition_name=partition_value);

-- 增加数据表分区示例
alter table test.userlog add partition(dt='20230801');
```

执行结果如图6-24所示。

```
hive (default)> alter table test.userlog add partition(dt='20230801');
OK
Time taken: 0.377 seconds
hive (default)>
```

图 6-24　增加数据分区

3）查看表分区信息

使用show关键字可以查看数据分区表的分区信息，具体语法如下例所示：

```
-- 显示数据表分区语法
show partitions table_name;

-- 显示数据表分区示例
show partitions test.userlog;
```

执行结果如下图6-25所示。

```
hive (default)>
              > show partitions test.userlog;
OK
partition
dt=20230801
Time taken: 0.24 seconds, Fetched: 1 row(s)
hive (default)>
              > !hdfs dfs -ls /data/userlog;
SLF4J: Class path contains multiple SLF4J bindings.
SLF4J: Found binding in [jar:file:/opt/framework/hive-2.3.9/lib/log4j-slf4j-impl-2.6.2.jar!/org/sl
f4j/impl/StaticLoggerBinder.class]
SLF4J: Found binding in [jar:file:/opt/framework/hadoop-2.10.2/share/hadoop/common/lib/slf4j-reloa
d4j-1.7.36.jar!/org/slf4j/impl/StaticLoggerBinder.class]
SLF4J: See http://www.slf4j.org/codes.html#multiple_bindings for an explanation.
SLF4J: Actual binding is of type [org.apache.logging.slf4j.Log4jLoggerFactory]
Found 2 items
drwxr-xr-x   - root supergroup          0 2024-02-06 05:06 /data/userlog/dt=20230801
```

图 6-25　查看 Hive 数据分区信息

4）删除分区操作

删除分区操作具体语法如下所示，执行结果如图6-26所示。

```
-- 删除数据表分区语法
alter table db_name.table_name drop partition(partition_name=partition_value);
-- 删除数据表分区示例
alter table test.userlog drop partition(dt='20230810');
```

```
hive (default)> show partitions test.userlog;
OK
partition
dt=20230801
dt=20230802
dt=20230803
dt=20230810
Time taken: 0.086 seconds, Fetched: 4 row(s)
hive (default)>
              > alter table test.userlog drop partition(dt='20230810');
Dropped the partition dt=20230810
OK
Time taken: 0.465 seconds
hive (default)>
              >
              > show partitions test.userlog;
OK
partition
dt=20230801
dt=20230802
dt=20230803
Time taken: 0.091 seconds, Fetched: 3 row(s)
```

图 6-26　删除 Hive 数据分区

5）数据分区种类

（1）静态分区。数据分区表中的分区列值通过用户显示指定数值来确定，比如增加分区、插入分区表数据时显式指定分区值，具体语法如下所示：

```
-- 显式指定插入分区数值
insert into test.userlog partition(dt='20230801')
select
    ...,
from test.userlog
```

（2）动态分区。数据分区表中的分区列值是通过SQL语句在执行过程中计算出来的，比如插入分区表使用计算表达式等方式来计算分区列数值，主要配置参数见表6-7。

表 6-7　Hive 动态分区参数

参　　数	备　　注
hive.exec.dynamic.partition	动态分区功能开启
hive.exec.dynamic.partition.mode	动态分区模式
hive.exec.max.dynamic.partitions	支持的最大分区数量
hive.exec.max.dynamic.partitions.pernode	每个执行节点上支持的最大分区数量

动态分区相关配置参数：

```
<!-- 开启动态分区开关 -->
<property>
    <name>hive.exec.dynamic.partition</name>
    <value>true</value>
</property>
<!-- 开启动态分区支持的模式 -->
<property>
    <name>hive.exec.dynamic.partition.mode</name>
    <value>nostrict</value>
</property>
<!-- 动态分区最大分区数量 -->
<property>
    <name>hive.exec.max.dynamic.partitions</name>
    <value>1000</value>
</property>
<!-- 每个执行节点上的最大动态分区数量 -->
<property>
    <name>hive.exec.max.dynamic.partitions.pernode</name>
    <value>100</value>
</property>
```

进入Hive命令行后设置动态分区参数，但动态分区生效仅仅在本次会话中：

```
## 命令行参数设置
set hive.exec.dynamic.partition=true
set hive.exec.dynamic.partition.mode=nostrict
set hive.exec.max.dynamic.partitions=1000
set hive.exec.max.dynamic.partitions.pernode=100
```

动态分区应用：

```
-- 通过计算方式插入分区字段数据值
insert into test.ulog_stat partition(dt)
select
    ...,
    from_unixtime(ct/1000,'yyyyMMddHH') as dt
from test.userlog
```

频

数据库对象定义DML

6.4.3 数据操作

HQL中的DML语句主要包括数据加载、数据查询、数据关联及数据插入等常见操作，熟练掌握DML语句是后续进行数据ETL的基础。

1. 数据加载

Hive数据加载是指将外部数据导入到Hive表中的过程。Hive支持多种数据加载方式，主要方式有两种：一种是从文件中加载数据，下面具体介绍；另一种是通过HiveQL查询加载数据（详细内容参见“数据查询”）。

文件数据加载。使用load data语句：这是Hive中最基本的数据加载方式。可以从本地文件系统或HDFS中加载数据。加载时，可以指定是否使用local关键字（表示数据在本地文件系统上）以及是否使用overwrite（表示覆盖表中现有数据）。

Hive load语句不会在加载数据的时候做任何转换工作，而是纯粹地把数据文件复制/移动到Hive表对应的地址，具体使用方式如下所示：

```
    ##load 命令语法
    LOAD DATA [LOCAL] INPATH 'filepath' [OVERWRITE] INTO TABLE tablename
[PARTITION (partcol1=val1, partcol2=val2 ...)]
    ##load 命令示例
    -- 数据加载前查看
    !ls /opt/data/userlog;

    -- 数据加载（使用服务器本地文件系统上的数据文件）
    load data local inpath '/opt/data/userlog/userlog_1m.data' overwrite
into table test.userlog partition(dt='20230801');

    -- 数据加载（使用 HDFS 文件系统上的数据文件）
    load data inpath '/data/userlog/userlog_1m.data' overwrite into table
test.userlog partition(dt='20230802');

    -- 数据查看
    select * from test.userlog where dt = '20230801' limit 3;
```

执行结果如图6-27所示。

```
Logging initialized using configuration in file:/opt/framework/hive-2.3.9/conf/hive-log4j2.propert
ies Async: true
userlog_1m.data
Loading data to table test.userlog partition (dt=20230801)
OK
Time taken: 5.631 seconds
OK
userlog.action  userlog.event_type      userlog.user_device     userlog.duration        userlog.ct
userlog.dt
{"user_ip":"4.33.4.168" "os":"1"        "lonitude":"113.1605"   NULL    NULL    20230801
{"user_ip":"98.83.197.81"       "os":"1"        "lonitude":"118.2375"   NULL    NULL    20230801
{"user_ip":"130.235.148.175"    "os":"1"        "lonitude":"118.18383"  NULL    NULL    20230801
Time taken: 3.211 seconds, Fetched: 3 row(s)
```

图 6-27　从文件中加载数据

在使用load命令进行数据加载时，还需要注意以下几点：

- Hive不支持行级别的增删改操作，所以加载数据时通常是整个文件或分区级别的操作。
- 如果使用overwrite，会覆盖表的原有数据；而如果不使用overwrite（或使用into），则是追加数据。

- 分隔符要与数据文件中的分隔符一致，否则数据无法正确分割。
- 加载数据时，如果字段类型不匹配且无法相互转化，查询结果可能会返回NULL。
- 当直接移动数据文件到含有分区表的存放目录下时，数据存放的路径层次需要和表的分区一致，否则即使目标路径下有数据也可能查询不到。

2. 数据查询

1）select 子句

select子句用于从一个或多个表中检索数据。select语句的基本语法与标准的SQL select语句相似，但它也包含一些Hive特有的功能和优化。select子句的使用语法及应用示例如下所示：

```
[WITH CommonTableExpression (, CommonTableExpression)*]
SELECT [ALL | DISTINCT]
select_expr, select_expr, ...
  FROM table_reference
  [WHERE where_condition]
  [GROUP BY col_list]
  [ORDER BY col_list]
  [CLUSTER BY col_list
    | [DISTRIBUTE BY col_list] [SORT BY col_list]
  ]
 [LIMIT [offset,] rows]
```

select子句及相关配套子句使用说明：

- where过滤子句：用于数据过滤，分区裁剪等操作进行条件设置。
- group by分组子句：用于数据分组聚合，通常和聚合函数一起使用，如count、max等函数。
- order by排序子句：用于全局排序，但会引起数据shuffle，一般不推荐使用。
- sort by排序子句：用于局部排序，当有多个reduce任务时只能保证单个reduce输出有序，不能保证全局有序。
- distribute by排序子句：类似MR中的分区器，可以对数据进行分区，结合sort by子句使用，但必须写在sort by子句之前。
- cluster by排序子句：作用等同于distribute by子句+ sort by子句，可以对数据进行分区划分和数据分区内排序。
- with as子句：也称为了查询部分，类似于一个视图或临时表，通过对数据进行缓存来提高查询性能，并且可以进行数据复用。

2）with 子句

with as子句也称为子查询部分，类似于一个视图或临时表，通过对数据进行缓存来提高查询性能并且可以进行数据复用，具体使用方式如下所示：

```
--with 子句示例
with t_userlog as (
    select * from test.userlog where dt = '20230801'
)
Select * from t_userlog
```

执行结果如图6-28所示。

```
--with子句示例
with t_userlog as (
    select * from test.userlog where dt = '20230801'
)
Select * from t_userlog
```

结果 1

with t_userlog as (select * from test.userlog 输入一个 SQL 表达式来过滤结果 (使用 Ctrl+Space)

#	action	event_type	user_device	os	manufacturer	carrier	network_type
1	01		110110196404303333	1	02	1	2
2	01		110110197509203333	1	04	3	2
3	01		110101196612118888	1	09	3	3
4	02		110101196612118888	2	07	1	0
5	08	01	110101196612118888	2	05	1	3
6	05	02	110101196612118888	2	10	1	1
7	05	02	110101196612118888	2	10	1	1
8	01		110103197204034444	1	04	2	1
9	02		110103197204034444	2	03	1	0
10	08	01	110103197204034444	1	04	3	0
11	05	01	110103197204034444	2	08	2	3
12	01		110106197808259999	2	05	2	2
13	02		110106197808259999	2	08	2	1
14	08	01	110106197808259999	2	10	3	0
15	05	03	110106197808259999	1	09	1	0
16	01		110102199002143333	2	04	1	0
17	01		110110198006208888	2	09	2	1
18	02		110110198006208888	1	05	3	3

图 6-28　with 子句查询结果

3）where 子句

where子句用于对数据过滤、分区裁剪等操作进行条件设置，具体使用方式如下所示：

```
--where 子句示例
select * from test.userlog where dt = '20230801'
```

执行结果如图6-29所示。

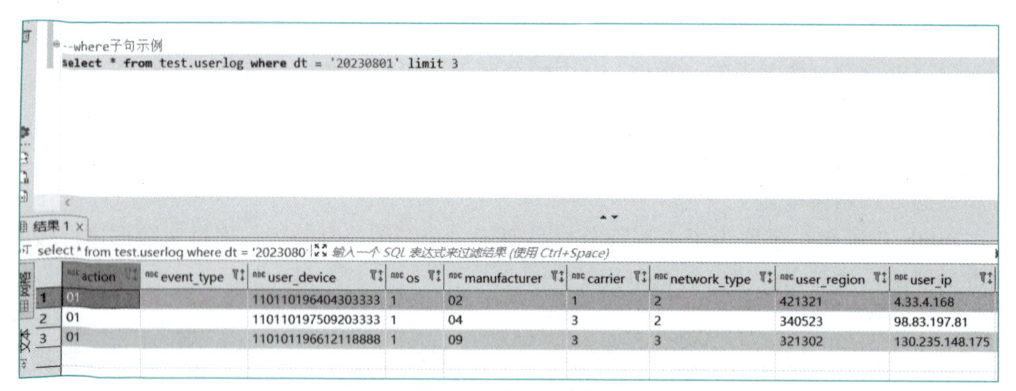

```
--where子句示例
select * from test.userlog where dt = '20230801' limit 3
```

结果 1

select * from test.userlog where dt = '2023080 输入一个 SQL 表达式来过滤结果 (使用 Ctrl+Space)

#	action	event_type	user_device	os	manufacturer	carrier	network_type	user_region	user_ip
1	01		110110196404303333	1	02	1	2	421321	4.33.4.168
2	01		110110197509203333	1	04	3	2	340523	98.83.197.81
3	01		110101196612118888	1	09	3	3	321302	130.235.148.175

图 6-29　数据过滤

4）group by 子句

group by子句用于数据分组聚合，通常和聚合函数一起使用，如count、max等函数，具体使用方式如下所示：

```
--group by 子句示例
select
```

```
    action,
    count(distinct user_device) as user_count
from test.userlog
group by action
```

执行结果如图 6-30 所示。

5）order by 子句

order by 子句会对输入做全局排序，因此只有一个reducer（多个reducer无法保证全局有序），然而只有一个reducer会导致当输入规模较大时消耗较长的计算时间。其中，降序为desc，升序为asc，升序不需要指定，默认即为升序。

在Hive中，使用order by子句会对全局数据进行排序，而limit子句用于限制返回给客户端的结果数量。重要的是要理解，limit并不会减少参与排序的数据量；排序是在应用limit之前完成的。相比之下，sort by配合limit使用时，可以在某种程度上减少每个reducer需要处理的数据量，因为它是在数据发送到reducer之前进行分区的。

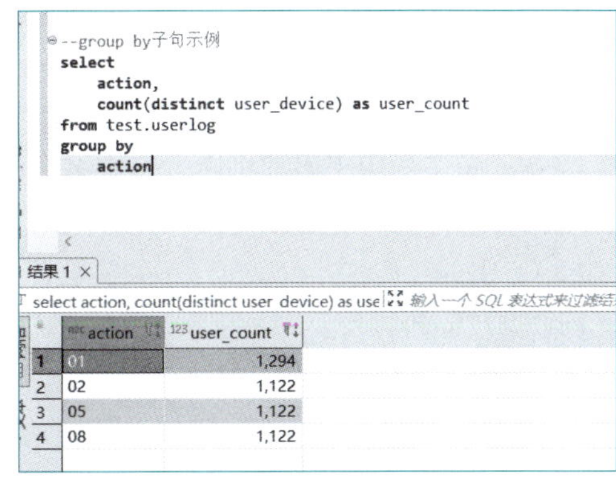

图 6-30　数据分组聚合

order by 子句的具体使用方式如下所示：

```
--order by 子句
select
    *
from test.userlog order by action
```

执行结果如图 6-31 所示。

```
--order by子句
select
    *
from test.userlog order by action
```

select * from test.userlog order by action

	action	event_type	user_device	os	manufacturer	carrier	network_t
1	01		110106199609263333	2	05	3	2
2	01		110109198910287777	2	10	1	2
3	01		110104199212313333	2	08	3	0
4	01		110103199201074444	1	06	3	0
5	01		110107196411085555	2	03	2	1
6	01		110108198006285555	2	08	1	1
7	01		110110196908239999	2	07	2	3
8	01		110109197309288888	1	02	2	2
9	01		110101197611164444	2	05	2	2
10	01		110110196910256666	2	10	1	3
11	01		110104198003174444	1	02	2	2
12	01		110104198408155555	1	09	1	2
13	01		110110197204083333	2	07	1	3
14	01		110101197002266666	2	10	1	2
15	01		110109199501318888	2	05	2	2
16	01		110104198509119999	1	05	2	1
17	01		110110200005018888	2	09	3	3
18	01		110108196303258888	1	06	2	2

图 6-31　数据全局排序

6）sort by 子句

sort by子句不是全局排序，在数据进入reducer前完成排序，也就是说它会在数据进入reduce之前为每个reducer都产生一个排序后的文件。因此，如果用sort by进行排序，并且设置mapreduce.job.reduces>1，则sort by只保证每个reducer的输出有序，不保证全局有序。

sort by不受Hive.mapred.mode属性的影响，sort by的数据只能保证在同一个reduce中的数据可以按指定字段排序。使用sort by可以指定执行的reduce个数（通过set mapred.reduce.tasks=n来指定），对输出的数据再执行归并排序，即可得到全部结果。

可以在sort by用limit子句减少数据量，使用limit n后，传输到reduce端的数据记录数就减少到$n\times$（map个数），也就是说，在sort by中使用limit限制的实际上是每个reducer中的数量，然后再根据sort by的排序字段进行order by，最后返回n条数据给客户端，也就是说你在sort by用limit子句，最后还是会使用order by进行最后的排序。

sort by子句用于局部排序，当有多个reduce任务时只能保证单个reduce输出有序，不能保证全局有序，具体使用方式如下所示：

```
--sort by子句
select *
from test.userlog where dt = '20230801'
sort by action
```

执行结果如图6-32所示。

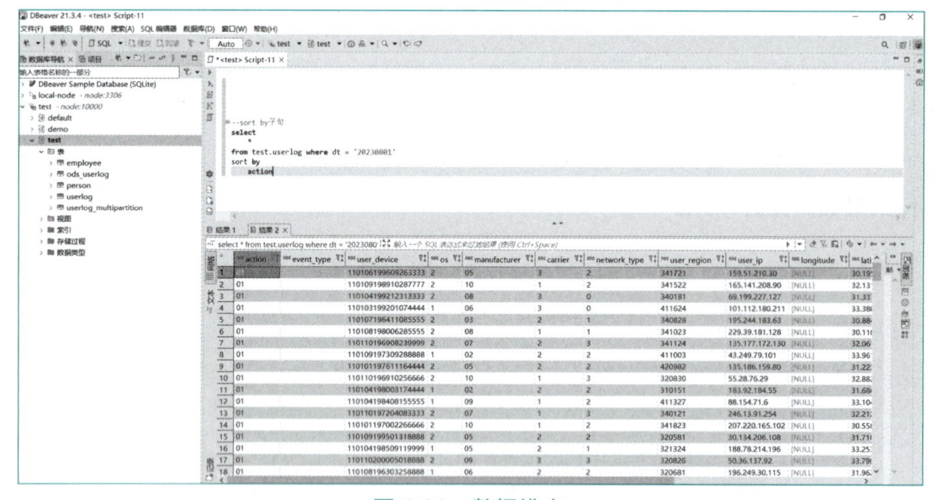

图 6-32　数据排序

7）distribute by 子句

distribute by子句是控制在map端如何拆分数据给reduce端。类似于MapReduce中分区partationer对数据进行分区。Hive会根据distribute by后面的列将数据分发给对应的reducer，默认是采用hash算法加取余数的方式。

sort by为每个reduce产生一个排序文件，在有些情况下，需要控制某些特定的行应该到哪个reducer，通常是为了进行后续的聚集操作，而distribute by兼有此项功能。因此，distribute by经常和sort by配合使用。具体使用方式如下所示：

```
--distribute by 子句
select * from test.userlog where dt = '20230801'
distribute by action
```

执行结果如图 6-33 所示。

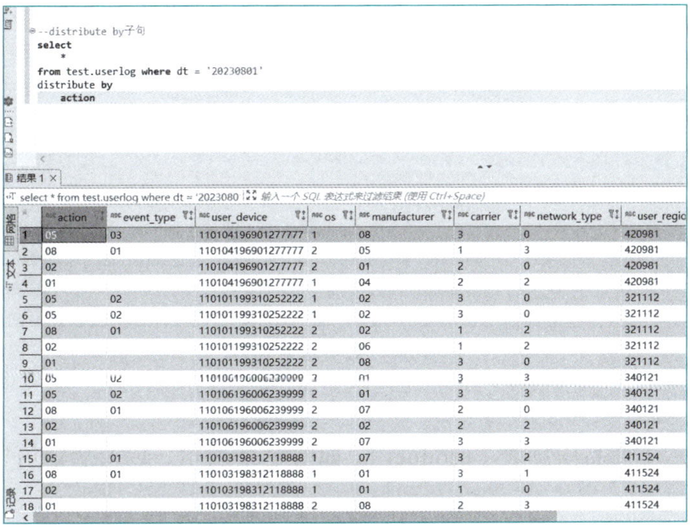

```
--distribute by子句
select
    *
from test.userlog where dt = '20230801'
distribute by
    action
```

结果 1

select * from test.userlog where dt = '2023080　输入一个 SQL 表达式来过滤结果 (使用 Ctrl+Space)

	action	event_type	user_device	os	manufacturer	carrier	network_type	user_regio
1	05	03	110104196901277777	1	08	3	0	420981
2	08	01	110104196901277777	2	05	1	3	420981
3	02		110104196901277777	2	01	2	0	420981
4	01		110104196901277777	1	04	2	2	420981
5	05	02	110101199310252222	1	02	3	0	321112
6	05	02	110101199310252222	1	02	3	0	321112
7	08	01	110101199310252222	2	02	1	2	321112
8	02		110101199310252222	2	06	1	2	321112
9	01		110101199310252222	2	08	3	0	321112
10	05	02	110106196006239999	2	01	3	3	340121
11	05	02	110106196006239999	2	01	3	3	340121
12	08	01	110106196006239999	2	07	2	0	340121
13	02		110106196006239999	2	02	2	2	340121
14	01		110106196006239999	2	07	3	3	340121
15	05	01	110103198312118888	1	07	3	2	411524
16	08	01	110103198312118888	1	01	3	1	411524
17	02		110103198312118888	1	01	1	0	411524
18	01		110103198312118888	2	08	2	3	411524

图 6-33　数据分区排序

8）cluster by 子句

cluster by子句除了具有distribute by的功能外还，兼具sort by的功能。但是排序只能是升序排序，不能指定排序规则为ASC或DESC。

当分区字段和排序字段相同时，即可以使用cluster by代替distribute by和sort by。作用等同于 distribute by子句+ sort by子句，可以对数据进行分区划分和数据分区内排序，具体使用方式如下所示：

```
--cluster by 子句
select * from test.userlog
where dt = '20230801'
cluster by action
```

执行结果如图 6-34 所示。

3. 数据关联

HQL支持通常的SQL JOIN语句，但只支持等值连接，不支持非等值连接。HQL支持内连接、左外连接、右外连接、全外连接、左半开连接、交叉连接等数据表关联方式。

Hive是处理大数据的组件，经常用于处理以TB为单位的数据，因此在编写SQL时尽量用where条件过滤掉不符合条件的数据。但是对于左外连接和右外连接，where条件是在on条件执行之后才会执行，因此为了优化Hive SQL执行的效率，在需要使用外连接的场景，尽量使用子查询，然后在子查询中使用where条件过滤掉不符合条件的数据。

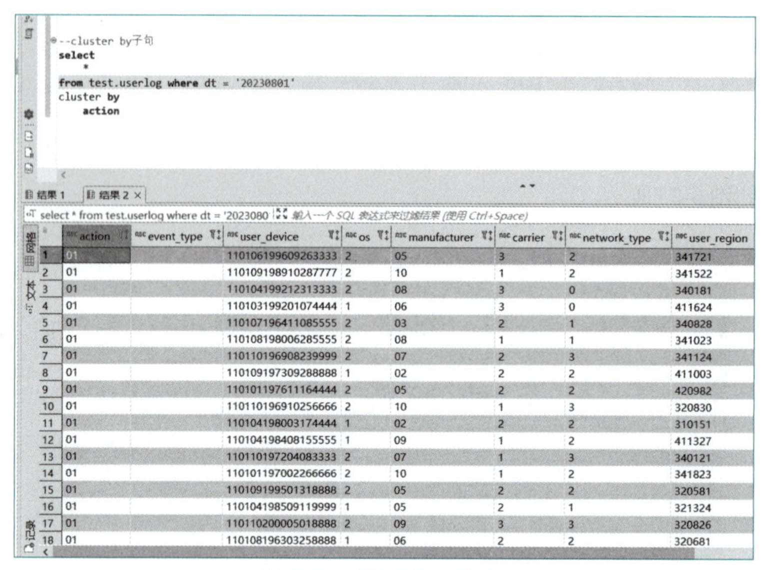

```
--cluster by子句
select
    *
from test.userlog where dt = '20230801'
cluster by
    action
```

	action	event_type	user_device	os	manufacturer	carrier	network_type	user_region
1	01		110106199609263333	2	05	3	2	341721
2	01		110109198910287777	2	10	1	2	341522
3	01		110104199212313333	2	08	3	0	340181
4	01		110103199201074444	1	06	3	0	411624
5	01		110107196411085555	2	03	2	1	340828
6	01		110108198006285555	2	08	1	1	341023
7	01		110110196908239999	2	07	2	3	341124
8	01		110109197309288888	1	02	2	2	411003
9	01		110101197611164444	2	05	2	2	420982
10	01		110110196910256666	2	10	1	3	320830
11	01		110104198003174444	1	02	2	2	310151
12	01		110104198408155555	1	09	1	2	411327
13	01		110110197204083333	2	07	1	3	340121
14	01		110101197002266666	2	10	1	2	341823
15	01		110109199501318888	2	05	2	2	320581
16	01		110104198509119999	1	05	2	1	321324
17	01		110110200005018888	2	09	3	3	320826
18	01		110108196303258888	1	06	2	2	320681

图 6-34 数据综合排序

1）数据表关联

下列示例展示了商品信息表（product），如图6-35所示，以及店铺信息表（shop），如图6-36所示。

select * from test.product

	product_num	product_name	product_type	product_price	shop_num
1	1101	Mate60	0101	8,000	9100
2	1102	P60	0101	5,000	9100
3	1103	XiaoMi13	0101	6,000	9101
4	1104	HongMiNote7	0101	2,000	9101
5	1105	Apple15	0101	7,000	9199
6	1106	Find X7	0101	5,000	9102
7	91108	Galaxy S23	0101	5,000	9198
8	1109	Galaxy S24	0101	6,000	9198

图 6-35 商品信息表数据

shop

	shop_num	shop_name	shop_type	shop_addr
1	9100	Huawei	0101	01010000
2	9101	XiaoMI	0101	01010001
3	9102	OPPO	0101	01010002
4	9103	Honor	0101	01010003
5	9104	vivo	0101	01010004
6	9198	Sung	0101	01010098
7	9199	Apple	0101	01010099

图 6-36 店铺信息表

商品信息表表结构：

```
-- 创建商品表
create external table if not exists test.product(
  product_num string comment '商品编号',
  product_name string comment '商品名称',
  product_type string comment '商品类型',
  product_price double comment '商品价格',
  shop_num string comment '店铺'
)
row format delimited fields terminated by ','
stored as textfile
location '/data/product/'
```

店铺信息表表结构：

```
-- 创建店铺表
create external table if not exists test.shop(
  shop_num string comment '店铺编号',
  shop_name string comment '店铺名称',
  shop_type string comment '店铺类型',
  shop_addr string comment '店铺地址'
)
row format delimited fields terminated by ','
stored as textfile
location '/data/shop/'
```

2）内关联

多张表进行内关联（inner join）操作时，只有所有表中与on条件中相匹配的数据才会显示。如下示例所示，商品信息表（product）和店铺信息表（shop）通过店铺编号（shop_num）进行内关联，只有匹配的数据才会匹配并显示出来：

```
-- 内关联数据表关联
select
    p.product_name,
    s.shop_name
from test.product p inner join test.shop s
on
    p.shop_num = s.shop_num
```

执行结果如图6-37所示。

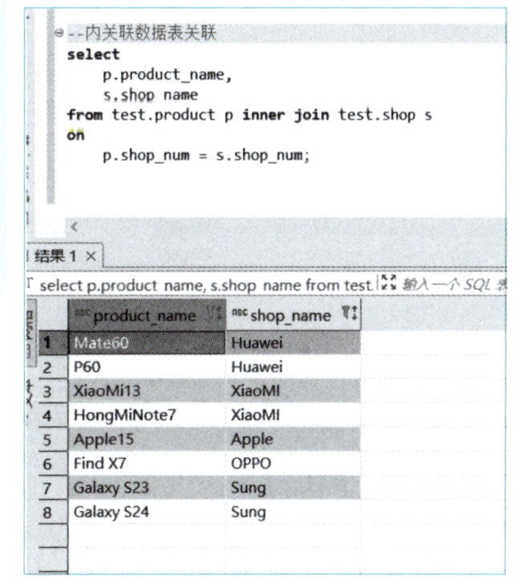

图 6-37　表关联内关联

3）左外关联

左外关联left outer join和标准SQL一样，以左边表为基准，如果右边表和on条件匹配，则数据显示出来，否则显示NULL。如下示例所示，商品信息表（product）和店铺信息表（shop）通过店铺编号（shop_num）进行左外关联匹配，左边商品表product的数据全部显示，右边店铺表shop只有符合on条件才能显示出来，不符合条件的数据显示NULL：

```
-- 左外关联数据表关联
select
    p.product_name,
    s.shop_name
from test.product p left outer join test.shop s
on p.shop_num = s.shop_num
```

执行结果如图6-38所示。

4）右外关联

右外关联right outer join和左外关联正好相反，右外关联以右边的表为基准，如果左边表和on条件匹配，则数据显示出来，不匹配的数据显示NULL。如下示例所示，商品信息表（product）和店铺信息表（shop）通过店铺编号（shop_num）进行右外关联匹配，右边店铺表shop的数据全部显示，左边商品表product只有符合on条件才能显示出来，不匹配的数据显示NULL：

```
-- 右外关联数据表关联
select
    p.product_name,
    s.shop_name
from test.product p right outer join test.shop s
on  p.shop_num = s.shop_num
```

执行结果如图6-39所示。

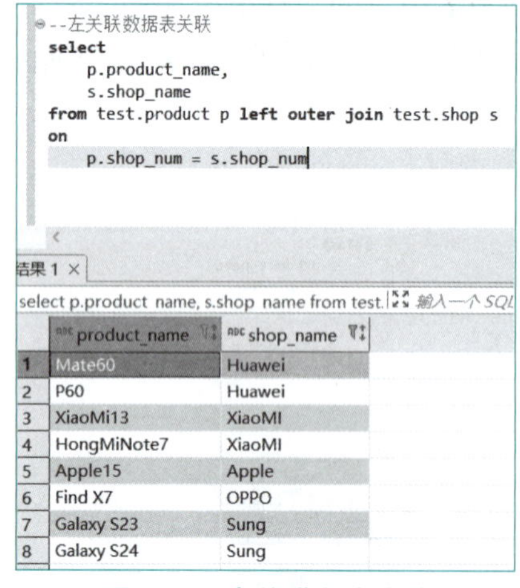

	product_name	shop_name
1	Mate60	Huawei
2	P60	Huawei
3	XiaoMi13	XiaoMI
4	HongMiNote7	XiaoMI
5	Apple15	Apple
6	Find X7	OPPO
7	Galaxy S23	Sung
8	Galaxy S24	Sung

图6-38　表关联左外关联

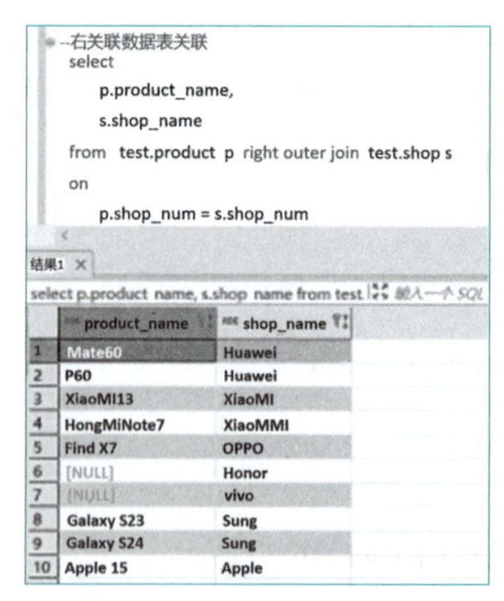

	product_name	shop_name
1	Mate60	Huawei
2	P60	Huawei
3	XiaoMI13	XiaoMI
4	HongMiNote7	XiaoMMI
5	Find X7	OPPO
6	[NULL]	Honor
7	[NULL]	vivo
8	Galaxy S23	Sung
9	Galaxy S24	Sung
10	Apple 15	Apple

图6-39　表关联右外关联

4. 数据插入

Hive框架支持标准的SQL语句，但在对表进行数据插入操作时有多种方式，另外，在数据插入时可以进行覆盖或追加模式，具体情况请参考下列示例。

1）基本数据插入

（1）创建数据插入表。通过create table like exist_table语句来创建数据临时表，进行数据插入处理。

（2）覆盖式插入数据：

```
-- 创建临时数据表用来演示插入单表数据
create table test.userlog_copy like test.userlog
-- 创建临时数据表用来演示插入多表数据
create table test.userlog_copy_mul1 like test.userlog
create table test.userlog_copy_mul2 like test.userlog
```

使用insert overwrite 标准语法的数据来源是通过select语法来插入，另外，在学习阶段也可以使用values子句进行数据插入（但不建议使用），具体使用方式如下所示：

```
    -- 数据插入语句语法
    INSERT OVERWRITE TABLE tablename1 [PARTITION (partcol1=val1,
partcol2=val2 ...) [IF NOT EXISTS]] select_statement1 FROM from_statement;

    -- 覆盖方式
    insert overwrite table test.userlog_copy partition(dt='20230801')
    select
    action, event_type, user_device, os, manufacturer, carrier, network_type,
    user_region, user_ip, longitude, latitude, exts, duration, ct
    from test.userlog
    where
    dt = '20230801';
```

执行结果如图6-40所示。

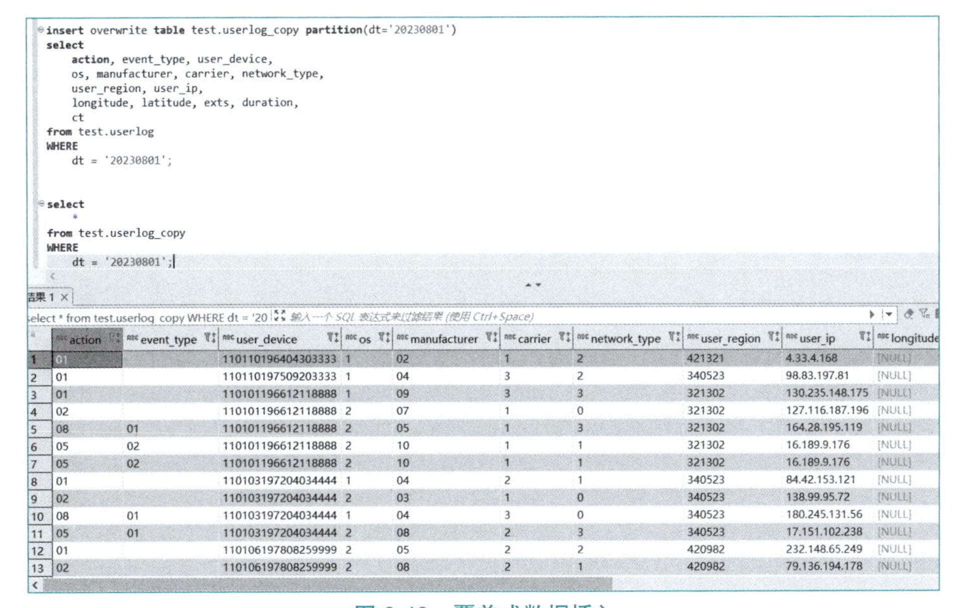

	action	event_type	user_device	os	manufacturer	carrier	network_type	user_region	user_ip	longitude
1	01		110110196404303333	1	02	1	2	421321	4.33.4.168	[NULL]
2	01		110110197509203333	1	04	3	2	340523	98.83.197.81	[NULL]
3	01		110101196612118888	1	09	3	3	321302	130.235.148.175	[NULL]
4	02		110101196612118888	2	07	1	0	321302	127.116.187.196	[NULL]
5	08	01	110101196612118888	2	05	1	3	321302	164.28.195.119	[NULL]
6	05	02	110101196612118888	2	10	1	1	321302	16.189.9.176	[NULL]
7	05	02	110101196612118888	2	10	1	1	321302	16.189.9.176	[NULL]
8	01		110103197204034444	1	04	2	1	340523	84.42.153.121	[NULL]
9	02		110103197204034444	2	03	1	0	340523	138.99.95.72	[NULL]
10	08	01	110103197204034444	1	04	3	0	340523	180.245.131.56	[NULL]
11	05	01	110103197204034444	2	08	2	3	340523	17.151.102.238	[NULL]
12	01		110106197808259999	2	05	2	2	420982	232.148.65.249	[NULL]
13	02		110106197808259999	2	08	2	1	420982	79.136.194.178	[NULL]

图 6-40　覆盖式数据插入

（3）追加式插入数据。使用insert into 标准语法的数据来源是通过select语法来进行追加式数据插入，具体使用方式如下所示：

```
    INSERT INTO TABLE tablename1 [PARTITION (partcol1=val1, partcol2=val2 ...)] select_statement1 FROM from_statement;
    -- 追加方式
    insert into table test.userlog_copy partition(dt='20230801')
    select
    action, event_type, user_device, os, manufacturer, carrier, network_type,
    user_region, user_ip, longitude, latitude,
    exts, duration, ct
    from test.userlog where dt = '20230801';
```

执行结果如图6-41所示。

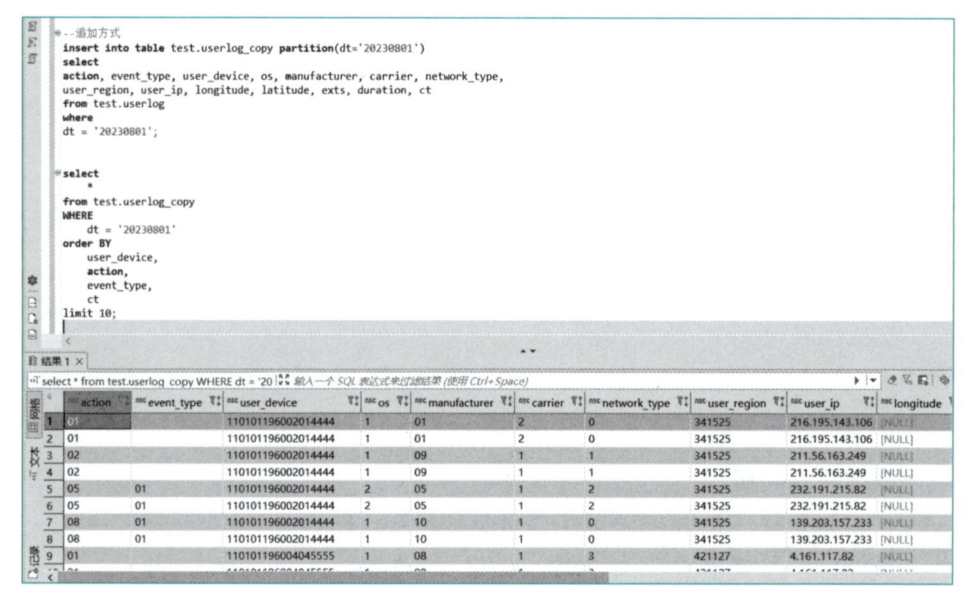

图6-41 追加式数据插入

2）多插入模式

使用insert语句可以对多表分别进行数据插入，具体使用方式如下所示：

```
    -- 多插入模式语法
    FROM from_statement
    INSERT OVERWRITE TABLE tablename1 [PARTITION (partcol1=val1, partcol2=val2 ...) [IF NOT EXISTS]] select_statement1
    [INSERT OVERWRITE TABLE tablename2 [PARTITION ... [IF NOT EXISTS]] select_statement2]
    [INSERT INTO TABLE tablename2 [PARTITION ...] select_statement2] ...;
    FROM from_statement
    INSERT INTO TABLE tablename1 [PARTITION (partcol1=val1, partcol2=val2 ...)]
    -- 多插入模式示例
    from test.userlog
```

```
insert overwrite table test.userlog_copy_mul1 partition(dt='20230801')
select action, event_type, user_device, '0001' as os,
manufacturer, carrier, network_type,
user_region, user_ip, longitude, latitude,
exts, duration, ct
insert overwrite table test.userlog_copy_mul2 partition(dt='20230801')
select action, event_type, user_device, '0002' as os,
manufacturer, carrier, network_type,
user_region, user_ip, longitude, latitude,
exts, duration, ct
```

执行结果如图6-42所示。

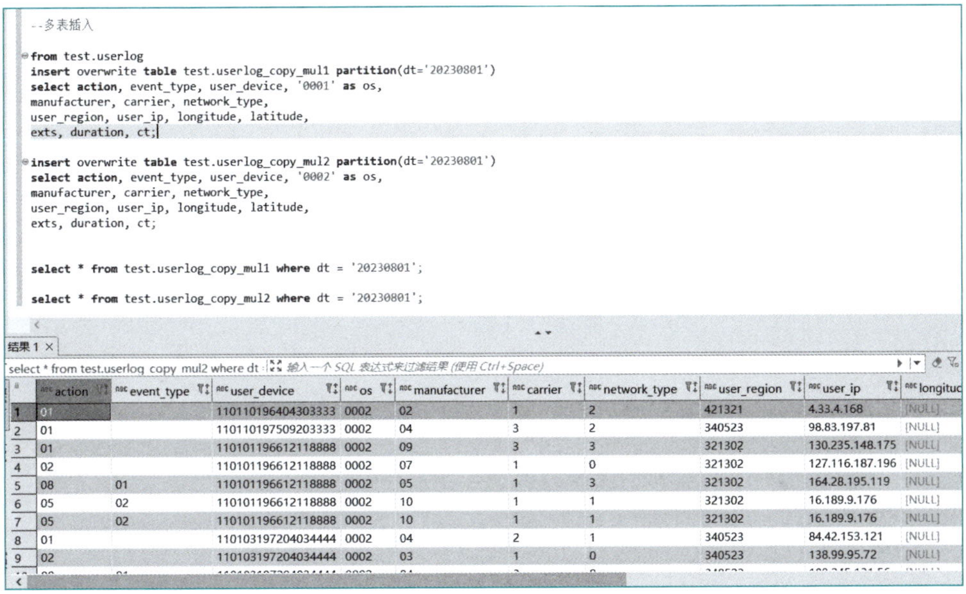

```
--多表插入

from test.userlog
insert overwrite table test.userlog_copy_mul1 partition(dt='20230801')
select action, event_type, user_device, '0001' as os,
manufacturer, carrier, network_type,
user_region, user_ip, longitude, latitude,
exts, duration, ct;

insert overwrite table test.userlog_copy_mul2 partition(dt='20230801')
select action, event_type, user_device, '0002' as os,
manufacturer, carrier, network_type,
user_region, user_ip, longitude, latitude,
exts, duration, ct;


select * from test.userlog_copy_mul1 where dt = '20230801';

select * from test.userlog_copy_mul2 where dt = '20230801';
```

结果 1

select * from test.userlog_copy_mul2 where dt 输入一个 SQL 表达式来过滤结果 (使用 Ctrl+Space)

#	action	event_type	user_device	os	manufacturer	carrier	network_type	user_region	user_ip	longitud
1	01		110110196404303333	0002	02	1	2	421321	4.33.4.168	[NULL]
2	01		110110197509203333	0002	04	3	2	340523	98.83.197.81	[NULL]
3	01		110101196612118888	0002	09	3	3	321302	130.235.148.175	[NULL]
4	02		110101196612118888	0002	07	1	0	321302	127.116.187.196	[NULL]
5	08	01	110101196612118888	0002	05	1	3	321302	164.28.195.119	[NULL]
6	05	02	110101196612118888	0002	10	1	1	321302	16.189.9.176	[NULL]
7	05	02	110101196612118888	0002	10	1	1	321302	16.189.9.176	[NULL]
8	01		110103197204034444	0002	04	2	1	340523	84.42.153.121	[NULL]
9	02		110103197204034444	0002	03	1	0	340523	138.99.95.72	[NULL]

图 6-42　多表数据插入

6.4.4 内置函数与自定义函数

本节对HQL语言的常用函数进行了详细介绍，具体包括了基础的数值计算函数、字符串函数、逻辑与条件运算函数，也包括了复杂的日期时间函数、窗口函数等，同时，HQL语句支持用户自定义函数，扩展了Hive的函数计算功能。

1. 常用函数

1）数值计算函数

数值计算函数包括了常用的近似函数、向上/下取整函数、随机函数、对数函数、幂运算函数、进制转换函数、绝对值等数据计算函数，具体使用方式如下所示：

```
select
  rand() as fun_rand, log10(100) as fun_log,
  floor(10.5) as fun_floor, ceil(10.5) as fun_ceil,
  abs(-1) as fun_abs, bin(15) as fun_bin
```

执行结果如图 6-43 所示。

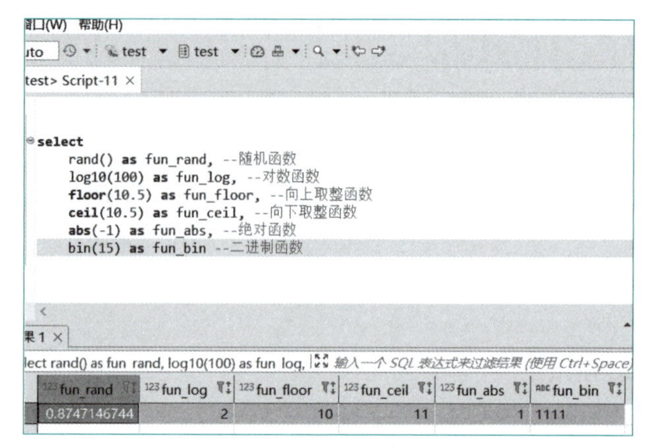

图 6-43　数值计算函数

2）字符串函数

常用的字符串处理函数包括字符串长度计算、反转、连接、截取、大小写转换、去空格、正则处理、JSON解析、URL解析等函数。具体使用方式如下所示：

（1）字符串长度函数：

```
-- 字符串长度函数：length
select length('hive')
```

（2）字符串正则提取函数：

```
-- 字符串正则函数：regexp_extract
select regexp_extract('hive', 'h(.*?)(ve)', 0)
```

（3）JSON字符串正则函数：

```
--JSON 字符串解析函数：get_json_object
select
get_json_object('{"name":"zs","age":"99"}','$.name')
```

（4）URL字符串解析函数：

```
--URL 字符串解析函数：parse_url
select parse_url('https://cn.bing.com/search?q=hive','HOST')
```

（5）字符串函数综合应用：

```
select
    length('hive'),                                    -- 字符串长度
    reverse('hive'),                                   -- 字符串反转
```

```
    concat('hive','hadoop'),                                --字符串连接
    substr('hive',2),                                       --字符串截取
    upper('hive'),lower('HIVE'),                            --字符串大小写转换
    trim(' hive '),                                         --字符串去空格
    regexp_extract('hive', 'h(.*?)(ve)', 0),                --字符串正则
get_json_object('{"name":"zs","age":"99"}','$.name')        --JSON 解析
    parse_url('https://cn.bing.com/search?q=hive','HOST')   --URL 解析
```

执行结果如图 6-44 所示。

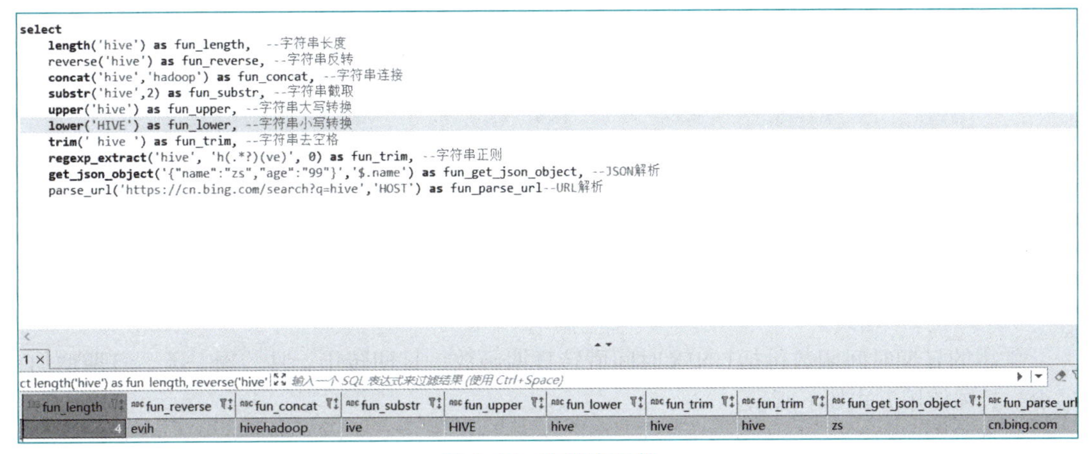

图 6-44　字符串函数

3）逻辑与条件运算函数

常用的逻辑或条件运算和标准SQL语法类似，包括逻辑运算（AND、OR、NOT）和条件运算（IF、CASE）。具体使用方式如下所示：

```
select
product_num,
product_name,
product_type,
-- 条件运算 if
if(product_type='0101', '手机类', '非手机类') as product_type_remark,
product_price,
case when product_price >= 5000  then  '高端机' --条件运算 case when
when product_price >= 2000   then '中端机'
else '低端机'
end as product_price_type
from test.product
where product_type = '0101'
and  --逻辑运算
product_price is not null
```

执行结果如图 6-45 所示。

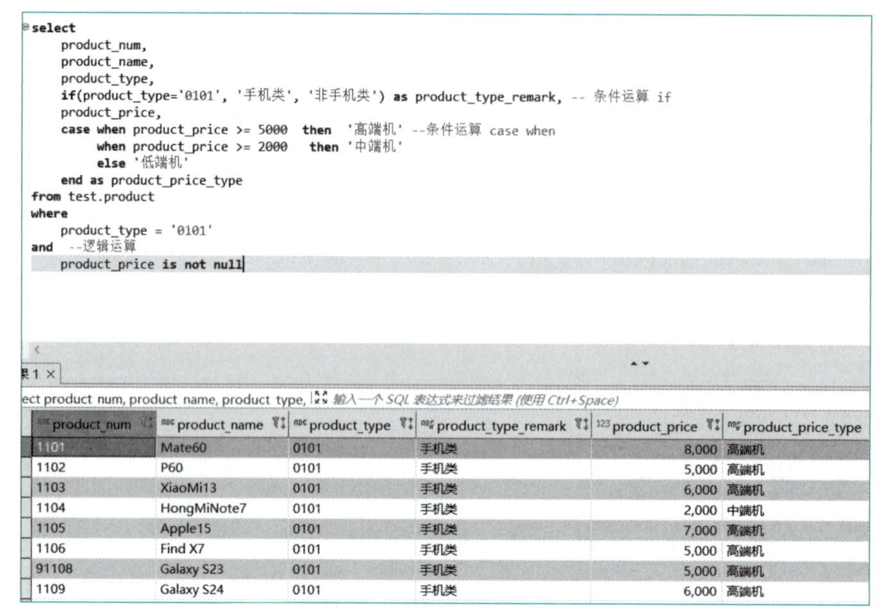

```sql
select
    product_num,
    product_name,
    product_type,
    if(product_type='0101', '手机类', '非手机类') as product_type_remark, -- 条件运算 if
    product_price,
    case when product_price >= 5000  then  '高端机' --条件运算 case when
         when product_price >= 2000  then '中端机'
         else '低端机'
    end as product_price_type
from test.product
where
    product_type = '0101'
and  --逻辑运算
    product_price is not null
```

product_num	product_name	product_type	product_type_remark	product_price	product_price_type
1101	Mate60	0101	手机类	8,000	高端机
1102	P60	0101	手机类	5,000	高端机
1103	XiaoMi13	0101	手机类	6,000	高端机
1104	HongMiNote7	0101	手机类	2,000	中端机
1105	Apple15	0101	手机类	7,000	高端机
1106	Find X7	0101	手机类	5,000	高端机
91108	Galaxy S23	0101	手机类	5,000	高端机
1109	Galaxy S24	0101	手机类	6,000	高端机

图 6-45　逻辑运算与条件运算

4）日期时间函数

常用的日期时间函数包括UNIX时间戳转日期函数、日期转年、月、周、天、日期增加、减少。具体使用方式如下所示：

日期时间函数

```sql
select
    from_unixtime(1696089600,'yyyy-MM-dd'),         -- 时间戳转换
year('2023-10-01 10:10:10'),                        -- 年份提取
    month('2023-10-01 10:10:10'),                   -- 月份提取
    day('2023-10-01 10:10:10'),                     -- 日期提取
extract(month from '2023-10-01 10:10:10'), -- 日期部分字段提取
date_add('2023-10-01',9),                           -- 日期增加
    date_sub('2023-10-01',1),                       -- 日期减少
datediff('2023-09-01', '2023-10-01'),          -- 日期比较
```

执行结果如图6-46所示。

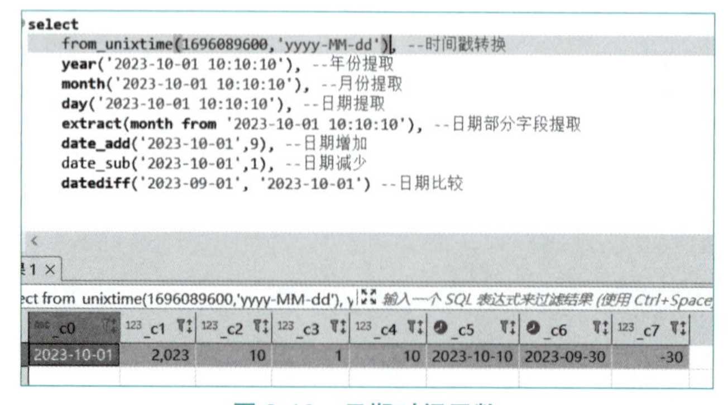

```sql
select
    from_unixtime(1696089600,'yyyy-MM-dd'), --时间戳转换
    year('2023-10-01 10:10:10'), --年份提取
    month('2023-10-01 10:10:10'), --月份提取
    day('2023-10-01 10:10:10'), --日期提取
    extract(month from '2023-10-01 10:10:10'), --日期部分字段提取
    date_add('2023-10-01',9), --日期增加
    date_sub('2023-10-01',1), --日期减少
    datediff('2023-09-01', '2023-10-01') --日期比较
```

_c0	_c1	_c2	_c3	_c4	_c5	_c6	_c7
2023-10-01	2,023	10	1	10	2023-10-10	2023-09-30	-30

图 6-46　日期时间函数

2. 窗口函数

窗口函数（window function），也称为开窗函数，是SQL 2003标准中定义的一项新特性，并在SQL 2011、SQL 2016中又加以完善，添加了若干拓展。窗口函数不同于我们熟悉的常规函数及聚合函数，窗口函数为每行数据进行一次计算，特点是输入多行（一个窗口）、返回一个值。在报表等数据分析场景中，强大、灵活地运用窗口函数可以解决很多复杂问题，比如去重、排名、同比及环比、连续登录等。

窗口函数的完整语法形式通常遵循SQL标准，并包含几个关键部分。根据Hive官方文档及相关权威资料，窗口函数的语法可以概括为：

```
<窗口函数>(<表达式>) OVER (
    [PARTITION BY <分区列>]
    [ORDER BY <排序列>]
    [窗口规范]
)
```

其中：

- <窗口函数>：指要应用的窗口函数的名称，如SUM()、AVG()、COUNT()等聚合函数，或者ROW_NUMBER()、RANK()、DENSE_RANK()等排名函数。
- <表达式>：指窗口函数所作用的列或表达式，它决定了窗口函数计算的数据来源。
- OVER：该关键字用于指定窗口函数的计算窗口和方式。
- [PARTITION BY <分区列>]（可选）：该子句用于将数据分成逻辑上独立的分区，每个分区都有自己的计算范围。可以指定一个或多个列作为分区依据，在同一个分区内的行将被视为一个组。如果省略此子句，则整个数据集将被视为一个单一的分区。
- [ORDER BY <排序列>]（可选）：该子句用于指定分区内行的排序方式，它决定了窗口函数计算的顺序。可以指定一个或多个列作为排序依据，在同一个分区内的行将按照指定的排序规则进行排列。
- [窗口规范]（可选）：窗口规范定义了窗口函数计算的范围和条件。可以通过使用ROWS BETWEEN子句或RANGE BETWEEN子句来指定计算范围，例如当前行和前几行、当前行和后几行等。如果省略此子句，则默认使用RANGE BETWEEN UNBOUNDED PRECEDING AND CURRENT ROW，表示从分区的开始到当前行的范围。

窗口函数结合聚合、排序函数常用于数据分析，具体函数举例如下：

- Aggregate Functions：聚合函数，如sum()、max()、min()、avg()等。
- Sort Functions：数据排序函数，如rank()、row_number()等。

1. 窗口函数结合聚合函数

窗口函数结合聚合函数的相关用法参考如下所示：

```
-- 窗口函数结合聚合函数进行计算
select
    max(product_price) over(partition by product_type order by product_
type) as max_price,
    min(product_price) over(partition by product_type order by product_
type) as min_price,
```

```
    sum(product_price) over(partition by product_type order by product_
type) as sum_price,
    avg(product_price) over(partition by product_type order by product_
type) as avg_price
  from test.product
```

执行结果如图6-47所示。

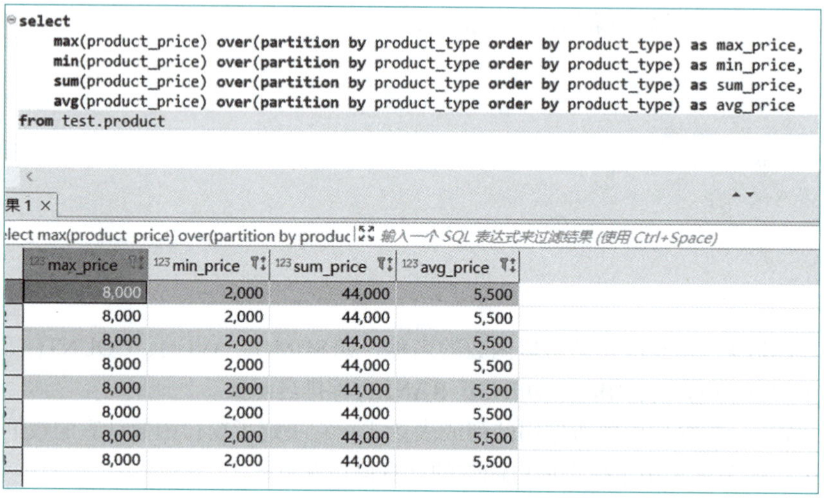

```
select
    max(product_price) over(partition by product_type order by product_type) as max_price,
    min(product_price) over(partition by product_type order by product_type) as min_price,
    sum(product_price) over(partition by product_type order by product_type) as sum_price,
    avg(product_price) over(partition by product_type order by product_type) as avg_price
from test.product
```

果 1 ×

elect max(product_price) over(partition by produc 输入一个 SQL 表达式来过滤结果 (使用 Ctrl+Space)

max_price	min_price	sum_price	avg_price
8,000	2,000	44,000	5,500
8,000	2,000	44,000	5,500
8,000	2,000	44,000	5,500
8,000	2,000	44,000	5,500
8,000	2,000	44,000	5,500
8,000	2,000	44,000	5,500
8,000	2,000	44,000	5,500
8,000	2,000	44,000	5,500

图 6-47　窗口函数

2. 窗口函数结合排序与排名函数

窗口函数结合排序与排名函数提供了数据的排序信息，比如行号和排名。在一个分组的内部将行号或排名作为数据的一部分进行返回。常用的排序与排名函数主要包括：

- row_number()函数。根据具体的分组和排序，为每行数据生成一个起始值等于1的唯一序列数，按指定的排序顺序递增。
- rank()函数。对组中的数据进行排名，如果名次相同，则排名也相同，但是下一个名次的排名序号会出现不连续。
- dense_rank()函数。dense_rank()函数的功能与rank()函数类似，dense_rank()函数在生成序号时是连续的，而rank()函数生成的序号有可能不连续。当名次相同时，则排名序号也相同，而下一个排名的序号与上一个排名序号是连续的。

窗口函数结合排名函数的相关用法参考如下所示：

```
  --窗口排名函数
  select
    row_number() over(partition by product_type order by product_type) as row_num,
    rank()  over(partition by product_type order by product_type) as rank_num,
    dense_rank() over(partition by product_type order by product_type) as
dense_rank_num
  from test.productfrom
```

执行结果如下图6-48所示。

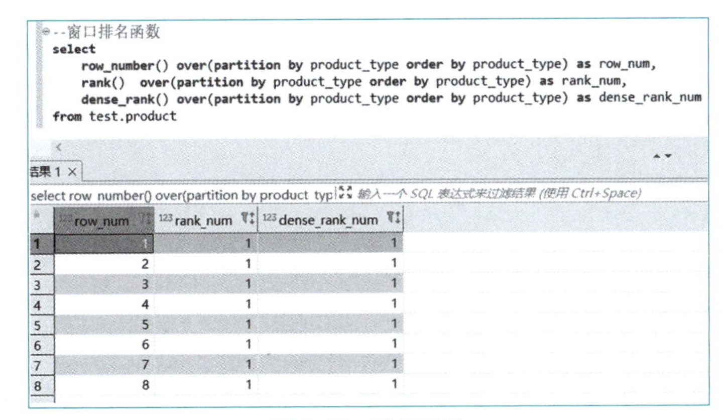

图 6-48　排名函数

3. 自定义函数

Hive中内置了很多函数，同时支持用户自行扩展，按规则添加后即可在SQL执行过程中使用，目前支持UDF、UDTF、UDAF三种类型：

- UDF（user defined function）：用户自定义函数。
- UDTF（user-defined table generating function）：自定义表生成函数，一行数据生成多行。
- UDAF（user-defined aggregation function）：用户自定义聚合函数，多行数据生成一行。

一般UDF应用场景较多，下面主要介绍UDF使用。

1）UDF介绍

用户通过UDF解决Hive内置函数不能解决的复杂问题。UDF包含两种类型：

- 临时函数仅当前会话中有效，退出后重新连接则无法使用。
- 永久函数注册UDF信息到MetaStore元数据中，可永久使用。

2）UDF开发

（1）依赖包管理。构建Maven项目进行代码及依赖包管理，引入Hive相关依赖包如下所示：

```
<!-- Hive 执行依赖包 -->
<dependency>
 <groupId>org.apache.hive</groupId>
 <artifactId>hive-exec</artifactId>
 <version>2.3.9</version>
</dependency>
```

（2）UDF开发实现。实现UDF需要继承特定类UDF或GenericUDF。

- UDF：继承apache.hadoop.hive.ql.exec.UDF，可处理并返回基本数据类型，如int、string、boolean、double等。
- GenericUDF：apache.hadoop.hive.ql.udf.generic.GenericUDF，可处理并返回复杂数据类型，如Map、List、Array等，同时支持嵌套。

UDF自定义：

```
package com.bigdata.bc.hive.udf;
import org.apache.hadoop.hive.ql.exec.UDF;
```

```
import java.util.Calendar;
/**
* Hive UDF 自定义函数
* 基于事件时间的时间段划分
*/
public class EventTimeRange extends UDF {
    /**
     * 事件时间划分时间段
     * @param et 事件时间戳
     */
    public int evaluate(Long et){
        int result = TimeRangeEnum.UNKNOWN.getRange();
        if(null != et){
            // 时间戳转时间（小时）
            Calendar cal = Calendar.getInstance();
            cal.setTimeInMillis(et);
            int hour = cal.get(Calendar.HOUR_OF_DAY);

            // 时间段判断
            if(hour >= 6 && hour < 12){
                result = TimeRangeEnum.MORN.getRange();
            }else if(hour >= 12 && hour < 18){
                result = TimeRangeEnum.AFTERNOON.getRange();
            }else if(hour >= 18 && hour < 23){
                result = TimeRangeEnum.NIGHT.getRange();
            }
        }
        return result;
    }
}
```

时间段枚举定义：

```
package com.bigdata.bc.hive.udf;

import java.io.Serializable;
/**
 * 时间段枚举
 */
public enum TimeRangeEnum implements Serializable {
        UNKNOWN(99,0, 0,"未知"),
        WEE_HOURS(1,0, 6,"凌晨"),
        MORN(2,6, 9,"早晨"),
        FORENOON(3,9, 12,"上午"),
        NOON(4,12, 15,"中午"),
        AFTERNOON(5,15, 18,"下午"),
        NIGHT(6,18, 22,"晚上"),
        LATE_NIGHT(7,22, 24,"深夜");
        private int range;
```

```
        private int lower;
        private int upper;
        private String remark;
        private TimeRangeEnum(int range, int lower, int upper, String 
remark) {
            this.range = range;
            this.lower = lower;
            this.upper = upper;
            this.remark = remark;
        }
        public int getRange() {
            return range;
        }
        public void setRange(int range) {
            this.range = range;
        }
        public int getLower() {
            return lower;
        }
        public void setLower(int lower) {
            this.lower = lower;
        }
        public int getUpper() {
            return upper;
        }
        public void setUpper(int upper) {
            this.upper = upper;
        }
        public String getRemark() {
            return remark;
        }
        public void setRemark(String remark) {
            this.remark = remark;
        }
    }
```

3）UDF 应用

（1）Hive资源管理。Hive支持向会话中添加资源，支持文件、jar、存档，添加后即可在SQL中直接引用，仅当前会话有效，默认读取本地路径，支持HDFS等，路径不加引号。具体命令如下所示：

```
## 添加资源
ADD { FILE[S] | JAR[S] | ARCHIVE[S] } <filepath1> [<filepath2>]*
## 查看资源
LIST { FILE[S] | JAR[S] | ARCHIVE[S] } [<filepath1> <filepath2> ..]
## 删除资源
DELETE { FILE[S] | JAR[S] | ARCHIVE[S] } [<filepath1> <filepath2> ..]
```

```
## 删除资源
add jar /opt/ht/AddUDF.jar
```

（2）UDF函数注册。永久添加自定义函数：函数信息入库，永久有效，USING路径需加引号。临时函数与永久函数均可使用USING语句，Hive会自动添加指定文件到当前环境中，效果与add语句相同，执行后即可查看已添加的文件或jar包，具体命令如下所示：

```
## 管理自定义函数语法（包括添加、删除、重加载）
##(1) 添加自定义函数
CREATE FUNCTION [db_name.]function_name AS class_name [USING
JAR|FILE|ARCHIVE 'file_uri' [, JAR|FILE|ARCHIVE 'file_uri'] ];
## (2)UDF函数注册（基于Hive UDF技术实现）
create function timerange as 'com.bigdata.bc.hive.udf.EventTimeRange'
using jar 'hdfs:///udf/bcbigdata-1.0-SNAPSHOT-EventTimeRange.jar'
```

执行结果如图6-49所示。

```
hive (default)>
              > create function timerange as 'com.bigdata.bc.hive.udf.Event
TimeRange' using jar 'hdfs:///udf/bcbigdata-1.0-SNAPSHOT-EventTimeRange.jar
';
Added [/tmp/4c46ab17-6872-4ae7-8719-a1141abccdaa_resources/bcbigdata-1.0-SN
APSHOT-EventTimeRange.jar] to class path
Added resources: [hdfs:///udf/bcbigdata-1.0-SNAPSHOT-EventTimeRange.jar]
OK
Time taken: 0.352 seconds
hive (default)>
              > !hdfs dfs -ls /udf;
SLF4J: Class path contains multiple SLF4J bindings.
SLF4J: Found binding in [jar:file:/opt/framework/hive-2.3.9/lib/log4j-slf4j-impl-2.6.2.jar!/org/sl
f4j/impl/StaticLoggerBinder.class]
SLF4J: Found binding in [jar:file:/opt/framework/hadoop-2.10.2/share/hadoop/common/lib/slf4j-reloa
d4j-1.7.36.jar!/org/slf4j/impl/StaticLoggerBinder.class]
SLF4J: See http://www.slf4j.org/codes.html#multiple_bindings for an explanation.
SLF4J: Actual binding is of type [org.apache.logging.slf4j.Log4jLoggerFactory]
Found 1 items
-rw-r--r--   1 root supergroup    2323800 2024-02-21 11:04 /udf/bcbigdata-1.0-SNAPSHOT-EventTimeRa
nge.jar
```

图6-49 UDF函数注册

（3）函数查看。进行UDF注册后查看Hive元数据可以看到用户自定义的UDF函数，其中FUNC表是用来存储UDF的基本信息，一个UDF只能对应一个库下的表。FUNC_RU表用于存储该UDF的类型及指向的路径，UDF函数添加后记录在Hive的元数据表FUNCS、FUNC_RU表中。

```
-- 查看UDF函数
select * from hive.FUNCS
-- 查看UDF函数相关信息
select * from hive.FUNC_RU
```

查询结果如图6-50和图6-51所示。

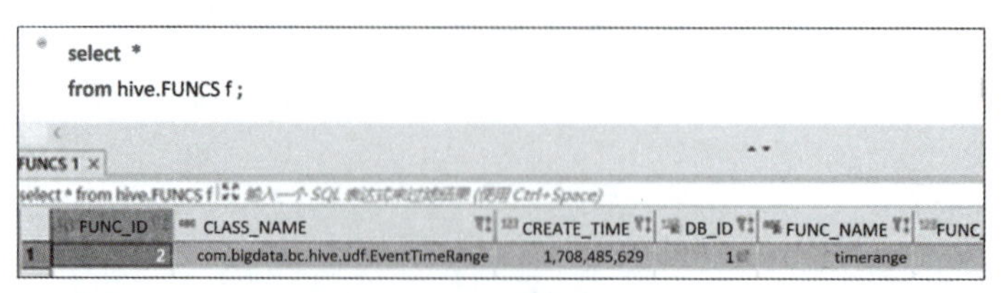

图6-50 UDF函数基本信息

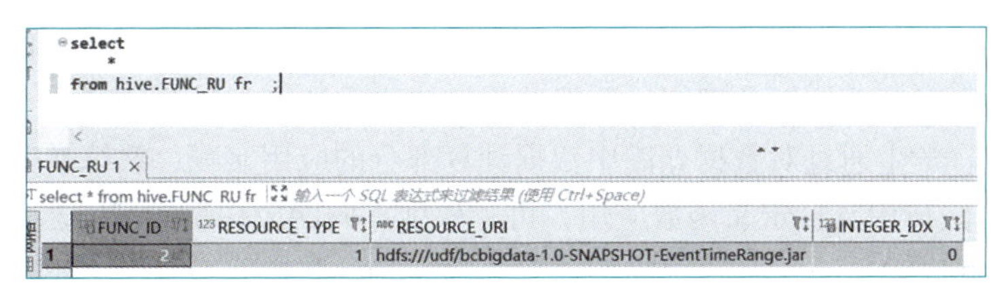

图 6-51　UDF 函数类型及路径信息

（4）函数应用。注册UDF完成后就可以像使用Hive内置函数一样永久使用，使用方式如下所示：

```
-- 使用 timerange() 函数进行查询
select user_device, ct,timerange(ct) as time_range from te
```

函数的具体使用结果如图6-52所示。

```
hive (default)>
              > select user_device, ct, timerange(ct) as time_range from te
st.userlog limit 5;
OK
user_device      ct        time_range
110110196404303333        1639929600000    99
110110197509203333        1639929600000    99
110101196612118888        1639929600000    99
110101196612118888        1640016600000    99
110101196612118888        1640016605000    99
Time taken: 2.408 seconds, Fetched: 5 row(s)
```

图 6-52　UDF 函数应用

6.4.5　项目实践

1. 项目背景

互联网平台每天都会产生海量的数据，其中用户行为日志数据是企业数据平台中的重要数据，可以通过对用户在网站或应用上的行为数据进行整理和分析，以揭示用户的行为模式、偏好和趋势。这种方法有助于企业更好地了解用户需求、优化产品和服务、提升用户体验，进而实现业务增长。用户行为日志记录了用户在访问网站或应用时的各种行为数据，包括访问、浏览、搜索、点击等。这些数据反映了用户的兴趣、需求和习惯，是分析用户行为的重要依据。通过分析这些日志数据，企业可以深入了解用户的真实想法，发现潜在问题，优化用户体验。

2. 实训目标与实训内容

1）实训目标

用户行为日志中的启动行为主要记录的是用户启动应用的行为。通过分析启动记录，可以深入了解用户的使用习惯、活跃度和设备性能，为应用优化和推广提供有力支持。同时，也可以及时发现并解决用户在启动应用过程中遇到的问题，提升用户体验。

具体来说，启动记录包含以下环境信息：

- 用户信息：如用户ID，用于标识特定的用户。
- 时间信息：记录用户启动应用的具体时间，精确到秒或毫秒级别，有助于分析用户的使用习惯和活跃时间段。
- 地理位置信息：如IP地址或GPS坐标，可用于分析用户的地域分布和使用习惯。
- 设备信息：包括设备型号、操作系统等，有助于了解用户使用的设备类型和设备性能。

学生通过基于Hive工具进行数据仓库分层设计，实现数据表结构定义和数据流程处理，从而加深对数据仓库理论知识的理解、数据计算的架构设计能力以及HQL语句、自定义函数的实践运用能力。学生通过对数据仓库中数据计算部分的应用实践，熟练掌握Hive工具的安装部署、HQL语法结构及自定义函数应用，可以根据不同的应用场景和需求实现复杂的逻辑计算并进行参数调优。

2）实训内容

（1）定义并创建用户行为日志的原始信息表，定义内容包括表结构信息、分区信息、数据存储格式等，如果数据存储目录与表存储目录不一致，则需要在创建表成功后进行数据加载。

（2）定义并创建用户启动行为主题表，并从用户行为日志的原始信息表中提取启动行为的日志数据并解析部分数据列信息。

（3）定义并创建用户启动相关的数据集市表，以启动业务为核心统计维度进行数据汇总，实现用户启动主题下每日启动次数的数据汇总。

3. 实训步骤

1）运行环境准备

安装并部署Hive框架，启动Hive元数据服务（MetaStore）。

（1）Hive全局系统环境变量。通过打印Hive相关的系统环境变量进行运行环境核查，如图6-53所示。

```
[root@node scripts]#
[root@node scripts]# echo $HIVE_HOME
/opt/framework/hive-2.3.9
[root@node scripts]#
[root@node scripts]# echo $PATH
/usr/local/sbin:/usr/local/bin:/sbin:/bin:/usr/sbin:/usr/bin:/root/bin:/opt
/framework/jdk1.8.0_301/bin:/opt/framework/scala-2.12.10/bin:/opt/framework
/flume-1.9.0/bin:/opt/framework/seatunnel-2.3.2/bin:/opt/framework/hadoop-2
.10.2/bin:/opt/framework/hadoop-2.10.2/sbin:/opt/framework/hive-2.3.9/bin:/
opt/framework/spark-3.1.2/bin:/opt/framework/spark-3.1.2/sbin:/opt/framewor
k/kylin-4.0.3-spark3/bin:/opt/framework/zookeeper-3.6.4/bin:/opt/framework/
kafka-2.8.1/bin::/root/bin
[root@node scripts]#
[root@node scripts]#
```

图 6-53　Hive 系统环境变量校验

（2）Hive服务启动。通过命令启动Hive元数据服务，数据核对结果如图6-54所示。

```
[root@node scripts]#
[root@node scripts]# jps
2198 ResourceManager
1976 SecondaryNameNode
2873 RunJar ←—— Hive元数据服务
1724 NameNode
3021 Jps
2302 NodeManager
1823 DataNode
[root@node scripts]#
[root@node scripts]# ps aux | grep hive | grep -v grep
root      2873 16.8  2.8 2058796 289420 pts/0  Sl   10:51   0:13 /opt/framework/jdk1.8.0_30
1/bin/java -Xmx256m -Djava.library.path=/opt/framework/hadoop-2.10.2/lib -Djava.net.preferIP
v4Stack=true -Dhadoop.log.dir=/opt/framework/hadoop-2.10.2/logs -Dhadoop.log.file=hadoop.log
 -Dhadoop.home.dir=/opt/framework/hadoop-2.10.2 -Dhadoop.id.str=root -Dhadoop.root.logger=IN
FO,console -Dhadoop.policy.file=hadoop-policy.xml -Djava.net.preferIPv4Stack=true -Dproc_met
astore -Dlog4j.configurationFile=hive-log4j2.properties -Djava.util.logging.config.file=/opt
/framework/hive-2.3.9/conf/parquet-logging.properties -Dhadoop.security.logger=INFO,NullAppe
nder org.apache.hadoop.util.RunJar /opt/framework/hive-2.3.9/lib/hive-metastore-2.3.9.jar or
g.apache.hadoop.hive.metastore.HiveMetaStore
[root@node scripts]#
```

图 6-54　Hive 服务启动校验

2）数据定义与数据计算

基于数据仓库分层设计，分别定义用户行为日志的原始信息表、用户启动行为主题表、用户启动区域统计表等，并进行数据过滤、清洗、统计及各种逻辑计算。

（1）数据表定义。

数据库定义：

```
--分别对数据仓库各层进行数据库定义
create database if not exists ods_bc;
create database if not exists dwd_bc;
create database if not exists dws_bc;
```

数据表定义：

```
--用户行为原始数据表
create external table if not exists ods_bc.userlog(
  action string comment '行为类型',
  event_type string comment '行为类型',
  user_device string comment '设备号',
  os string comment '手机系统',
  manufacturer string comment '手机制造商',
  carrier string comment '电信运营商',
  network_type string comment '网络类型',
  user_region string comment '所在区域',
  user_ip string comment '所在区域IP',
  longitude string comment '经度',
  latitude string comment '纬度',
  exts string comment '扩展信息(json格式)',
  duration int comment '停留时长',
  ct bigint comment '创建时间'
) partitioned by (dt string)
ROW FORMAT SERDE 'org.apache.hive.hcatalog.data.JsonSerDe'
STORED AS TEXTFILE
location '/bc/data/userlog/ods/';

--用户启动主题表
create external table if not exists dwd_bc.userlog_launch(
  action string comment '行为类型',
  event_type string comment '行为类型',
  user_device string comment '设备号',
  os string comment '手机系统',
  manufacturer string comment '手机制造商',
  carrier string comment '电信运营商',
  network_type string comment '网络类型',
  user_region string comment '所在区域',
  launch_timerange int comment '启动时间段',
  ct bigint comment '事件时间'
) partitioned by (dt string)
stored as parquet
location '/bc/data/userlog/dwd/launch/';

--用户启动汇总表
create external table if not exists dws_bc.userlog_launch_day(
```

```
    action string comment '行为类型',
    user_region string comment '所在区域',
    launch_timerange int comment '启动时间段',
    launch_count int comment '启动次数',
    launch_early bigint comment '最早启动时间',
    launch_last bigint comment '最晚启动时间'
  ) partitioned by (dt string)
  stored as parquet
  location '/bc/data/userlog/dws/launch/';
```

原始数据表增加时间分区：

```
alter table ods_bc.userlog add partition(dt='2024-01-13');
```

（2）数据明细转换操作。通过对用户行为日志的原始数据表进行数据过滤、清洗并使用自定义UDF进行数据转换，形成启动主题的明细数据，HQL语句如下所示：

启动主题数据处理：

```
set hive.exec.dynamic.partition=true;
set hive.exec.dynamic.partition.mode=nonstrict;
set hive.exec.max.dynamic.partitions=100000;
set hive.exec.max.dynamic.partitions.pernode=100000;

with data_lauch as (
select
    action,
    event_type,
    user_device,
    os,
    manufacturer,
    carrier,
    network_type,
    user_region,
    timerange(ct) as launch_timerange,
    ct,
    from_unixtime(cast(ct/1000 as bigint), 'yyyy-MM-dd') as ndt
from ods_bc.userlog
where
    action ='${p_action}'
)
insert overwrite table dwd_bc.userlog_launch partition(dt)
select
    action,
    event_type,
    user_device,
    os,
    manufacturer,
    carrier,
```

```
        network_type,
        user_region,
        launch_timerange,
        ct,
        ndt
    from data_lauch
```

启动主题任务脚本：

```
#!/bin/bash
${HIVE_HOME}/bin/hive -f \
--S \
--hiveconf p_action=01
```

计算任务运行结果如图6-55所示。

```
hive (default)> select * from dwd_bc.userlog_launch;
OK
userlog_launch.action   userlog_launch.event_type       userlog_launch.user_device      userlog_launch.os       user
log_launch.manufacturer userlog_launch.carrier  userlog_launch.network_type     userlog_launch.user_region      user
log_launch.launch_timerange     userlog_launch.ct       userlog_launch.dt
01              110110196404303333      1       02      1       2       421321  2       1705099000000   2024-01-13
01              110110197509203333      1       04      3       2       340523  2       1705099000000   2024-01-13
01              110101196612118888      1       09      3       3       321302  2       1705099000000   2024-01-13
01              110103197204034444      1       04      2       1       340523  2       1705099000000   2024-01-13
01              110106197808259999      2       05      2       2       420982  2       1705099000000   2024-01-13
01              110102199002143333      2       04      1       0       341602  2       1705099000000   2024-01-13
01              110110198006208888      2       09      2       1       341523  2       1705099000000   2024-01-13
01              110107199507255555      1       10      2       0       321323  2       1705099000000   2024-01-13
01              110106196404125555      1       10      2       2       411524  2       1705099000000   2024-01-13
01              110101198212159999      1       08      3       2       320830  2       1705099000000   2024-01-13
01              110107198312119999      1       06      3       3       341881  2       1705099000000   2024-01-13
01              110101196712144444      1       01      1       0       340121  2       1705099000000   2024-01-13
01              110104196903029999      2       03      1       2       330112  2       1705099000000   2024-01-13
01              110108200001109999      1       01      3       0       411523  2       1705099000000   2024-01-13
01              110102198109124444      2       06      1       1       341823  2       1705099000000   2024-01-13
01              110110196403288888      1       09      2       0       411724  2       1705099000000   2024-01-13
01              110101198606106666      2       05      3       3       420116  2       1705099000000   2024-01-13
01              110105199508109999      2       07      1       3       341024  2       1705099000000   2024-01-13
01              110102200010105555      2       09      2       0       330481  2       1705099000000   2024-01-13
01              110101199704195555      2       10      3       0       340421  2       1705099000000   2024-01-13
01              110103196801265555      2       05      3       2       320116  2       1705099000000   2024-01-13
01              110101196811033333      1       08      3       3       340828  2       1705099000000   2024-01-13
01              110110199412173333      1       07      1       2       411624  2       1705099000000   2024-01-13
01              110103196004118888      2       09      1       1       341822  2       1705099000000   2024-01-13
01              110110196012256666      2       08      3       2       321202  2       1705099000000   2024-01-13
01              110103196412123333      1       03      3       3       411625  2       1705099000000   2024-01-13
Time taken: 0.14 seconds, Fetched: 26 row(s)
```

图 6-55　明细数据运行结果

（3）数据统计。通过对用户启动主题数据表进行数据分组聚合，以启动业务数据列为核心分组维度，进行启动次数、启动时间极值等量度值计算，HQL语句如下所示：

启动主题数据处理：

```
set hive.exec.dynamic.partition=true;
set hive.exec.dynamic.partition.mode=nonstrict;
set hive.exec.max.dynamic.partitions=100000;
set hive.exec.max.dynamic.partitions.pernode=100000;

with data_lauch as (
select
    action,
    user_region,
    launch_timerange,
    ct,
```

```
    dt
from dwd_bc.userlog_launch
where
    dt = '${p_dt}'
)
insert overwrite table dws_bc.userlog_launch_day partition(dt)
select
    action,
    user_region,
launch_timerange,
count(1) as launch_count,
    min(ct) as launch_early,
max(ct) as launch_last,
    dt
from data_lauch
group by
    action,
    user_region,
    launch_timerange,
    dt
```

启动数据聚合计算任务脚本：

```
#!/bin/bash
${HIVE_HOME}/bin/hive \
--S \
--hiveconf p_dt=2024-01-13 \
-f hive-userlog-dws.hql
```

计算任务运行结果如图6-56所示。

```
hive (default)> show partitions dwd_bc.userlog_launch;
OK
partition
dt=2024-01-13
Time taken: 0.101 seconds, Fetched: 1 row(s)
hive (default)>
              > select * from dwd_bc.userlog_launch;
OK
userlog_launch.action   userlog_launch.event_type       userlog_launch.user_device      userlog_launch.os       userl
g_launch.carrier        userlog_launch.network_type     userlog_launch.user_region      userlog_launch.launch_timerar
g_launch.dt
01      110110196404303333      1       02      1       2       421321  2       1705099000000   2024-01-13
01      110110197509203333      1       04      3       2       340523  2       1705099000000   2024-01-13
01      110101196612118888      1       09      3       3       321302  2       1705099000000   2024-01-13
01      110103197204034444      1       04      2       1       340523  2       1705099000000   2024-01-13
01      110106197808259999      2       05      2       2       420982  2       1705099000000   2024-01-13
01      110102199002143333      2       04      1       0       341602  2       1705099000000   2024-01-13
01      110110198006208888      2       09      2       1       341523  2       1705099000000   2024-01-13
01      110107199507255555      1       10      2       0       321323  2       1705099000000   2024-01-13
01      110106196404125555      1       10      2       2       411524  2       1705099000000   2024-01-13
01      110101198212159999      1       08      3       2       320830  2       1705099000000   2024-01-13
01      110107198312119999      1       06      3       3       341881  2       1705099000000   2024-01-13
01      110101196712144444      1       01      1       0       340121  2       1705099000000   2024-01-13
01      110104196903029999      2       03      1       2       330112  2       1705099000000   2024-01-13
01      110108200001109999      1       01      3       0       411523  2       1705099000000   2024-01-13
01      110102198109124444      2       06      1       1       341823  2       1705099000000   2024-01-13
01      110110196403288888      1       09      2       0       411724  2       1705099000000   2024-01-13
01      110101198606106666      2       05      3       3       420116  2       1705099000000   2024-01-13
01      110105199508109999      2       07      1       3       341024  2       1705099000000   2024-01-13
01      110102200010105555      2       09      2       0       330481  2       1705099000000   2024-01-13
01      110101199704195555      2       10      3       0       340421  2       1705099000000   2024-01-13
01      110103196801265555      2       05      3       2       320116  2       1705099000000   2024-01-13
01      110101196811033333      1       08      3       3       340828  2       1705099000000   2024-01-13
01      110110199412173333      1       07      1       2       411624  2       1705099000000   2024-01-13
01      110103196004118888      2       09      1       1       341822  2       1705099000000   2024-01-13
01      110110196012256666      2       08      3       2       321202  2       1705099000000   2024-01-13
01      110103196412123333      1       03      3       3       411625  2       1705099000000   2024-01-13
Time taken: 0.171 seconds, Fetched: 26 row(s)
```

图6-56　用户启动数据的聚合统计

小　　结

本章主要介绍离线数据仓库工具Hive的技术原理和应用方法，具体包括Hive安装部署、参数配置、系统架构、运行流程和HQL语法应用。在理论内容介绍的同时列举了一个实践项目详细讲述Hive数据处理的完整应用流程，将理论与实践相结合，使读者能够从应用示例中获取数据处理的实践经验。

思考与练习

一、问答题

1. 简述数据处理的主要应用流程。
2. 简述Hive数据仓库工具的核心组件及对应数据处理流程。
3. 使用思维导图模式表达HQL语法内容。

二、实践题

基于互联网企业的用户行为日志，对其中的"浏览行为"进行主题层数据表结构构建并按照数据仓库分层设计进行数据的明细清洗、数据分组聚合等数据计算任务。请设计用户浏览行为的主题表、集市表、应用表的表结构、数据存储格式定义，并完成对应的数据清洗和数据聚合HQL语句，最后使用脚本方式进行语句执行。

具体要求如下：

1. 定义主题层和集市层的数据表（用户行为日志的浏览行为）。
2. 基于数据仓库分层设计对主题层、集市层的数据表编写数据处理语句和任务处理脚本。
3. 在运行环境下执行脚本任务并查看任务计算结果和表分区信息是否正确。

第7章 基于Spark平台的数据计算

数据计算是数据仓库的核心功能之一，用于处理和分析海量数据。数据计算引擎则是实现这一功能的关键工具，如Spark。Spark是一个开源的大数据处理和分析的计算引擎，相对于Hive基于MapReduce计算，Spark的计算优势明显，以其高性能、易用性和灵活性著称，能够支持多种计算模式，包括批处理、实时数据处理等，为数据仓库提供强大的数据处理能力。

本章主要介绍开源大数据主流计算引擎Spark，涵盖MR与DAG模型、Spark部署、任务提交、SparkSQL数据处理，助力技术选型与架构优化。通过用户行为日志数据仓库应用案例，展示了如何构建Spark计算引擎的部署环境，以及如何利用SparkSQL编写脚本，实现数据仓库构建过程中的关键步骤，包括数据清洗、转换、统计等复杂计算任务，最终高效完成数据分析指标的精确计算。这一过程不仅加深了读者对Spark技术栈的理解，也为其在实际项目中的灵活应用提供了宝贵的实践参考。

本章知识导图

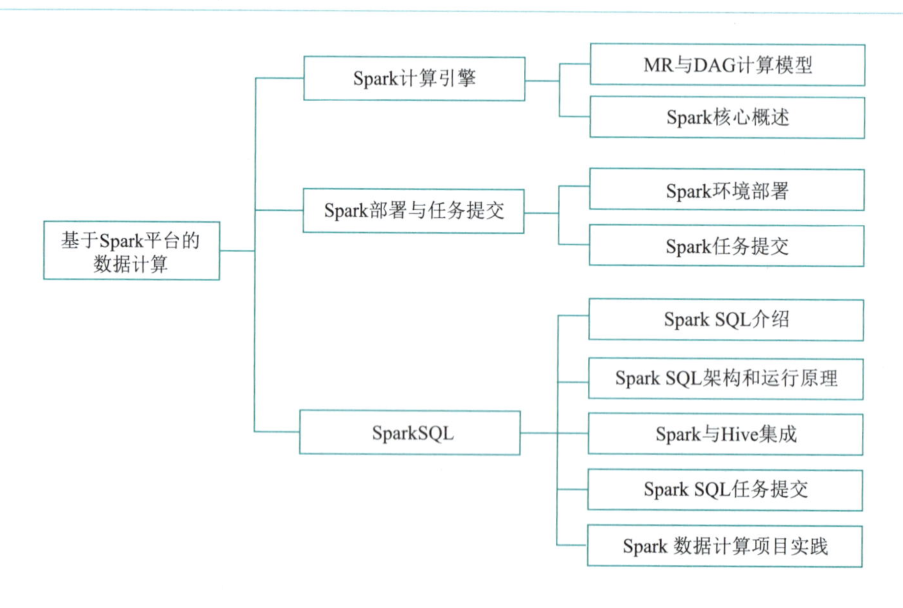

学习目标

◎ **了解：**大数据计算引擎Spark的功能特点、应用场景。

◎ **理解：** Spark框架的技术架构及DAG计算模型、Spark作业运行流程。

◎ **掌握：** 熟练掌握Spark作业提交、scala面向函数式编程语言、RDD和DataFrame编程以及SparkSQL语法等主要应用开发能力，并能够在实践中灵活运用。

◎ **应用分析：** 通过学习本章的教学案例及项目实践，基于Spark框架能够使用代码或语句方式进行作业提交并完成计算作业，能够搭配Hive服务完成数据仓库构建中的各种数据计算，并能够从案例中获取使用SparkSQL进行数据计算的实践经验。

7.1　Spark 计算引擎

Apache Spark是一个专为大规模数据处理而设计的快速、通用的计算引擎。它由加州大学伯克利分校的AMP实验室所开源，是一个类Hadoop MapReduce的通用并行框架。Spark拥有Hadoop MapReduce所具有的优点，但Job中间输出结果可以保存在内存中，因此不再需要读写HDFS，这使得Spark能更好地适用于数据挖掘与机器学习等需要迭代的MapReduce算法。在内存计算下，Spark比MapReduce快100倍。

视 频

Spark计算引擎

Spark的使用场景非常广泛，包括批处理、实时流处理以及图计算等。在批处理方面，Spark可以处理大规模的数据集，并提供了丰富的数据处理和转换功能，适用于各种批处理任务，如数据清洗、ETL、数据分析等。其流处理模块Spark Streaming则可以实时处理数据流，适用于实时推荐、实时分析、日志处理等应用场景。此外，Spark的图计算库GraphX可以处理大规模图结构数据，适用于社交网络分析、网络图谱等应用。

7.1.1　MR 与 DAG 计算模型

1.　MR 计算模型

1）MR 计算模型介绍

MR计算模型，也称为MapReduce计算模型，是一种由Google提出的基于多台机器的分布式计算框架。它广泛应用于大规模数据处理，特别是在计算/搜索引擎中的数据索引和统计方面。

该模型的核心思想是将一个大规模数据集的计算任务拆分成两个主要阶段：Map阶段和Reduce阶段。在Map阶段，模型将输入数据划分为多个独立的数据块，并为每个数据块分配一个Map任务进行处理，生成中间键值对结果。然后，在Reduce阶段，模型对具有相同键的中间结果进行归约操作，生成最终的输出结果。

2）MR 计算模型特点

（1）数据划分和计算任务调度。在MapReduce模型中，大数据集被自动划分为多个数据块，每个数据块对应一个计算任务。系统负责自动调度计算节点来处理相应的数据块，同时监控节点的执行状态，确保Map节点执行的同步控制。

（2）数据/代码互定位。MapReduce模型采用数据本地化策略，即尽量让计算节点处理其本地磁盘上存储的数据，实现代码向数据的迁移，减少数据通信开销。当无法进行本地化数据处理时，模型会寻找其他可用节点，并尽量从数据所在的本地机架上寻找节点，以最小化通信延迟。

（3）简化编程模型。MapReduce将复杂的并行计算过程抽象为两个主要阶段：Map阶段和Reduce阶段。开发者只需关注这两个阶段的业务逻辑，无须关心底层复杂的并行计算细节，从而降低了开发难度。

（4）容错性强。MapReduce模型具有强大的容错能力。当某个计算节点发生故障时，模型能够自动重新分配任务到其他节点，确保计算的继续进行。

（5）可扩展性。MapReduce模型具有很好的可扩展性，可以处理超大规模的数据集。通过增加计算节点，可以线性地提高计算性能。

（6）适用于批量处理。MapReduce模型适用于处理大量的静态数据，特别适合于批处理作业。通过并行处理大量数据可以显著提高数据处理速度。

2. DAG计算模型

1）DAG计算模型介绍

DAG计算模型，即有向无环图（directed acyclic graph）计算模型，是一种特殊的图论结构，由节点（或称为顶点）和有方向的边组成，并且没有循环路径。DAG计算模型在多个领域有着广泛的应用，特别是在大数据处理和计算机科学工程领域。

在DAG计算模型中，节点表示计算任务或操作，而有向边则代表计算任务之间的依赖关系。这种依赖关系使得任务能够按照特定的顺序执行，确保每个任务在其依赖的任务完成后才开始。因此，DAG计算模型特别适用于表示具有特定约束关系的任务调度问题，如某些任务必须在其他任务完成后才能开始。

在大数据处理中，DAG计算常常指的是将计算任务在内部分解成为若干个子任务，并将这些子任务之间的逻辑关系或顺序构建成DAG结构。这种结构使得计算任务能够并行执行，提高了系统的效率和性能。同时，DAG计算模型还具备拓扑排序的特性，可以根据任务的依赖关系有序地进行处理。

2）DAG计算模型特点

（1）并行性：DAG计算模型能够将复杂的计算任务分解为多个子任务，并且这些子任务可以并行执行。由于子任务之间可能存在依赖关系，DAG模型能够确保这些依赖关系得到正确处理，从而实现在保证正确性的前提下提高计算效率。

（2）灵活性：DAG计算模型支持任意形式的计算任务拓扑结构。这意味着用户可以根据实际需求来定义任务之间的依赖关系，实现灵活的任务调度和优化。这种灵活性使得DAG计算模型能够适应不同场景和复杂度的计算需求。

（3）可扩展性：DAG计算模型可以轻松地添加、删除或修改计算任务。由于模型本身具有良好的模块化设计，用户可以方便地扩展计算规模，适应不断变化的计算需求。这种可扩展性使得DAG计算模型能够支持大规模数据处理和复杂计算任务。

（4）可靠性：DAG计算模型中的任务依赖关系可以确保计算的正确顺序，避免数据冲突和计算错误。由于模型在任务调度时考虑了任务之间的依赖关系，因此能够确保每个任务都在其依赖的任务完成后才开始执行，从而保证了计算的正确性和可靠性。

7.1.2 Spark核心概述

1. Spark框架介绍

Apache Spark是一个快速、通用的集群计算系统。它对Java、Scala、Python和R提供了的高层API，并有一个经优化的支持通用执行图计算的引擎。它还支持一组丰富的高级工具，包括用于SQL和结构化数据处理的Spark SQL、用于机器学习的MLlib、用于图计算的GraphX和用于实时数据处理的Spark Streaming。

Spark框架主要模块

- Spark Core：基于内存的分布式计算引擎。
- Spark SQL：分布式数据分析。
- Spark Streaming：分布式流处理。
- Spark MLlib：分布式机器学习。
- Spark GraphX：分布式图计算。

图7-1所示为Spark架构图。

SparkSQL	Spark Streaming	MLlib (machine learning)	GraphX (graph)
Apache Spark			
Local	Standalone	Mesos	YARN

图 7-1　Spark 架构图

2. Spark 的特点

- 速度快：与 MapReduce 相比，Spark基于内存的运算要快100倍，基于硬盘的运算也要快10倍。Spark实现了高效的DAG执行引擎，可以通过基于内存来高效处理数据流。
- 使用简单：Spark支持 Scala、Java、Python、R的API，还支持超过80种高级算法，使用户可以快速构建不同的应用。而且Spark支持交互式的Python和Scala的shell，可以非常方便地在这些shell中使用Spark集群来验证解决问题的方法。
- 通用：Spark提供了统一的解决方案。Spark可以用于批处理、交互式查询（Spark SQL）、实时流处理（Spark Streaming）、机器学习（Spark MLlib）和图计算（GraphX）。这些不同类型的处理都可以在同一个应用中无缝使用。Spark统一的解决方案非常具有吸引力，企业想用统一的平台去处理遇到的问题，减少开发和维护的人力成本和部署平台的物力成本。
- 兼容好：Spark可以非常方便地与其他的开源产品进行融合。Spark可以使用Yarn、Mesos作为它的资源管理和调度器；可以处理所有Hadoop支持的数据，包括HDFS、HBase和Cassandra等。Spark也可以不依赖于第三方的资源管理和调度器，这样进一步降低了Spark的使用门槛，使得所有人都可以非常容易地部署和使用Spark。

3. Spark 技术栈主要应用场景

Apache Spark是一个通用的、基于内存的分布式计算引擎，适用于大规模数据处理和分析。其应用场景广泛，包括但不限于以下几个方面：

- 数据处理与转换：Spark可以用于处理和转换大量数据，如清洗、过滤、聚合和转换数据。这些操作可以预处理数据，为进一步的分析、建模或可视化提供支持。
- ETL（抽取、转换、加载）：Spark能够构建ETL管道，从多种数据源（如数据库、文件系统、API等）抽取数据，进行转换和处理，然后将结果加载到目标系统（如数据仓库、数据库等）。
- 实时数据流处理：利用Spark Streaming，可以处理实时数据流，如从Kafka、Flume等数据源接收数据，进行实时处理和分析，并将结果存储到数据库或其他系统中。这种实时处理适用于实时监控、实时推荐等场景。

- 机器学习：Spark提供了机器学习库（如MLlib），支持各种机器学习算法和模型训练，可以应用于预测、分类、聚类等任务，以发现数据中的模式和趋势。
- 图计算：通过Spark的GraphX库，可以处理和分析图数据，如社交网络、物联网设备连接等。

具体的行业应用，如下所示列举了几个Spark框架在行业中的应用：

- 金融行业：金融机构可以利用Spark处理海量的交易数据、用户信息和市场数据，进行实时的风险分析、交易监控和推荐系统构建。
- 零售行业：大型零售商可以利用Spark处理来自各个渠道的销售数据，进行实时的库存管理、销售预测和个性化推荐。
- 电信行业：Spark可以帮助电信运营商分析用户行为、优化网络资源分配和预防欺诈行为。
- 医疗保健行业：Spark可用于处理和分析大量的医疗数据，以支持疾病预测、健康状态监测等应用。

7.2 Spark部署与任务提交

7.2.1 Spark环境部署及运行

视频

Spark部署与任务提交

1. Spark环境部署

1）软件下载

相关软件可到Spark官方网站下载。

2）系统环境变量

修改全局系统环境配置文件，设置Spark系统环境变量，具体操作方式如下所示：

```
## 修改全局系统环境变量（/etc/profile)
export SPARK_HOME=/opt/framework/spark-3.1.2
export PATH=$PATH:$SPARK_HOME/bin:$SPARK_HOME/sbin
```

设置完成系统环境变量后，通过打印系统环境变量来检查设置是否生效，具体操作方式如下所示：

```
## 系统环境变量生效
source /etc/profile
## 打印环境变量
echo $SPARK_HOME
echo $PATH
```

检查结果如图7-2所示。

```
[root@node ~]#
[root@node ~]# source /etc/profile
[root@node ~]#
[root@node ~]#
[root@node ~]# echo $SPARK_HOME
/opt/framework/spark-3.1.2
[root@node ~]#
[root@node ~]# echo $PATH
/usr/local/sbin:/usr/local/bin:/sbin:/bin:/usr/sbin:/usr/bin:/root/bin:/opt/framework/jdk1.8.0_301
/bin:/opt/framework/scala-2.12.10/bin:/opt/framework/flume-1.9.0/bin:/opt/framework/seatunnel-2.3.
2/bin:/opt/framework/hadoop-2.10.2/bin:/opt/framework/hadoop-2.10.2/sbin:/opt/framework/hive-2.3.9
/bin:/opt/framework/spark-3.1.2/bin:/opt/framework/spark-3.1.2/sbin:/opt/framework/kylin-4.0.3-spa
rk3/bin:/opt/framework/zookeeper-3.6.4/bin:/opt/framework/kafka-2.8.1/bin:
[root@node ~]#
```

图 7-2　Spark 系统环境变量

3）Spark 参数配置文件

Spark框架的参数配置文件常用的有spark-defaults.conf和spark-env.sh（均存储于$SPARK_HOME/conf目录下）。spark-defaults.conf配置文件主要用于配置各种运行参数、框架内部参数（如各种计算所使用的物理资源参数、依赖包访问、默认序列化方式等），而spark-env.sh主要用于配置Spark框架依赖的其他相关参数如Hadoop配置文件路径、JDK安装路径等。具体参数示例如下所示：

spark-defaults.conf：

```
##spark 使用资源配置
spark.driver.cores 1
spark.driver.maxResultSize  1g
spark.driver.memory     1g
spark.executor.memory  1g
spark.local.dir     /opt/framework/spark-3.1.2/localdata
##spark 任务使用的依赖包 (hdfs 存储)
spark.yarn.jars hdfs://hdfsCluster/spark-yarn-jar/
##spark 访问 hdfs 地址
spark.yarn.access.namenodes hdfs:/hdfsCluster/
##spark 使用的序列化方式
spark.serializer=org.apache.spark.serializer.KryoSerializer
```

spark-env.sh：

```
## 设置 java 位置
export JAVA_HOME=/usr/java/jdk1.8.0_201-amd64
##hadoop 配置文件路径
export HADOOP_CONF_DIR=/opt/framework/hadoop-2.10.2/etc/hadoop
export YARN_CONF_DIR=/opt/framework/hadoop-2.10.2/etc/hadoop
```

2. Spark 作业运行

1）作业执行的核心角色

Spark计算任务在运行时由多个核心角色共同协调完成：

（1）Cluster Manager。集群资源的管理者，Spark支持四种集群部署模式：Local（本地管理）、Standalone（独立集群管理）、Mesos（mesos集群管理）、Yarn（yarn集群管理）。

（2）Driver。运行应用的程序入口main方法并且创建了SparkContext。由Cluster Manager分配资源，SparkContext发送Task到Executor上执行。

（3）Worker Node。工作节点，管理本地资源。

（4）Executor。在工作节点上运行，执行 Driver 发送的 Task，并向 Driver 汇报计算结果。

2）作业执行的相关术语

（1）Application。用户提交的Spark应用程序，由集群中的一个driver和许多executor组成。

（2）Application jar。一个包含Spark应用程序的jar，jar不应该包含Spark或Hadoop的 jar，这些jar应该在运行时添加。

（3）Driver program。运行应用程序的main，并创建SparkContext（Spark应用程序）。

（4）Cluster manager。管理集群资源的服务，如standalone、Mesos、Yarn等。

（5）Deploy mode。区分 driver 进程在何处运行。在Cluster模式下，在集群内部运行Driver。在Client模式下，Driver在集群外部运行。

（6）Worker node。运行应用程序的工作节点。

（7）Executor。运行应用程序Task和保存数据，每个应用程序都有自己的Executors，并且各Executor相互独立。

（8）Task。Executors应用程序的最小运行单元。

（9）Job。在用户程序中，每次调用Action函数都会产生一个新的Job，也就是说每个Action生成一个Job。

（10）Stage。一个job被分解为多个Stage，每个Stage是一系列Task的集合。

3. Spark 运行模式

（1）Local模式。基于单机多线程方式来模拟Spark分布式计算，直接运行在本地，便于调试。

（2）Standalone模式。Spark框架内置的资源调度服务，可单独部署到无须依赖任何其他资源关系的系统。

（3）Spark On Yarn模式。目前生成环境主要应用的运行模式，即使用Yarn作为Spark的资源管理者，本模式会根据Driver所在集群中的位置分为Yarn-Client模式（Driver在客户端本地运行）和Yarn-Cluster模式（Driver在Yarn的App Master上运行）。

7.2.2 Spark 任务提交

1. Spark Standalone 运行环境

Standalone模式是Spark自带的一种集群模式，不同于本地模式启动多个进程来模拟集群的环境，Standalone模式是真实地在多个机器之间搭建Spark集群的环境，完全可以利用该模式搭建多机器集群，用于实际的大数据处理，但由于目前不使用此模式进行任务提交，所以仅需了解相关主要内容即可。

Standalone集群模式将Spark的角色以独立的进程的形式运行在服务器上，并且Standalone集群使用了分布式计算中的master-slave模型，master是集群中含有Master进程的节点，slave是集群中的Worker节点，含有Executor进程。Spark Standalone集群可以管理集群资源和调度资源。

（1）主节点Master。管理整个集群资源，接收提交应用，分配资源给每个应用，运行Task任务。

（2）从节点Workers。管理每个机器的资源，分配对应的资源来运行Task，每个从节点分配资源信息给Worker管理，资源信息包含内存Memory和CPU Cores核数。

（3）历史服务器HistoryServer（可选）。Spark Application运行完成以后，保存事件日志数据至HDFS，启动HistoryServer可以查看应用运行相关信息。

2. Spark On Yarn 运行环境

Yarn是一个资源调度框架，负责对运行在内部的计算框架进行资源调度管理。作为主流的计算框架，Spark本身也可以直接运行在Yarn集群中并接收Yarn的管理调度，所以对于SparkOnYarn，无须部署单独的Spark集群，仅仅只需要部署一个Spark客户端，然后提交任务到Yarn集群运行即可。Spark On Yarn模式的运行情况具体如图7-3所示。

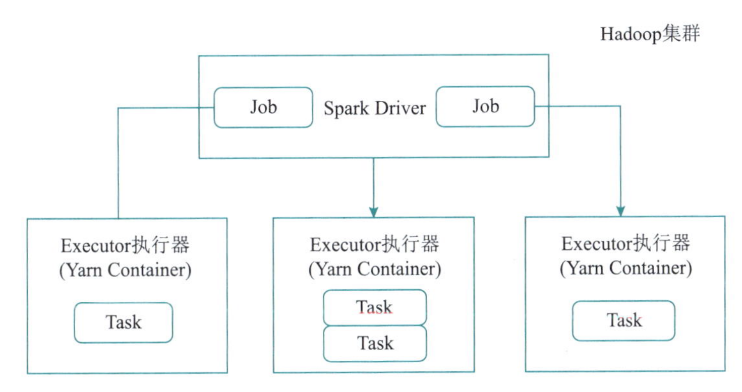

图 7-3　Spark On Yarn 模式的运行情况

1）Spark On Yarn 环境特征

Spark on Yarn环境提供了强大的资源调度能力、多样化的应用程序支持、弹性的资源管理以及便捷的部署方式，使得Spark能够在分布式集群环境中高效地运行各种计算任务。

（1）资源调度与管理：Yarn作为资源调度平台，负责为Spark程序提供服务器运算资源。Yarn不清楚用户提交的程序的运行机制，它只负责提供运算资源的调度。用户程序向Yarn申请资源，Yarn则负责分配资源。这种机制使得Spark可以在Yarn上动态地获取和管理资源。

（2）应用程序的多样性：Yarn的设计允许在集群上同时运行多种不同的应用程序，包括Spark和MapReduce等。这得益于Yarn的资源隔离机制，每个应用程序在Yarn上都有自己独立的资源空间，互不干扰。

（3）资源弹性管理：Yarn通过队列的方式管理同时运行在集群上的多个服务，根据不同类型的应用程序的压力情况，可以调整对应的资源使用量，实现资源的弹性管理。这种特性使得Spark on Yarn环境可以应对各种复杂的计算需求。

（4）部署的便捷性：在Spark on Yarn环境中，部署应用程序和服务变得更加方便。多种应用程序（包括Spark、Storm等）不需要自带服务，它们经由客户端提交后，由Yarn提供的分布式缓存机制分发到各个计算节点上。

2）Spark 任务提交中的核心角色介绍

（1）Spark作业驱动Driver。Spark中的Driver即运行上述Application的main函数并创建SparkContext，SparkContext负责与ClusterManager通信，进行资源申请、任务的分配和监控等，当Executor部分运行完毕后，Driver同时负责将SparkContext关闭，通常SparkContext代表Driver。

（2）Spark作业执行器Executor。Application是运行在Worker节点上的一个进程，该进程负责运行某些Task，并且负责将数据存到内存或磁盘上，每个Application都有各自独立的一批Executor。

（3）Spark作业Job。Spark作业包含多个Task组成的并行计算，一个Application中往往会产生多个Job。每个Job会被拆分成多组Task，作为一个TaskSet，其名称为Stage，Stage的划分和调度是由DAGScheduler来负责的，Stage有非最终的Stage（Shuffle Map Stage）和最终的Stage（Result Stage）两种，Stage的边界就是发生shuffle的地方。

（4）Spark任务Task。Spark计算作业内部划分了多个子任务，并通过资源调度框架将该任务分配到某个Executor上进行计算，Task是Spark计算作业的最小工作单元，是运行Application的基本单位。

3）Spark on yarn 支持的两种部署模式

Yarn-Client和Yarn-Cluster是SparkOnYarn运行环境中的两种部署模式。在Yarn中，每个Application实例都有一个Application Master进程，它是Application启动的第一个容器。ApplicationMaster进程负责和Resource Manager打交道并请求资源，获取资源之后告诉NodeManager为其启动Container。在了解Application Master作用的情况下，Yarn-Cluster和Yarn-Client的核心区别其实就体现在Application Master进程运行在哪里，其中Yarn-Client模式中Application Master进程运行在任务提交的客户端服务器上，而Yarn-Cluster模式中Application Master进程运行在Hadoop集群中分配的任意一个节点上。

（1）Yarn-Client模式。在Yarn-Client模式中，当用户向Yarn提交一个应用程序后，Driver被放在Client系统上，也就是任务提交的系统，Application Master仅仅向Yarn请求Executor，Client会和请求的Container通信来调度它们工作。Yarn-Client模式的具体作业执行流程如图7-4所示。

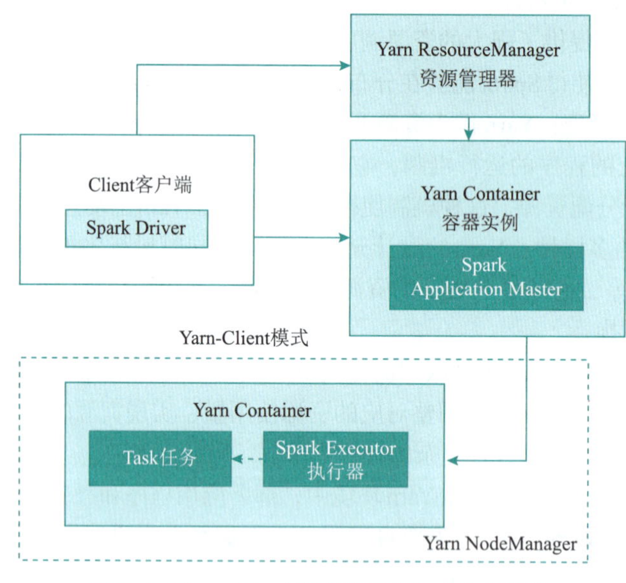

图 7-4　Yarn-Client 模式的具体作业执行流程

① Yarn-Client模式特点。

- 在Yarn-client中，Driver运行在Client上，通过ApplicationMaster向RM获取资源。
- 本地Driver负责与所有的executor container进行交互，并将最后的结果汇总。结束掉终端，相当于kill这个spark应用。

② Yarn-Client任务提交。Spark任务提交采用Yarn-Client模式进行，具体用法及相关参数说明如下所示：

```
#!/bin/bash
${SPARK_HOME}/bin/spark-submit \
--class org.apache.spark.examples.SparkPi \ ## 任务入口类
--master yarn \ ##master 地址： 作业提交到 yarn 集群中运行
--deploy-mode client \ ## 提交模式
--driver-memory 1G \  ##driver 使用内存大小
--num-executors 1 \  ##executor 使用数量
--executor-memory 1G \ ##executor 使用内存大小
--executor-cores 1 \ ## 单个 executor 使用 CPU Core 数量
--total-executor-cores 1 \ ##executor 使用 CPU Core 总数量
 ${SPARK_HOME}/examples/jars/spark-examples_2.12-3.1.2.jar 10
```

任务执行结果如图7-5所示。

```
24/02/22 17:16:57 INFO scheduler.DAGScheduler: ResultStage 0 (reduce at SparkPi.scala:38) finished
 in 2.601 s
24/02/22 17:16:57 INFO scheduler.DAGScheduler: Job 0 is finished. Cancelling potential speculative
 or zombie tasks for this job
24/02/22 17:16:57 INFO cluster.YarnScheduler: Killing all running tasks in stage 0: Stage finished
24/02/22 17:16:57 INFO scheduler.DAGScheduler: Job 0 finished: reduce at SparkPi.scala:38, took 2.
668204 s
Pi is roughly 3.138707138707139
24/02/22 17:16:57 INFO server.AbstractConnector: Stopped Spark@6a078481{HTTP/1.1, (http/1.1)}{0.0.
0.0:4040}
24/02/22 17:16:57 INFO ui.SparkUI: Stopped Spark web UI at http://node:4040
24/02/22 17:16:57 INFO cluster.YarnClientSchedulerBackend: Interrupting monitor thread
24/02/22 17:16:57 INFO cluster.YarnClientSchedulerBackend: Shutting down all executors
24/02/22 17:16:57 INFO cluster.YarnSchedulerBackend$YarnDriverEndpoint: Asking each executor to sh
ut down
24/02/22 17:16:57 INFO cluster.YarnClientSchedulerBackend: YARN client scheduler backend Stopped
24/02/22 17:16:57 INFO spark.MapOutputTrackerMasterEndpoint: MapOutputTrackerMasterEndpoint stoppe
d!
24/02/22 17:16:57 INFO memory.MemoryStore: MemoryStore cleared
24/02/22 17:16:57 INFO storage.BlockManager: BlockManager stopped
24/02/22 17:16:57 INFO storage.BlockManagerMaster: BlockManagerMaster stopped
24/02/22 17:16:57 INFO scheduler.OutputCommitCoordinator$OutputCommitCoordinatorEndpoint: OutputCo
mmitCoordinator stopped!
24/02/22 17:16:57 INFO spark.SparkContext: Successfully stopped SparkContext
24/02/22 17:16:57 INFO util.ShutdownHookManager: Shutdown hook called
24/02/22 17:16:57 INFO util.ShutdownHookManager: Deleting directory /tmp/spark-7d63c879-e8e0-4a4b-
abc7-5bc4a46a1e1c
```

图7-5　Spark Yarn-Client任务执行结果

（2）Yarn-Cluster模式。在Yarn-Cluster模式中，Spark的Driver运行在Yarn集群的一个NodeManager节点上，而应用程序的executor则运行在Yarn集群的各个节点上。这种部署方式下，Driver的启动是通过Yarn的ResourceManager进行的，客户端只是向ResourceManager提交任务。一旦作业提交完成，客户端就可以关闭，由Yarn来负责作业的运行和资源管理。Yarn-Cluster模式的具体作业执行流程如图7-6所示。

Spark on Yarn的cluster模式具有一些显著的优势。首先，它使得部署应用程序和服务变得更加方便，因为多种应用程序（包括Spark、Storm等）可以通过Yarn的分布式缓存机制分发到各个计算节点上，而无须自带服务。其次，Yarn的资源隔离机制保证了在集群上可以同时运行多个同类的服务和应用程序，而不会相互干扰。最后，Yarn的资源弹性管理功能使得可以根据不同类型的应用程序压力情况调整对应的资源使用量，实现资源的有效利用。

① Yarn-Cluster模式特点。

- 第一阶段：将Spark的Driver作为一个ApplicationMaster在Yarn集群中先启动。
- 第二阶段：由ApplicationMaster创建应用程序，向ResourceManager申请自由并启动Executor运行Task，同时监控应用的整个运行过程，直到运行完成。

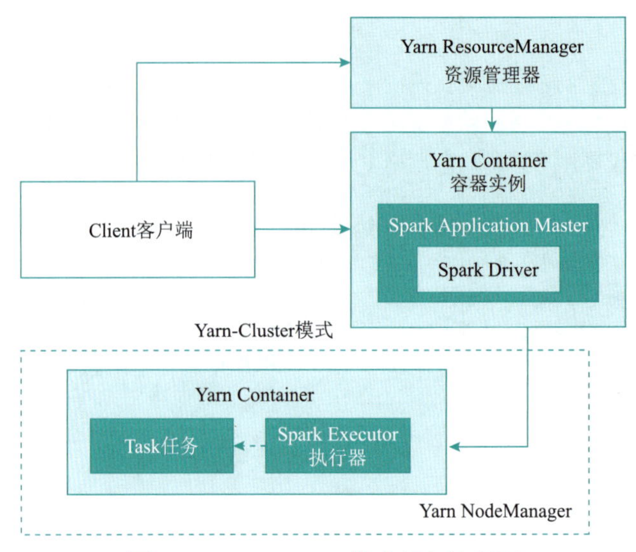

图 7-6　Yarn-Cluster 模式 运行流程图

② Yarn-Cluster任务提交。Spark任务提交采用Yarn-Cluster模式进行，具体用法及相关参数说明如下所示：

```
#!/bin/bash
${SPARK_HOME}/bin/spark-submit \
--class org.apache.spark.examples.SparkPi \ ## 任务入口类
--master yarn \ ##master 地址 : 作业提交到 yarn 集群中运行
--deploy-mode cluster \ ## 提交模式
--driver-memory 1G \  ##driver 使用内存大小
--num-executors 1 \  ##executor 使用数量
--executor-memory 1G \ ##executor 使用内存大小
--executor-cores 1 \ ## 单个 executor 使用 CPU Core 数量
--total-executor-cores 1 \ ##executor 使用 CPU Core 总数量
 ${SPARK_HOME}/examples/jars/spark-examples_2.12-3.1.2.jar 10
```

任务执行结果如图7-7所示。

```
RUNNING)
24/02/22 17:27:30 INFO yarn.Client: Application report for application_1708593129859_0002 (state:
RUNNING)
24/02/22 17:27:31 INFO yarn.Client: Application report for application_1708593129859_0002 (state:
RUNNING)
24/02/22 17:27:32 INFO yarn.Client: Application report for application_1708593129859_0002 (state:
RUNNING)
24/02/22 17:27:33 INFO yarn.Client: Application report for application_1708593129859_0002 (state:
RUNNING)
24/02/22 17:27:34 INFO yarn.Client: Application report for application_1708593129859_0002 (state:
FINISHED)
24/02/22 17:27:34 INFO yarn.Client:
         client token: N/A
         diagnostics: N/A
         ApplicationMaster host: node
         ApplicationMaster RPC port: 36835
         queue: default
         start time: 1708594041143
         final status: SUCCEEDED
         tracking URL: http://node:8088/proxy/application_1708593129859_0002/
         user: root
24/02/22 17:27:34 INFO util.ShutdownHookManager: Shutdown hook called
24/02/22 17:27:34 INFO util.ShutdownHookManager: Deleting directory /tmp/spark-163e738f-ae31-4c85-
9f9f-cef767e0f2c6
24/02/22 17:27:34 INFO util.ShutdownHookManager: Deleting directory /tmp/spark-a7c49e90-62e2-41e0-
a3cc-d271ebf0c595
```

图 7-7　Spark Yarn-Cluster 任务执行结果

7.3　Spark SQL

7.3.1　Spark SQL介绍

1. Spark SQL简介

Spark SQL是Spark中用来处理结构化数据的一个模块，它提供了一个编程抽象（DataFrame），并且可以作为分布式SQL的查询引擎。Spark SQL可以将数据的计算任务通过SQL的形式转换成RDD再提交到集群执行计算，类似于Hive通过SQL的形式将数据的计算任务转换成MapReduce，大大简化了编写Spark数据计算操作程序的复杂性，且执行效率比MapReduce计算模型高。

在Spark框架中，Spark SQL并不仅仅是狭隘的SQL，而是作为Spark程序优化、执行的核心组件。批计算、流计算、机器学习、深度学习等应用都可以转化为DataFrame/Dataset的API。这些API和通常的SQL一样，共享优化层、执行层，共享访问多种数据源的能力。

2. Spark SQL特点

Spark SQL是Apache Spark的一个模块，用于处理结构化数据。通过Spark SQL, 用户可以利用SQL语句以及Apache Spark的强大数据处理功能来执行数据查询和分析。它结合了关系数据库的易用性和Spark的扩展性与高性能特点。以下是Spark SQL的一些主要特点：

（1）统一的数据处理。Spark SQL提供了一个统一的接口来查询数据，无论这些数据是存放在HDFS上的，还是在外部数据库中，或是以RDD的形式存在。这增加了对不同数据源进行查询的灵活性。

（2）支持标准SQL语言。Spark SQL支持ANSI SQL标准，这意味着几乎所有具有SQL知识的数据分析师和开发者都可以使用Spark SQL来处理数据，无须学习新的查询语言。

（3）高性能。基于Catalyst优化引擎和Tungsten执行引擎，Spark SQL在计划的构建和执行过程中进行了深度优化，从而提供比传统SQL引擎更快的查询性能。

（4）与DataFrame和Dataset API整合。Spark SQL紧密整合了DataFrame和Dataset API。这使得用户可以无缝地在DataFrame/Dataset操作和SQL查询之间切换，利用各自的优点。

（5）丰富的数据源支持。Spark SQL可以与各种数据源集成，包括但不限于HDFS、Hive、Avro、Parquet、ORC、JSON和JDBC。用户可以轻松地从这些数据源读取数据，进行处理和分析，然后再写回。

（6）伸缩性和容错性。作为Apache Spark的一部分，Spark SQL继承了Spark的伸缩性和容错性特点。它可以扩展到数千个节点的大型集群上，并且能够处理节点故障等问题。

（7）易于集成。Spark SQL易于与其他Spark生态系统的组件（如Spark MLlib、GraphX等）集成，使得用户可以构建复杂的数据处理管道，涵盖数据查询、分析、机器学习、图处理等多个方面。

7.3.2　Spark SQL架构和运行原理

1. Spark SQL架构

Spark SQL是Apache Spark的一个模块，用于处理结构化和半结构化数据。通过Spark SQL，用户能够使用SQL或者DataFrame API执行查询语句来处理数据。Spark SQL的架构设计使得它能够高效地执行SQL查询，同时也提供了数据集成的能力。

Spark SQL架构关键组件如下所示：

（1）解析器。当接收到SQL查询时，解析器会首先对其进行解析，将其转换为抽象语法树（AST）。

（2）绑定过程（Bind过程）。解析完成后，进入Bind过程。这个过程主要完成的是绑定操作，即将AST与具体的表和字段进行绑定，形成一个执行树（execution tree）。这个执行树为程序提供了关于表的位置、需要访问的字段等关键信息。

（3）优化器。在Bind过程之后，数据库查询引擎会提供几个查询执行计划，并附带这些执行计划的一些统计信息。优化器会根据这些统计信息选择一个最优的执行计划。这个过程就是Optimize（优化）过程。

（4）执行器。Spark选择了最优的执行计划后，执行器会按照执行计划进行实际的查询执行。这个过程与解析过程不同，执行器会按照执行顺序先执行WHERE部分，然后找到数据源和数据表，最后生成SELECT部分，从而得到最终的查询结果。

2. Spark SQL运行流程

Spark SQL的核心是一个称为Catalyst的查询编译器，可以将提交的执行语句经过一系列的操作最终转化为Spark系统中执行的RDD。

当Spark SQL开始执行计算任务时，会将客户端提交的SQL语句经过解析、编译、优化等过程最终提交集群分配作业处理，完成任务计算。具体执行流程如图7-8所示。

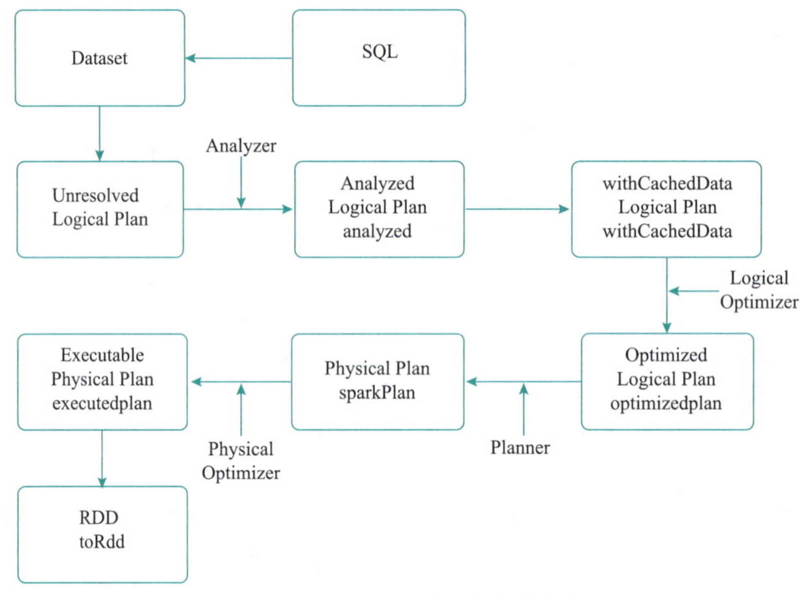

图7-8 Spark SQL编译解析执行流程

Catalyst有以下几个重要的组成部分：

（1）Parser。Spark SQL Parser是Apache Spark中负责解析SQL查询语句的重要组件，能够将用户输入的SQL文本转换成Spark内部可以理解和执行的逻辑计划（logical plan）。这一解析过程包括词法分析、语法分析及语义检查等多个阶段，确保输入的SQL语句符合SQL语法规范，并且能够被Spark SQL引擎正确执行。通过Spark SQL Parser，用户可以方便地使用标准SQL语言来查询和处理存储在Spark分布式集群中的数据，从而大大提高了数据处理的效率和灵活性。

（2）Analyzer。Analyzer利用目录（catalog）中的信息对Parser中生成的树进行解析。

Analyzer由一系列规则（rule）组成，每个规则负责某项检查或者转换操作，如解析 SQL 中的表名、列名，同时判断它们是否存在。通过Analyzer可以得到解析后的逻辑计划。

（3）Optimizer。Optimizer是对解析完的逻辑计划进行树结构的优化，以获得更高的执行效率。优化过程也是通过一系列的规则来完成，常用的规则如谓词下推（predicate pushdown）、列裁剪（column pruning）等。此外，Spark SQL 中还有一个基于成本的优化器（cost-based optimizer），是由DLI内部开发并贡献给开源社区的重要组件。该优化器可以基于数据分布情况自动生成最优的计划。

（4）Planner。Spark SQL 在将逻辑计划转换为物理计划（physical Plan）的步骤中，Catalyst根据数据的物理布局和分区方案生成多个可能的执行方案。物理计划描述了如何执行查询，包括要使用的算子（如扫描、聚合、排序等）和数据分布。

7.3.3　Spark 与 Hive 集成

Apache Spark集成Hive主要指的是将Spark与Hive进行集成，使得Spark能够使用Hive的元数据信息、查询优化、数据仓库功能等，从而能够更方便地处理和分析大规模的结构化数据。这种集成使得用户可以在Spark中编写SQL查询来操作Hive表，同时享受到Spark的分布式计算能力和Hive的成熟的数据仓库特性。

1. 运行环境集成

Spark是计算引擎，Hive是数据仓库工具，Spark读取Hive库表需要读取Hive的元数据等信息，这样需要读取Hive的配置文件，可以将Hive的配置文件（hive-site.xml）复制到Spark的配置目录中（$SPARK_HOME/conf）,Spark运行环境配置如图7-9所示。

```
[root@node spark-3.1.2]#
[root@node spark-3.1.2]# ll conf
总用量 44
-rw-r--r-- 1 bc   bc   1105 5月  24 2021 fairscheduler.xml.template
-rw-r--r-- 1 root root 5016 1月  15 13:41 hive-site.xml
-rw-r--r-- 1 bc   bc   2371 5月  24 2021 log4j.properties.template
-rw-r--r-- 1 bc   bc   9141 5月  24 2021 metrics.properties.template
-rw-r--r-- 1 bc   bc   1732 1月  15 13:36 spark-defaults.conf
-rwxr-xr-x 1 bc   bc   4720 1月  15 13:35 spark-env.sh
-rw-r--r-- 1 bc   bc    865 5月  24 2021 workers.template
[root@node spark-3.1.2]#
```

图 7-9　Spark 运行环境配置

2. 开发环境集成

（1）代码依赖。开发Spark操作Hive程序时，需要引入Hive相关依赖包，具体如下所示：

```
## 增加 hivo 相关依赖
<dependency>
    <groupId>org.apache.spark</groupId>
    <artifactId>spark-hive_2.11</artifactId>
    <version>${spark.version}</version>
</dependency>
```

（2）代码支持。Spark内置的SparkSession默认是不支持读取Hive数据库的，需要开启支持选项，具体如下所示：

```
//sparksession 支持读取 hive 数据源
val spark = SparkSession.builder().appName("demo")
```

```
.enableHiveSupport().getOrCreate()
//spark 读取 Hive 数据表
val df = spark.read.table("hive_table_name")
```

7.3.4 Spark SQL 任务提交

1. Spark SQL 语法

Spark SQL在标准化SQL支持方面，引入了新的ANSI-SQL解析器，提供标准化SQL的解析功能，而且还提供了子查询的支持。

在Spark SQL中，有两个选项可以与SQL标准兼容：spark.sql.ansi.enabled 和 spark.sql.storeAssignmentPolicy。当 spark.sql.ansi.enabled 设置为 true 时，Spark SQL使用ANSI兼容的方言，而不是Hive兼容的方言。例如，如果SQL运算符/函数的输入无效，Spark 将在运行时抛出异常，而不是返回空结果。一些ANSI方言功能可能不是直接来自 ANSI SQL 标准，但它们的行为与 ANSI SQL 的风格一致。此外，Spark SQL 具有一个独立的选项来控制在表中插入行时的隐式转换行为。转换行为在标准中定义为存储分配规则。

当 spark.sql.storeAssignmentPolicy 设置为 ANSI 时，Spark SQL 符合 ANSI 存储分配规则。这是一个单独的配置，因为它的默认值为 ANSI，而配置 spark.sql.ansi.enabled 默认情况下是禁用的。

Spark SQL模块从发展来说，是从Apache Hive框架而来，发展历程为：Hive（MapReduce）→Shark(Hive on Spark)→Spark SQL（SchemaRDD→DataFrame→Dataset)，所以SparkSQL天然无缝集成Hive，可以加载Hive表数据进行分析。

Spark SQL的具体语法细节可以参考Spark官网中的详细说明，下例展示了简单的语法使用示例：

```
--sql 文件 sparksql_userlog.sql
with temp (
    select
        action,
        user_device
    from test.userlog
    where
        dt = '${p_dt}'
    and
        user_device is not null
)
select
    action,
    count(distinct user_device) as user_count
from temp
    group by action
```

2. Spark SQL 任务

Spark SQL的任务提交方式和Spark-submit方式类似，都是需要指定计算任务的master、部署模式、任务名称、使用参数等内容，具体内容如下所示：

```
#!/bin/bash
#params
shuffle_partitions=2
day=`date -d "-1 day" +"%Y%m%d"`

#spark sql job
${SPARK_HOME}/bin/spark-sql \
--master yarn  \
--deploy-mode client \
--name sparksql_userlog_job \
--S \
--hiveconf p_dt=$day \
--hiveconf p_action=$action \
--conf spark.sql.shuffle.partitions=$shuffle_partitions \
--conf spark.hadoop.hive.exec.dynamic.partition=true \
--conf spark.hadoop.hive.exec.dynamic.partition.mode=nonstrict \
--conf spark.hadoop.hive.exec.max.dynamic.partitions=100000 \
--conf spark.hadoop.hive.exec.max.dynamic.partitions.pernode=100000 \
--num-executors 2 \
--executor-memory 1g \
--executor-cores 1 \
--total-executor-cores 2 \
-f sparksql_userlog.sql
```

7.3.5 Spark 数据计算项目实践

1. 项目背景

互联网平台的用户行为日志数据是企业数据平台不可或缺的宝贵财富。通过对用户在网站或应用程序上的广泛行为数据进行系统性的整理与深入分析，企业能够揭示出用户的行为模式、偏好倾向及发展趋势。用户行为日志详尽记录了用户在访问网站或应用过程中的各类行为轨迹，是剖析用户行为模式的基石与依据，通过对这些日志数据的深入挖掘与分析，为优化用户体验提供精准的导向与策略。

2. 实训目标与实训内容

1）实训目标

在数字时代，用户行为日志中的浏览行为成为了企业洞察用户需求、优化产品和服务的关键。用户的每一次点击、滚动、搜索，都是他们在网络世界中的足迹，这些数据不仅反映了用户对内容的关注度，还揭示了他们的浏览习惯和决策过程。通过对浏览行为日志的分析，企业可以深入了解用户的兴趣和需求。比如，用户经常搜索某个关键词或频繁访问某个页面，这可能意味着他们对这个领域的内容感兴趣。企业可以根据这些信息调整内容策略，提供更多符合用户需求的内容。

具体来说，启动记录会包含以下主要相关信息：

- 用户信息：如用户 ID，用于标识特定的用户。
- 时间信息：访问时间、停留时长，有助于分析用户的活跃时间段及对产品的喜好程度。
- 地理位置信息：如 IP 地址或 GPS 坐标，可用于分析用户的地域分布和使用习惯。

- 设备信息：包括设备型号、操作系统等，有助于了解用户使用的设备类型和设备性能。

读者可以基于“第六章　数据仓库工具Hive”所掌握的数据仓库分层设计能力和经验，对本项目加以利用，并在此基础上进行数据表结构定义，重点基于SparkSQL实现数据处理和计算，从而加深对Spark框架及DAG计算模型等理论知识的理解，以及数据计算的架构设计能力和SparkSQL语句的实践运用能力。读者通过实现业务数据的统计计算，熟练掌握Spark框架的安装部署、任务提交、SparkSQL语法语句等应用，可以根据不同的应用场景和需求实现复杂的逻辑计算并进行参数调优。

2）实训内容

（1）基于已有的用户行为日志的原始信息表，定义并创建用户浏览行为主题表，并从用户行为日志的原始信息表中提取浏览行为的原始数据并解析数据列信息。

（2）定义并创建用户浏览相关的数据集市表，以浏览行为数据中的“地区、浏览来源”等数据维度列为核心统计维度，进行数据汇总，实现用户启动主题下每日启动次数的数据汇总。

3. 实训步骤

1）运行环境准备

安装并部署Spark框架，设置Spark任务提交参数。

（1）Spark全局系统环境变量。通过打印Spark相关的系统环境变量进行运行环境核查，如图7-10所示。

（2）启动依赖服务。通过命令分别启动依赖的Hadoop和Hive服务，具体命令或脚本参考之前章节内容，服务启动后检查结果分别如图7-11～图7-13所示。

```
[root@node scripts]#
[root@node scripts]# echo $HIVE_HOME
/opt/framework/hive-2.3.9
[root@node scripts]#
[root@node scripts]# echo $PATH
/usr/local/sbin:/usr/local/bin:/sbin:/bin:/usr/sbin:/usr/bin:/root/bin:/opt
/framework/jdk1.8.0_301/bin:/opt/framework/scala-2.12.10/bin:/opt/framework
/flume-1.9.0/bin:/opt/framework/seatunnel-2.3.2/bin:/opt/framework/hadoop-2
.10.2/bin:/opt/framework/hadoop-2.10.2/sbin:/opt/framework/hive-2.3.9/bin:/
opt/framework/spark-3.1.2/bin:/opt/framework/spark-3.1.2/sbin:/opt/framewor
k/kylin-4.0.3-spark3/bin:/opt/framework/zookeeper-3.6.4/bin:/opt/framework/
kafka-2.8.1/bin::/root/bin
[root@node scripts]#
[root@node scripts]#
```

图7-10　Spark系统环境变量校验

```
[root@node ~]# jps
2353 NodeManager
2229 ResourceManager
2006 SecondaryNameNode
2711 Jps
1753 NameNode
1853 DataNode
```

图7-11　Hadoop启动服务校验

```
[root@node ~]# ps aux | grep HiveServer2 | grep -v grep
root      5695 12.4  2.8 2074392 289356 pts/2  Sl   14:06   0:09 /opt/framework/jdk1.8.0_30
1/bin/java -Xmx256m -Djava.library.path=/opt/framework/hadoop-2.10.2/lib -Djava.net.preferIP
v4Stack=true -Dhadoop.log.dir=/opt/framework/hadoop-2.10.2/logs -Dhadoop.log.file=hadoop.log
 -Dhadoop.home.dir=/opt/framework/hadoop-2.10.2 -Dhadoop.id.str=root -Dhadoop.root.logger=IN
FO,console -Dhadoop.policy.file=hadoop-policy.xml -Djava.net.preferIPv4Stack=true -Dproc_hiv
eserver2 -Dlog4j.configurationFile=hive-log4j2.properties -Djava.util.logging.config.file=/o
pt/framework/hive-2.3.9/conf/parquet-logging.properties -Djline.terminal=jline.UnsupportedTe
rminal -Dhadoop.security.logger=INFO,NullAppender org.apache.hadoop.util.RunJar /opt/framewo
rk/hive-2.3.9/lib/hive-service-2.3.9.jar org.apache.hive.service.server.HiveServer2 --hiveco
nf hive.aux.jars.path=file:///opt/framework/hive-2.3.9/lib/accumulo-core-1.7.3.jar,file:///o
pt/framework/hive-2.3.9/lib/accumulo-fate-1.7.3.jar,file:///opt/framework/hive-2.3.9/lib/acc
umulo-start-1.7.3.jar,file:///opt/framework/hive-2.3.9/lib/accumulo-trace-1.7.3.jar,file:///
opt/framework/hive-2.3.9/lib/activation-1.1.jar,file:///opt/framework/hive-2.3.9/lib/aether-
api-0.9.0.M2.jar,file:///opt/framework/hive-2.3.9/lib/aether-connector-file-0.9.0.M2.jar,fil
e:///opt/framework/hive-2.3.9/lib/aether-connector-okhttp-0.0.9.jar,file:///opt/framework/hi
ve-2.3.9/lib/aether-impl-0.9.0.M2.jar,file:///opt/framework/hive-2.3.9/lib/aether-spi-0.9.0.
M2.jar,file:///opt/framework/hive-2.3.9/lib/aether-util-0.9.0.M2.jar,file:///opt/framework/h
```

图7-12　Hive启动元数据服务校验

```
[root@node scripts]#
[root@node scripts]# jps
2198 ResourceManager
1976 SecondaryNameNode
2873 RunJar ←—— Hive元数据服务
1724 NameNode
3021 Jps
2302 NodeManager
1823 DataNode
[root@node scripts]#
[root@node scripts]# ps aux | grep hive | grep -v grep
root      2873 16.8  2.8 2058796 289420 pts/0  Sl   10:51   0:13 /opt/framework/jdk1.8.0_30
1/bin/java -Xmx256m -Djava.library.path=/opt/framework/hadoop-2.10.2/lib -Djava.net.preferIP
v4Stack=true -Dhadoop.log.dir=/opt/framework/hadoop-2.10.2/logs -Dhadoop.log.file=hadoop.log
 -Dhadoop.home.dir=/opt/framework/hadoop-2.10.2 -Dhadoop.id.str=root -Dhadoop.root.logger=IN
FO,console -Dhadoop.policy.file=hadoop-policy.xml -Djava.net.preferIPv4Stack=true -Dproc_met
astore -Dlog4j.configurationFile=hive-log4j2.properties -Djava.util.logging.config.file=/opt
/framework/hive-2.3.9/conf/parquet-logging.properties -Dhadoop.security.logger=INFO,NullAppe
nder org.apache.hadoop.util.RunJar /opt/framework/hive-2.3.9/lib/hive-metastore-2.3.9.jar or
g.apache.hadoop.hive.metastore.HiveMetaStore
[root@node scripts]#
```

图 7-13　Hive 启动 hiveserver2 客户端连接服务校验

2）Spark 数据计算实战

视频　Spark SQL 应用实践

基于数据仓库分层设计，分别使用或定义用户行为日志的原始信息表（参考第六章　数据仓库工具Hive）、用户浏览行为主题表、用户浏览区域统计表等，并进行数据过滤、清洗、统计及各种逻辑计算。

（1）数据表定义：

```
-- 用户浏览主题表
create external table if not exists dwd_bc.userlog_view(
  action string comment '行为类型',
  event_type string comment '行为类型',
  user_device string comment '用户 id',
  os string comment '手机系统',
  manufacturer string comment '手机制造商',
  carrier string comment '电信运营商',
  network_type string comment '网络类型',
  user_region string comment '所在区域',
  duration int comment '停留时长',
  target_source string comment '浏览来源',
  target_page string comment '浏览页面 ID',
  ct bigint comment '产生时间'
) partitioned by (dt string)
stored as parquet
location '/data/userlog/dwd/view/'

-- 用户页面浏览行为数据统计表
create external table if not exists ads_bc.userlog_view_pv(
  user_region string comment '所在区域',
  target_source string comment '浏览来源',
  target_page string comment '浏览页面 ID',
  page_count bigint comment 'PV 度量值'
) partitioned by (dt string)
stored as parquet
location '/data/userlog/ads/view_pv/'
```

（2）数据明细转换操作。通过对用户行为日志的原始数据表进行数据过滤、json解析等清洗计算，将数据转换形成浏览主题结构的明细数据，SparkQL语句如下所示：

① 浏览主题数据处理：

```
with data_view as (
select
    action,
    event_type,
    user_device,
    os,
    manufacturer,
    carrier,
    network_type,
    user_region,
    duration,
    get_json_object(exts, '$.target_source') as target_source,
    get_json_object(exts, '$.target_page') as target_page,
    ct,
    dt
from ods_bc.userlog
where
    dt = '${p_dt}'
and
    action in ('07','08')
)

insert overwrite table dwd_bc.userlog_view partition(dt)
select
    action,
    event_type,
    user_device,
    os,
    manufacturer,
    carrier,
    network_type,
    user_region,
    duration,
    target_source,
    target_page,
    ct,
    dt
 from data_view
```

② 浏览主题任务脚本：

```
#!/bin/bash
#params
partitions=2
#day=`date -d "-1 day" +"%Y%m%d"`
```

```
day=2024-01-13
#spark sql job
${SPARK_HOME}/bin/spark-sql \
--master yarn  \
--deploy-mode client \
--name dwd_ulog_view_sql_job \
--S \
--hiveconf p_dt=$day \
--conf spark.sql.shuffle.partitions=$partitions \
--conf spark.hadoop.hive.exec.dynamic.partition=true \
--conf spark.hadoop.hive.exec.dynamic.partition.mode=nonstrict \
--conf spark.hadoop.hive.exec.max.dynamic.partitions=100000 \
--conf spark.hadoop.hive.exec.max.dynamic.partitions.pernode=1000 \
--num-executors 2 \
--executor-memory 1g \
--executor-cores 1 \
--total-executor-cores 2 \
-f sparksql-userview-dwd.sql
```

计算任务运行结果如图 7-14 所示。

```
userlog_view.action     userlog_view.event_type userlog_view.user_device        userlog_view.os userlog_view.manufac
turer   userlog_view.carrier    userlog_view.network_type       userlog_view.user_region        userlog_view.duratio
n       userlog_view.target_source      userlog_view.target_page        userlog_view.ct userlog_view.dt
08      01      110101196612118888      2       05      1       3       321302  32      01      016007  170515000000
0       2024-01-13
08      01      110103197204034444      1       04      3       0       340523  16      05      062     170515000000
0       2024-01-13
08      01      110106197808259999      2       10      3       0       420982  89      03      056     170512000000
0       2024-01-13
08      01      110110198006208888      1       09      3       1       341523  69      02      063008  170515000000
0       2024-01-13
08      01      110107199507255555      2       02      2       1       321323  88      04      098     170515000000
0       2024-01-13
08      01      110106196404125555      2       08      2       3       411524  40      04      081001  170515000000
0       2024-01-13
08      01      110101198212159999      2       03      1       1       320830  70      01      076007  170515000000
0       2024-01-13
08      01      110107198312119999      1       08      1       0       341881  14      01      008     170515000000
0       2024-01-13
08      01      110101196712144444      2       09      2       0       340121  53      03      084     170515000000
0       2024-01-13
08      01      110104196903029999      1       08      2       0       330112  13      02      014004  170515000000
0       2024-01-13
Time taken: 0.169 seconds, Fetched: 10 row(s)
hive (dwd bc)>
```

图 7-14　明细数据运行结果

（3）数据统计。通过对用户浏览主题数据表进行数据分组聚合，以用户所在区域、浏览产品页、浏览产品项等数据维度列为核心分组维度，并进行浏览次数的页面统计计算，即量度值计算，SQL 语句如下所示：

视频

Spark任务提交实践

① 浏览主题数据处理：

```
insert overwrite table ads_bc.userlog_view_pv partition(dt)
select
    user_region,
    target_source,
    target_page,
    count(1) as page_count
from dwd_bc.userlog_view
where
```

```
    dt = '${p_dt}'
group by
    target_source,
    user_region,
    target_page
```

② 浏览数据聚合计算任务脚本：

```
#!/bin/bash
#params
partitions=2
#day=`date -d "-1 day" +"%Y%m%d"`
day=2024-01-13

#spark sql job
${SPARK_HOME}/bin/spark-sql \
--master yarn  \
--deploy-mode client \
--name ads_ulog_view_sql_job \
--S \
--hiveconf p_dt=$day \
--conf spark.sql.shuffle.partitions=$partitions \
--conf spark.hadoop.hive.exec.dynamic.partition=true \
--conf spark.hadoop.hive.exec.dynamic.partition.mode=nonstrict \
--conf spark.hadoop.hive.exec.max.dynamic.partitions=100000 \
--conf spark.hadoop.hive.exec.max.dynamic.partitions.pernode=1000 \
--num-executors 2 \
--executor-memory 1g \
--executor-cores 1 \
--total-executor-cores 2 \
-f sparksql-userview-ads.sql
```

计算任务运行结果如图7-15所示。

```
hive (dwd_bc)> select * from ads_bc.userlog_view_pv where dt = '2024-01-13';
OK
userlog_view_pv.user_region     userlog_view_pv.target_source   userlog_view_pv.target_page     userlog_view_pv.page
_count  userlog_view_pv.dt
341024  05      064     1       2024-01-13
340421  01      081001  1       2024-01-13
420982  03      056     1       2024-01-13
321323  04      098     1       2024-01-13
340121  03      084     1       2024-01-13
321302  01      016007  1       2024-01-13
340523  05      062     1       2024-01-13
341523  02      063008  1       2024-01-13
411524  04      081001  1       2024-01-13
320830  01      076007  1       2024-01-13
341881  01      008     1       2024-01-13
330112  02      014004  1       2024-01-13
411523  05      011     1       2024-01-13
341823  04      096     1       2024-01-13
411724  01      015004  1       2024-01-13
420116  02      007     1       2024-01-13
330481  03      024     1       2024-01-13
320116  04      063010  1       2024-01-13
341822  02      094     1       2024-01-13
321202  01      037008  1       2024-01-13
Time taken: 0.19 seconds, Fetched: 20 row(s)
```

图7-15　用户启动数据的聚合统计

小　　结

本章主要介绍开源大数据计算引擎Spark的技术原理和应用方法，具体包括MR与DAG计算模型、Spark计算引擎环境部署、Spark计算任务提交、SparkSQL进行数据处理等技术理论知识。在理论内容介绍的同时列举一个实践项目详细讲述应用SparkSQL进行数据计算作业的全流程应用，将理论与实践相结合，使读者能够从应用示例中获取数据计算的实践经验。

思考与练习

一、问答题

1. 简述DAG计算模型。

2. 简述Spark On Yarn模式的作业提交过程。

二、实践题

基于互联网企业的用户行为日志，对其中的"关注行为"进行主题层数据表结构构建并按照数据仓库分层设计进行数据的明细清洗、数据分组聚合等数据计算任务。请设计用户产品关注行为的主题表、集市表等的表结构、数据存储格式定义，并完成对应的数据清洗和数据聚合Spark SQL语句，最后使用脚本方式进行语句执行。

具体要求如下：

1. 定义主题层和集市层的数据表(用户行为日志的产品关注行为)。

2. 基于数据仓库分层设计对主题层、集市层的数据表，编写数据处理语句和任务处理脚本。

3. 在运行环境下执行脚本任务，并查看任务计算结果和表分区信息是否正确。

第8章 任务调度

大数据任务调度是管理大量数据处理任务的关键技术，确保高效、可靠执行。面对数据激增，该系统优化资源分配，减少执行时间，保障任务准时完成。它助力组织灵活应对数据处理需求，提升资源利用率。随着技术发展，任务调度系统正迈向智能化、自动化，以应对更复杂的数据处理场景。

本章通过解析任务调度的核心价值与DolphinScheduler开源任务调度框架，结合用户行为数据分析的教学案例项目，展示了其在大数据平台中的关键角色。电商业务背景下，面对海量数据处理的挑战，DolphinScheduler作为自动化调度核心，助力企业精准选型、架构优化，高效应对复杂数据处理需求，特别是在电商用户行为日志的多维分析中，其部署、配置、执行技术的实践应用，为行业提供了可借鉴的技术解决方案。

本章知识导图

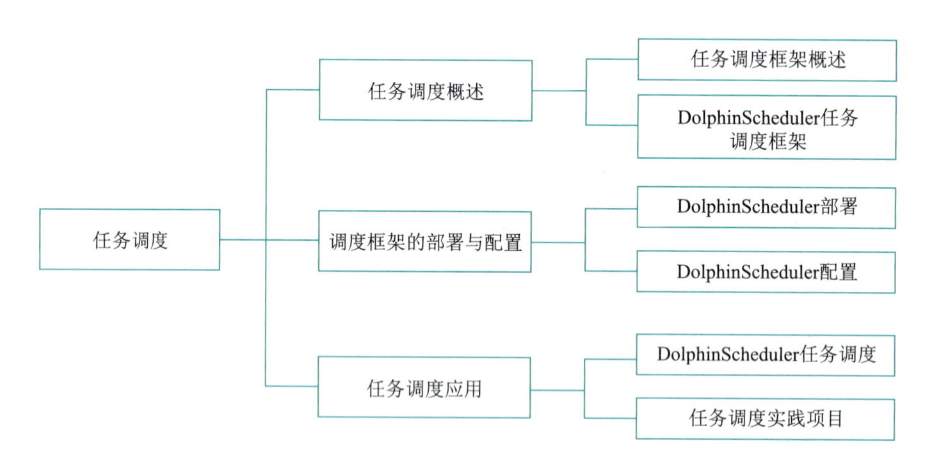

学习目标

◎ **了解**：任务调度框架的技术应用场景。

◎ **理解**：任务调度与数据指标计算的关系，任务调度框架应用的全流程处理和使用方式。

◎ **掌握**：掌握任务调度框架DolphinScheduler的部署方式、配置参数及任务调度实现过程，并能够根据应用场景灵活运用。

◎应用分析：通过学习本章的教学案例及项目实践，能够应用任务调度框架DolphinScheduler实现任务调度构建功能，能够结合数据仓库的计算需求进行整合操作，并能够从案例及项目中获取任务调度技术的实践经验。

8.1　任务调度概述

8.1.1　任务调度框架概述

1. 任务调度系统的作用和意义

视 频

任务调度概述

在软件系统中，很多业务场景需要我们在某一特定的时刻去做某件任务，定时任务解决的就是这种业务场景，如后台应用服务层面的每天凌晨支付系统处理清算、12306系统的回收未支付订单、电商发货后对客户的短信提醒，以及大数据层面的每天凌晨进行数据清理、数据同步、数据指标计算、统计报表生成等。

2. 开源任务调度框架介绍

大数据调度系统是整个离线批处理任务的关键技术，核心功能关注于类型支持、可视化流程定义、任务监控、任务暂停、恢复等技术细节，下列是目前的主流调度系统或调度框架。

（1）Quartz。Java方面的定时任务标准，功能关注于定时任务而非数据，并且没有定制化的处理流程，主要应用在微服务后台，可以和Spring框架集成使用，简单易用，可以通过在配置文件中声明需要进行调度的任务及触发的时间，但应用难点就在于“cronExpression”书写，需要了解表达式的语法结构，另外，缺少分布式并行调度的功能。

（2）Azkaban。Linkedin公司开源的分布式批量工作流任务调度器，通过配置文件声明任务流程及任务类型，可以调度执行Shell、Java、Hadoop、Hive等任务，但执行器部分不支持HA功能，存在单点故障问题。

（3）Airflow。Airflow是一个使用Python语言编写的data pipeline调度和监控工作流的平台。Airflow是通过DAG（directed acyclic graph，有向无环图）来管理任务流程的任务调度工具，不需要知道业务数据的具体内容，设置任务的依赖关系即可实现任务调度。拥有和Hive、Presto、MySQL、HDFS、Postgres 等数据源之间交互的能力，并且提供了钩子（hook），使其拥有很好地扩展性。除了一个命令行界面，该工具还提供了一个基于Web的用户界面，可以可视化管道的依赖关系、监控进度、触发任务等。

（4）DolphinScheduler。一个分布式易扩展的可视化DAG工作流任务调度系统。致力于解决数据处理流程中错综复杂的依赖关系，使调度系统在数据处理流程中开箱即用。

8.1.2　DolphinScheduler 任务调度框架

1. DolphinScheduler 框架简介

Apache DolphinScheduler是一个分布式易扩展的可视化DAG工作流任务调度开源系统。适用于企业级场景，提供了一个可视化操作任务、工作流和全生命周期数据处理过程的解决方案。

DolphinScheduler旨在解决复杂的大数据任务依赖关系，并为应用程序提供数据和各种 OPS 编排中的关系。解决数据研发ETL依赖错综复杂，无法监控任务健康状态的问题。DolphinScheduler以DAG流式方式组装任务，可以及时监控任务的执行状态，支持重试、指定节点恢复失败、暂停、恢复、终止任务等操作。

2. DolphinScheduler 框架功能特性

1）简单易用

（1）可视DAG：用户友好，通过拖动定义工作流，运行时控制工具。

（2）模块化操作：模块化有助于轻松定制和维护。

2）丰富的使用场景

（1）支持多种任务类型：支持Shell、MR、Spark、SQL等10余种任务类型，支持跨语言，易于扩展。

（2）丰富的工作流操作：工作流程可以定时、暂停、恢复和停止，便于维护和控制全局和本地参数。

3）可靠性与扩展性

（1）高可靠性：去中心化设计，确保稳定性。原生HA任务队列支持，提供过载容错能力，支持工作流定时调度、依赖调度、手动调度、手动暂停/停止/恢复，同时支持失败重试/告警、从指定节点恢复失败、Kill任务等操作，DolphinScheduler能提供高度稳健的环境。

（2）高扩展性：支持多租户和在线资源管理。支持每天10万个数据任务的稳定运行。

3. DolphinScheduler 框架架构

DolphinScheduler是一个开源的分布式大数据流程调度系统，旨在解决复杂的数据依赖处理流程中的调度问题。DolphinScheduler提供了丰富的功能，包括跨数据中心的工作流任务调度、资源管理、任务依赖管理、任务优先级控制、失败任务重试/警报、Kerberos权限验证等。DolphinScheduler通过提供简单易用的调度流程设计界面，以及支持丰富任务类型的能力，极大地提高了工作流任务调度的效率和可靠性，广泛应用于数据仓库的构建、数据预处理、数据分析等场景，具体情况如图8-1所示。

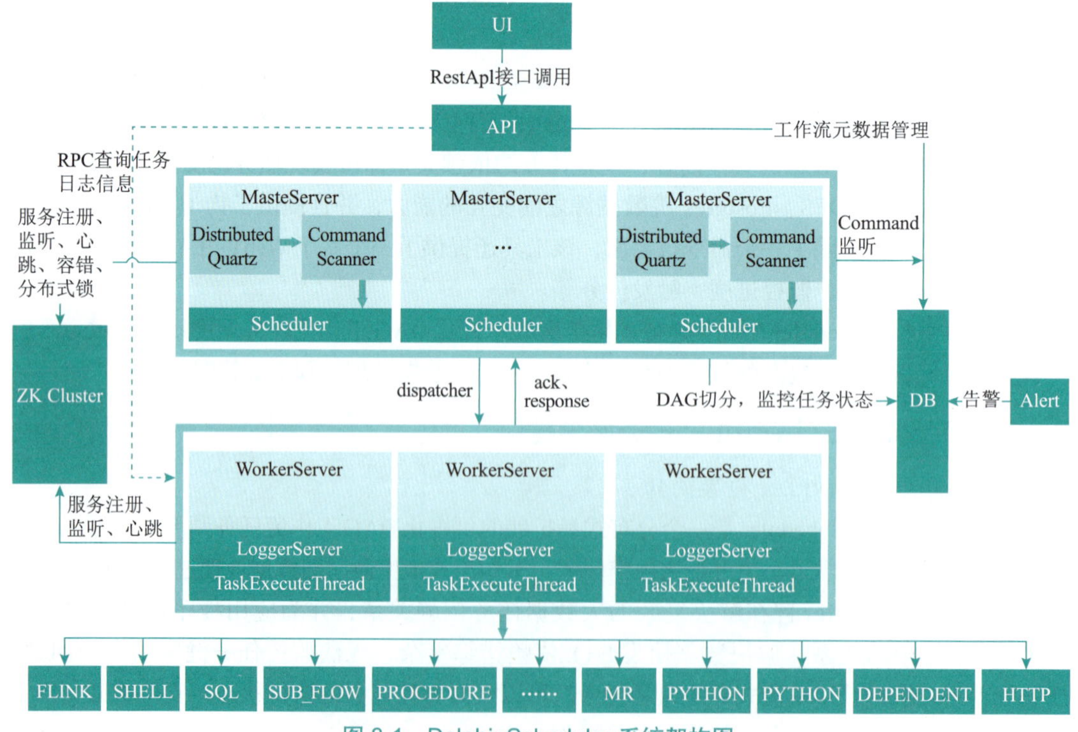

图8-1 DolphinScheduler 系统架构图

1）系统分层架构

DolphinScheduler采用分层架构设计思想，主要分为表现层、服务层、核心调度层和资源管理层。

（1）表现层：主要是用户界面层，支持Web UI访问，供用户设计工作流、监控任务执行情况等。

（2）服务层：提供API接口服务，如工作流定义、任务调度、用户管理等，同时也包括系统监控和告警服务。

（3）核心调度层：DolphinScheduler的心脏，负责任务的调度逻辑、依赖处理、状态监控等核心功能。

（4）资源管理层：负责维护作业运行所需的资源，如计算资源、存储资源等。

2）系统架构核心组件

（1）Master Server。Master Server采用分布式无中心设计理念，Master Server主要负责DAG任务切分、任务提交监控，并同时监听其他Master Server和Worker Server的健康状态。Master Server服务启动时向Zookeeper注册临时节点，通过监听Zookeeper临时节点变化来进行容错处理。

（2）Worker Server。Worker Server也采用分布式无中心设计理念，Worker Server主要负责任务的执行和提供日志服务。Worker Server服务启动时向Zookeeper注册临时节点，并维持心跳。

（3）Alert Server。提供告警服务，通过告警插件的方式实现丰富的告警手段。

（4）Api Server。API接口层，主要负责处理前端UI层的请求。该服务统一提供RESTful API，向外部提供请求服务。

（5）UI。系统的前端页面，提供系统的各种可视化操作界面。

8.2　调度框架的部署与配置

视 频

调度框架的部署

8.2.1　DolphinScheduler 部署

1. 软件安装

首先将下载的DolphinScheduler软件存储到用户指定目录下（如/opt/framework/），然后进行软件解压处理，具体命令如下所示：

```
## 进入安装目录并进行软件解压
cd /opt/framework
tar -xvzf apache-dolphinscheduler-3.1.4-bin.tar.gz
## 目录重命名
mv apache-dolphinscheduler-3.1.4-bin dolphinscheduler-3.1.4
```

2. 系统环境变量

安装完成DolphinScheduler框架之后，需要设置DolphinScheduler相关的全局系统环境变量，具体参数如下所示：

```
## 设置环境变量（/etc/profile）
export DOLPHINSCHEDULER_HOME=/opt/framework/dolphinscheduler-1.3.6
```

```
export PATH=$PATH:$JAVA_HOME/bin:$DOLPHINSCHEDULER_HOME/bin:
## 系统环境变量生效
source /etc/profile
```

3. 创建用户

由于运行DolphinScheduler框架提供的服务需要由非root用户来完成，所以需要创建dolphinScheduler用户，具体执行命令如下所示：

```
## 增加用户
useradd dolphinscheduler;
## 修改用户密码
echo "dolphinscheduler2020" | passwd --stdin dolphinscheduler
## 修改安装目录所有者
chown -R dolphinscheduler:dolphinscheduler ${DOLPHINSCHEDULER_HOME}
```

4. 数据库管理

（1）增加依赖包：

将MySQL数据库的JDBC依赖包复制到DolphinScheduler框架的相应位置，具体信息如下所示：

- 依赖包：mysql-connector-java-5.1.32-bin.jar。
- 位置：/opt/framework/dolphinscheduler-3.1.4/standalone-server/libs/standalone-server。

（2）创建数据库。通过如下语句创建DolphinScheduler需要的数据库：

```
    CREATE DATABASE dolphinscheduler DEFAULT CHARACTER SET utf8 DEFAULT
COLLATE utf8_general_ci;
```

（3）数据库初始化。依据DolphinScheduler框架内置的数据库脚本，进行数据库初始化处理：

```
# 数据库初始化
sh /opt/framework/dolphinscheduler-3.1.4/tools/bin/upgrade-schema.sh
```

5. 服务启动与登录

（1）服务启动。基于DolphinScheduler框架的内置服务脚本进行服务启动并且需要切换到非root用户下（如之前创建的dolphinscheduler），具体服务启动操作如下所示：

```
    # 服务启动
    su dolphinscheduler
    /opt/framework/dolphinscheduler-3.1.4/bin/dolphinscheduler-daemon.sh
start standalone-server
```

服务启动效果如图8-2所示。

```
[root@node dolphinscheduler-3.1.4]# bin/dolphinscheduler-daemon.sh start standalone-server
Begin start standalone-server......
starting standalone-server, logging to /opt/framework/dolphinscheduler-3.1.4/standalone-server/l
ogs
Overwrite standalone-server/conf/dolphinscheduler_env.sh using bin/env/dolphinscheduler_env.sh.
End start standalone-server.
[root@node dolphinscheduler-3.1.4]#
[root@node dolphinscheduler-3.1.4]#
[root@node dolphinscheduler-3.1.4]#
[root@node dolphinscheduler-3.1.4]# jps
1969 SecondaryNameNode
2291 NodeManager
3459 Jps
2693 RunJar
3431 StandaloneServer
1722 NameNode
2762 RunJar
1819 DataNode
2189 ResourceManager
[root@node dolphinscheduler-3.1.4]#
```

图 8-2　DolphinScheduler 服务启动

（2）系统登录。通过DolphinScheduler框架内置Web管理系统进行调度操作，登录页面为服务器地址（地址：http:// 服务器地址 :12345/dolphinscheduler/ui），默认端口（端口：12345），默认用户名及密码为admin/dolphinscheduler123，具体系统登录界面如图8-3所示。

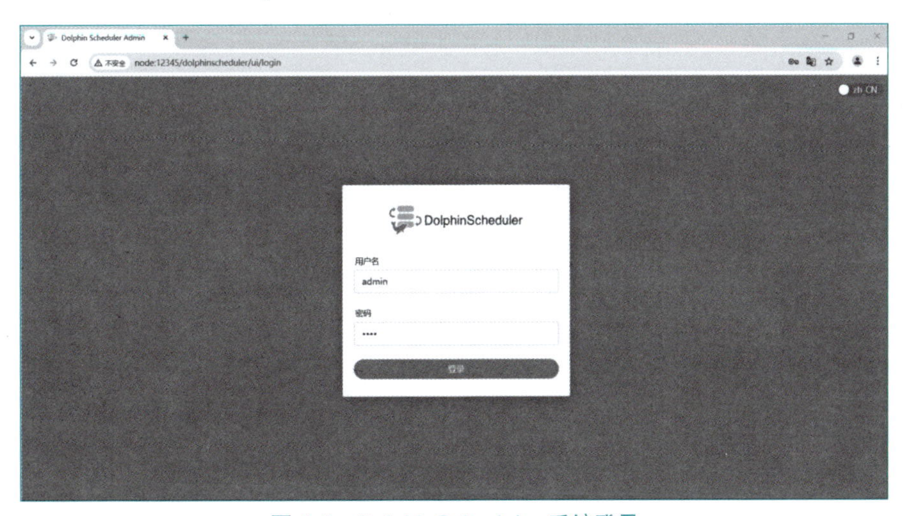

图 8-3　DolphinScheduler 系统登录

8.2.2 DolphinScheduler 配置

1. 系统基础配置

需要根据部署情况对DolphinScheduler框架的运行参数进行设置，具体配置文件位于DolphinScheduler安装目录下的bin子目录中（/opt/framework/dolphinscheduler-3.1.4/bin/env），主要修改文件为环境配置脚本（dolphinscheduler_env.sh）和节点配置信息脚本（install_env.sh），由于集群部署模式占用服务器资源较大，本示例采用单机（standalone）部署方式，主要修改配置信息如下所示：

环境配置文件（dolphinscheduler_env.sh）：

```
# JAVA_HOME
export JAVA_HOME=${JAVA_HOME:-/opt/framework/jdk1.8.0_301}
# 数据库参数
```

```
    export DATABASE=${DATABASE:-mysql}
    export SPRING_PROFILES_ACTIVE=${DATABASE}
    export SPRING_DATASOURCE_URL="jdbc:mysql://localhost:3306/dolphinschedule
r?useUnicode=true&characterEncoding=UTF8&useSSL=false"
    export SPRING_DATASOURCE_USERNAME="root"
    export SPRING_DATASOURCE_PASSWORD="hk2024bc"
    # 注册中心
    export REGISTRY_TYPE=${REGISTRY_TYPE:-zookeeper}
    export REGISTRY_ZOOKEEPER_CONNECT_STRING=${REGISTRY_ZOOKEEPER_CONNECT_
STRING:-localhost:2181}
    # Tasks related configurations, need to change the configuration if you
use the related tasks.
    export HADOOP_HOME=${HADOOP_HOME:-/opt/framework/hadoop-2.10.2}
    export HADOOP_CONF_DIR=${HADOOP_CONF_DIR:-/opt/framework/hadoop-2.10.2/
etc/hadoop}
    export SPARK_HOME=${SPARK_HOME:-/opt/framework/spark-3.1.2}
    export HIVE_HOME=${HIVE_HOME:-/opt/framework/hive-2.3.9}
    export SEATUNNEL_HOME=${SEATUNNEL_HOME:-/opt/framework/seatunnel-2.3.2}
    #......
```

节点配置信息（install_env.sh）：

```
    # 节点信息
    ips="localhost"
    # SSH 协议端口
    sshPort="22"

    # 管理服务节点列表
    masters="localhost"
    # 工作服务节点列表
    workers="localhost:default"
    # 报警服务节点
    alertServer="localhost"
    # API server 服务节点列表
    apiServers="localhost"

    # 安装目录
    installPath="/opt/framework/dolphinscheduler-3.1.4"
    # 部署用户
    deployUser="dolphinscheduler"
    # 注册服务信息
    zkRoot="localhost:2181"
```

2. 系统运行参数

根据单机（standalone）部署方式，对DolphinScheduler框架的运行参数进行设置，具体配置文件位于DolphinScheduler安装目录下的standalone-server子目录中（/opt/framework/dolphinscheduler-3.1.4/standalone-server/conf/），主要修改文件为运行参数配置文件（application.yaml），主要修改配置信息如下所示：

```
  spring:
    jackson:
      time-zone: UTC
      date-format: "yyyy-MM-dd HH:mm:ss"
    banner:
      charset: UTF-8
    cache:
      # default enable cache, you can disable by 'type: none'
      type: none
      cache-names:
        - tenant
        - user
        - processDefinition
        - processTaskRelation
        - taskDefinition
      caffeine:
        spec: maximumSize=100,expireAfterWrite=300s,recordStats
    sql:
      init:
        schema-locations: classpath:sql/dolphinscheduler_mysql.sql
    datasource:
      driver-class-name: com.mysql.cj.jdbc.Driver
      url: jdbc:mysql://localhost:3306/dolphinscheduler?useUnicode=true&ch
aracterEncoding=UTF-8
      username: root
      password: hk2024bc
    quartz:
      job-store-type: jdbc
      jdbc:
        initialize-schema: never
      properties:
        org.quartz.threadPool:threadPriority: 5
        org.quartz.jobStore.isClustered: true
        org.quartz.jobStore.class: org.springframework.scheduling.quartz.
LocalDataSourceJobStore
        org.quartz.scheduler.instanceId: AUTO
        org.quartz.jobStore.tablePrefix: QRTZ_
        org.quartz.jobStore.acquireTriggersWithinLock: true
        org.quartz.scheduler.instanceName: DolphinScheduler
        org.quartz.threadPool.class: org.quartz.simpl.SimpleThreadPool
        org.quartz.jobStore.useProperties: false
        org.quartz.threadPool.makeThreadsDaemons: true
        org.quartz.threadPool.threadCount: 25
        org.quartz.jobStore.misfireThreshold: 60000
        org.quartz.scheduler.makeSchedulerThreadDaemon: true
        org.quartz.jobStore.driverDelegateClass: org.quartz.impl.jdbcjobstore.
StdJDBCDelegate
        org.quartz.jobStore.clusterCheckinInterval: 5000
    servlet:
      multipart:
        max-file-size: 1024MB
```

```
      max-request-size: 1024MB
    messages:
      basename: i18n/messages
    jpa:
      hibernate:
        ddl-auto: none
    mvc:
      pathmatch:
        matching-strategy: ANT_PATH_MATCHER

  registry:
    type: zookeeper
    zookeeper:
      namespace: dolphinscheduler
      connect-string: localhost:2181
      retry-policy:
        base-sleep-time: 60ms
        max-sleep: 300ms
        max-retries: 5
      session-timeout: 30s
      connection-timeout: 9s
      block-until-connected: 600ms
  digest: ~
  #......
  spring:
    config:
      activate:
        on-profile: mysql
    sql:
       init:
         schema-locations: classpath:sql/dolphinscheduler_mysql.sql
    datasource:
      driver-class-name: com.mysql.cj.jdbc.Driver
      url: jdbc:mysql://localhost:3306/dolphinscheduler?useUnicode=true&ch
aracterEncoding=UTF-8
      username: root
      password: hk2024bc
  #......
```

修改DolphinScheduler软件在standalone运行模式下的通用配置参数，具体是指DolphinScheduler安装目录下的standalone-server和api-server子目录下conf/common.properties属性配置文件，主要修改资源存储目录具体内容如下所示：

```
## 数据存储目录
data.basedir.path=/opt/framework/dolphinscheduler-3.1.4/data
# resource storage type: HDFS, S3, OSS, NONE
resource.storage.type=HDFS
resource.storage.upload.base.path=/opt/framework/dolphinscheduler-3.1.4/data
resource.hdfs.root.user=hdfs
resource.hdfs.fs.defaultFS=file:///
```

8.3　任务调度应用

8.3.1　DolphinScheduler 的任务调度

DolphinScheduler通过提供一套完整的任务调度、执行、监控及报警机制，大大简化了复杂的数据处理操作，提高了自动化水平和工作效率。它的图形化设计、丰富的任务类型支持、灵活的调度策略以及高可用性设计，使其成为处理大数据任务调度的优秀选择。

视 频

Dolphin-Scheduler的任务调度

项目首页可以查看用户所有项目的任务状态统计、流状态统计和项目统计，这是观察整个系统状态以及深入各个进程以检查任务和任务日志的每个状态的最佳方式。其中，任务状态统计和流状态统计是项目管理中的一个核心功能，旨在为用户提供关于任务执行情况的详细数据，项目首页具体内容如图8-4所示。

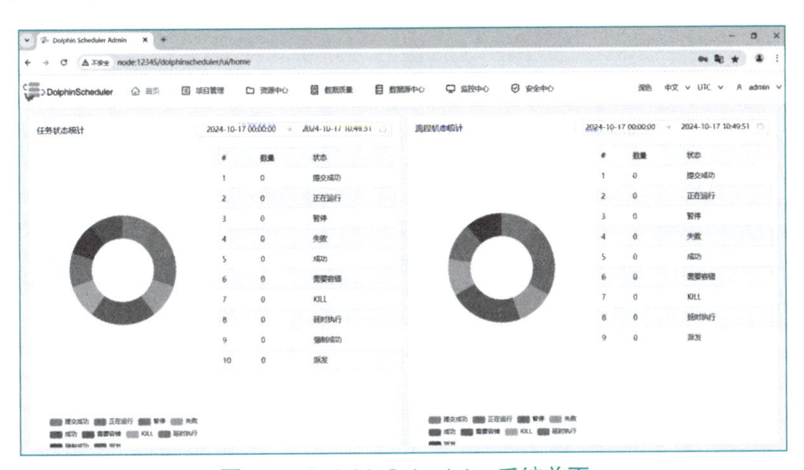

图 8-4　DolphinScheduler 系统首页

1. 安全中心

安全中心只有管理员账户才有权限操作，分别有租户管理、用户管理、告警组管理、Worker分组管理、Yarn队列管理等功能，在用户管理模块可以对资源、数据源、项目等授权，安全中心页面具体内容如图8-5所示。

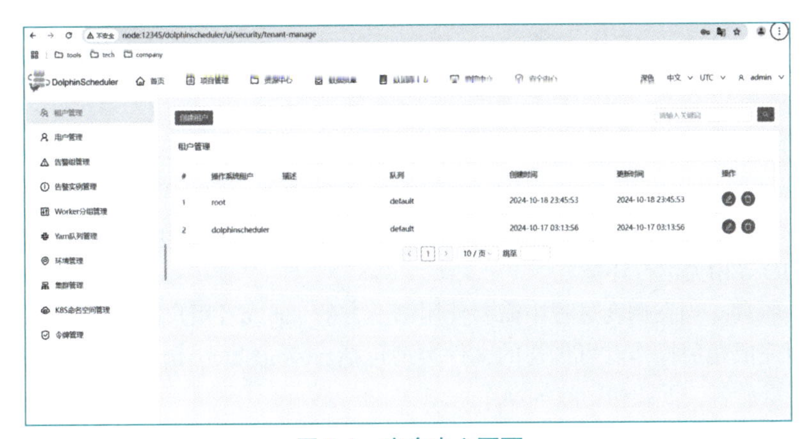

图 8-5　安全中心页面

（1）租户管理。租户对应的是Linux系统用户，用于提交作业所使用的用户。如果Linux没有这个用户则会导致任务运行失败，管理员进入“安全中心”→“租户管理”页面，单击“创建租户”按钮，创建租户，如图8-6所示。

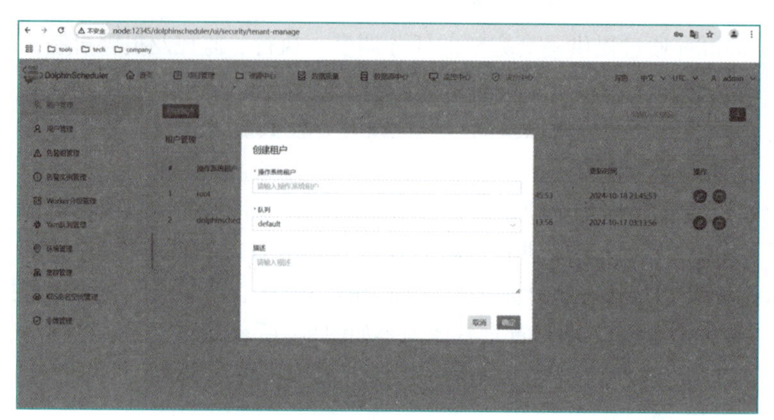

图 8-6　租户创建

（2）用户管理。用户为DolphinScheduler管理系统中用于管理、操作的业务用户。用户分为管理员用户和普通用户，管理员有授权和用户管理等权限，没有创建项目和工作流定义的操作权限。普通用户可以创建项目和对工作流定义的创建、编辑、执行等操作。注意：如果该用户切换了租户，则该用户所在租户下所有资源将复制到切换的新租户下。可以进入“安全中心”→“用户管理”页面，单击“创建用户”按钮创建用户，如图8-7所示。

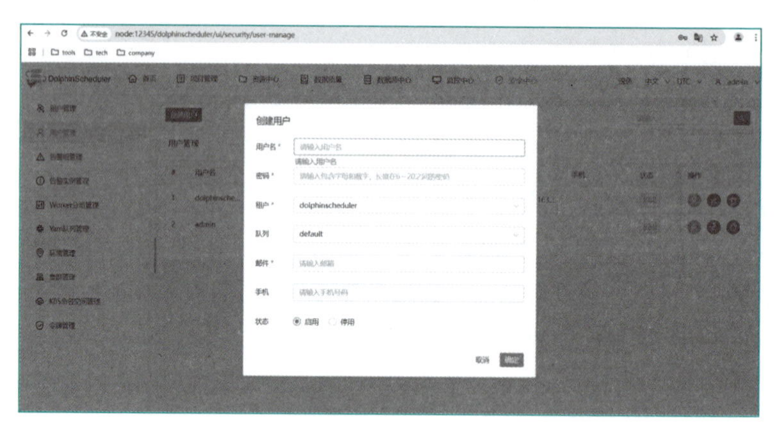

图 8-7　用户创建

2. 资源中心

资源中心通常用于上传文件、UDF函数和任务组管理。对于单机环境，可以选择本地文件目录作为上传文件夹。当然，也可以选择上传到Hadoop、MinIO等集群上，但需要有Hadoop、MinIO等相关运行环境。

（1）文件管理。当在调度过程中需要使用第三方的jar或者用户需要自定义脚本时，可以通过在该页面完成相关操作。可创建的文件类型包括txt/log/sh/conf/py/java等，并且可以对文件进行编辑、重命名、下载和删除等操作。

上传文件：单击“上传文件”按钮进行上传，将文件拖动到上传区域，文件名会自动以上传的文件名称补全，具体操作如图8-8所示，上传成功后在资源管理界面将显示系统已拥有的各种资源文件或文件夹，如图 8-9 所示。

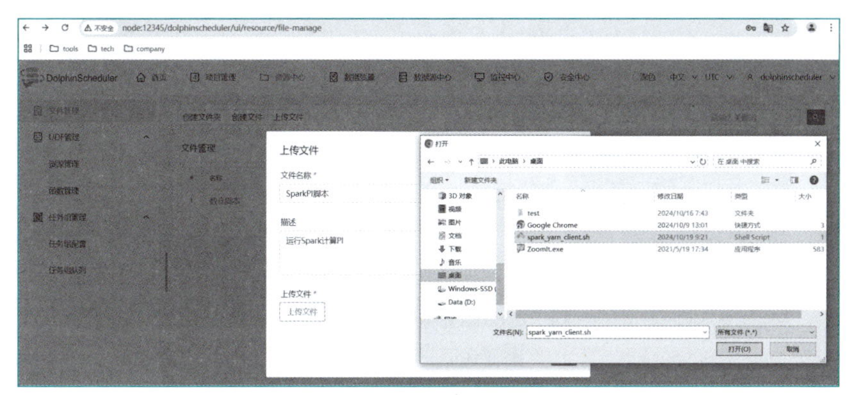

图 8-8　资源文件上传

图 8-9　资源文件列表

（2）UDF 管理。资源管理和文件管理功能类似，不同之处是资源管理是上传 UDF 函数，文件管理上传的是用户程序、脚本及配置文件，主要包括重命名、下载、删除等操作。上传 UDF 资源和上传文件相同。UDF 管理界面如图 8-10 所示。

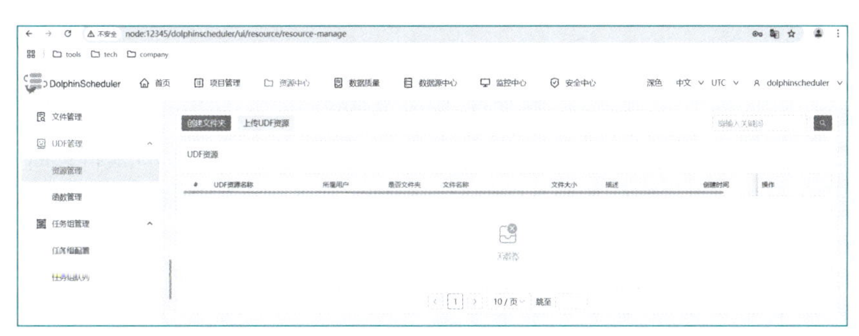

图 8-10　UDF 管理

3. 项目管理

DolphinScheduler 的项目管理模块是专门用于管理、监控和优化任务调度工作流的系统组件。核心组件的调度任务是通过定义的项目、工作流具体体现，项目管理模块中具体包括了项目列表、创建项目、工作流定义、工作流实例、任务定义等功能，旨在帮助企业高效管理和调度复杂的工作流调度任务。

（1）项目创建。在项目管理模块中，分别展示了项目的创建及列表功能，其中，项目列表展示了已经创建的项目情况，创建项目通过定义项目名称、项目描述来完成，如图 8-11 所示。

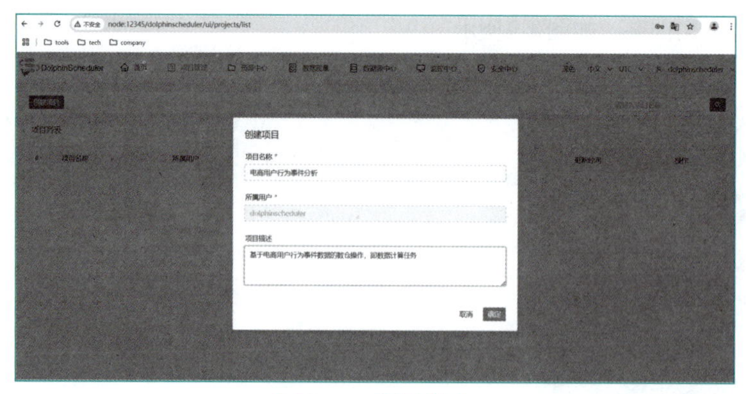

图 8-11　项目创建

（2）工作流管理。工作流是由任务以有向无环图（DAG）形式构成的一组任务集合。它定义了任务之间的依赖关系和执行顺序。工作流用于组织和管理多个任务，确保它们按照预定的顺序和规则执行。通过工作流，可以实现对复杂业务流程的自动化和监控。

单击项目名称可进入工作流管理界面，分别展示了工作流定义、工作流实例和工作流关系等功能，如图8-12所示。

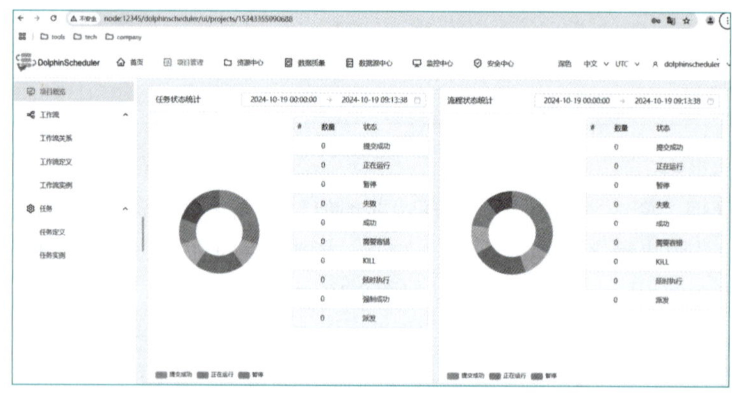

图 8-12　工作流管理

进入工作流定义页面，单击“创建工作流”按钮，进入工作流DAG编辑页面，在工作流定义的过程中需要指定工作流任务的具体情况，包括了任务类型的选择及任务执行所必需的各种资源文件（如程序、脚本、配置文件等），如图8-13所示。

图 8-13　工作流定义

（3）任务管理。任务是调度执行的最小单元，是工作流中的基本构成元素。每个任务都对应一个具体的执行操作，如Shell脚本、Spark作业、Flink作业等。任务是工作流中的执行单元，负责执行具体的业务操作。通过任务的组合和编排，可以构建出复杂的工作流，实现自动化数据处理和业务流程。

在项目管理模块中，可以进行批量任务和实时任务，如图8-14所示。

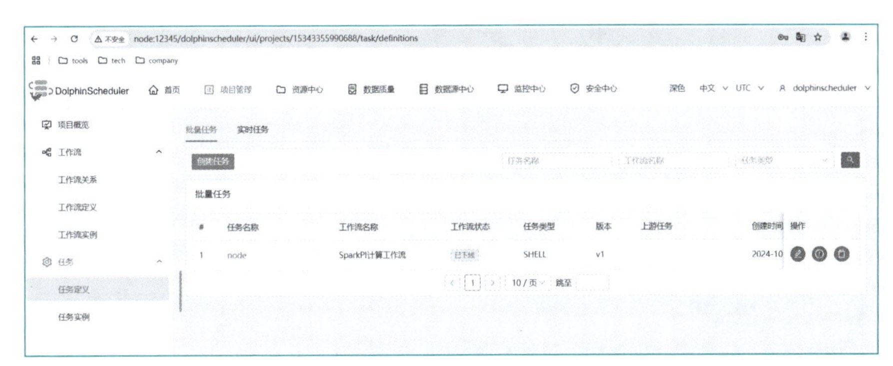

图8-14　任务定义

通过界面操作指定任务的具体执行方式和执行内容，如图8-15所示。

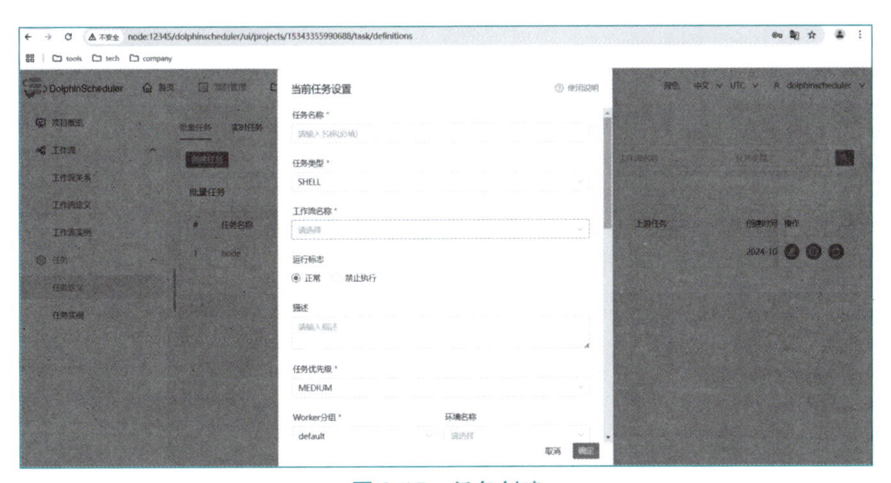

图8-15　任务创建

4. 其他模块

DolphinScheduler的Web管理系统还拥有监控中心、数据源中心和数据质量中心等模块功能。

（1）监控中心。监控中心是DolphinScheduler Web管理系统中的一个重要功能模块，它主要用于对系统中的各个服务的健康状况和基本信息进行监控和显示。通过监控中心，用户可以直观地了解系统的运行状态，及时发现并处理潜在的问题，如图8-16所示。

（2）数据源中心。数据源中心是DolphinScheduler Web管理系统中用于管理数据源的模块。在DolphinScheduler中，数据源是执行数据任务时必不可少的一部分，它决定了数据从哪里来、到哪里去。数据源中心支持多种类型的数据源，如MySQL、PostgreSQL、Oracle、Hive等，用户可以根据自己的需求选择相应的数据源类型，并配置相应的连接信息。通过数据源中心，用户可以方便地管理自己的数据源，包括添加、删除、修改等操作，如图8-17所示。

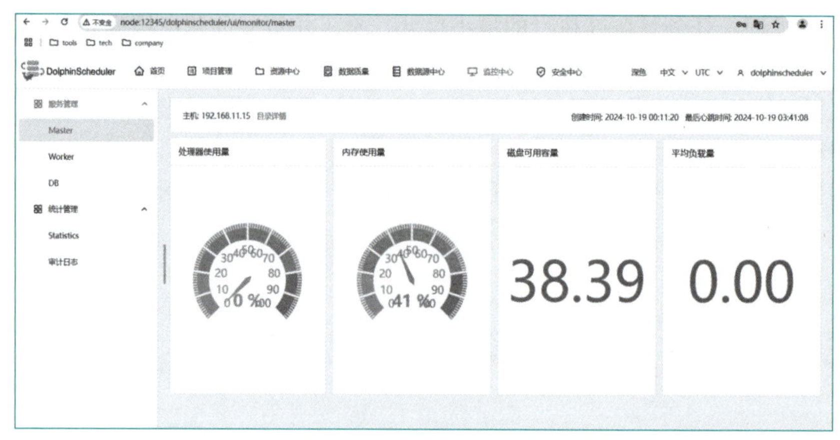

图 8-16　监控中心

图 8-17　数据源中心

（3）数据质量中心。数据质量中心是DolphinScheduler Web管理系统中用于管理数据质量的模块。在数据分析和处理过程中，数据质量是至关重要的。数据质量中心提供了一系列工具和方法来帮助用户监控和提升数据质量，如图8-18所示。

图 8-18　数据质量中心

8.3.2　任务调度项目实践

视频

任务调度项目实践

1. 项目背景

根据第六章数据仓库工具Hive内容，基于用户行为日志数据及数据仓库设计需求，采用DolphinScheduler框架实现离线场景的大数据任务调度工作。通过使用任务调度框架，可以高效处理企业数据平台内部每天大量的计算任务并以可视化的方式对计算任务的执行效率、执行结果进行监控和管理。

2. 实训目标与实训内容

（1）实训目标。学生通过设计调度任务的工作流程并对相关资源参数进行调整、优化，从而加深对任务调度理论知识的理解、任务调度工作流定义的熟悉，并提高技术架构的设计能力，熟练掌握任务调度技术中的部署、配置和应用过程，可以根据应用场景和应用需求的不同，组合实现匹配的工作流定义并予以应用，对其中的重要资源属性参数进行调优处理。

（2）实训内容。

① 设计并实现工作流定义，明确调度任务的种类、使用资源情况，依据数据级量选择匹配的计算、存储等资源。通过上述情况基于DolphinScheduler的Web管理系统进行工作流定义。

② 进行任务调度，根据需求设置计算任务的调度频率和调度方式，通过DolphinScheduler的Web管理系统执行任务调度并查看任务调度结果及日志信息。

3. 实训步骤

（1）基础准备。通过DolphinScheduler的Web管理系统，使用管理员admin身份进行登录，创建租户和操作用户，并设置相关的配置信息，在租户管理界面和用户管理界面可以分别看到对应的用户列表信息，租户管理界面如图8-19所示，用户管理界面如图8-20所示。

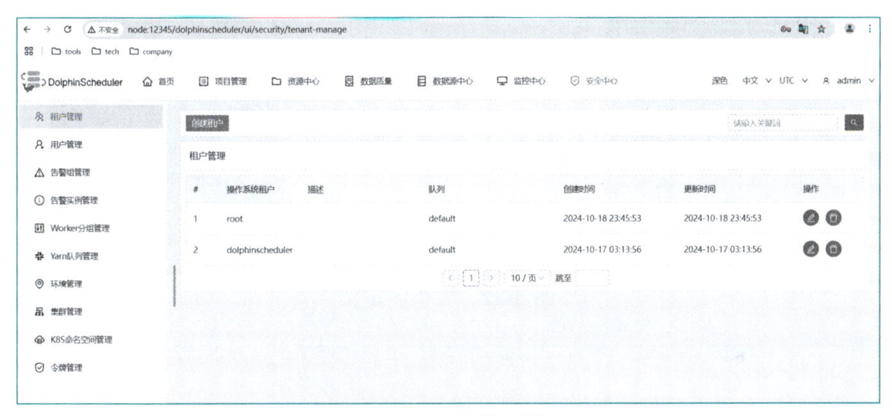

图 8-19　租户管理界面

图 8-20　用户管理界面

（2）项目构建。使用之前创建的dolphinScheduler用户登录，单击项目进入子模块界面，创建名为“SparkPI计算”的项目，项目构建操作如图8-21所示。

（3）工作流及任务的构建与执行。点击项目进入子模块界面，进行工作流的定义操作，如图8-22所示。

完成工作流的定义之后，可以对工作流进行上线、定时、启动等相关设置，如图 8-23 所示，对工作流执行启动操作后可以在工作流实例中看到实例列表，如图 8-24 所示。

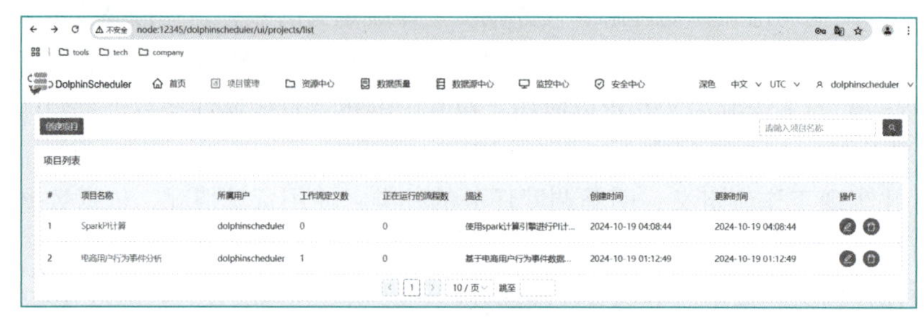

图 8-21　项目构建

图 8-22　工作流定义

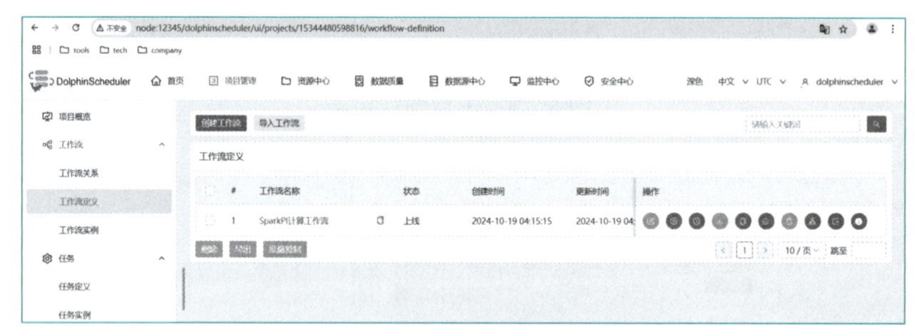

图 8-23　工作流操作列表

图 8-24　工作流运行实例

工作流操作功能列表：

- 编辑：只能编辑“下线”的工作流定义。工作流DAG编辑同创建工作流定义。
- 上线：工作流状态为“下线”时，上线工作流，只有“上线”状态的工作流能运行，但不能编辑。
- 下线：工作流状态为“上线”时，下线工作流，下线状态的工作流可以编辑，但不能运行。
- 运行：只有上线的工作流能运行。运行操作步骤见运行工作流。
- 定时：只有上线的工作流能设置定时，系统自动定时调度工作流运行。创建定时后的状态为“下线”，需在定时管理页面上线定时才生效。定时操作步骤见工作流定时。
- 定时管理：定时管理页面可编辑、上线/下线、删除定时。
- 删除：删除工作流定义。在同一个项目中，只能删除自己创建的工作流定义，其他用户的工作流定义不能删除，如果需要删除请联系创建用户或者管理员。
- 下载：下载工作流定义到本地。
- 树状图：以树状结构展示任务节点的类型及任务状态。

工作流运行参数说明：

- 失败策略：当某一个任务节点执行失败时，其他并行的任务节点需要执行的策略。“继续”表示：某一任务失败后，其他任务节点正常执行；“结束”表示：终止所有正在执行的任务，并终止整个流程。
- 通知策略：当流程结束，根据流程状态发送流程执行信息通知邮件，包含“任何状态都不发”“成功发”“失败发”“成功或失败都发”。
- 流程优先级：流程运行的优先级，分五个等级：最高（highest），高（high），中（medium），低（low），最低（lowest）。当master线程数不足时，级别高的流程在执行队列中会优先执行，相同优先级的流程按照先进先出的顺序执行。
- Worker分组：该流程只能在指定的Worker机器组里执行。默认是Default，可以在任一Worker上执行。
- 通知组：选择通知策略，超时报警、发生容错时，会发送流程信息或邮件给通知组里的所有成员。
- 启动参数：在启动新的流程实例时，设置或覆盖全局参数的值。

进入任务实例页面，可以看到已经创建和正在执行的任务实例，如图8-25所示，单击操作列中的“查看日志”按钮，可以查看任务执行的日志情况，具体内容如图8-26所示。

图 8-25　任务实例列表

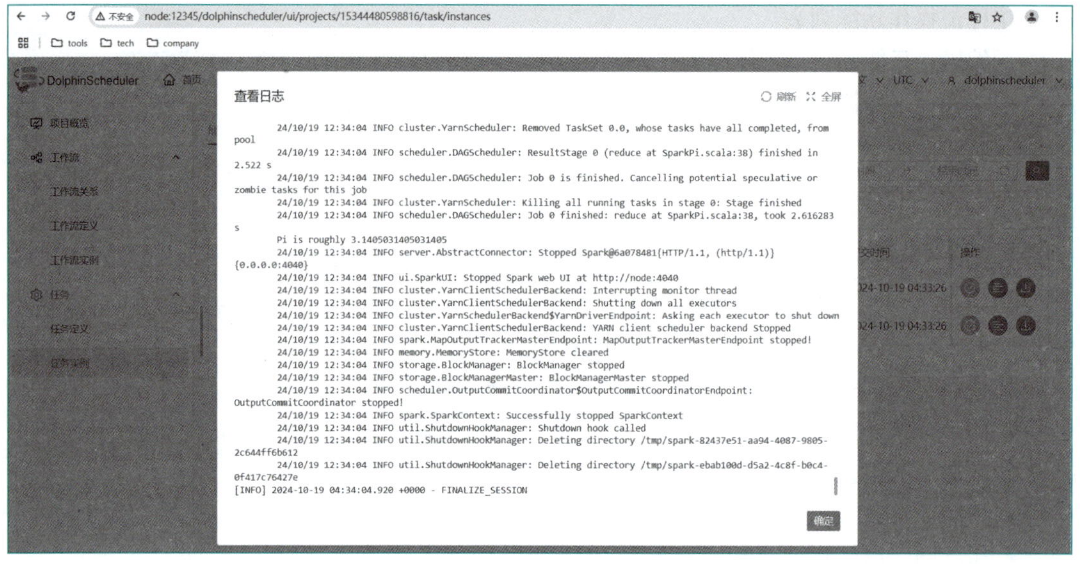

图 8-26　任务实例执行日志

小　　结

本章详细探讨了大数据任务调度的核心价值，并以DolphinScheduler为例深入剖析了其作为分布式可视化DAG工作流调度系统的优势。DolphinScheduler凭借直观的可视化界面、模块化设计、丰富的任务类型及高可靠性、高扩展性特性，在大数据处理中展现出显著优势。通过详尽的部署与配置指南，包括环境变量设置、数据库初始化等，本章帮助读者掌握DolphinScheduler的安装与配置。结合实践案例，展示了任务调度、工作流定义、资源管理及任务执行等全流程操作，让读者在理论学习中获得实战经验，深刻理解DolphinScheduler在大数据任务调度中的核心应用。

思考与练习

一、问答题

1. 简述任务调度的主要应用流程。
2. 简述DolphinScheduler任务调度框架的配置分类。
3. 简述DolphinScheduler任务调度框架工作流定义实践。
4. 简述DolphinScheduler任务调度框架任务执行实践。

二、实践题

根据本书之前章节提到的业务场景及技术实现，基于用户行为日志数据和数据仓库设计需求，设计并采用任务调度框架实现大数据计算任务。具体要求如下：

基于DolphinScheduler任务调度框架，设计并实现原始用户行为日志数据到主题数据的数据ETL处理任务，重点考虑根据需要场景、数据量级、安全和稳定性等方面，选择合适的工作流定义，并可以根据实际情况进行参数调优。

第9章

OLAP（联机分析处理）

数据仓库的OLAP是挖掘数据价值、支持复杂决策分析的核心技术，确保数据查询与分析的高效性、准确性。面对海量数据仓库的查询需求，OLAP技术通过优化数据存储结构、提升查询性能大幅缩短响应时间，使决策者能够迅速获取所需信息。它赋能企业深入分析业务数据，挖掘潜在趋势，提升决策效率与质量。

本章阐述OLAP技术，介绍了一个开源的、分布式的数据仓库OLAP工具——Apache Kylin，结合电信行业数据分析的实践案例项目，展示了OLAP在数据仓库中的多维数据分析的需求。Kylin通过预计算技术显著提升了复杂查询的效率，其部署、优化、查询加速的实践案例为数据分析提供了技术参考与解决方案。

本章知识导图

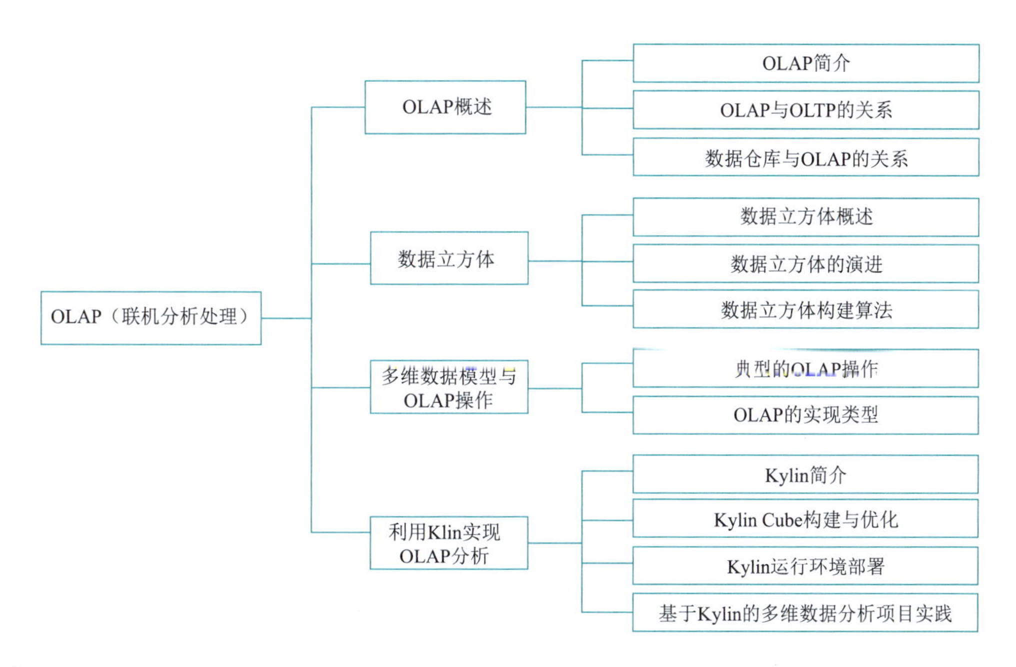

学习目标

◎ 了解：OLAP的技术应用场景。

◎ **理解**：OLAP与数据仓库中多维度数据分析的联系，OLAP处理流程的全貌，包括数据加载、查询优化、结果展现等关键环节及其使用方式。

◎ **掌握**：熟练掌握OLAP系统（Apache Kylin）的部署配置、参数调优及查询性能优化技巧，能够依据具体业务需求灵活设计与实施OLAP解决方案。

◎ **应用分析**：通过学习本章的项目实践，能够运用OLAP系统实现高效的多维数据分析，以提升数据分析效率与决策支持能力。

9.1 OLAP概述

视 频

OLAP概述

9.1.1 OLAP简介

数据仓库是进行决策分析的基础，但还必须要有强有力的工具进行分析和决策，OLAP即是与数据仓库密切相关的工具产品。在OLAP系统中，客户能够以多维视觉图的方式搜寻数据仓库中存储的数据。

OLAP是使用多维结构为分析提供对数据的快速访问的一种最新技术。OLAP的源数据通常存储在关系数据库的数据仓库中。

OLAP的目的旨在提供进行数据组织和查询的工具，以处理发现企业趋势和影响企业发展的关键因素。OLAP查询通常需要大量的数据。例如，政府机动车辆执照部的领导可能需要一份报告，显示过去20年中每年由该部门注册的车辆的牌号和型号。

OLAP委员会给予OLAP的定义为：OLAP是使分析人员、管理人员或执行人员能够从多角度对信息进行快速、一致、交互的存取，从而获得对数据的更深入了解的一类软件技术。

总之，OLAP的目标是满足决策支持，或者满足在多维环境下特定的查询和报表需求，它不同于OLTP技术，概括起来主要有如下几点特性：

（1）多维性：OLAP技术是面向主题的多维数据分析技术。主题涉及业务流程的方方面面，是分析人员、管理人员进行决策分析所关心的角度。分析人员、管理人员使用OLAP技术正是为了从多个角度观察数据，从不同的主题分析数据，最终直观地得到有效的信息。

（2）可理解性或可分析性：为OLAP分析设计的数据仓库或数据集市可以处理与应用程序和开发人员相关的任何业务逻辑和统计分析，同时使它对于目标用户而言足够简单。

（3）交互性：OLAP帮助用户通过对比性的个性化查看方式，以及对各种数据模型中的历史数据和预计算数据进行分析，将业务信息综合起来。用户可以在分析中定义新的专用计算，并可以以任何希望的方式报告数据。

（4）快速性：指OLAP系统应当通过使用各种技术尽量提高对用户的反应速度，而且无论数据库的规模和复杂性有多大，都能够对查询提供一致的快速响应。合并的业务数据可以沿着所有维度中的层次结构预先进行聚集，从而减少构建OLAP报告所需的运行时间。

9.1.2 OLAP与OLTP的关系

数据处理大致可以分成两大类：联机事务处理（online transaction processing，OLTP）和联机分析处理（OLAP）。OLTP是传统的关系型数据库的主要应用，主要是基本的、日常的事务处理，例如银行交易。OLAP是数据仓库系统的主要应用，支持复杂的分析操作，侧重决策支持，并且提供直观易懂的查询结果。

OLTP系统强调数据库内存效率，强调内存各种指标的命令率，强调绑定变量，强调并发操作。

OLAP系统则强调数据分析，强调SQL执行市场，强调磁盘I/O，强调分区等。OLTP与OLAP在新IT环境下的相互结合见图9-1。

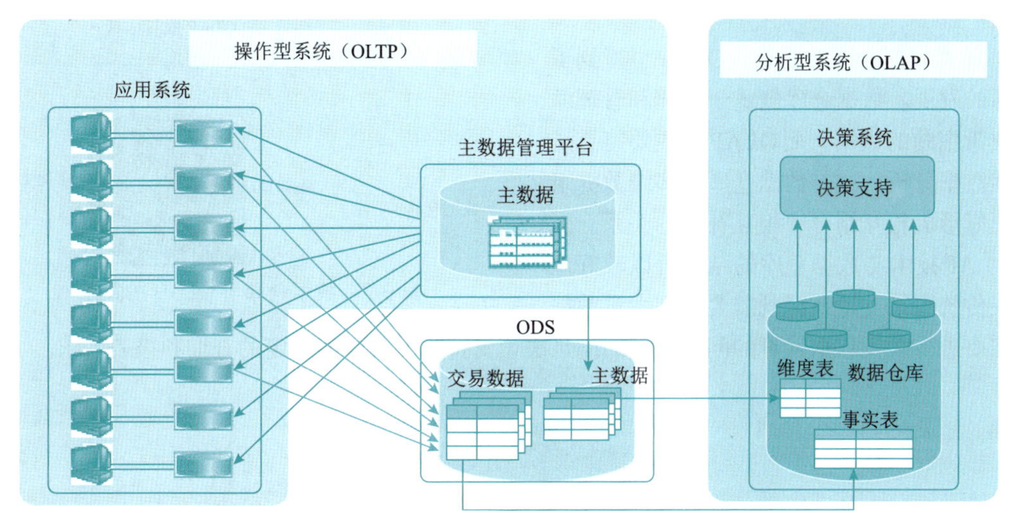

图 9-1　OLTP 与 OLAP 的相互结合

OLTP面向操作人员和低层管理人员，用于事务和查询处理，而OLAP面向决策人员和高层管理人员，对数据仓库进行信息分析处理，所以OLTP和OLAP是两类不同的应用。概括起来，OLAP和OLTP的比较见表9-1。

表 9-1　OLTP 与 OLAP 的比较

比 较 项 目	OLTP	OLAP
特征	操作处理	信息处理
面向	事务	分析
用户	DBA，数据库专业人员	业务分析员
功能	日常操作	长期信息需求，决策支持
DB结构	基于E-R，面向应用	星状/雪花，而向主题
数据	当前的	历史的
汇总	原始的，高度详细	汇总的，统一的
视图	一般关系	多维的
查询	简单事务	复杂查询
存取	读/写	读
操作	主关键字上索引或散列	大量扫描
访问数据量	数笔	数百万笔
用户数	数千	数百
DB规模	MB/GB	GB/TB
优先级	高性能，高可用性	高灵活性，端点用户自治
度量	事务吞吐量	查询吞吐量，响应时间

9.1.3　数据仓库与 OLAP 的关系

在数据仓库系统中，OLAP和数据仓库是密不可分的，两者的关系如图9-2所示。数据仓库是一个包含企业历史数据的大规模数据库，这些历史数据主要用于对企业的经营决策提供分析和支持。而OLAP服务工具利用多维数据集和数据聚集技术对数据仓库中的数据进行处理和汇总，用联机分析和可视化工具对这些数据进行评价，将复杂的分析查找结果快速地返回用户。

随着数据仓库的发展，OLAP也得到了迅猛的发展。数据仓库侧重于存储和管理面向决策主题的数据，而OLAP的主要特点是多维数据分析，这与数据仓库的多维数据组织正好形成相互结合、相互补充的关系。因此OLAP技术与数据仓库的结合可以较好地解决传统决策支持系统既需要处理大量数据又需要进行大量数据计算的问题，进而满足决策支持或多维环境特定的查询和报表需求。

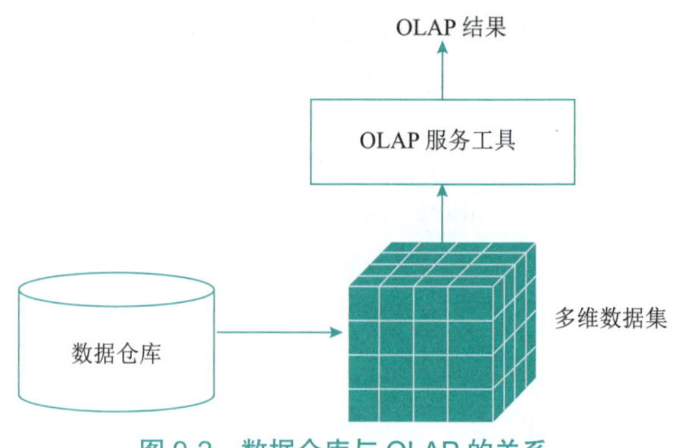

图 9-2　数据仓库与 OLAP 的关系

9.2　数据立方体

多维计算的核心概念包括维度与度量、多维数据模型及数据立方体，在第2章中已经介绍了维度与度量、多维数据模型的相关概念，本章重点介绍第三个核心概念——数据立方体。

9.2.1　数据立方体概述

OLAP工具基于多维数据模型，该模型将数据看作数据立方体（data cube）的形式。数据立方体是一种用于OLAP以及OLAP操作（如上卷、下钻、切片和切块）的多维数据模型，可以让用户从多个角度探索和分析数据集。它是一种面向“主题”和“属性”而建立起来的一类多维矩阵，让用户从多个角度探索和分析数据集。

数据立方体示意图如图9-3所示，包含三个维度：时间、产品类型、省份。数据立方体由两个单元构成：维度和度量。多维数据模型与数据立方体的关系如图9-4所示，通过对数据源的数据进行数据ETL，将数据抽取到基于多维数据模型构建的数据仓库中，之后OLAP工具再从数据仓库中通过数据同步读取数据，面向某一多维分析场景（如销售分析）设置维度及度量，并构建数据立方体，基于数据立方体进行OLAP操作以及数据应用产品开发等。

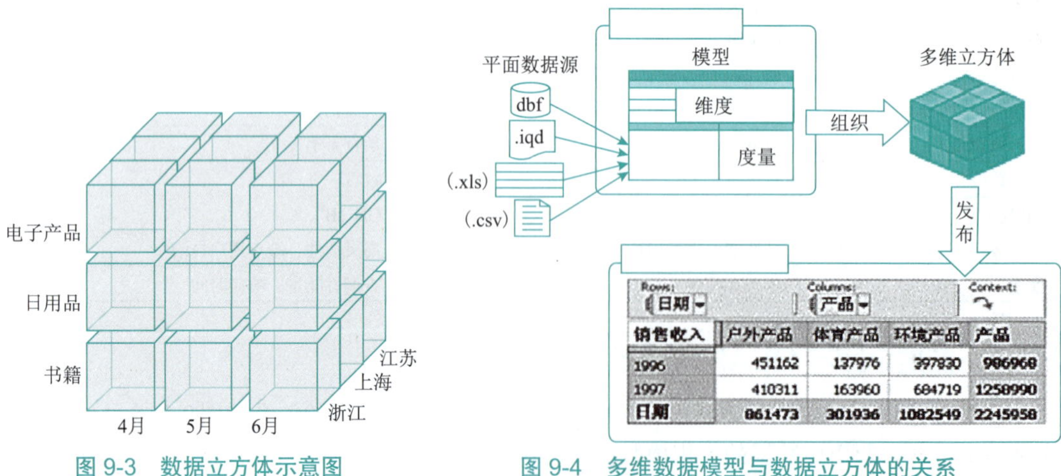

图 9-3　数据立方体示意图

图 9-4　多维数据模型与数据立方体的关系

9.2.2 数据立方体的演进

以商品销售数据为例，涉及维表有time（统计时间），item（商品类别），location（地点）和supplier（供应商），所显示的测算为销售金额dollars_sold（单位：$1 000）。如图9-5所示，三维的平面表如左边展示，通过坐标轴展示之后，就可以看出它的3D效果，如图9-6所示。

销售数据按照time，item的2-D视图

time（季度）	LOCATION（地点）= '北京'		
	Item（商品类型）		
	家庭娱乐	计算机	电话
Q1	605	825	14
Q2	680	952	31
Q3	812	1023	30
Q4	927	1038	38

销售数据按照time，item，location的3-D视图

time	LOCATION（地点）= '北京'			LOCATION（地点）= '纽约'		
	Item			Item		
	家庭娱乐	计算机	电话	家庭娱乐	计算机	电话
Q1	605	825	14	818	742	14
Q2	680	952	31	894	502	42
Q3	812	1023	30	730	1011	33
Q4	927	1038	38	898	1000	45

图 9-5　销售数据 2D 效果图

3-D视图对应数据

time	LOCATION（地点）= '北京'			LOCATION（地点）= '纽约'		
	Item			Item		
	家庭娱乐	计算机	电话	家庭娱乐	计算机	电话
Q1	605	825	14	818	742	14
Q2	680	952	31	894	502	42
Q3	812	1023	30	730	1011	33
Q4	927	1038	38	898	1000	45

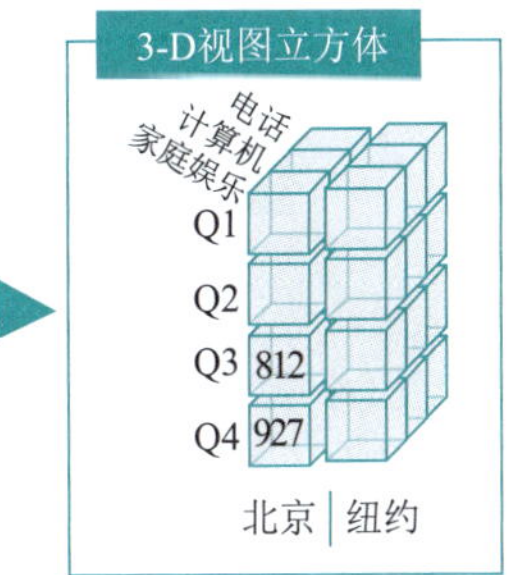

图 9-6　销售数据 3D 效果图

销售数据的4-D立方体表示如图9-7所示，维是time，item，location和supplier，所显示的测算为销售金额dollars_sold（单位：$1 000）。

time	Supplier（供应商）= "SUP1"						Supplier（供应商）= "SUP2"					
	LOCATION（地点）= '北京'			LOCATION（地点）= '纽约'			LOCATION（地点）= '北京'			LOCATION（地点）= '纽约'		
	Item			Item			Item			Item		
	家庭娱乐	计算机	电话	家庭娱乐	计算机	电话	家庭娱乐	计算机	电话	家庭娱乐	计算机	电话
Q1	605	825	14	818	742	14	215	825	14	818	742	14
Q2	680	952	31	894	502	42	342	952	31	894	502	42
Q3	812	1023	30	730	1011	33	380	1023	30	730	1011	33
Q4	927	1038	38	898	1000	45	217	1038	38	898	1000	45

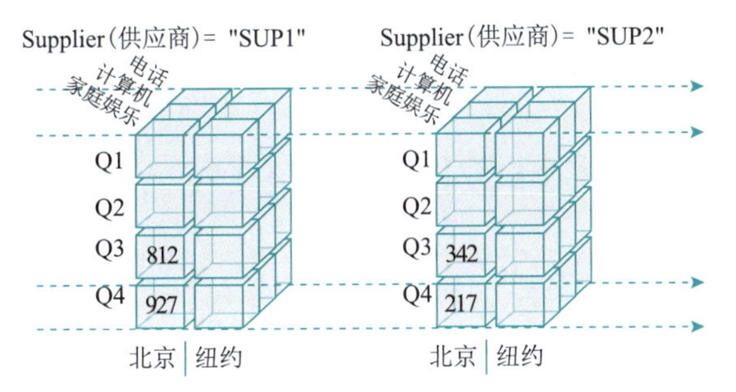

图 9-7　销售数据 4D 效果图

9.2.3 数据立方体构建算法

1. 逐层算法

一个完整的数据立方体，由N-dimension立方体，N-1维立方体，N-2维立方体，0 dimension立方体这样的层关系组成，除了N-dimension立方体基于原数据计算，其他层的立方体可基于其父层的立方体计算。所以该算法的核心是N次顺序的MapReduce计算。算法处理逻辑如图9-8所示。

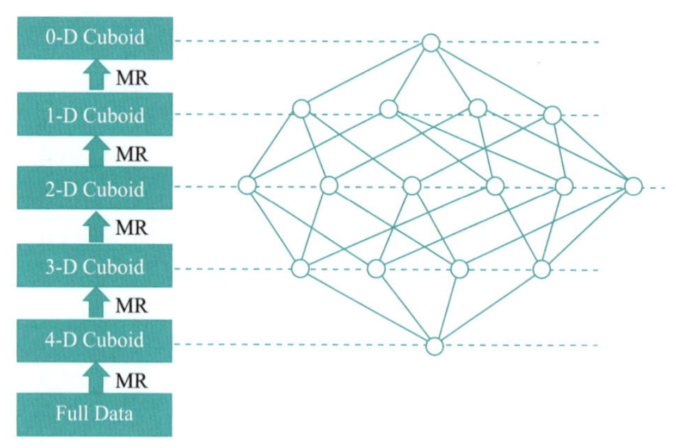

图9-8 逐层算法

2. 快速Cube算法

快速Cube算法（fast cubing）是Kylin团队对新算法的一个统称，它还被称作“逐段”（by segment）或“逐块”（by split）算法。

该算法的主要思想是，对Mapper所分配的数据块，将它计算成一个完整的小Cube段（包含所有cuboid），每个Mapper将计算完的Cube段输出给Reducer做合并，生成大Cube，也就是最终结果，如图9-9所示。

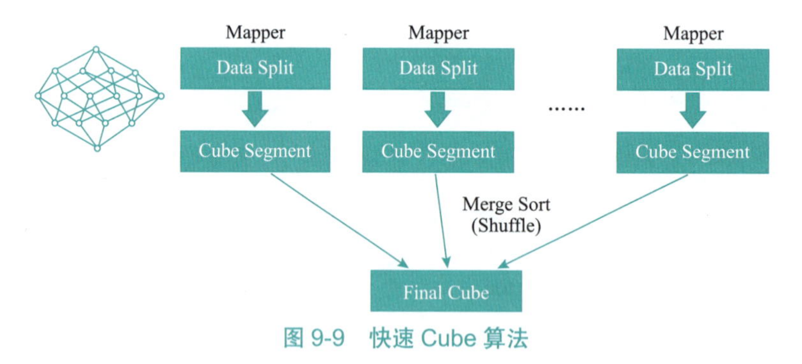

图9-9 快速Cube算法

视频

多维数据模型与OLAP操作

9.3 多维数据模型与OLAP操作

9.3.1 典型的OLAP操作

OLAP操作是基于多维数据模型组织的数据进行查询操作。

对于给定的一个多维数据集，如果每个维有多个层次，可以在每个维组合以及每个维层次上构建数据立方体。例如，对于表9-2的数据集，若仅考虑2023年的销售情况，对应表9-3，相应的数据立方体为“年份＝2023，城市，商品，销售量”；若考虑地点为分区的情况，对应表9-4，相应的数据方体为“年份，分区，商品，销售量”。

表 9-2　某商店销售情况表

地　点		2023年			2024年		
分区	城市	电视机	电冰箱	洗衣机	电视机	电冰箱	洗衣机
华北	北京	12	34	43	23	21	67
华东	上海	15	32	32	54	6	70
	南京	11	43	32	37	16	90

表 9-3　2023 年的商品销售情况表

城　市	2023年		
	电　视　机	电　冰　箱	洗　衣　机
北京	12	34	43
上海	15	32	32
南京	11	43	32

表 9-4　考虑分区层次的商品销售情况

分　区	2023年			2024年		
	电　视　机	电　冰　箱	洗　衣　机	电　视　机	电　冰　箱	洗　衣　机
华北	12	34	43	23	21	67
华东	26	75	64	91	22	160

OLAP的操作是以查询——也就是数据库的SELECT操作为主，但是查询可以很复杂，比如基于关系数据库的查询可以多表关联，可以使用COUNT、SUM、AVG等聚合函数。OLAP正是基于多维模型定义了一些常见的面向分析的操作类型，使这些操作显得更加直观。

OLAP的多维分析操作包括切片、切块、钻取、上卷以及旋转。一个复杂的OLAP分析查询可以转换为OLAP基本分析操作来实现。

1. 切片

在给定的数据立方体的一个维上进行的选择操作就是切片，切片的目的是降低多维数据集的维度。例如：假设有M（城市，商品，年份，销售量），则切片操作M1＝slice1(M，年份=2024）的结果如图9-10所示。

城市	2024年		
	电视机	电冰箱	洗衣机
北京	23	21	67
上海	54	6	70
上海	37	16	90

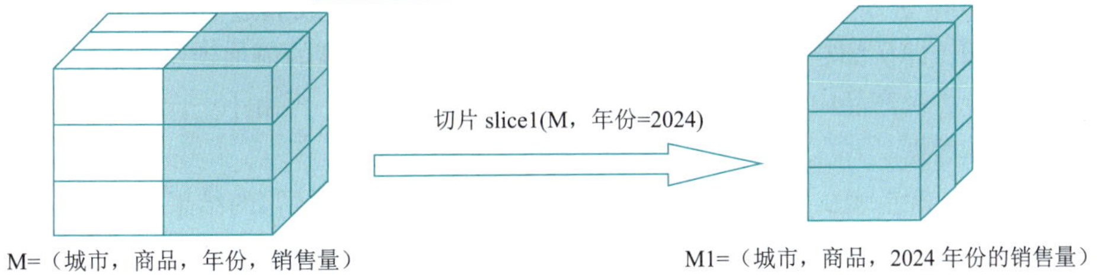

切片 slice1(M，年份=2024)

M=（城市，商品，年份，销售量）

M1=（城市，商品，2024 年份的销售量）

图 9-10　slice1(M, 年份＝2024) 的结果

2. 切块

在给定的数据立方体的两个或多个维上进行的选择操作就是切块，即选择维中特定区间的数据或者某批特定值进行分析。切块的结果是得到了一个子立方体。例如，M（城市，商品，年份，销售量），则切块操作M3 = dicing1（M，城市 = ' 北京 '，商品 = ' 电视机或电冰箱 '）的结果如图9-11所示。

城市	电视机	电冰箱
北京	12+23-35	34+21-55
上海	15+54-69	32+6-38

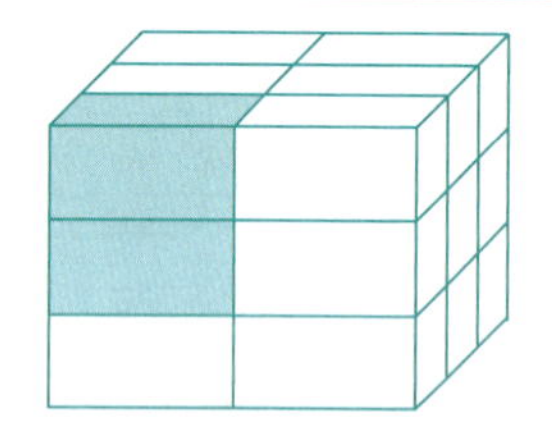

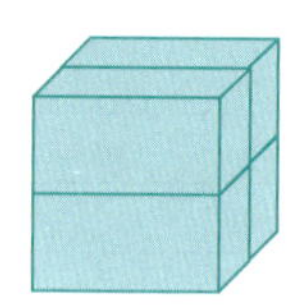

图 9-11　dicing1(M, 城市＝ ' 北京 ', 商品＝ ' 电视机或电冰箱 ') 的结果

3. 旋转

改变数据立方体维次序的操作称为旋转，即维的位置的互换，就像是二维表的行列转换。旋转操作并不对数据进行任何改变，只是改变用户观察数据的角度。在分析过程中，有些分析人员可能认为感兴趣的数据按列表示比按行表示更为直观，希望将感兴趣的维放在 Y 轴的位置。旋转操作示意图如图9-12所示。表9-5就是表9-2旋转操作的结果，这里的旋转操作是将“城市”和“商品”交换，从而观察的视角发生了改变。

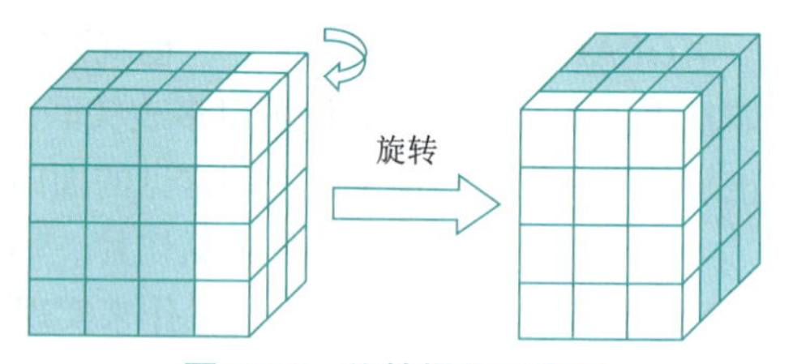

图 9-12　旋转操作示意图

表 9-5　对表 9-2 进行“城市”和“商品”交换的旋转结果

分　区	2023年			2024年		
	北　京	上　海	南　京	北　京	上　海	南　京
电视机	12	15	11	23	54	37
电冰箱	34	32	43	21	6	16
洗衣机	43	32	32	67	70	90

4. 上卷

上卷是在数据立方体中执行聚集操作，通过在维级别上升或通过消除某个或某些维，观察更概况的数据，即从细粒度数据向高层的聚合（即将四个季度的值加到一起为一年的结果），如在产品维度上，由产品向小类上卷，可得到小类的聚集数据，再由小类向大类上卷，可得到大类层次的聚集数据。

例如，表9-4就是表9-2通过地点维从“城市”上卷到“分区”的结果。在进行上卷操作时，各度量需要执行相应的聚集函数。在该例中，只有一个度量即“销售量”，它对应的聚集函数是SUM（求和）。

5. 下钻

下钻是上卷的逆操作，是通过在维级别中下降或通过引入某个或某些维，更加细致地观察数据，即在维的不同层次间的变化，从上层降到下一层，或者说是将汇总数据拆分到更细节的数据。

如表 9-2 可以看成是表 9-4 通过地点维从“分区”下钻到“城市”的结果，目的是让用户看到更细的销售情况。在进行下钻操作时，需要使用到原始数据集。

一个复杂的查询统计是一系列 OLAP 基本操作叠加的结果。例如，对于表 9-2 的多维数据集，统计 2024 年“华东”分区的总销售量的过程是：通过地点维从“城市”上卷到“分区”，对年份维按“年份=2024”和分区维按“分区=‘华东’”进行切片操作，最后聚集总和，如图 9-13 所示。

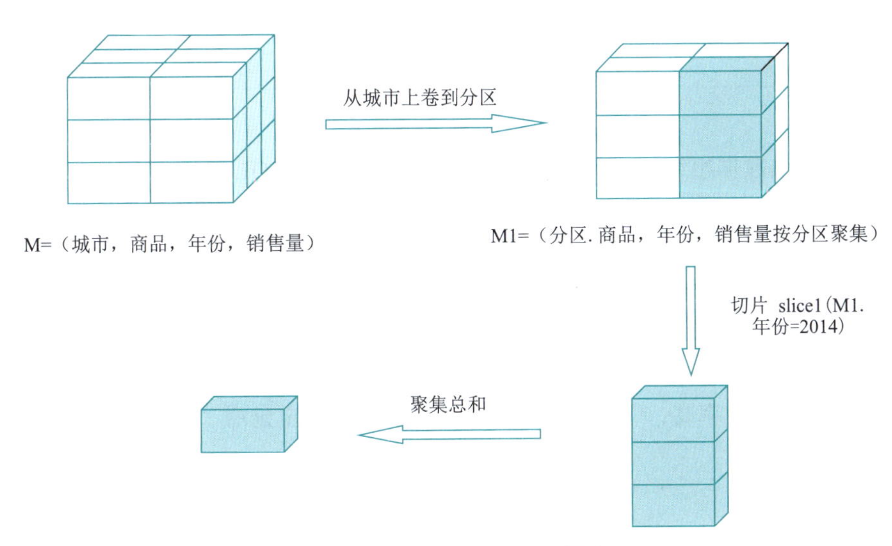

图 9-13　一个 OLAP 分析操作

9.3.2 OLAP 的实现类型

多维数据模型的物理实现有多种途径，主要有采用多维数据库、关系数据库以及两种相结合的方法。针对不同的数据组织方式，即存储的多种实现方法，对应的 OLAP 系统分别称为 ROLAP（基于关系型数据库的 OLAP）、MOLAP（基于多维数据库的 OLAP）、HOLAP（基于关系型数据库与多维数据库的混合 OLAP）。

1. ROLAP

表示基于关系数据库的 OLAP 实现（relational OLAP），以关系数据库为核心，以关系型结构进行多维数据的表示和存储。ROLAP 将多维数据库的多维结构划分为两类表：一类是事实表，用来存储数据和维关键字；另一类是维表，即对每个维至少使用一个表来存放维的层次、成员类别等维的描述信息。维表和事实表通过主关键字和外关键字联系在一起，形成了“星状模式”。对于层次复杂的维，为避免冗余数据占用过大的存储空间，可以使用多个表来描述，这种星状模式的扩展称为“雪花模式”。ROLAP 的最大好处是可以实时地从源数据中获得最新数据更新，以保持数据实时性，缺陷在于运算效率比较低，用户等待响应时间比较长。表 9-6 所示为采用关系表存储的事实表。

表 9-6　采用关系表存储的事实表

产品名称	销售地区	销售量
电器	江苏	940
电器	上海	450
电器	北京	340
电器	汇总	1 730
服装	江苏	830
服装	上海	350
服装	北京	270
服装	汇总	1 450
汇总	江苏	1 770
汇总	上海	800
汇总	北京	610
汇总	汇总	3 180

2. MOLAP

表示基于多维数据组织的OLAP实现（multidimensional OLAP）。以多维数据组织方式为核心，也就是说，MOLAP使用多维数组存储数据。多维数据在存储中将形成“数据立方体（Cube）”的结构，此结构在得到高度优化后，可以最大程度地提高查询性能。随着源数据的更改，MOLAP存储中的对象必须定期处理以合并这些更改。两次处理之间的时间将构成滞后时间，在此期间，OLAP对象中的数据可能无法与当前源数据相匹配。维护人员可以对MOLAP 存储中的对象进行不中断的增量更新。MOLAP的优势在于由于经过了数据多维预处理，分析中数据运算效率高，主要的缺陷在于数据更新有一定延滞。表9-7所示为采用多维数组存储的事实表。

表 9-7　采用多维数组存储的事实表

	江苏	上海	北京	汇总
电器	940	450	340	1 730
服装	830	350	270	1 450
汇总	1 770	800	610	3 180

ROLAP与MOLAP各有优缺点，其比较见表9-8。总体来讲，MOLAP是近年来应多维分析而产生的，它以多维数据库为核心。

表 9-8　ROLAP 与 MOLAP 比较

比较项	ROLAP	MOLAP
优点	• 没有存储大小限制 • 现有的关系数据库的技术可以沿用 • 对维度的动态变更有很好的适应性 • 灵活性较好，数据变化的适应性高 • 对软硬件平台的适应性好	• 性能好、响应速度快 • 专为OLAP所设计 • 支持高性能的决策支持计算 • 支持复杂的跨维计算 • 支持行级的计算
缺点	• 一般比MOLAP响应速度慢 • 系统不提供预综合处理功能 • 关系SQL无法完成部分计算 • 无法完成多行的计算 • 无法完成维之间的计算	• 增加系统培训与维护费用 • 受操作系统平台中文件大小的限制 • 系统所进行的预计算，可能导致数据爆炸 • 无法支持数据及维度的动态变化 • 缺乏数据模型和数据访问的标准

3. HOLAP

表示基于混合数据组织的OLAP实现（Hybrid OLAP），用户可以根据自己的业务需求选择哪些模型采用ROLAP、哪些采用MOLAP。一般来说，会将不常用或需要灵活定义的分析使用ROLAP方式，而常用、常规模型采用MOLAP实现。

9.4　利用 Kylin 实现 OLAP 分析

9.4.1　Kylin 简介

视频

利用Kylin实现OLAP分析

1. 框架介绍

Apache Kylin是一个开源的、分布式的分析型数据仓库，提供 Hadoop/Spark 之上的 SQL查询接口及多维分析（OLAP）能力以支持超大规模数据，是由eBay贡献给开源社区的大数据分析引擎，支持在超大数据集上进行秒级别的SQL及OLAP查询，目前是Apache基金会的开源项目。

1）优势特性

（1）可扩展超快OLAP引擎：Kylin是为减少在Hadoop/Spark上百亿规模数据查询延迟而设计。

（2）交互式查询能力：通过Kylin，用户可以与Hadoop数据进行亚秒级交互，在同样的数据集上提供比Hive更好的性能。

（3）多维立方体（MOLAP Cube）：用户能够在Kylin中为百亿以上数据集定义数据模型并构建立方体。

（4）实时OLAP：Kylin 可以在数据产生时进行实时处理，用户可以在秒级延迟下进行实时数据的多维分析。

（5）与BI工具无缝整合：Kylin提供与BI工具的整合能力，如Tableau、PowerBI/Excel、MSTR、QlikSense、Hue和SuperSet。

2）Kylin 生态圈

Kylin生态圈本质上是OLAP数据分析及多维计算相关的技术内容，具体包括了Kylin核心、扩展插件、与其他系统整合、UI用户界面及访问驱动等。

- Kylin核心：Kylin基础框架，包括元数据（metadata）引擎、查询引擎、Job引擎及存储引擎等，同时包括REST服务器以响应客户端请求。
- 扩展插件：支持额外功能和特性的插件。
- 整合：与调度系统、ETL、监控等生命周期管理系统的整合。
- UI用户界面：在Kylin核心之上扩展的第三方用户界面。
- 访问驱动：ODBC和JDBC驱动以支持不同的工具和产品，如Tableau等。

2. Kylin 架构及核心组件

1）Kylin 架构介绍

Kylin在架构设计上，可大体分为四个部分：数据源、构建Cube的计算引擎、存储引擎、对外查询接口。其中数据源主要是Hive、Kafka，计算框架默认为MapReduce或Spark，结果存储在HBase或Parquet文件中，对外查询接口支持REST API、JDBC、ODBC等，架构的具体情况如图9-14所示。

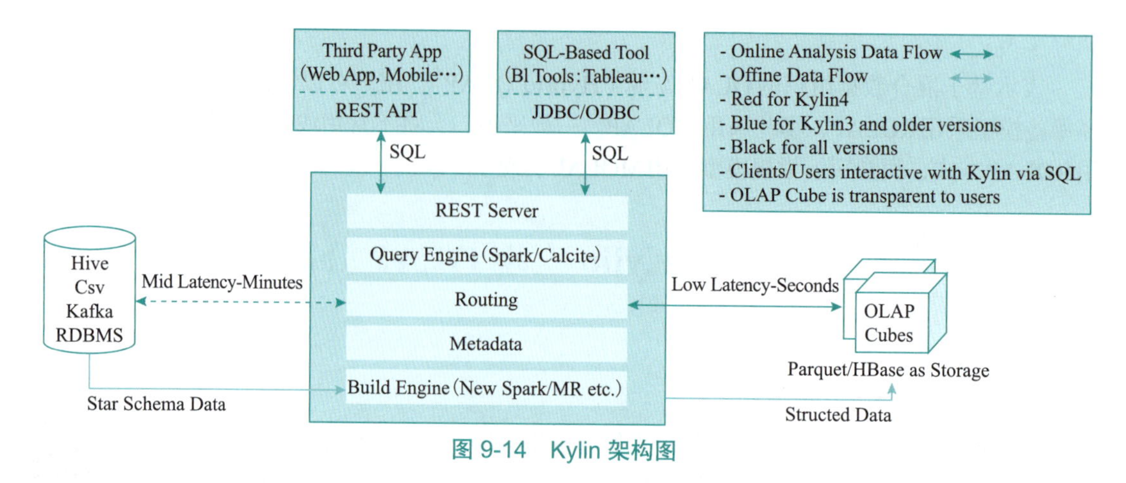

图 9-14　Kylin 架构图

2）Kylin 核心组件

Kylin框架主要包括了数据立方体构建引擎、Rest Server和数据查询引擎这三部分，具体内容如下所示：

- 数据立方体构建引擎（cube build engine）：当前底层数据计算引擎支持MapReduce、Spark等。
- Rest Server：当前Kylin采用的rest API、JDBC、ODBC接口提供Web服务。
- 查询引擎（query engine）：Rest Server接收查询请求后，解析SQL语句，生成执行计划，然后转发查询请求到Hbase中，最后将结构返回给 Rest Server。

9.4.2　Kylin Cube 构建与优化

1. Kylin 的核心概念

1）数据表

表定义在Hive中，是数据立方体（data cube）的数据源，在build cube 之前，必须同步在Kylin中。Kylin构建cube中的数据表分为了事实表（Fact Table）和维度表（Lookup Table）

（1）Fact Table

Fact Table即事实表，可以理解为我们用来进行各种分析的那张OLTP原始表，里面记录了所有的基础维度，基础度量。

（2）Lookup Table

Lookup Table即维度表，维度表这个概念的产生很大程度上是为了维护的便利性。举例来说，示例中只在事实表中记录了员工id，然后在维度表中记录员工的部门。这么做的好处在于，假如未来员工换了部门，只需要在维度表中进行更新，而无须对事实表进行任何改变，而维度表中这只是一行记录，在事实表中可能有上万条相关记录。

2）数据模型

在实际使用Kylin进行cube构建操作的时候会用到数据模型，Kylin会要求先指定一个模型，再指定cube如何构建。模型指的是如何关联事实表和维度表，从而形成的一个Hive宽表（在进行cube构建之前的一个中间表）。常见的数据模型有星状模型和雪花模型。

- 星状模型：星状模型是一种描述事实表和维度表关系的模型，所有的维表都分开存储，并且全部都能关联到事实表上来。

• 雪花模型：雪花模型也是一种描述事实表和维度表关系的模型，但是将维度表根据层次再次拆分，然后将直接关联到事实表的那张维度表称为主维度表。

3）数据立方体

立方体定义了使用的模型、模型中的表的维度（dimension）、度量（measure，一般指聚合函数，如sum、count、average等）、如何对段分区（segments partition）、合并段（segments auto-merge）等的规则。

（1）立方体（cube）。cube是Kylin里对于维度组合进行描述的一个模型。举例说明，在某一数据集中存在三个数据维度A、B、C，这些维度能聚合出多种组合，分别是（A）、（B）、（C）、（AB）、（BC）、（AC）、（ABC）。

（2）cuboid。cuboid数据立方体本质上是在明确的维度和度量场景下，将多个维度按照不同组合方式进行分组产生的度量结果，而其中的任何一种组织方式。

cuboid是cube里某一种可能的组合结果，譬如（A）、（B）、（AB）、（BC）等，每一种组合都是一个cuboid，只是维度的区别不同。两个维度组合在一起的一般称为2-D cuboids。三个维度组合在一起的，一般称为3-D cuboids，以此类推。因此，cube中cuboid的数量就是2^n。

（3）立方体段（cube segment）。立方体段是立方体构建（build）后的数据载体，一个segment映射HBase中的一张表，立方体实例构建（build）后，会产生一个新的segment，一旦某个已经构建的立方体的原始数据发生变化，只需刷新（fresh）变化的时间段所关联的segment即可。

cube segment是cube计算产生的一个数据片段（如增量cube，会随着事实表的时间分区来进行Cube的增量构建，而每天产生的Cube底层的数据片段即为Segment）。

（4）作业（job）。对立方体实例发出构建请求后，会产生一个作业。该作业记录了立方体实例build时的每一步任务信息。作业的状态信息反映构建立方体实例的结果信息。

作业执行主要状态如下：

• 如作业执行的状态信息为running时，表明立方体实例正在被构建。
• 若作业状态信息为finished，表明立方体实例构建成功。
• 若作业状态信息为error，表明立方体实例构建失败。

2. Kylin Cube 构建

在Kylin4.x版本中cube的build过程，是将所有的维度组合事先计算，存储于Parquet文件中。如果使用HBase数据库存储，以空间换时间，HTable对应的RowKey，就是各种维度组合，指标存在column中，这样，将不同维度组合查询SQL，转换成基于RowKey的范围扫描，然后对指标进行汇总计算，以实现快速分析查询。

在Kylin的cube模型中，每一个cube是由多个cuboid组成的，理论上有n个普通维度的cube可以是由2^n次方个 cuboid 组成的，那么我们可以计算出最底层的cuboid，也就是包含全部维度的cuboid（相当于执行一个group by全部维度列的查询），然后再根据最底层的cuboid一层一层地向上计算，直到计算出最顶层的cuboid（相当于执行了一个不带group by的查询），这个阶段Kylin的任务会提交Spark作业执行。

Kylin Cube构建主要步骤如下：

1）创建 Hive 事实表中间表

新创建一个Hive外部表，然后再根据cube中定义的星状模型，查询出维度和度量的值插入到新创建的表中作为下一个子任务的输入。如图9-15所示，将原始数据表中的顾客、产品维度表及订单事实表数据经过MR任务计算创建销售事实中间表。

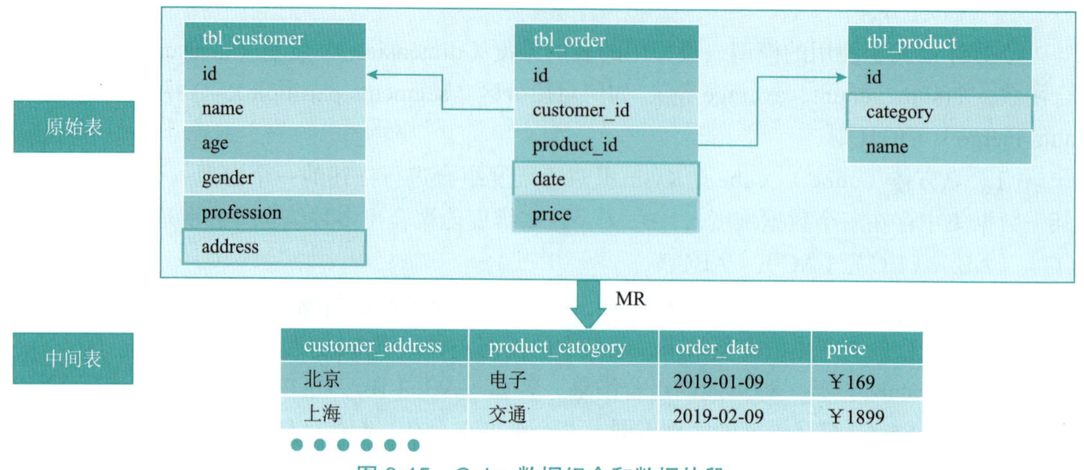

图 9-15　Cube 数据组合和数据片段

2）重新分配中间表

在前面步骤，Hive会在HDFS文件夹中生成数据文件，但是容易导致数据倾斜，其中一些文件非常大，另一些有些小，甚至是空的。文件分布不平衡会导致随后的计算作业不平衡，为了平衡作业，Kylin增加这一步“重新分配”数据，即将中间表的数据均匀分配到不同的文件。

那么，Kylin到底是怎么均匀分配的？

首先，它会计算表中总共有多少行数据（total input rows），然后它默认每个文件一百万行数据（一百万行数据差不多不会超过HDFS一个块大小，也就是128 MB），然后计算有多少个文件（多少个reduce），total input rows/1 000 000。之后，设定reduce任务的个数，用distribute by重新将这些数据分配到不同的文件中。图9-16所示为中间表重新分配示例。

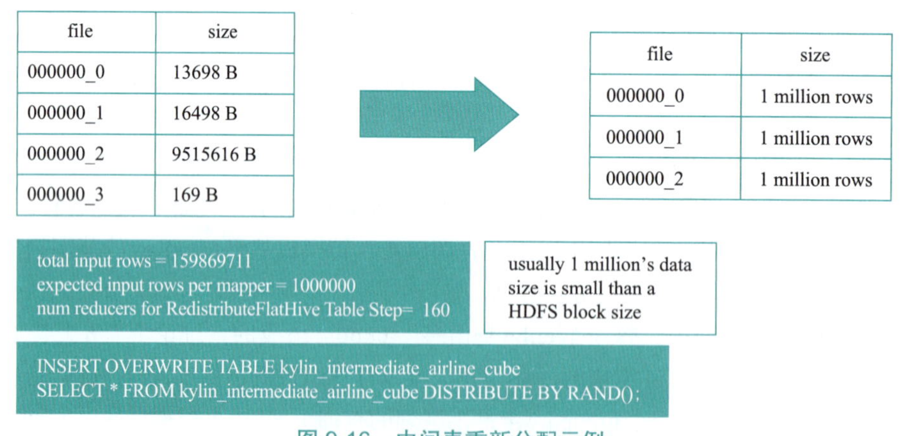

图 9-16　中间表重新分配示例

3）创建维度字典

根据上一步生成的Hive中间表计算出每一个出现在事实表中的维度列的维度字典表，如图9-17所示，并写入到文件中，它是启动一个MR任务完成的，它关联的表就是上一步创建的临时表。

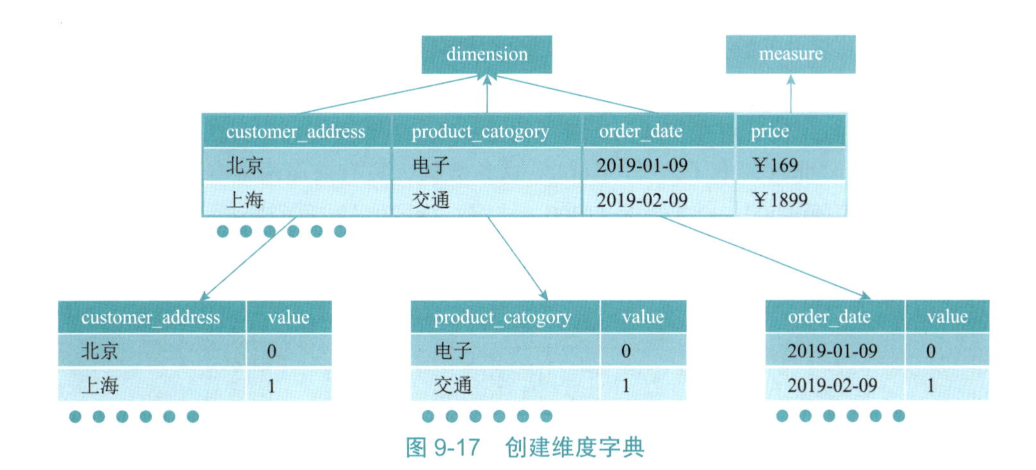

图 9-17　创建维度字典

4）构建 cube 生成预聚合表

根据第二步的中间表，再次通过MR任务，生成预聚合临时表，如图9-18所示，其中，*代表无数据，也就是全体的意思。从一维到多维构建所有的情况，总共有2^n-1种情况，n表示维度。

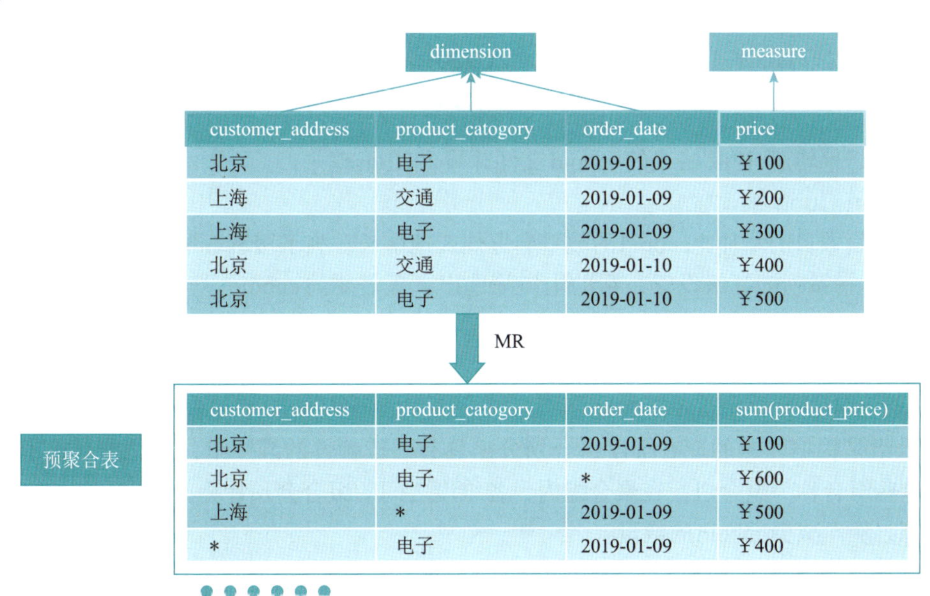

图 9-18　构建 cube

5）构建 Hbase 的 K-V 映射，计算 cuboid，生成 BaseCuboid 文件

BaseCuboid就是维度间的所有可能的组合，假设一个cube包含了四个维度——A、B、C、D，那么这四个维度成员间的所有可能的组合就是BaseCuboid，这一步也是通过一个MR任务完成的，输入是步骤四预聚合临时表的路径和分隔符，map对于每一行首先进行split，然后获取每一个维度列的值组合作为rowKey，但是rowKey并不是简单的这些维度成员的内容组合，而是首先将这些内容从步骤三的维度字典中查找出对应的id（步骤三字典中value列），然后组合这些id得到rowKey，从而构建Hbase的K-V映射，这样可以大大缩短Hbase的存储空间，提升查找性能。

构建Hbase的K-V映射过程如图9-19所示。其中，Cuboid id+维度值组成了HBase的

RowKey，这样大大减少了数据量，Cuboid id每个位即各维度是否存在，存在为1，不存在为0。

比如，第一行“北京，电子，2019-01-09，￥100”这条数据，每一维都有数据，所以每一维都记1，就是111，然后对照步骤三，维度值是000，结果就是111000。

比如，第二行“北京，电子，*，￥600”这条数据，只有前面两维有数据，所以是110，对照步骤三，维度值就是00，结果就是11000（注意：维度值是0就省略掉）。

为了方便看，Rowkey中写了‘+’，其实是没有‘+’，数据全部都是数字存储，简便了很多了，查询的效率也很高。

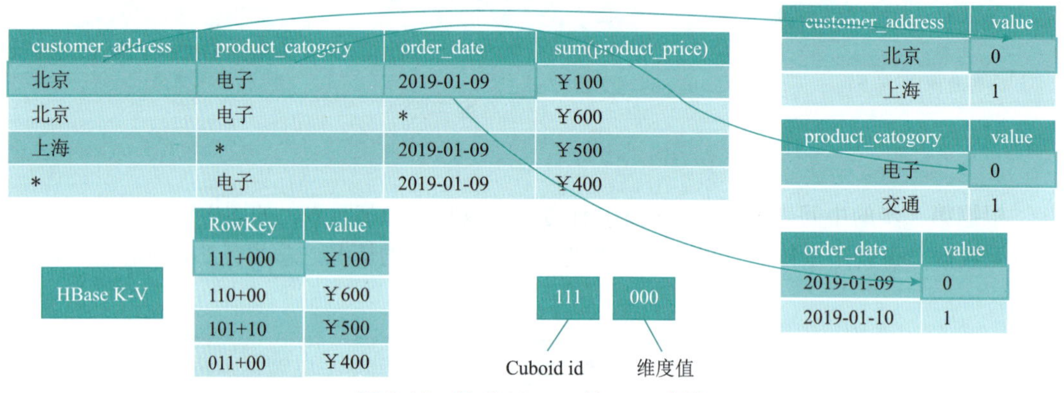

图 9-19　构建 Hbase 的 K-V 映射

最后将结果转成HFile格式的cuboid文件并导入HBase。

3. Kylin Cube 构建优化

随着维度数目的增加，cuboid的数量会爆炸式地增长。为了缓解cube的构建压力，Apache Kylin引入了一系列的高级设置，帮助用户筛选出真正需要的cuboid。这些高级设置包括聚合组（aggregation group）、联合维度（joint dimension）、层级维度（hierachy dimension）和必要维度（mandatory dimension）等。

1）聚合组（Aggregation Group）

聚合组是根据业务的现有维度组合划分出具有强依赖性的维度组，就是按照需求将维度分组，这些组合称为聚合组。在聚合组内，各维度之间的组合会预计算，但聚合组之间并不交叉预计算，从而减少cuboid的数量。

聚合组示例如图9-20所示，在电商交易相关的业务场景中，交易产品类型、交易日期、买家所在的城市是依赖关系密切的一组数据维度，而支付方式、支付日期、支付网络等是依赖关系密切的另外一组数据维度，通常会按照各自业务逻辑进行分组聚合计算。

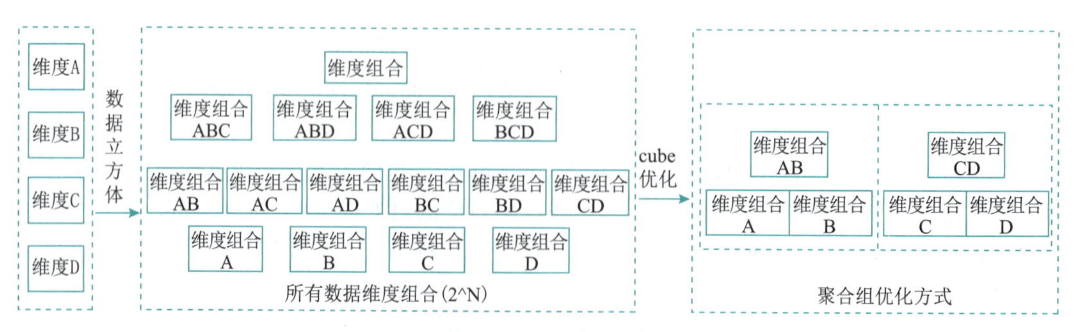

图 9-20　cube 优化 - 聚合组

2）联合维度（joint dimension）

联合维度是指在业务关系中，数据维度A、B、C通常都是要么一起进行数据分析，要么不进行数据分析，通常极少存在部分维度进行数据分析的需求，换句话说，就是把这几个维度当做一个维度来看。

联合维度示例如图9-21所示，在广告投放业务场景中，物料代码、模型代码、模型版本等数据维度通常都是放在一起进行数据分组聚合计算，不会也不适合与数据集中的其他数据维度一起关联进行数据分析。

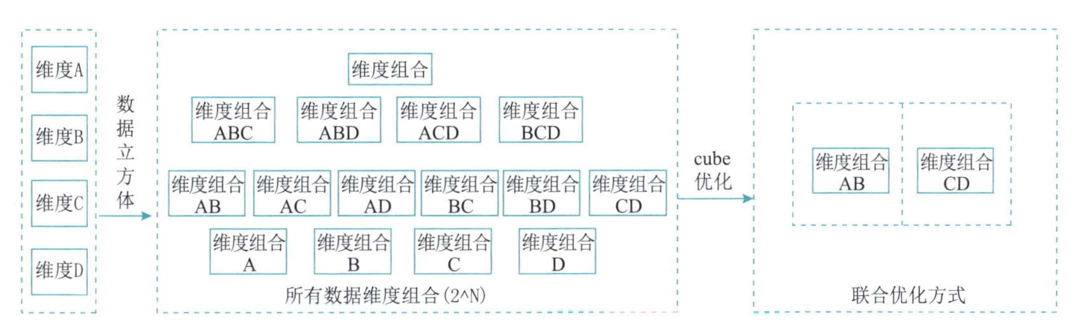

图 9-21　cube 优化 - 联合维度

3）层级维度（hierachy dimension）

业务选择的维度中常常会出现具有层级关系的维度。例如对于国家（country）、省份（province）和城市（city）这三个维度，从上而下来说，国家、省份、城市之间分别是一对多的关系。

层级维度示例如图9-22所示，电商交易数据cube中有很多普通的维度，如买家所在地——城市、省、国家，交易时间——日期、所在周、月份、季度、年份等。数据分析可以通过按照地区维度（从粗粒度国家到细粒度城市），时间维度（从粗粒度年份到细粒度日期）来分组聚合计算。

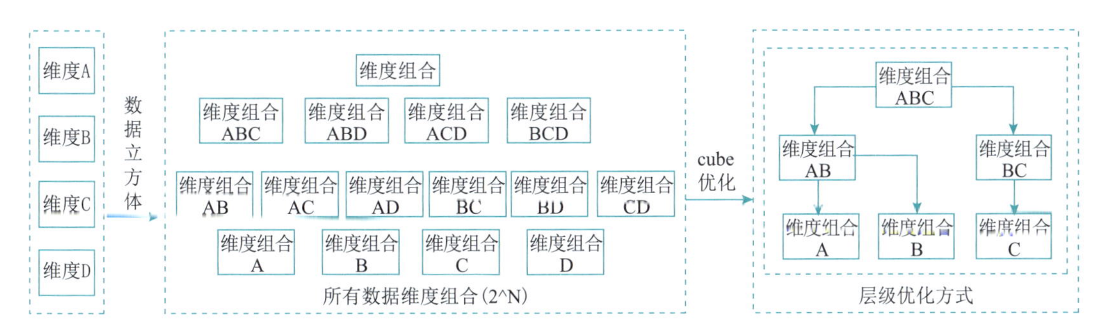

图 9-22　Cube 优化 - 层级维度

4）必要维度（mandatory dimension）

业务数据中有一些重要的业务数据维度，通常的数据分析指标都要求进行分组的数据维度必须包含这些业务数据维度，其是数据分析指标中的必要内容，例如交易业务中的交易时间。

必要维度示例如图9-23所示，电商交易数据cube中的交易时间，在数据分析指标或者数据报表中必须存在，具体可以包含维度以及维度的组合。

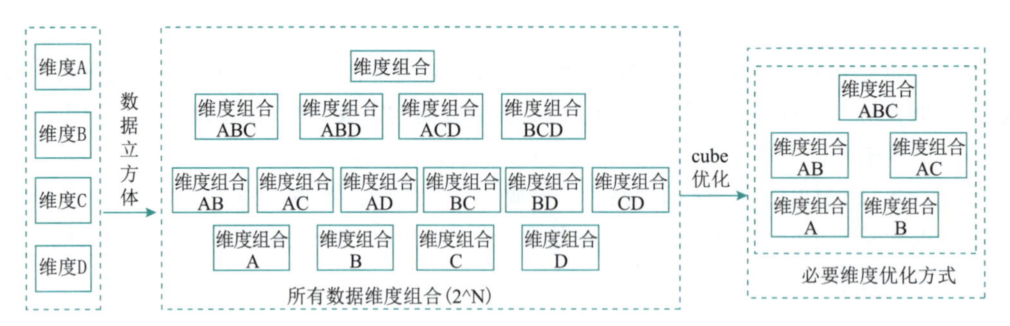

图 9-23 Cube 优化 - 必要维度

视频

Kylin运行环境部署

9.4.3 Kylin 运行环境部署

1. 硬件要求

运行Kylin的服务器的最低配置为4 core CPU，16 GB内存和100 GB磁盘。对于高负载的场景，建议使用24 core CPU，64 GB内存或更高的配置。

2. 软件环境要求

```
Hadoop: 2.10.2
Hive: 2.3.9
Spark: 3.1.2
Mysql: 5.1.17
JDK: 1.8+
OS: CentOS 7.x +
```

3. 环境变量

需要分别设置Hadoop、Hive、Spark和Kylin的全局系统环境变量（配置文件/etc/profile）。

```
##java
export JAVA_HOME=/opt/framework/jdk1.8.0_301
export CLASSPATH=.:$JAVA_HOME/lib/dt.jar:$JAVA_HOME/lib/tool

##hadoop
export HADOOP_HOME=/opt/framework/hadoop-2.10.2
export HADOOP_COMMON_HOME=$HADOOP_HOME
export HADOOP_HDFS_HOME=$HADOOP_HOME
export HADOOP_MAPRED_HOME=$HADOOP_HOME
export HADOOP_CONF_DIR=$HADOOP_HOME/etc/hadoop
export HADOOP_YARN_HOME=$HADOOP_HOME
export HADOOP_COMMON_LIB_NATIVE_DIR=$HADOOP_HOME/lib/native
export HADOOP_OPTS="-Djava.library.path=$HADOOP_HOME/lib"

export HADOOP_CONF=$HADOOP_HOME/etc/hadoop
export YARN_CONF=$HADOOP_HOME/etc/hadoop

##hive|spark|kylin|zookeeper
export HIVE_HOME=/opt/framework/hive-2.3.9
```

```
    export SPARK_HOME=/opt/framework/spark-2.4.8
    export KYLIN_HOME=/opt/framework/kylin-4.0.3
    export ZOOKEEPER_HOME=/opt/framework/zookeeper-3.6.4
    export PATH=$PATH:$JAVA_HOME/bin:$HADOOP_HOME/bin:$HADOOP_HOME/
sbin:$HIVE_HOME/bin:$SPARK_HOME/bin:$SPARK_HOME/sbin:$KYLIN_HOME/
bin:$ZOOKEEPER_HOME/bin:
```

4. 配置参数

配置Kylin的元数据存储，配置文件位于${KYLIN_HOME}/kylin.properties。

```
    ## METADATA | ENV ###
    kylin.metadata.url=kylin_metadata@jdbc,driverClassName=com.mysql.jdbc.
Driver,url=jdbc:mysql://node:3306/kylin?useSSL=false,useUnicode=true&characte
rEncoding=utf8,username=root,password=hk2024bc

    ## metadata cache sync retry times
    #kylin.metadata.sync-retries=1

    ## Working folder in HDFS, better be qualified absolute path, make sure
user has the right permission to this directory
    kylin.env.hdfs-working-dir=/kylin

    ## kylin zk base path
    kylin.env.zookeeper-base-path=/kylin

    ## Run a TestingServer for curator locally
    kylin.env.zookeeper-is-local=false

    ## Connect to a remote zookeeper with the url, should set kylin.env.
zookeeper-is-local to false
    kylin.env.zookeeper-connect-string=node:2181
    ## TABLE ACL
    #kylin.query.security.table-acl-enabled=false

    #### SPARK BUILD ENGINE CONFIGS ###
    kylin.env.hadoop-conf-dir=/opt/framework/hadoop-2.10.2/etc/hadoop

    ## Spark conf (default is in spark/conf/spark-defaults.conf)
    kylin.engine.spark-conf.spark.master=yarn
    kylin.engine.spark-conf.spark.submit.deployMode=client
    kylin.engine.spark-conf.spark.yarn.queue=default
    kylin.engine.spark-conf.spark.executor.cores=1
    kylin.engine.spark-conf.spark.executor.memory=512m
    kylin.engine.spark-conf.spark.executor.instances=1
    kylin.engine.spark-conf.spark.executor.memoryOverhead=256m
    kylin.engine.spark-conf.spark.driver.cores=1
    kylin.engine.spark-conf.spark.driver.memory=512m
    kylin.engine.spark-conf.spark.driver.memoryOverhead=256m
    kylin.engine.spark-conf.spark.shuffle.service.enabled=false

    #### SPARK QUERY ENGINE CONFIGS ###
```

```
    ##Whether or not to start SparderContext when query server start
    kylin.query.auto-sparder-context-enabled=false
    kylin.query.sparder-context.app-name=kylin-spark

    kylin.query.spark-conf.spark.master=yarn
    kylin.query.spark-conf.spark.driver.cores=1
    kylin.query.spark-conf.spark.driver.memory=512m
    kylin.query.spark-conf.spark.driver.memoryOverhead=256m
    kylin.query.spark-conf.spark.executor.cores=2
    kylin.query.spark-conf.spark.executor.instances=2
    kylin.query.spark-conf.spark.executor.memory=512m
    kylin.query.spark-conf.spark.executor.memoryOverhead=256m
    kylin.query.spark-conf.spark.serializer=org.apache.spark.serializer.
JavaSerializer
    kylin.query.spark-conf.spark.sql.shuffle.partitions=2

    kylin.query.spark-conf.spark.archive.jars=hdfs://node:8020/spark_yarn_jar/*
    kylin.query.spark-conf.spark.hadoop.yarn.timeline-service.enabled=false
```

5. 运行环境检测

Kylin 运行在 Hadoop 集群上，对各个组件的版本、访问权限及 CLASSPATH 等都有一定的要求，为了避免遇到各种环境问题，可以运行 $KYLIN_HOME/bin/check-env.sh 脚本来进行环境检测，如果环境存在任何的问题，脚本将打印出详细报错信息。如果没有报错信息，代表环境适合Kylin运行。

```
##Kylin 运行环境检测
sh $KYLIN_HOME/bin/check-env.sh
```

检测结果如图9-24所示。

```
[root@node kylin-4.0.3]#
[root@node kylin-4.0.3]# bin/check-env.sh
Retrieving hadoop conf dir...
..................................................[PASS]
KYLIN_HOME is set to /opt/framework/kylin-4.0.3
Checking hive
..................................................[PASS]
Checking hadoop shell
..................................................[PASS]
Checking hdfs working dir
24/01/15 09:50:51 WARN util.NativeCodeLoader: Unable to load native-hadoop library for your platform... using builti
n-java classes where applicable
..................................................[PASS]
24/01/15 09:50:52 WARN util.NativeCodeLoader: Unable to load native-hadoop library for your platform... using builti
n-java classes where applicable
24/01/15 09:50:53 WARN util.NativeCodeLoader: Unable to load native-hadoop library for your platform... using builti
n-java classes where applicable

Checking environment finished successfully. To check again, run 'bin/check-env.sh' manually.
[root@node kylin-4.0.3]#
```

图 9-24　Kylin 运行环境检测

6. 启动服务与访问

通过Kylin的内置脚本，可以对Kylin服务进行启动、停止等管理。其中，服务启动后可以通过网页访问应用服务（地址为http://Kylin服务:端口号，如本示例为http://node:7070/kylin/），默认用户密码（用户：ADMIN；密码：KYLIN）。

```
##Kylin 服务启动
sh $KYLIN_HOME/bin/kylin.sh start
```

Kylin 页面登录访问如图 9-25 所示。

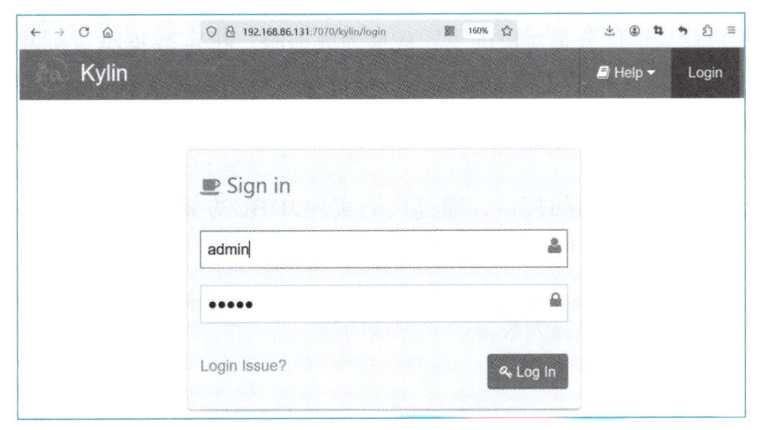

图 9-25　Kylin 服务启动

9.4.4　基于 Kylin 的多维数据分析项目实践

项目名称：《电商用户行为事件分析》项目 OLAP 多维分析。

1. 项目背景

电商用户行为分析系统是互联网公司以用户行为事件为核心数据，以数据仓库为基础数据平台的企业级综合应用系统，其中，用户行为事件维度是电商用户行为事件数据分析的核心。这些事件涵盖了用户在电商平台上的各种行为，如浏览商品、加入购物车、提交订单、支付订单、分享商品等。电商用户行为事件多维分析需要强大的系统支持和丰富的数据支持，主要借助用户行为分析系统、大数据处理平台、数据可视化工具等企业数据管理系统，基于电商系统大数据仓库的用户行为主题域数据，使用 OLAP 技术进行多维数据分析，可以深入挖掘用户行为数据中的价值，为电商企业提供决策支持和优化建议。

视频

基于Kylin的多维数据分析项目实践

2. 实训目标与实训内容

1）实训目标

基于用户行为分析系统的用户行为事实数据及其基础上构建的宽表数据为基础数据，并在此基础数据之上从用户维度、行为维度、商品维度、时间维度等核心维度进行多维数据分析实训，完成诸如用户访问量、用户路径分析、页面跳失率、商品转化率、时间地域分析等数据分析指标。学生能够独立完成多维分析数据模型的设计和优化，包括选择数据源、指定数据维度、设置度量方式等。

基于 Kylin 多维分析框架实现对用户维度、行为维度、商品维度、时间维度等多维度分析的数据立方体构建和高效的客户端数据访问，完成“用户行为事件多维分析”实训，学生能够独立完成基于 Kylin 框架的数据立方体构建以及 Kylin 客户端数据访问，满足数据使用方对数据多维计算结果的快速访问要求。

2）实训内容

（1）数据模型设计。根据项目需求描述，指定数据分析的数据来源，设计数据立方体的数据维度、度量方式，并对数据立方体的数据维度进行衍生维度、聚合组及粒度等维度优化组合，完成有关用户行为分类统计的OLAP数据分析指标。

（2）数据立方体构建。通过Kylin框架的Web管理系统，依据设计的数据模型和数据立方体，指定以用户行为事件分类对应的主题数据为数据源，指定数据维度列和数据度量列以及数据度量计算方式，并对数据立方体进行剪枝优化，然后指定多维计算引擎并进行数据立方体构建，最终生成多维分析结果。

（3）多维分析结果访问

基于Kylin框架的数据访问接口，通过代码实现JDBC方式的数据立方体多维分析结果访问。

3. 实训步骤

使用Kylin4完成电商用户行为数据的立方体构建。

1）管理系统概述

登录Kylin Web管理系统后，可以看到Kylin的后台管理界面如图9-26所示，主要包括了项目管理、数据源管理、数据模型管理、多维计算结果查询和Kylin服务配置信息管理等系统功能。

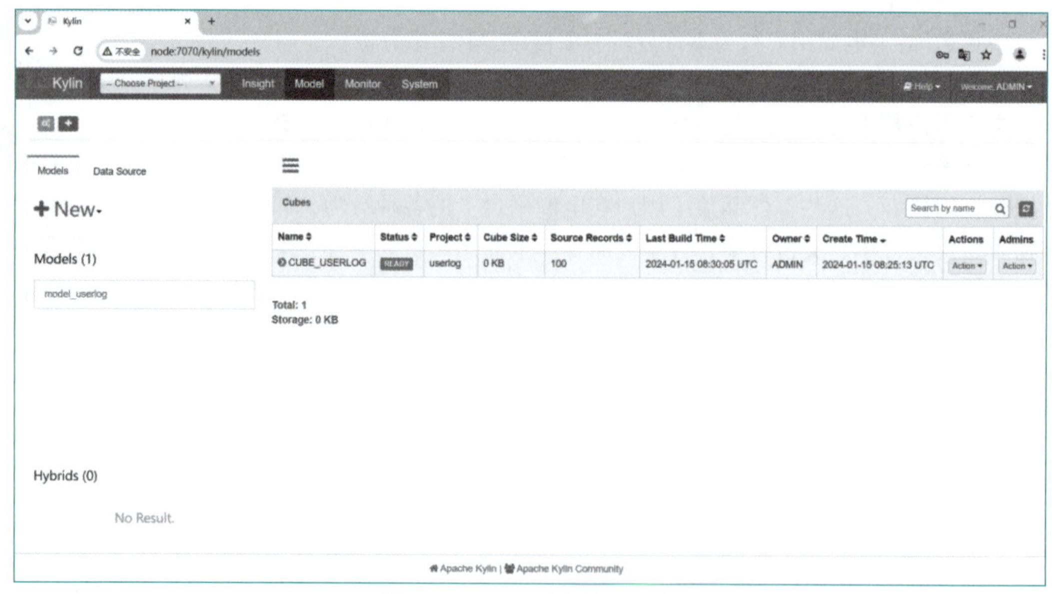

图 9-26　Kylin 后台管理系统

Kylin Web管理系统进行多维数据计算与分析的主要流程如下：

- 创建Project：在Kylin管理界面中，用户可以创建新项目并为其命名和添加描述。
- 导入数据：用户需要指定数据源，这通常是从Hive中导入的表。在Kylin中，每个Project的数据源表都是相互独立的。
- 定义数据模型：在数据模型定义阶段，用户需要指定事实表和维表，定义表间之间的关系，以及维度和度量的列。这是构建Cube的基础。

• 构建Cube：基于定义好的数据模型，Kylin会进行Cube的构建，构建包括数据预计算和物化视图的生成。物化视图是预计算结果的存储形式，用于加速后续的查询。

• 查询分析：当Cube构建完成后，用户就可以通过SQL接口进行多维分析查询了。Kylin会利用预计算的结果来加速查询过程，提供快速的响应。

2）项目构建

在Kylin后台管理系统中，项目（project）是一个核心概念，它可以包含多个数据立方体（cube），每个Project都对应一个特定的业务场景或需求，包含了与这个场景或需求相关的数据模型和预计算结果，项目创建如图9-27所示。

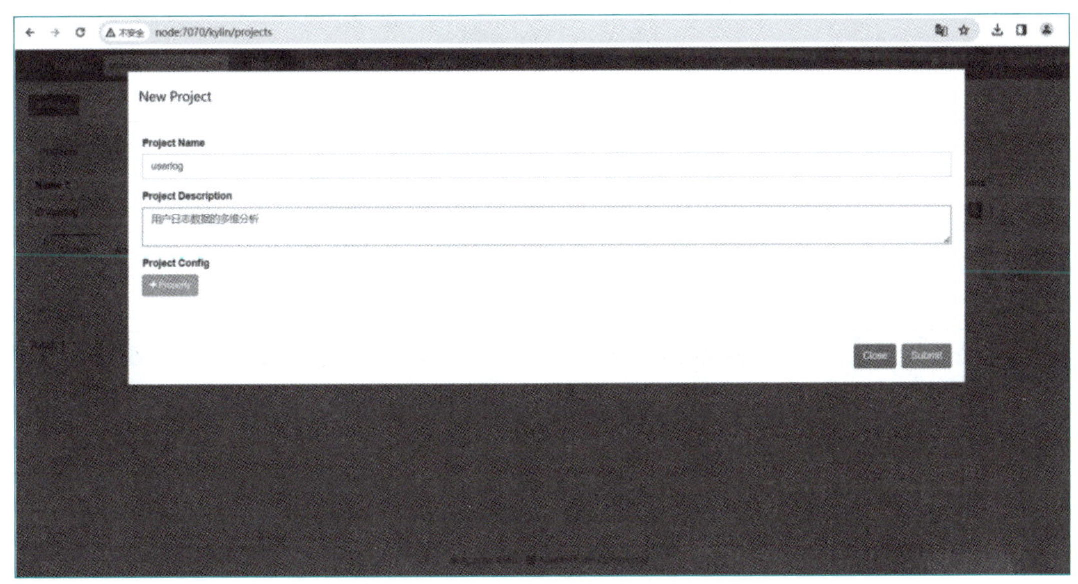

图 9-27　在 Kylin Web 系统中创建项目

创建Kylin项目后，需要指定数据源用来支持后续的多维计算任务，如图9-28所示选择匹配的项目（userlog），指定加载数据源。后台系统通过连接Hive元数据服务获得Hive数据库中的元数据库表信息，从中选择需要进行操作的库表并进行元数据信息（数据列）的同步操作，如图9-29所示。

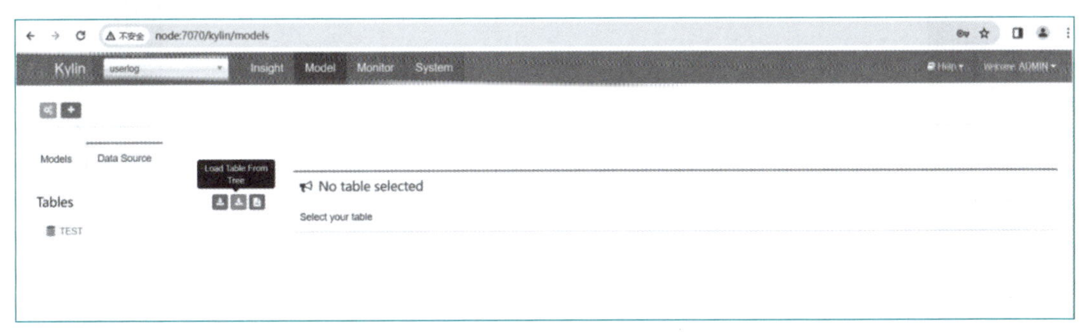

图 9-28　加载数据源

图 9-29　同步数据源

3）创建数据模型

Kylin Web管理系统中的数据模型（models）是指基于Kylin对数据进行模型化设计的过程，决定了如何在Kylin中创建立方体（cube），如何选择维度（dimensions）和度量（measures），以及如何设置分区（partition）等，以优化查询性能和数据加载效率。创建数据模型如图9-30所示。

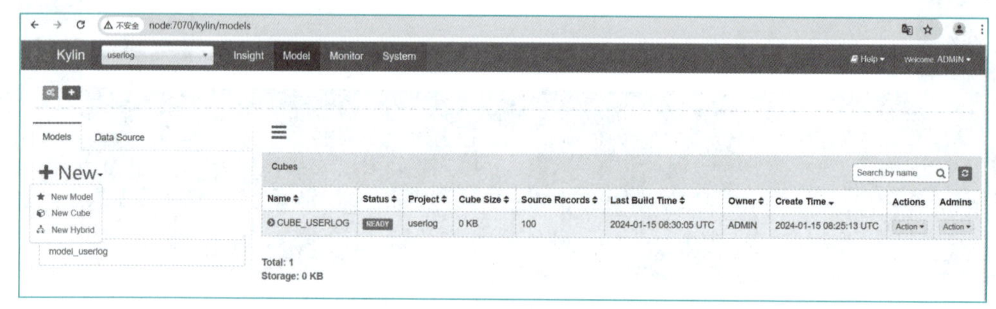

图 9-30　创建数据模型

Kylin Web管理系统中的数据模型创建流程包括了模型基本信息、数据源指定、维度数据列选择、度量列选择并设置度量方式、数据分区设置等操作内容，如图9-31所示。

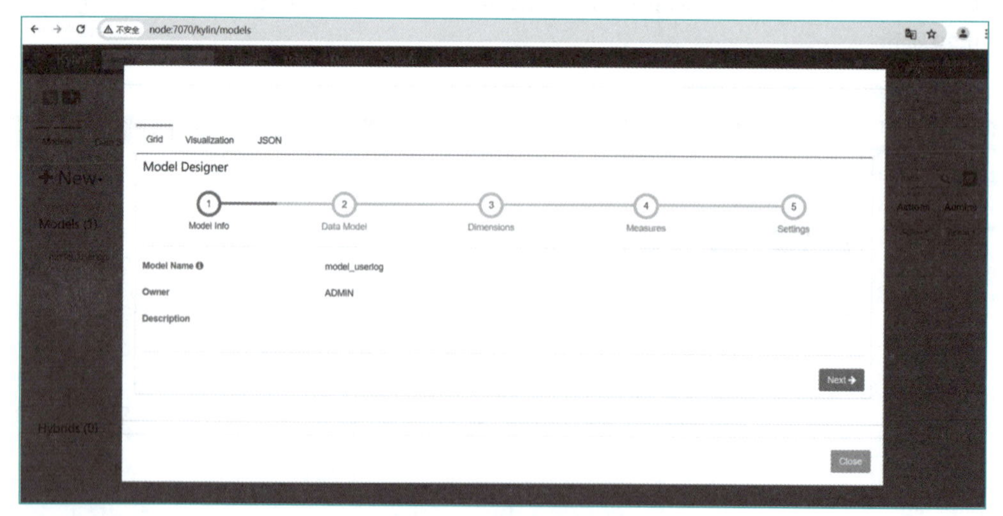

图 9-31　数据模型创建流程

（1）数据模型基本信息。在数据模型创建过程中，首先需要设置数据模型的基本信息，包括模型名称、模型备注，如图 9-32 所示。

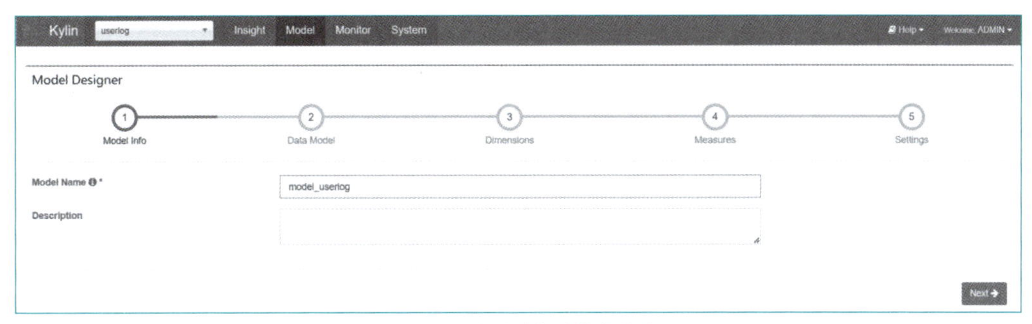

图 9-32 数据模型基本信息

（2）事实表指定。基于之前设置的数据源信息，在数据模型创建过程中可以使用这些数据源信息用来设置事实表（fact table），具体操作如图 9-33 所示。

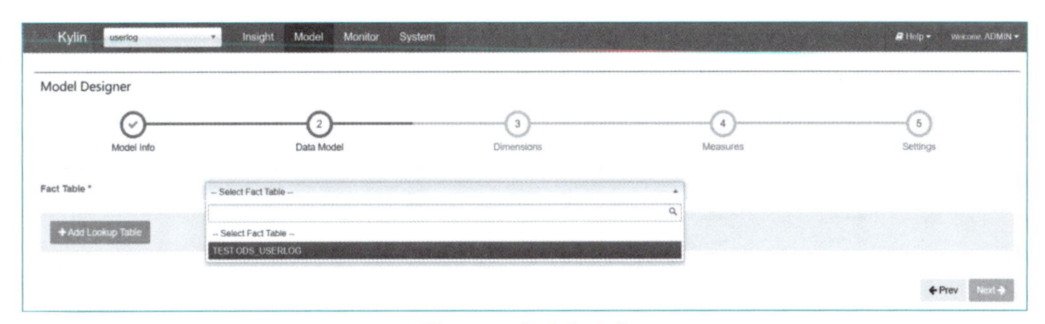

图 9-33 指定事实表

另外，对于某些情况下需要使用查询表（lookup table），查询表一般是数据维表，主要用来与事实表进行数据关联形成数据宽表，如图 9-34 所示。

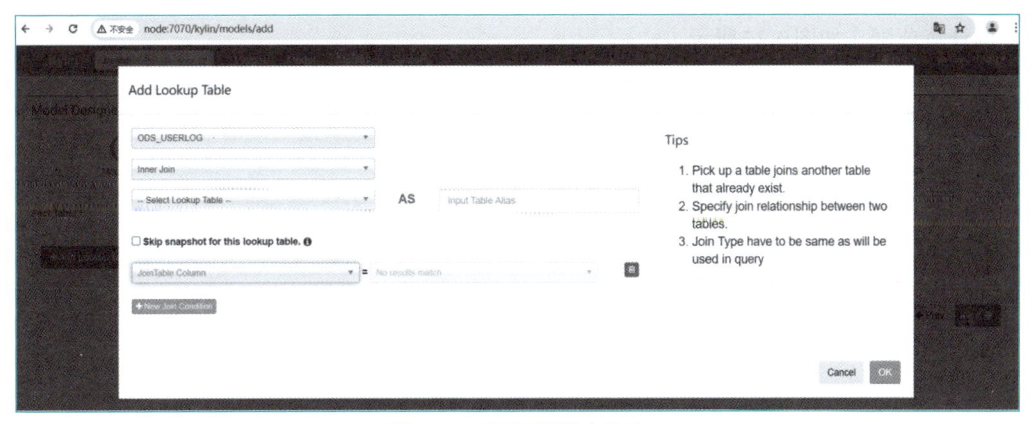

图 9-34 增加数据查询表

（3）维度列与度量列选择。指定数据事实表后需要在事实表内选择多个数据维度列，这里选择的数据维度列构成了后续多维计算组合，可以有多个指定，如图 9-35 所示。

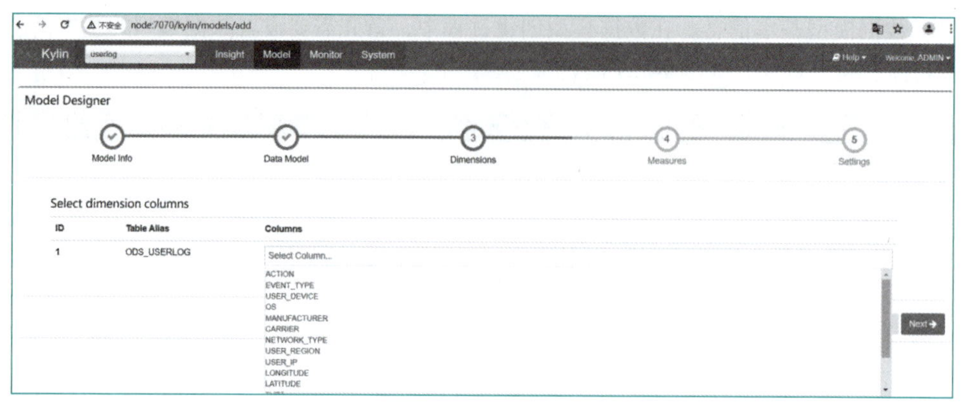

图 9-35　指定数据维度列

指定数据维度列后需要指定数据度量列，这里的数据度量就是多维计算的统计结果，如总和、极值、总数量等，如图9-36所示。

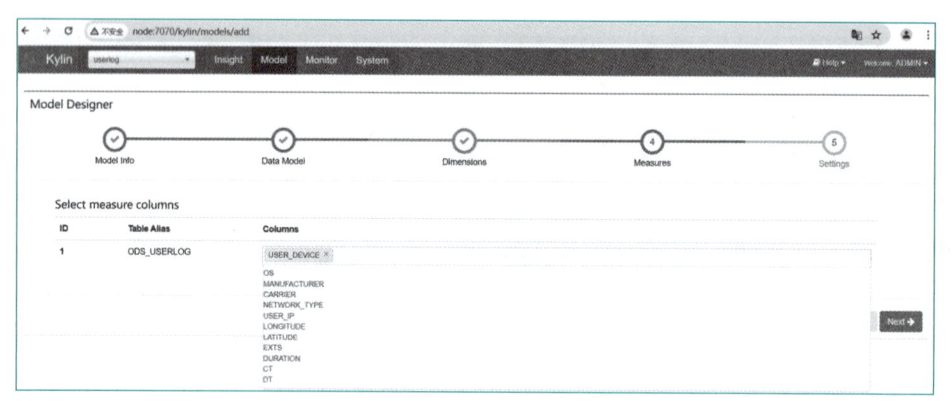

图 9-36　指定数据度量列

（4）数据范围选择。在创建数据模型操作的最后，通过指定数据分区信息可以选择事实表数据的计算范围，如图9-37所示。

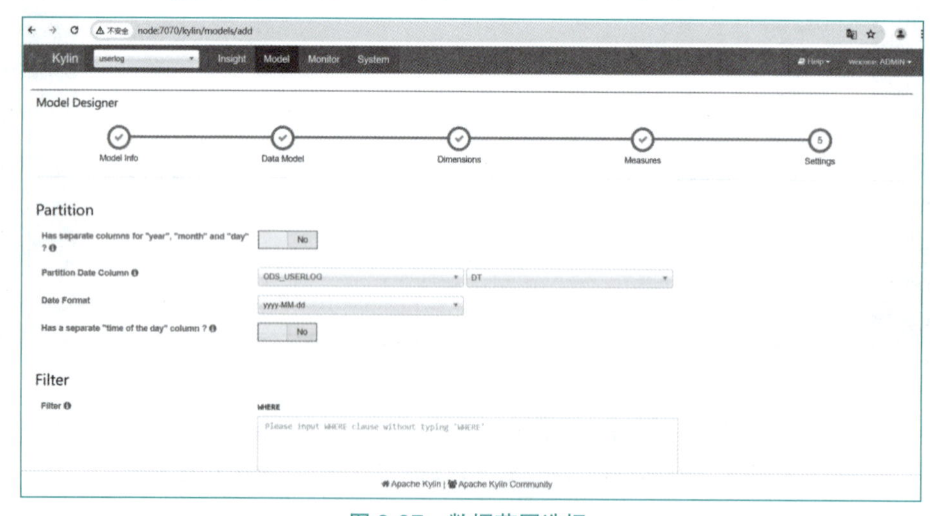

图 9-37　数据范围选择

4）创建数据立方体

在Kylin Web管理系统中，数据立方体的构建和设置依赖于项目和数据模型的创建，同时也反映了数据立方体与项目、数据模型的组织关系。进行多维计算的核心工作即创建数据立方体，如图9-38所示。

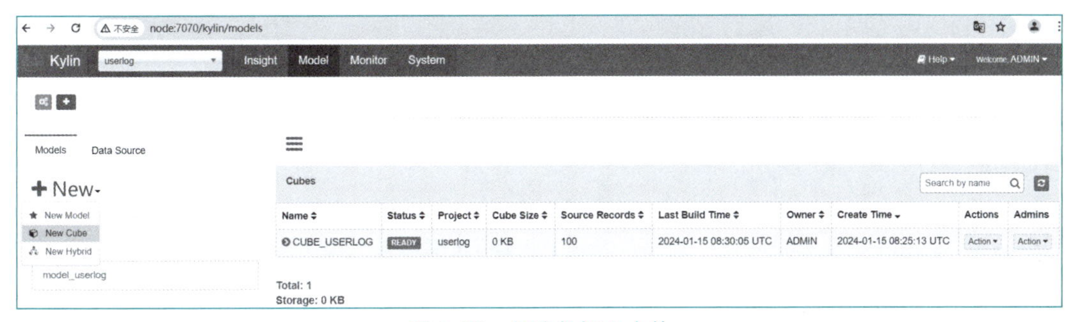

图9-38　创建数据立方体

（1）数据立方体基本信息。在数据立方体的创建过程中，首先需要设置数据立方体的基本信息，具体包括设置立方体名称、选择数据模型、邮件通知设置及邮件通知类型等内容，如图9-39所示。

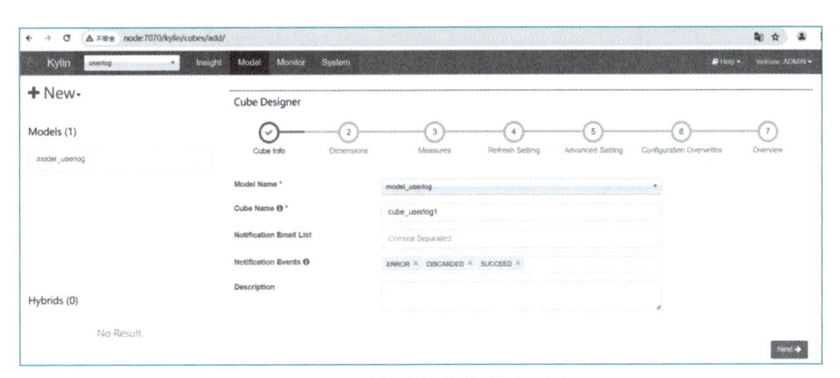

图9-39　数据立方体基本信息

（2）维度列和独立列设置。在数据立方体的创建过程中，需要在事实表中选择多维计算使用的表维度列和度量列，同时需要设置度量计算方式。其中，事实表维度列的选择操作如图9-40所示，度量列及度量计算方式如图9-41所示。

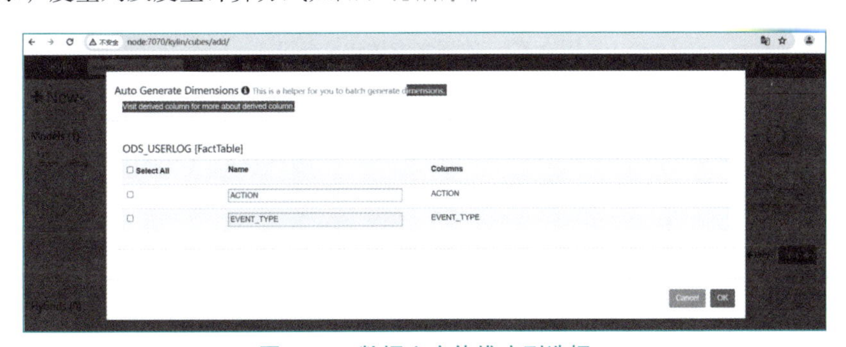

图9-40　数据立方体维度列选择

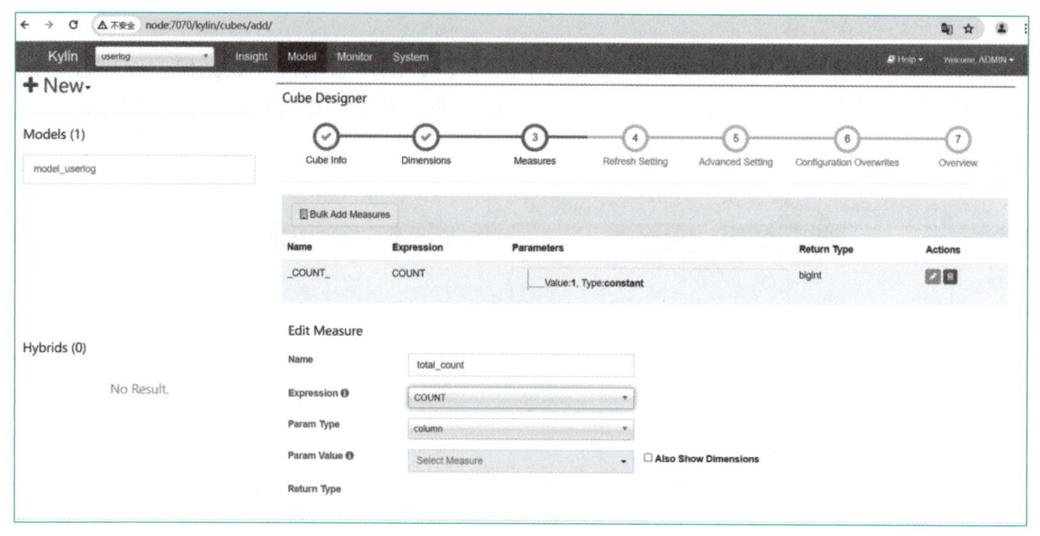

图 9-41 设置数据立方体度量计算方式

（3）数据立方体高级设置。在数据立方体的计算过程中，按照选择的时间分区范围，每天都会产生大量的计算碎片（cube碎片），这将导致Kylin的性能受到严重影响，所以可以通过合并数据碎片来降低性能损耗，如图9-42所示。

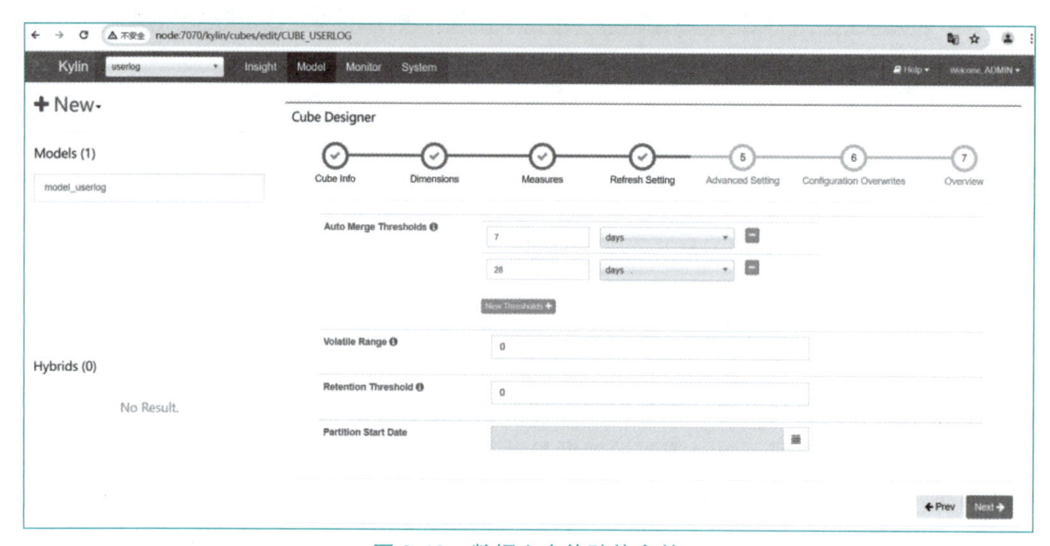

图 9-42 数据立方体碎片合并

数据立方体的计算还可以进行剪枝优化，具体的知识内容可参考9.4.2小节，本实践项目中使用了必要维度Mandatory Dimension的优化方式，具体设置内容如图9-43所示。另外，这里还可以设置Kylin数据立方体的计算引擎，如图9-44所示。

5）数据立方体的计算与监控

在Kylin Web管理系统中，可以对创建的数据立方体实施各种功能管理，具体包括编辑（edit）、构建（build）、刷新（refresh）、合并（merge）、设置无效（disable）、克隆（clone）等具体操作，如图9-45所示。

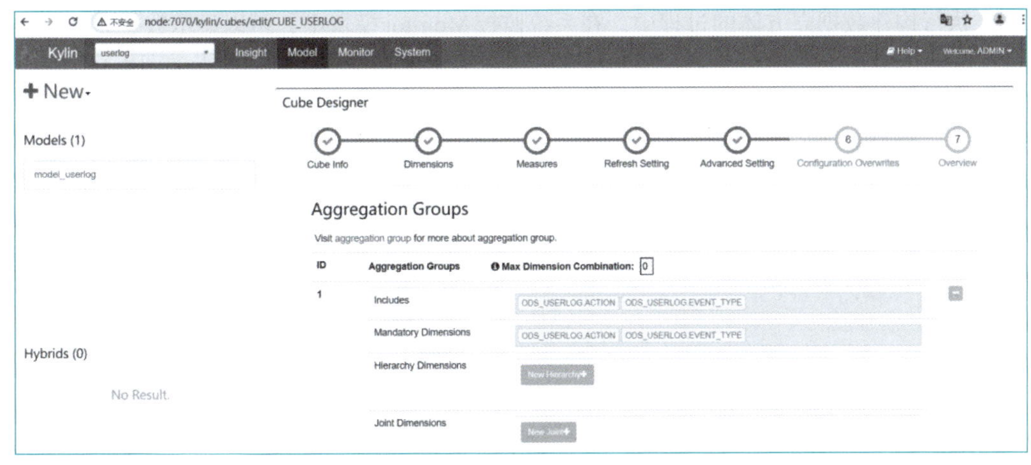

图 9-43　数据立方体“剪枝优化”

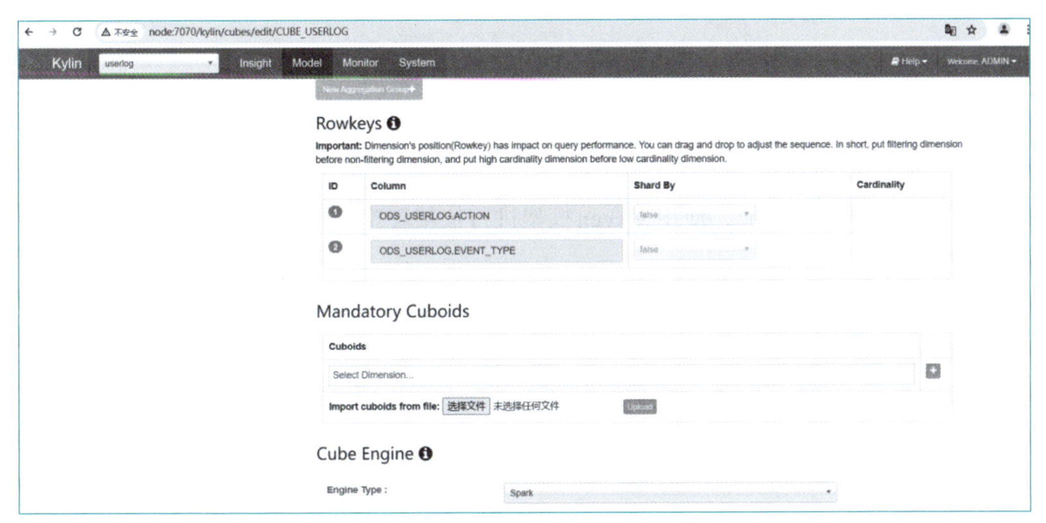

图 9-44　选择数据立方体计算引擎

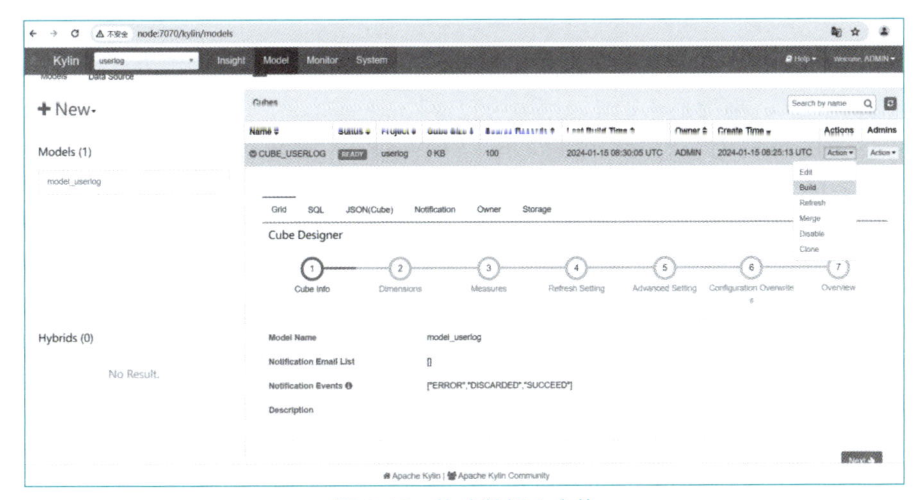

图 9-45　构建数据立方体

在执行构建数据立方体的过程中，在系统监控Monitor模块中，可以显示数据立方体的构建进程process状态，其中绿色表示成功构建，黑色表示放弃构建，具体状态如图9-46所示。

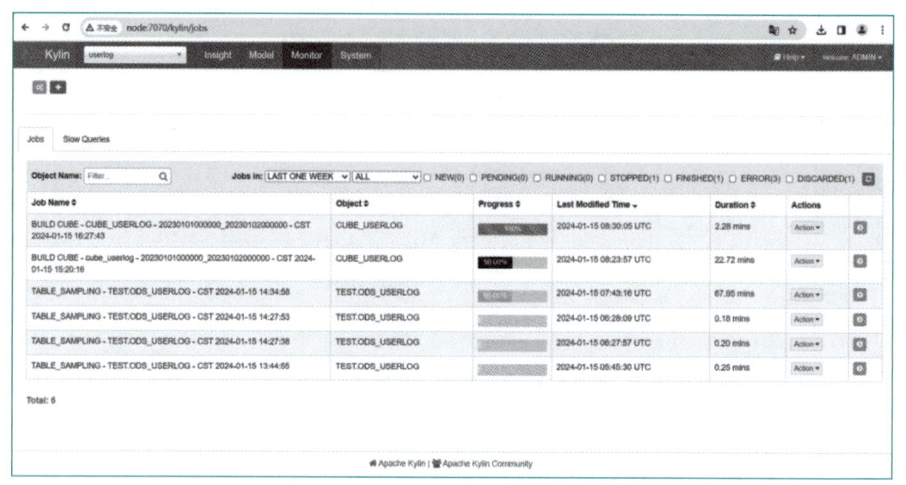

图 9-46　数据立方体构建进度展示列表

基于Kylin框架JDBC客户端方式访问应用实践

6）Kylin 客户端访问

（1）构建Maven项目。构建Maven开发项目用于开发基于Kylin框架的数据多维计算客户端访问功能，使用Maven框架进行依赖管理，修改pom.xml文件，具体如下所示：

```
<dependencies>
      <!--guava-->

       <dependency>
           <groupId>com.google.guava</groupId>
           <artifactId>guava</artifactId>
           <version>${guava.version}</version>
           <scope>${scope}</scope>
       </dependency>
       <!-- kylin4-->
       <dependency>
           <groupId>org.apache.kylin</groupId>
           <artifactId>kylin-jdbc</artifactId>
           <version>${kylin4.version}</version>
       </dependency>
   </dependencies>
```

（2）Kylin客户端访问。Kylin框架支持Java客户端的程序访问形式，首先通过Kylin提供的REST API或JDBC接口来连接到Kylin服务器，连接过程包括设置服务器的URL、端口、用户名和密码等信息。在连接Kylin服务器后可以使用SQL语句通过Kylin的REST API或JDBC接口查询Cube中的数据。查询过程包括构建SQL语句、发送查询请求到Kylin服务器，并处理返回的查询结果，具体核心代码如下例所示，代码执行结果如图9-47所示。

```
package com.hk.kylin.jdbc;
import org.slf4j.Logger;
import org.slf4j.LoggerFactory;
import java.sql.*;
import java.util.Properties;
/**
* Kylin4 的 JDBC 工具类
*/
public class JDBC4KylinHelper {
    public static void executeCubeSQL(String sql) throws Exception{
        Driver driver = (Driver) Class.forName("org.apache.kylin.jdbc.
Driver").newInstance();
        Properties info = new Properties();
        info.put("user", "ADMIN");
        info.put("password", "KYLIN");
        Connection conn = driver.connect("jdbc:kylin://node:7070/userlog",
info);
        PreparedStatement state = conn.prepareStatement(sql);
        ResultSet resultSet = state.executeQuery();
        while (resultSet.next()) {
            String action = resultSet.getString(1);
            String eventType = resultSet.getString(2);
            Long totalCount = resultSet.getLong(3);
            LOG.info("kylin.cube action={}, eventType={}, totalCount={}",
action, eventType, totalCount);
        }
    }
    public static void main(String[] args) throws Exception{
        String sql = "select action, event_type, count(*) as total_count
from test.ods_userlog group by action, event_type";
        executeCubeSQL(sql);
    }
}
```

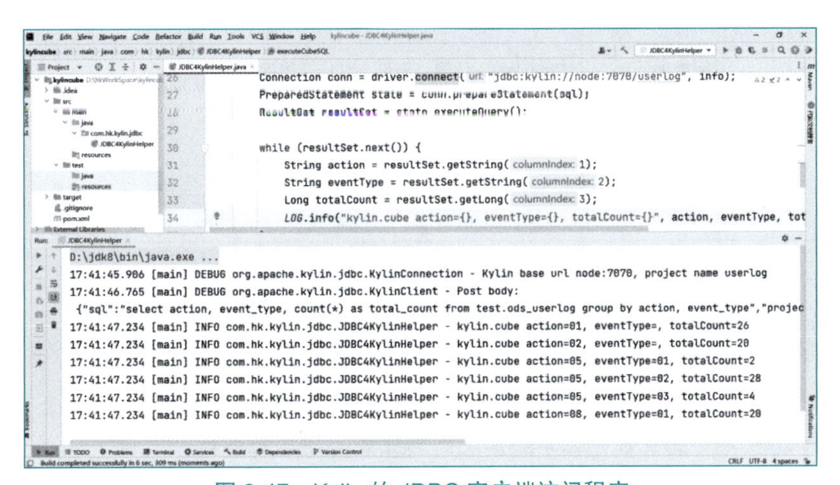

图 9-47　Kylin 的 JDBC 客户端访问程序

小　结

本章主要介绍OLAP联机分析相关的技术原理和实践方法。其中，理论部分分别介绍了OLAP和OLTP的关系、OLAP的典型操作、数据立方体的核心概念和算法等内容，实践应用则介绍了多维计算框架Kylin的相关用法。在理论内容介绍的同时列举一个实践项目详细讲述应用Kylin框架进行数据多维计算的全流程应用，将理论与实践相结合，使读者能够从应用示例中获取数据计算的实践经验。

思考与练习

一、问答题

1. 简述OLAP的定义和特性。

2. 简述OLAP中为什么需要大量的聚集方体。

3. 简述维的基本概念与多维的切片和切块。

二、实践题

1. 数据仓库SDWS的需求分析。某电商的业务销售涵盖全国范围，销售商品有家用电器和通信设备等。已建有网上销售业务管理系统，可以获取每日销售信息和顾客的基本信息等。

现为该电商建立一个能够提高市场竞争能力的数据仓库SDWS。

2. SDWS数仓的元数据如下：

名　称	Sales_Item
描述	整个电商的商品销售状况
目的	用于进行电商销售状况和促销情况的分析
维	时间、商品、顾客、地点
事实	销售事实表
度量值	销售量，销售金额、销售笔数

设计维度表和度量表

表　名		属 性 列
维表	时间维表	Date_key、日期、年份、月份、季度
	商品维表	Prod_key、子类、品牌、型号、单价、分类
	顾客维表	Cust_key、姓名、年龄、年龄层次
	地区维表	Locate_key、地址、地区、省份、市、县
事实表	销售事实表	Date_key、Cust_key、Locate_key、Prod_key、数量、金额

3. 将数据从原始业务数据加载到销售数据仓库中。

4. 完成如下题目的SQL查询代码：

（1）统计2024年的总销售量。

（2）统计“华中”地区“通信设备”的总销售量。

（3）统计2023年“北京市”各年龄层次的顾客购买商品的金额。

（4）统计全国各地区每年、每季度的销售金额。

（5）统计各类商品在每年、每月份的销售量。

（6）统计各年龄层次顾客的购买商品的次数。

（7）统计2023年1季度各地区各类商品的销售量。

（8）统计2023年各省份各年龄层次的商品购买金额。

（9）统计各产品子类、各地区、各年龄层次的销售量。

（10）统计每年的平均销售额。

第 10 章

企业级数据仓库综合实训

本章主要介绍大数据项目的完整开发过程，具体包括了项目的行业背景调查、需求分析、技术架构和技术实现。其中，技术实现包括开发环境构建、开发规范及需求实现等主要部分，使读者可以了解大数据项目开发的完整流程，深入理解项目需求逻辑，正确合理地进行技术选型与架构设计，并实现业务需求。

本章知识导图

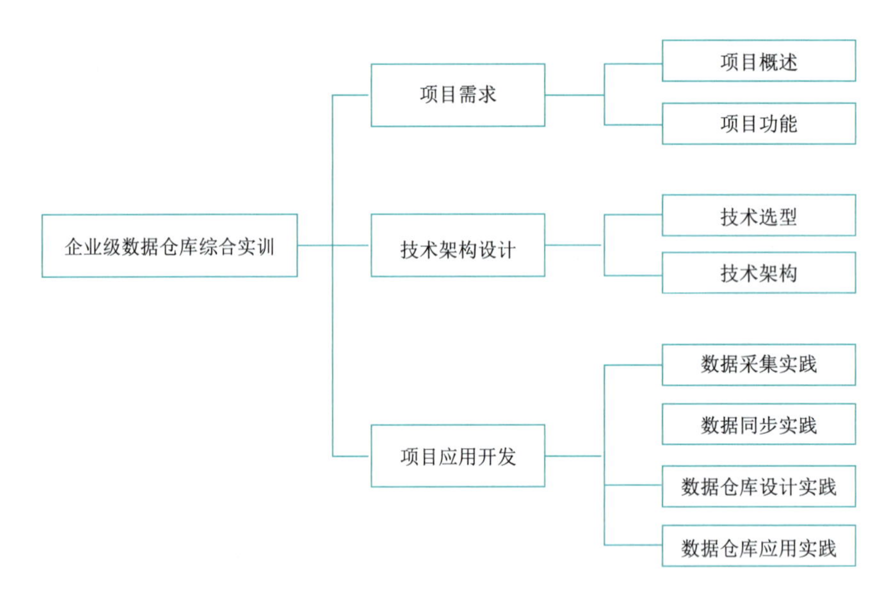

学习目标

◎ **理解：** 数据仓库中的数据来源构成、数据特征。

◎ **掌握：** 大数据数据仓库的需求分析、技术架构思路以及需求实现的技术应用流程。大数据数据仓库的数据采集、数据同步、数据计算、数据存储、任务调度等核心技术实现，以及大数据数据仓库的常见数据指标。

10.1 项 目 需 求

10.1.1 项目概述

随着电商行业的迅速发展，企业积累了海量的业务数据，包括用户行为数据、交易数据、商品数据等。为了从这些数据中提取有价值的信息，支持企业的决策制定、业务优化和精准营销，构建一个高效、可靠的电商大数据数据仓库成为当务之急。本项目整合来自多个数据源的数据，包括电商平台、支付系统、物流系统等，实现数据的一致性和完整性。通过建立数据仓库模型，对数据进行分层存储和管理，提高数据的查询和分析效率。提供数据挖掘和分析功能，帮助企业深入了解用户行为、商品销售趋势、市场竞争态势等，为业务决策提供数据支持。

1. 数据来源构成

电商数据仓库的数据来源通常非常多样化，大致分为电商平台内部系统数据和外部数据，常见数据来源的具体情况如下：

（1）电商平台：

- 用户注册信息：包括用户的基本资料，如姓名、性别、年龄、联系方式等。
- 用户行为数据：用户在平台上浏览的商品类别、品牌、页面停留时间等。
- 订单数据：订单号、下单时间、商品明细、支付方式、订单状态等。
- 评价和反馈：用户对购买商品的评价、打分、文字评论等。

（2）支付系统：

- 支付交易记录：支付金额、支付渠道、支付时间等。
- 退款和退货信息：退款原因、退款金额、处理状态等。

（3）物流系统：

- 物流单号：用于跟踪包裹的唯一标识。
- 发货信息：发货时间、发货地点、物流公司等。
- 配送状态：在途、已签收、延迟等。

（4）商品管理系统：

- 商品信息：商品名称、SKU（库存保有单位）、规格、价格、库存数量等。
- 商品分类和标签：所属类别、品牌、属性等。

（5）营销系统：

- 促销活动数据：活动名称、活动时间、优惠规则、参与用户等。
- 广告投放数据：广告渠道、投放时间、曝光量、点击量等。

（6）社交媒体平台：

- 用户在社交媒体上对品牌和商品的分享、讨论、评价等。

2. 数据特征

电商行业的数据特征具有海量性、多样性、高速性、复杂性等多个维度特征，具体特征如下所示：

（1）海量性。电商平台每天会产生大量的交易记录、用户行为数据、商品信息等。例如，像淘宝、京东这样的大型电商平台，由于用户数量较高，每天会产生大量的行为日志、交易数据和广告投放数据。

（2）多样性。数据类型丰富，包括结构化数据（如用户信息、订单详情）、半结构化数据

（如网页日志）和非结构化数据（如商品图片、用户评价的文本）。来源多样，涵盖了网站、移动应用、社交媒体、第三方合作伙伴等多个渠道。

（3）高速性。数据产生和更新的速度极快。新的订单不断生成，用户实时浏览和操作，要求数据处理和分析能够跟上这种高速的节奏。比如，在促销活动期间，每秒可能会处理成千上万笔订单。

（4）复杂性。数据之间的关系复杂，涉及用户、商品、订单、物流、支付等多个环节和实体的相互关联。数据质量参差不齐，存在缺失值、错误值、重复数据等问题，需要进行复杂的数据清洗和预处理。

（5）价值密度低。在海量的数据中，真正有价值的信息可能只占很小的一部分。需要通过深入的分析和挖掘才能提取出有意义的洞察。例如，从大量的用户浏览行为中找出潜在的购买意向。

（6）地域和人口特征差异明显。不同地区的用户在消费习惯、偏好的商品类别、购买力等方面存在差异。同样，不同年龄、性别、职业的用户也具有不同的消费行为特点。例如，地域饮食习惯造成的特色食品偏好，针对性地在该地区加大推广和库存投入，取得了良好的销售效果。又如，根据不同年龄段用户对电子产品的偏好数据调整商品展示和营销策略，提高了特定年龄段用户的购买转化率。

10.1.2 项目功能

电商数据仓库的项目需求通常涵盖了多个方面，以确保能够有效地收集、存储、处理、分析和利用电商业务中产生的海量数据。

1. 数据收集

1）异构数据源与批量采集

搭建业务数据采集子系统，收集电商业务中的各类业务数据，如订单数据、支付数据、物流数据等，支持多种异构数据源之间的数据同步，包括关系型数据库（如MySQL、Oracle）、日志文件、API接口等，并且支持数据的批量采集，如定期从业务数据库中抽取数据并传输到数据仓库。

2）灵活配置与性能

提供灵活的配置选项，允许用户根据需要指定数据来源、数据结构、采集频率等。数据采集子系统需要确保在高并发环境下仍能稳定、高效地执行数据采集任务。

2. 数据存储和管理

1）海量数据存储

电商数据仓库需要具备存储和管理海量数据的能力，以应对电商业务中快速增长的数据量。这通常要求采用分布式存储技术，如Hadoop的HDFS等，以确保数据的可靠性和可扩展性。

2）多类型数据支持

电商数据仓库需要支持多种数据类型，包括结构化数据（如关系数据库中的表）、非结构化数据（如文本、图片、视频等）。

3. 数据清洗和计算

1）数据清洗

在数据进入数据仓库之前，需要进行数据清洗工作，以处理缺失数据、重复数据、异常数据等问题，提高数据质量。

2）数据计算

支持各类复杂的数据计算任务，如复杂数据查询、数据统计、多维计算、数据关联等，要求系统具备高效的处理能力，能够在短时间内完成大量数据的计算和分析。

4. 数据仓库设计和数据指标

1）数据仓库设计与建模

大数据数据仓库的设计旨在满足企业对海量数据的存储、处理、分析和应用需求，通常将数据仓库分为多个层次，不同层次的数据处理粒度和应用场景不同，以满足不同的分析需求。另外，根据业务需求和数据特点，选择合适的建模方法，如ER模型（实体-关系模型）、维度模型（星状模型、雪花模型）等。

2）数据指标

数据指标是衡量业务绩效和效果的量化标准，常用的如用户类指标、交易类指标、流量类指标、营销类指标等。在数据仓库中，需要根据业务需求定义相应的数据指标，以便进行数据分析和决策支持。

10.2 技术架构设计

10.2.1 技术选型

在大数据离线场景下，数据仓库建设的技术选型通常需要考虑数据的采集、存储、处理、分析、调度等多个环节，依据各个环节的需求和特点选择合适的技术和工具来构建高效、可靠的大数据处理和分析平台，以下内容是一个清晰的技术选型概述。

1. 数据采集与同步

目标：从各种数据源集中地收集大量业务数据或日志数据，如关系型数据库、日志文件、网络传输数据等。

技术选型：选择支持高并发、可扩展的分布式数据采集工具或服务，确保能够高效地采集或同步所需数据。

2. 数据存储

目标：将采集到的数据存储在可扩展、高可用、容错性强的存储系统中。

技术选型：对于结构化或半结构化数据，可以考虑使用关系型数据库。对于非结构化数据或大规模数据存储，分布式文件存储系统是一个常见的选择，提供了高吞吐量的数据访问能力。

3. 数据处理与分析

目标：在数据仓库构建过程中，完成对海量数据的数据清洗、整合、查询、统计、分析等数据计算任务。

技术选型：基于分布式存储系统的海量数据，必须使用匹配的分布式计算系统来完成数据的抽取、转换和加载（ETL），并且提供数据查询语言进行数据分析和查询。

4. 任务调度

目标：确保任务能够在不同的服务节点上按时执行，并提供任务管理和监控能力。

技术选型：数据仓库建设过程中会存在大量的计算任务调度工作，需具备任务计划、依赖关系管理、任务执行监控及资源分配等功能。

10.2.2 技术架构

本项目主要完成大数据离线场景下的电商数据仓库，技术架构涉及数据采集、数据集成、数据存储、数据计算、任务调度等技术应用，具体技术架构内容如图10-1所示。

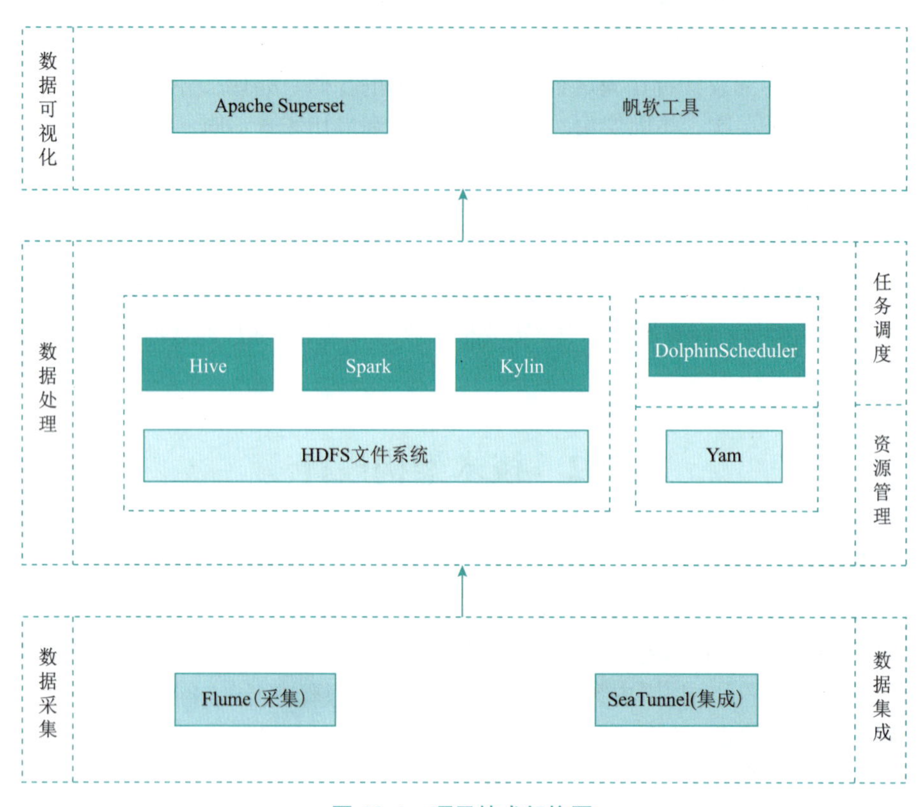

图 10-1 项目技术架构图

1. 数据采集

数据采集重点解决数据来源问题，本项目采用Apache Flume数据采集框架，明确采集流程，针对不同的数据来源采用正确、匹配的采集组件，组件间相互协调完成数据采集任务。

2. 数据集成

数据集成同样可以解决数据来源问题，本项目采用Apache Seatunnel数据集成框架，旨在为不同来源、格式的数据提供数据同步和集成解决方案。在本项目中使用该框架配合数据采集框架Flume共同完成各类数据源的获取工作。

3. 数据存储

基于业务场景中存在的海量数据，本项目采用Apache HDFS分布式存储框架提供可靠、高效和可扩展的解决方案。通过其高容错性、高吞吐量和流式数据访问等特性，HDFS能够支持大规模数据集的处理和分析，是数据仓库建设的重要基础设施之一。

4. 数据计算

数据计算是数据仓库构建整个技术部分的核心内容，项目采用Apache Spark计算框架，在进行数据仓库构建的过程中，完成对数据仓库各层数据表的数据操作，主要涉及明细数据的去重、去噪处理、明细数据ETL处理、明细数据宽表化处理、统计数据计算、多维数据计算等内容。

5. 任务调度

任务调度是数据仓库构建的关键部分，项目采用Apache DolphinScheduler开源工作流协调平台。在数据仓库构建过程中，按照数据血缘的相互关系，同一计算链路上存在多个计算任务，这些计算任务需要在任务调度的任务链中进行显式声明定义，由任务执行策略开始触发任务执行并监控计算任务的执行结果，提供重复任务调度并保障数据质量。

10.3　项目应用开发

10.3.1　数据采集实践

本项目的数据采集主要负责采集用户行为日志数据到分布式存储系统中，首先需要编写数据采集流程文件，具体应用过程是指在数据采集节点上对所需采集的文件目录进行监控，一旦数据文件形成，就使用采集组件进行数据采集，并通过传输通道输出到数据存储系统，最终完成数据采集任务。

1. 数据采集流程定义

对于用户日志数据的采集流程，主要使用了数据采集组件（SpoolDir Source组件）、文件传输组件（File Channel组件）和数据输出组件（HDFS Sink组件）。由于数据仓库项目中在数据形成、数据采集、数据仓库设计、数据存储等环节一般均根据数据时间日期对数据进行划分使用，所以数据采集输出目录的存储路径对应为时间分区目录（备注：时间分区目录命名，格式为yyyy-MM-dd），另外，考虑到数据安全性问题，可能会对数据进行加密或编码处理，各个参数配置值可以根据实际的服务器硬件配置和系统性能要求来进行参数调优，具体数据采集流程定义及配置参数如下所示。

数据采集流程定义文件（flume2hdfs.agent）：

```
    #Flume 数据采集
    f.sources = r1
    f.sinks = k1
    f.channels = c1
    #source--------------------------------
    f.sources.r1.type = spooldir
    f.sources.r1.channels = c1
    f.sources.r1.spoolDir = /opt/data/userlogs
    f.sources.r1.batchSize = 10000
    f.sources.r1.interceptors = i1
    f.sources.r1.interceptors.i1.type = com.bigdata.bc.flume.interceptor.
Coder4Base64Interceptor$Builder
    #channel--------------------------------
    f.channels.c1.type = memory
    f.channels.c1.capacity = 1000000
    f.channels.c1.transactionCapacity = 10000
    #sink--------------------------------
    f.sinks.k1.channel = c1
    f.sinks.k1.type = hdfs
    f.sinks.k1.hdfs.path = hdfs://node:8020/data/flume/userlog/dt=%{eventtime}
```

```
f.sinks.k1.hdfs.fileType = DataStream
f.sinks.k1.hdfs.round = true
f.sinks.k1.hdfs.roundValue = 60
f.sinks.k1.hdfs.roundUnit = second
f.sinks.k1.hdfs.rollInterval = 1
f.sinks.k1.hdfs.rollSize = 1048576
f.sinks.k1.hdfs.rollCount = 30
f.sinks.k1.hdfs.hdfs.callTimeout = 60
f.sinks.k1.hdfs.filePrefix = ul-
f.sinks.k1.hdfs.fileSuffix = .gz
f.sinks.k1.hdfs.codeC = gzip
f.sinks.k1.hdfs.writeFormat = Text
f.sinks.k1.hdfs.fileType = CompressedStream
f.sinks.k1.hdfs.useLocalTimeStamp = falase
f.sinks.k1.hdfs.idleTimeout = 5
```

2. 自定义数据采集拦截器

本项目出于数据安全考虑，需要对数据进行特殊处理，通过实现Flume自定义拦截器提供数据编码处理功能，具体实现过程如下所示。

1）设置项目依赖包

通过构建maven项目实现自定义Flume拦截器功能，首先通过设置maven项目的pom.xml配置文件进行依赖库包加载，主要内容如下所示：

```
<properties>
   <project.build.sourceEncoding>UTF-8</project.build.sourceEncoding>
<project.reporting.outputEncoding>UTF-8</project.reporting.
outputEncoding>
    <file.encoding>UTF-8</file.encoding>
    <maven.compiler.encoding>UTF-8</maven.compiler.encoding>
    <java.version>1.8</java.version>
    <logback.version>1.2.11</logback.version>
    <slf4j.version>1.7.32</slf4j.version>
    <lombok.version>1.18.20</lombok.version>
    <fastjson.version>2.0.44</fastjson.version>
    <gson.version>2.8.9</gson.version>
    <guava.version>31.0.1-jre</guava.version>
    <commons-lang3.version>3.4</commons-lang3.version>
    <commons-io.version>2.11.0</commons-io.version>
    <commons-codec.version>1.14</commons-codec.version>
    <commons-collections.version>3.2.2</commons-collections.version>
    <flume-ng-core.version>1.9.0</flume-ng-core.version>
    <packagescope>compile</packagescope>
  </properties>
  <dependencies>
    <!-- 日志jar包依赖 -->
    <dependency>
      <groupId>ch.qos.logback</groupId>
      <artifactId>logback-classic</artifactId>
```

```
    <version>${logback.version}</version>
    <scope>${packagescope}</scope>
    <exclusions>
      <exclusion>
        <groupId>org.slf4j</groupId>
        <artifactId>slf4j-api</artifactId>
      </exclusion>
    </exclusions>
  </dependency>
  <dependency>
    <groupId>org.slf4j</groupId>
    <artifactId>slf4j-api</artifactId>
    <version>${slf4j.version}</version>
    <scope>${packagescope}</scope>
  </dependency>
  <dependency>
    <groupId>org.slf4j</groupId>
    <artifactId>jcl-over-slf4j</artifactId>
    <version>${slf4j.version}</version>
  </dependency>
  <dependency>
    <groupId>org.slf4j</groupId>
    <artifactId>jul-to-slf4j</artifactId>
    <version>${slf4j.version}</version>
  </dependency>
  <dependency>
    <groupId>org.projectlombok</groupId>
    <artifactId>lombok</artifactId>
    <version>${lombok.version}</version>
    <scope>${packagescope}</scope>
  </dependency>
  <!--guava-->
  <dependency>
    <groupId>com.google.guava</groupId>
    <artifactId>guava</artifactId>
    <version>${guava.version}</version>
    <scope>${packagescope}</scope>
  </dependency>
  <!--gson-->
  <dependency>
    <groupId>com.google.code.gson</groupId>
    <artifactId>gson</artifactId>
    <version>${gson.version}</version>
  </dependency>
  <!--fastjson-->
  <dependency>
    <groupId>com.alibaba.fastjson2</groupId>
    <artifactId>fastjson2</artifactId>
    <version>${fastjson.version}</version>
  </dependency>
```

```
    <!-- apache commons -->
    <dependency>
      <groupId>org.apache.commons</groupId>
      <artifactId>commons-lang3</artifactId>
      <version>${commons-lang3.version}</version>
      <scope>${packagescope}</scope>
    </dependency>
    <dependency>
      <groupId>commons-io</groupId>
      <artifactId>commons-io</artifactId>
      <version>${commons-io.version}</version>
      <scope>${packagescope}</scope>
    </dependency>
    <dependency>
      <groupId>commons-codec</groupId>
      <artifactId>commons-codec</artifactId>
      <version>${commons-codec.version}</version>
      <scope>${packagescope}</scope>
    </dependency>
    <dependency>
      <groupId>commons-collections</groupId>
      <artifactId>commons-collections</artifactId>
      <version>${commons-collections.version}</version>
      <scope>${packagescope}</scope>
    </dependency>
    <dependency>
      <groupId>org.apache.flume</groupId>
      <artifactId>flume-ng-core</artifactId>
      <version>${flume-ng-core.version}</version>
      <scope>${packagescope}</scope>
    </dependency>
  </dependencies>
```

2）自定义数据拦截器

通过实现Flume框架内置接口Interceptor来实现自定义数据拦截处理需求，本次拦截器用于进行数据编码处理，具体核心代码如下所示：

```
package com.bigdata.bc.flume.interceptor;
import com.bigdata.bc.util.json.FastJsonHelper;
import com.google.common.collect.Lists;
import org.apache.commons.codec.binary.Base64;
import org.apache.commons.lang3.StringUtils;
import org.apache.flume.Context;
import org.apache.flume.Event;
import org.apache.flume.event.SimpleEvent;
import org.apache.flume.interceptor.Interceptor;
import org.slf4j.Logger;
import org.slf4j.LoggerFactory;
```

```
import java.nio.charset.StandardCharsets;
import java.text.SimpleDateFormat;
import java.util.Calendar;
import java.util.List;
import java.util.Map;
/**
 * Flume 自定义拦截器
 * 数据拦截处理:
 *    (1) 对数据进行 base64 算法的数据编码
 *    (2) 提取事件时间计算 Hive 时间分区值
 */
public class Coder4Base64Interceptor implements Interceptor {
    // 日志
    private final static Logger LOG = LoggerFactory.getLogger(Coder4Base6
4Interceptor.class);
    // 事件时间数据列
    public static final String KEY_CT = "ct";
    // 时间 header
    public final static String HEADER_ET = "eventtime";
    // 日期格式化
    public static final String HEADER_ET_FORMAT = "yyyy-MM-dd";

    /**
     * 拦截器初始化
     */
    @Override
    public void initialize() { }

    /**
     * 日期格式化
     */
    public static String formatDate4Timestamp(Long ct, String type) {
        SimpleDateFormat sdf = new SimpleDateFormat(type);
        String result = null;
        try {
            if (null != ct) {
                Calendar cal = Calendar.getInstance();
                cal.setTimeInMillis(ct);
                result = sdf.format(cal.getTime());
            }
        } catch (Exception e) {
            e.printStackTrace();
        }
        return result;
    }

    /**
     * 数据拦截处理逻辑
     * @param event (1) 对事件数据提取事件时间并进行转换, (2) 对事件数据进行编码处理
     * @return
```

```
     */
    @Override
    public Event intercept(Event event) {
        //flume headers
        Map<String,String> headers = event.getHeaders();
        //数据采集对应的时间分区值（无事件时间值的分区目录为特殊目录 19700101）
        String partition = "19700101";
        //原始数据
        String bodys = new String(event.getBody(), StandardCharsets.
UTF_8);
        byte[] nBodyDatas = null;
        if (StringUtils.isNotEmpty(bodys)){
            try {
                //抽取采集数据中的事件时间 (ct) 并进行日期计算，添加到 event 的
header 中
                Map<String,Object> bodyValues = FastJsonHelper.
gJson2Obj(bodys,Map.class);
                if(null != bodyValues){
                    //对事件数据进行数据编码
                    nBodyDatas = Base64.encodeBase64(bodys.
getBytes(StandardCharsets.UTF_8));
                    //事件时间
                    Object ct = bodyValues.get(KEY_CT);
                    Long et = Long.valueOf(ct.toString());
                    partition = formatDate4Timestamp(et, HEADER_ET_
FORMAT);
                }
            } catch (Exception e) {
                e.printStackTrace();
            } finally {
                //设置拦截器 header 用于落地 HDFS 数据文件的时间分区选择
                headers.put(HEADER_ET, partition);
                event.setHeaders(headers);
                //设置处理后的事件数据
                if(null != nBodyDatas){
                    event.setBody(nBodyDatas);
                }
            }
        }
        return event;
    }
    /**
     * 数据流拦截处理
     * @param list
     * @return
     */
    @Override
    public List<Event> intercept(List<Event> list) {
        List<Event> intercepted = Lists.newArrayListWithCapacity(list.size());
        for (Event event : list) {
```

```
            Event interceptedEvent = intercept(event);
            if (interceptedEvent != null) {
                intercepted.add(interceptedEvent);
            }
        }
        return intercepted;
    }
    /**
     * 关闭拦截时使用的外部资源（与初始化相对）
     */
    @Override
    public void close() {}

    /**
     * Flume 自定义拦截器的内置构造器
     */
    public static class Builder implements Interceptor.Builder {
        @Override
        public Interceptor build() {
            return new Coder4Base64Interceptor();
        }
        @Override
        public void configure(Context context) {
        }
    }
}
```

3. 数据采集脚本

创建数据采集的脚本文件，并通过指导用户行为日志文件的采集流程配置文件进行数据采集处理，数据采集脚本的具体内容如下所示。

用户日志数据的采集流程执行脚本（flume_service.sh）：

```
#!/bin/bash
## 通过调用传入采集流程定义文件
agent_path=$1
## 执行采集流程执行
${FLUME_HOME}/bin/flume-ng agent -c ${FLUME_HOME}/conf \
-f ${agent_path} \
-n f \
-Dflume.root.logger=INFO,console \
-Dflume.monitoring.type=http \
-Dflume.monitoring.port=31001
```

执行数据采集脚本，执行过程如图 10-2 所示，数据采集的输出结果如图 10-3 所示。

```
## 调研采集脚本进行数据采集，传入采集流程定义文件
sh flume_service.sh -s start -p ${FLUME_HOME}/agent/flume2hdfs.agent
```

```
ter$7.call(BucketWriter.java:681)] Renaming hdfs://node:8020/data/flume/userlog/dt=2021-12-2
0/ul-.1706690358619.gz.tmp to hdfs://node:8020/data/flume/userlog/dt=2021-12-20/ul-.17066903
58619.gz
2024-01-31 16:39:20,167 (SinkRunner-PollingRunner-DefaultSinkProcessor) [INFO - org.apache.f
lume.sink.hdfs.BucketWriter.open(BucketWriter.java:246)] Creating hdfs://node:8020/data/flum
e/userlog/dt=2021-12-20/ul-.1706690358620.gz.tmp
2024-01-31 16:39:20,179 (hdfs-k1-call-runner-0) [INFO - org.apache.hadoop.io.compress.CodecP
ool.getCompressor(CodecPool.java:153)] Got brand-new compressor [.gz]
2024-01-31 16:39:20,569 (hdfs-k1-roll-timer-0) [INFO - org.apache.flume.sink.hdfs.HDFSEventS
ink$1.run(HDFSEventSink.java:393)] Writer callback called.
2024-01-31 16:39:20,569 (hdfs-k1-roll-timer-0) [INFO - org.apache.flume.sink.hdfs.BucketWrit
er.doClose(BucketWriter.java:438)] Closing hdfs://node:8020/data/flume/userlog/dt=2021-12-22
/ul-.1706690359544.gz.tmp
2024-01-31 16:39:20,979 (hdfs-k1-call-runner-5) [INFO - org.apache.flume.sink.hdfs.BucketWri
ter$7.call(BucketWriter.java:681)] Renaming hdfs://node:8020/data/flume/userlog/dt=2021-12-2
2/ul-.1706690359544.gz.tmp to hdfs://node:8020/data/flume/userlog/dt=2021-12-22/ul-.17066903
59544.gz
2024-01-31 16:39:21,123 (hdfs-k1-roll-timer-0) [INFO - org.apache.flume.sink.hdfs.HDFSEventS
ink$1.run(HDFSEventSink.java:393)] Writer callback called.
2024-01-31 16:39:21,123 (hdfs-k1-roll-timer-0) [INFO - org.apache.flume.sink.hdfs.BucketWrit
er.doClose(BucketWriter.java:438)] Closing hdfs://node:8020/data/flume/userlog/dt=2021-12-21
/ul-.1706690359503.gz.tmp
2024-01-31 16:39:21,131 (hdfs-k1-call-runner-7) [INFO - org.apache.flume.sink.hdfs.BucketWri
ter$7.call(BucketWriter.java:681)] Renaming hdfs://node:8020/data/flume/userlog/dt=2021-12-2
1/ul-.1706690359503.gz.tmp to hdfs://node:8020/data/flume/userlog/dt=2021-12-21/ul-.17066903
59503.gz
2024-01-31 16:39:21,181 (hdfs-k1-roll-timer-0) [INFO - org.apache.flume.sink.hdfs.HDFSEventS
```

图 10-2 Flume 采集执行过程

```
[root@node ~]#
[root@node ~]# hdfs dfs -ls /data/flume/userlog
24/01/31 16:43:51 WARN util.NativeCodeLoader: Unable to load native-hadoop library for your
platform... using builtin-java classes where applicable
Found 3 items
drwxr-xr-x   - root supergroup          0 2024-01-31 16:39 /data/flume/userlog/dt=2021-12-20
drwxr-xr-x   - root supergroup          0 2024-01-31 16:39 /data/flume/userlog/dt=2021-12-21
drwxr-xr-x   - root supergroup          0 2024-01-31 16:39 /data/flume/userlog/dt=2021-12-22
[root@node ~]#
[root@node ~]# hdfs dfs -ls /data/flume/userlog/dt=2021-12-22
24/01/31 16:46:16 WARN util.NativeCodeLoader: Unable to load native-hadoop library for your
platform... using builtin-java classes where applicable
Found 1 items
-rw-r--r--   1 root supergroup       2051 2024-01-31 16:39 /data/flume/userlog/dt=2021-12-22
/ul-.1706690359544.gz
[root@node ~]#
[root@node ~]#
[root@node ~]#
```

图 10-3 数据采集输出

10.3.2 数据同步实践

1. 数据同步流程定义

在电商数据仓库项目中，大部分的业务数据来自于关系型数据库，比如用户信息表、商品信息表、订单表、支付记录表等。本项目基于Apache Seatunnel框架实现数据同步任务，由于篇幅有限业务数据表众多，本小节仅通过用户信息表展示数据同步的具体实践过程。

1）业务数据表结构

下文展示了用户基本信息所在的关系型数据库和表结构定义，数据字段包括用户的基本资料，如姓名、性别、年龄、联系方式等。

```
-- 创建数据库
CREATE DATABASE IF NOT EXISTS ecommerce DEFAULT CHARSET utf8 COLLATE utf8_
general_ci;
use ecommerce;
-- 用户信息表(user_info)
CREATE TABLE IF NOT EXISTS user_info (
    user_id VARCHAR(20) NOT NULL COMMENT '用户ID',
    username VARCHAR(30) NOT NULL COMMENT '用户名',
    password VARCHAR(10) NOT NULL COMMENT '用户密码',
    email VARCHAR(50) COMMENT '用户邮箱',
```

```
    phone VARCHAR(20) COMMENT '用户手机号',
    idcard VARCHAR(30) COMMENT '身份证',
    gender INT COMMENT '性别(如1-男,2-女)',
    age INT COMMENT '年龄',
    device VARCHAR(20) COMMENT '手机设备号',
    register_time TIMESTAMP NOT NULL COMMENT '用户注册时间',
    last_login_time TIMESTAMP NULL COMMENT '用户最后登录时间',
    status INT COMMENT '用户状态(如:0-未激活,1-活跃,2-禁用)',
    PRIMARY KEY (user_id)
) ENGINE=InnoDB DEFAULT CHARSET=utf8;
```

2）数据同步流程应用

本实践环节的数据同步流程，需要按照实际情况将关系型数据库的用户信息表数据同步到分布式存储系统HDFS或Hive数据库表中，并根据实际情况进行数据的过滤、转化等操作，具体数据同步流程定义示例如下所示：

```
env {
  execution.parallelism = 1
  job.mode = "BATCH"
}
source {
    Jdbc {
       result_table_name = "jdbc_tables"
        parallelism=1
        partition_num="1"
        query="select user_id, username, password, email, phone, idcard, gender,
age, device, register_time, last_login_time, status from ecommerce.user_info"
        driver="com.mysql.jdbc.Driver"
        user="root"
       password="hk2024bc"
   url="jdbc:mysql://node:3306/ecommerce?useUnicode=true&characterEncodi
ng=utf8&useSSL=false"
    }
}
transform {
  Sql {
    source_table_name = "jdbc_tables"
    result_table_name = "hive_tables"
query = "select user_id, username, password, email, phone,
idcard, gender, age, device, register_time, last_login_time, status,
formatdatetime(register_time, 'yyyyMMdd') as dt from jdbc_tables "
   }
}
sink {
    Hive {
         source_table_name = "hive_tables"
         table_name = "ods_user.ods_db_user_info"
         metastore_uri = "thrift://node:9083"
    }
}
```

2. 数据同步脚本

通过编写脚本文件来处理数据同步任务，将指定的数据同步流程配置文件路径传入相关参数，具体数据同步任务脚本内容如下所示：

```
#!/bin/bash
${SEATUNNEL_HOME}/bin/seatunnel.sh \
--config  /opt/scripts/seatunnel/mysql_user_sync_hive.config \
-e local
```

数据同步过程如图10-4所示，数据同步结果如图10-5所示。

```
2024-08-05 16:47:29,400 INFO  org.apache.seatunnel.engine.client.job.ClientJobProxy - Job (8727627081376
07169) end with state FINISHED
2024-08-05 16:47:29,433 INFO  org.apache.seatunnel.core.starter.seatunnel.command.ClientExecuteCommand -

***********************************************
          Job Statistic Information
***********************************************
Start Time                : 2024-08-05 16:47:24
End Time                  : 2024-08-05 16:47:29
Total Time(s)             :                    4
Total Read Count          :                 1000
Total Write Count         :                 1000
Total Failed Count        :                    0
***********************************************

2024-08-05 16:47:29,434 INFO  com.hazelcast.core.LifecycleService - hz.client_1 [seatunnel-963711] [5.1]
 HazelcastClient 5.1 (20220228 - 21f20e7) is SHUTTING_DOWN
2024-08-05 16:47:29,439 INFO  com.hazelcast.internal.server.tcp.TcpServerConnection - [localhost]:5801 [
seatunnel-963711] [5.1] Connection[id=1, /127.0.0.1:5801->/127.0.0.1:53325, qualifier=null, endpoint=[12
7.0.0.1]:53325, remoteUuid=120a5a93-7bf8-44dc-8d9d-8563e0478fd6, alive=false, connectionType=JVM, planeI
ndex=-1] closed. Reason: Connection closed by the other side
2024-08-05 16:47:29,439 INFO  com.hazelcast.client.impl.connection.ClientConnectionManager - hz.client_1
 [seatunnel-963711] [5.1] Removed connection to endpoint: [localhost]:5801:055a7eb0-5df9-4912-a768-f6f53
572a84a, connection: ClientConnection{alive=false, connectionId=1, channel=NioChannel{/127.0.0.1:53325->
localhost/127.0.0.1:5801}, remoteAddress=[localhost]:5801, lastReadTime=2024-08-05 16:47:29.431, lastWri
teTime=2024-08-05 16:47:29.401, closedTime=2024-08-05 16:47:29.437, connected server version=5.1}
2024-08-05 16:47:29,439 INFO  com.hazelcast.core.LifecycleService - hz.client_1 [seatunnel-963711] [5.1]
```

图10-4　数据同步过程

```
[root@node ~]#
[root@node ~]#
[root@node ~]# hdfs dfs -ls /data/user/ods/user_info/
24/08/05 16:48:28 WARN util.NativeCodeLoader: Unable to load native-hadoop library for your platform...
using builtin-java classes where applicable
Found 2 items
drwxr-xr-x   - root supergroup          0 2024-08-05 16:47 /data/user/ods/user_info/dt=20240701
drwxr-xr-x   - root supergroup          0 2024-08-05 16:47 /data/user/ods/user_info/dt=20240702
[root@node ~]#
[root@node ~]#
[root@node ~]#
[root@node ~]# hdfs dfs -ls /data/user/ods/user_info/dt=20240701
24/08/05 17:09:53 WARN util.NativeCodeLoader: Unable to load native-hadoop library for your platform...
using builtin-java classes where applicable
Found 1 items
-rw-r--r--   3 root supergroup      60941 2024-08-05 16:47 /data/user/ods/user_info/dt=20240701/T_872762
708137607169_8ec434d8ca_0_1_0.parquet
[root@node ~]#
```

图10-5　数据同步结果

10.3.3 数据仓库设计实践

1. 公共规范

1）数据仓库命名基本原则

- 清晰性：命名应清晰明了，能够准确反映表或字段的用途和内容。
- 一致性：在整个数据仓库中，同类对象（如表、字段）的命名应保持一致性。
- 全小写：数据库名、表名、字段名等全部采用小写字母，避免大小写混用带来混淆。
- 单数形式：使用单数形式命名，如user而非users。

2）数据库命名

数据仓库命名规则：通常数据库名会根据“数据仓库分层_业务域”进行命名

示例：ods_user，表示用户相关的原始数据数据库

3）数据表命名规则

在数据仓库的架构中，数据通常被组织在不同的数据层中，以便进行高效的数据处理和分析。每个层次都有其特定的命名规则，这些规则有助于提升数据仓库的管理效率、可维护性和易用性。

（1）ODS层命名。命名规则：ods_来源类型_业务表名。

（2）DWD层命名。命名规则：dwd_一级数据域_二级数据域_业务描述。

（3）DWS层命名。命名规则：dws_一级数据域_二级数据域_数据粒度_业务描述_统计周期。

（4）ADS层命名。命名规则：ads_应用类型_业务主题_业务描述_统计周期。

（5）DIM层命名。命名规则：dim_应用类型_业务主题。

表10-1所示为数据表命名规则解释。

表 10-1　数据表命名规则解释

命名规则细节	命名规则细节描述
来源类型	区分不同数据来源如db（数据库）、rsync（日志同步）、mq（消息队列）等
业务表名	与数据来源系统一致，避免二义性
加载策略	常用策略：全量（f）、增量（i）、快照（s）等
加载周期	常用周期：天（d）、周（w）、月（m）、年（y）、一次性任务（o）等
一级数据域	业务对象的高度概括，是联系较为紧密的数据主题的集合，如用户域、交易域、商品域、物流域、营销域
二级数据域	二级数据域是对一级数据域的更细粒度划分，通常代表了一级数据域下的具体业务对象或业务过程，如用户域下的用户基本信息、用户行为数据等
业务描述	对业务内容的进一步描述，如二级数据域用户行为数据下的曝光、浏览、点击、注册、登录等用户行为业务描述
数据粒度	数据粒度是指数据仓库中数据单元的详细程度和级别，描述业务数据的细化程度，如用户粒度、地区粒度、商品粒度等
统计周期	常用的统计周期一般是以时间单位划分，如小时（h）、天（d）、周（w）、月（m）、季（q）、年（y）等
应用类型	对于除维表层之外的其他数据仓库各层，应用类型指的是数据表所服务的应用场景或数据类型，决定了数据表的主要用途和特性，如rpt用于生成报表、analysis用于数据分析、api用于数据接口。而对于维表层数据应用类型是指业务板块或公共标识，如公共时间维表：dim_pub_date、电商业务下的商品维表：dim_ecommerce_product
业务主题	数据表所围绕的核心业务内容或分析领域。在电商数据仓库中，业务主题可能包括看板、驾驶舱、ROI（投资回报率）分析、渠道分析、漏斗分析、留存分析、活跃分析等

2. 数据仓库主题划分与分层

1）数据仓库主题划分

在电商数据仓库中，主题划分是数据仓库建设的重要环节，它有助于将复杂的业务数据系统化、条理化，从而支持更高效的数据分析和业务决策。主题域是从业务视角自上而下分析，从整体业务环节中升华得出的专项分析模块。在电商领域，常见的主题域包括但不限于如下主题信息：

- 用户主题域：与用户相关的所有数据，如用户基本信息、用户行为、用户偏好等。
- 商品主题域：与商品相关的所有数据，如商品信息、价格、库存、销量等。
- 交易主题域：与交易相关的所有数据，如订单信息、支付信息、退款信息等。
- 物流主题域：与物流相关的所有数据，如订单物流的配送、退货、换货等。
- 营销主题域：与营销活动相关的所有数据，如优惠券发放、促销活动、广告投放效果等。

有关主题域划分的示例如图10-6所示。

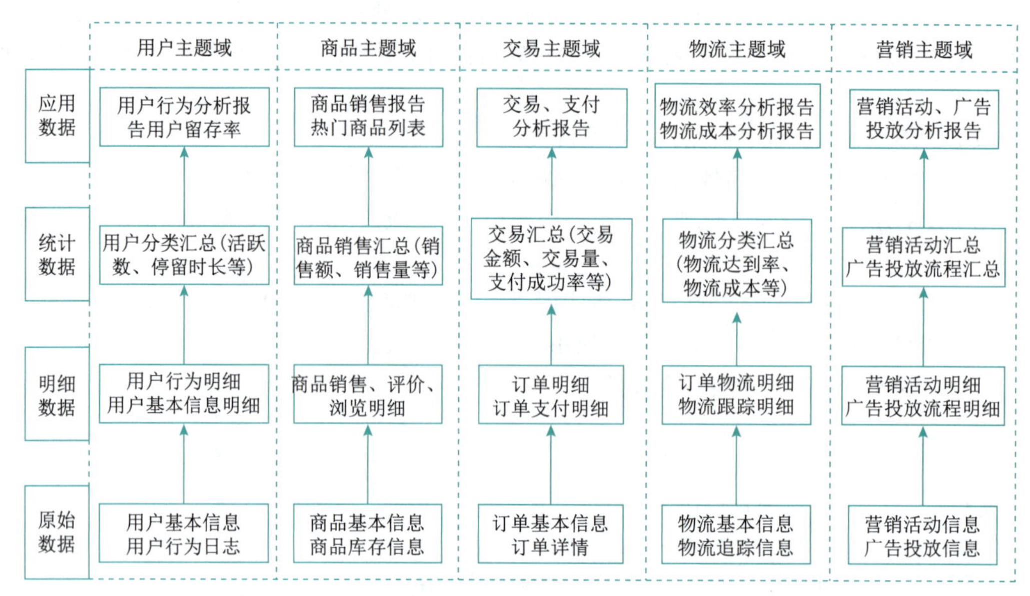

图 10-6　数据仓库主题域

2）数据仓库分层设计

本项目采用五层数据仓库分层设计，分别包括了原始数据层（ODS）、数据明细层（DWD）、数据服务层（DWS）、数据应用层（ADS）和数据维表层（DIM），具体数据分层的详细设计如图10-7所示。

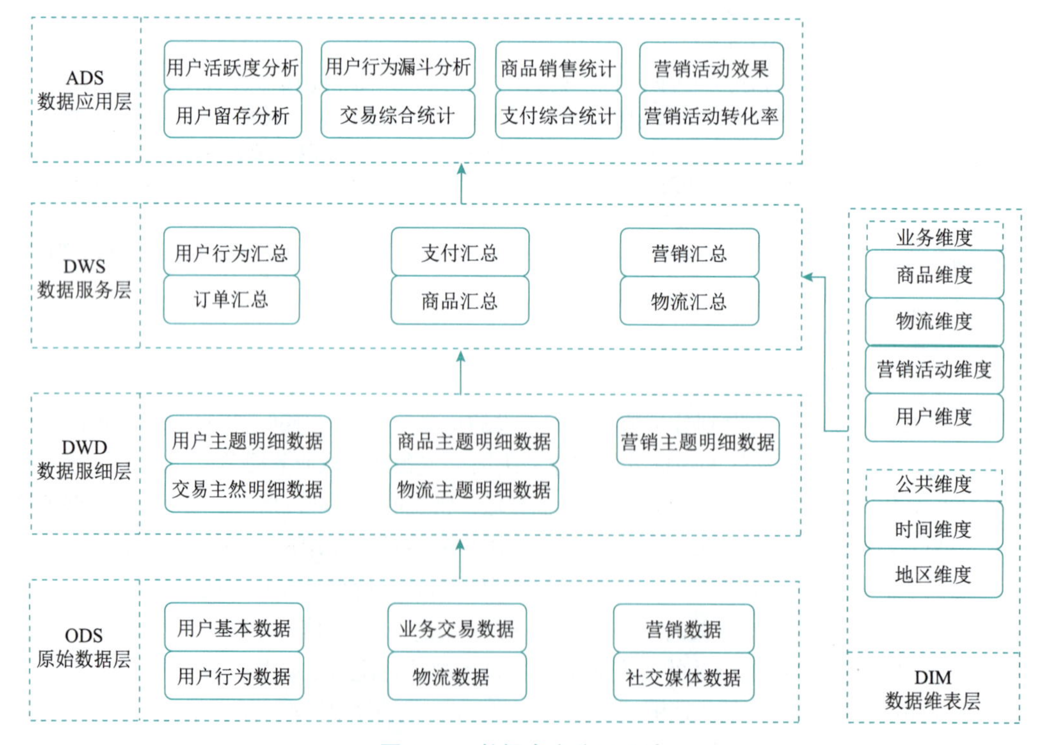

图 10-7　数据仓库分层设计

10.3.4　数据仓库应用实践

1. 原始数据介绍

ODS 层能够集成来自多个业务系统的数据，在电商数据仓库中，主要包括了电商平台内部系统数据和外部数据，所有的业务数据同时也对应了不同的业务主题域，原始数据来源的具体情况如下所示：

1）内部数据

在电商平台中，常见的内部子系统包括了数据分析系统、用户系统、订单系统、支付系统、物流系统、销售推广系统等，下文列举了本项目使用的内部数据表，具体包括用户信息表、用户行为日志记录表、商品信息表、订单记录表等，具体数据结构信息见表 10-2～表 10-9。

表 10-2　用户信息表（ods_db_user_info）

字段名称	数据类型	字段描述
user_id	string	用户 ID
username	string	用户名
password	string	用户密码
email	string	用户邮箱
phone	string	用户手机号
idcard	string	身份证
gender	int	性别（如 1-男，2-女）
age	int	年龄
register_time	bigint	用户注册时间
last_login_time	bigint	用户最后登录时间
status	int	用户状态（如：0-未激活，1-活跃，2-禁用）
dt	string	时间分区

表 10-3　用户行为日志记录表（ods_rsync_user_behavior）

字段名称	数据类型	字段描述
action	string	行为类型
event_type	string	行为事件类型
user_device	string	设备号
os	string	手机系统
manufacturer	string	手机制造商
carrier	string	电信运营商
network_type	string	网络类型
user_region	string	所在区域
user_ip	string	所在区域 IP
longitude	string	经度
latitude	string	纬度
exts	string	扩展信息 (json 格式)
duration	string	停留时长
ct	bigint	创建时间
dt	string	时间分区

表 10-4 商品信息表（ods_db_product_info）

字段名称	数据类型	字段描述
product_id	string	商品ID
product_name	string	商品名称
product_desc	string	商品描述
category_id	string	商品分类ID
price	double	商品价格
stock	int	商品库存数量
status	int	商品状态（如：0-下架，1-在售）
ct	bigint	商品上架时间
ut	bigint	商品最后更新时间

表 10-5 订单记录表（ods_db_order_info）

字段名称	数据类型	字段描述
order_id	string	订单记录ID
user_id	string	用户ID
order_status	string	订单状态（如01待支付、02已支付、03已发货、04已完成等）
order_amount	double	订单金额
order_at	bigint	下单时间
pay_at	bigint	支付时间
dt	string	时间分区

表 10-6 订单详情记录表（ods_db_order_detail）

字段名称	数据类型	字段描述
order_detail_id	string	订单详情记录ID
order_id	string	订单ID
user_id	string	用户ID
product_id	string	商品ID
product_name	string	商品名称
product_price	double	商品价格
product_num	int	商品数量
sub_total	double	商品总价小计
dt	string	时间分区

表 10-7 支付表（ods_db_payment_info）

字段名称	数据类型	字段描述
payment_id	string	支付记录ID
order_id	string	订单ID
user_id	string	用户ID
payment_amount	double	支付金额，保留两位小数
payment_type	string	支付方式（如：01支付宝、02微信支付、03银行卡等）
payment_status	string	支付状态（如：01待支付，02已支付，03支付失败等）
payment_time	bigint	支付时间
dt	string	时间分区

表 10-8　物流信息表（ods_db_logistics_info）

字段名称	数据类型	字段描述
logistics_id	string	物流记录 ID
order_id	string	关联的订单 ID
logistics_co	string	物流公司名称
logistics_no	string	物流单号
logistics_status	string	物流状态（如：已揽收、运输中、已签收等）
update_time	bigint	更新时间
dt	string	时间分区

表 10-9　优惠券发放记录表（ods_db_coup_issue_info）

字段名称	数据类型	字段描述
coup_issue_id	string	优惠券发放记录 ID
coupon_id	string	优惠券 ID
user_id	string	用户 ID
amount	double	优惠券金额
use_status	string	使用状态（如未使用、已使用、已过期）
issue_time	bigint	发放时间
expire_time	bigint	过期时间

2）外部数据

在电商平台中，外部数据表通常指的是那些来源于电商系统外部的数据表，这些数据对于电商企业来说可能具有重要的分析价值，下文列举了本项目使用的外部数据表具体包括广告投放数据表等，具体数据结构信息见表 10-10。

表 10-10　广告投放数据表（ods_api_release）

字段名称	数据类型	字段描述
release_req_id	string	广告投放请求 ID
release_session	string	广告投放会话 ID
release_status	string	广告投放过程(如 01 获客、02 竞价、03 曝光、04 到达)
custer_device	string	广告投放客户设备标识
sources	string	渠道
channels	string	通道
exts	string	扩展数据
ct	bigint	事件时间

2. 数据指标设计

电商数据仓库的数据指标是反映电商企业运营状况和业务效果的关键数据点。这些数据指标通常与上述的主题划分紧密相关，用于监控、分析和优化电商企业的运营过程。表 10-11 列举了一些常见的电商数据仓库数据指标，这些数据指标为电商企业提供了全面的业务视角，帮助企业深入了解用户行为、产品销售、市场趋势以及运营效率等方面的情况。通过对这些数据指标的分析和挖掘，电商企业可以发现潜在的问题和机会，优化业务流程，提升用户体验和盈利能力。

表 10-11　电商数据仓库项目数据指标信息

指标分类	数据指标	数据指标描述
用户类指标	用户注册数	注册成为电商平台用户的总人数
	新增用户数	指在一定时间周期内新注册的用户数量，用于评估平台的用户增长情况
	活跃用户数	在一定时间内（日、周、月）有访问或购买行为的用户数
	用户留存率	用户在一段时间（次日、周、月）内持续使用电商平台的比例
交易类指标	支付金额	用户在电商平台上的支付总额
	支付订单数	用户在电商平台上的支付订单数量
	客单价	支付金额/支付买家数，反映平均每位用户的购买金额
	复购率	重复购买的用户数量/支付买家数，反映用户忠诚度
流量类指标	店铺访客数	访问店铺页面的用户数，衡量店铺曝光度
	店铺浏览量	店铺页面被访问的总次数，反映用户关注度
	页面浏览量（PV）	网站页面被访问的总次数，反映网站流量
	独立访客数（UV）	访问网站的不同用户数，衡量用户规模
营销类指标	广告投资回报（ROI）	营销成本/订单金额，衡量营销活动的投入产出比
	新增访问人数	通过营销活动吸引的新用户数量
	新增注册人数	通过营销活动成功注册的新用户数量
	UV订单转化率	通过营销活动吸引的用户中最终下单的比例

3. 数据仓库库表定义

1）原始数据层库表定义

电商数据仓库的原始数据层（ODS层）是数据仓库中最底层的层级，用于存储从各个数据源获取的原始数据。这些数据通常是未经处理和清洗的，包括来自数据库、日志文件、网络接口等的数据。

（1）数据库定义。基于上文数据仓库主题划分和原始数据的相关介绍，原始数据层的库表设计思路依赖于业务主题分类，所以数据库构建对应于相关的业务主题，即包括用户、商品、交易、物流、营销等业务主题，具体数据库定义如下所示：

```
-- 原始数据层数据库定义
create database if not exists ods_user;          -- 用户相关的原始数据数据库
create database if not exists ods_product;       -- 商品相关的原始数据数据库
create database if not exists ods_trade;         -- 交易相关的原始数据数据库
create database if not exists ods_logistics;     -- 物流相关的原始数据数据库
create database if not exists ods_campaign;      -- 营销相关的原始数据数据库
```

（2）数据表定义。依据上文的数据介绍，在数据库定义下，本项目采用了常见的主要原始数据表进行数据表设计，数据表内容见表10-12。

表 10-12　原始数据表介绍

表　名	表数据说明
ods_db_user_info	用户信息表：存储用户的静态信息，如用户名、密码（加密）、邮箱等
ods_rsync_user_behavior	用户行为日志记录表：记录用户在电商平台上的各种行为，如浏览商品、点击广告、搜索关键词、加入购物车、下单购买等
ods_db_product_info	商品信息表：存储商品的基本信息，如商品ID、名称、价格等
ods_db_order_info	订单记录表：记录订单的基本信息，如订单号、下单时间、用户ID等
ods_db_order_detail	订单详情记录表：记录交易订单的详细事务信息，如订单详情、支付状态等

续表

表　　名	表数据说明
ods_db_payment_info	支付记录表：支付数据记录了用户在电商平台上完成支付活动的详细信息，包括支付方式、支付金额、支付时间等
ods_db_logistics_info	物流记录表：存储订单物流的基本信息，如物流单号、物流状态等
ods_db_coup_issue_info	优惠券发放记录表：记录优惠券的发放信息，包括优惠券ID、用户ID、发放时间、优惠券面额等
ods_api_release	广告投放记录表：记录广告的基本信息和投放效果

具体的数据表结构定义如下所示：

① 用户信息表（ods_db_user_info）：

```
-- 用户信息表
CREATE EXTERNAL TABLE IF NOT EXISTS ods_user.ods_db_user_info (
    user_id STRING COMMENT '用户 ID',
    username STRING COMMENT '用户名',
    password STRING COMMENT '用户密码',
    email STRING COMMENT '用户邮箱',
    phone STRING COMMENT '用户手机号',
    idcard STRING COMMENT '身份证',
    gender INT COMMENT '性别（如 1- 男，2- 女）',

    age INT COMMENT '年龄',
    device STRING COMMENT '手机设备号',
    register_time BIGINT COMMENT '用户注册时间',
    last_login_time BIGINT COMMENT '用户最后登录时间',
    status INT COMMENT '用户状态（如：0- 未激活，1- 活跃，2- 禁用）'
) partitioned BY (dt string)
STORED AS PARQUET
LOCATION '/data/user/ods/user_info/'
```

② 用户行为日志记录表（ods_rsync_user_behavior）：

```
-- 用户行为日志记录表
CREATE EXTERNAL TABLE IF NOT EXISTS ods_user.ods_rsync_user_behavior(
  action STRING COMMENT '行为类型',
  event_type STRING COMMENT '行为类型',
  user_device STRING COMMENT '手机设备号',
  os STRING COMMENT '手机系统',
  manufacturer STRING COMMENT '手机制造商',
  carrier STRING COMMENT '电信运营商',
  network_type STRING COMMENT '网络类型',
  user_region STRING COMMENT '所在区域',
  user_ip STRING COMMENT '所在区域 IP',
  longitude STRING COMMENT '经度',
  latitude STRING COMMENT '纬度',
  exts STRING COMMENT '扩展信息(json 格式)',
  duration INT COMMENT '停留时长',
```

```
    ct BIGINT COMMENT '创建时间'
) partitioned BY (dt string)
ROW FORMAT SERDE 'org.apache.hive.hcatalog.data.JsonSerDe'
STORED AS TEXTFILE
LOCATION '/data/user/ods/user_behavior/'
```

③商品信息表（ods_db_product_info）：

```
-- 商品信息表
CREATE EXTERNAL TABLE IF NOT EXISTS ods_product.ods_db_product_info (
    product_id STRING COMMENT '商品ID',
    product_name STRING COMMENT '商品名称',
    product_desc STRING COMMENT '商品描述',
    category_id STRING COMMENT '商品分类ID',
    price DOUBLE COMMENT '商品价格，保留两位小数',
    stock INT COMMENT '商品库存数量',
    status INT COMMENT '商品状态（如：0-下架，1-在售）',
    ct BIGINT COMMENT '商品上架时间',
    ut BIGINT COMMENT '商品最后更新时间'
)
STORED AS PARQUET
LOCATION '/data/product/ods/product_info/';
```

④订单记录表（ods_db_order_info）：

```
-- 订单记录表(ods_db_order_info)
CREATE EXTERNAL TABLE IF NOT EXISTS ods_trade.ods_db_order_info (
    order_id STRING COMMENT '订单记录ID',
    user_id STRING COMMENT '用户ID',
    order_status STRING COMMENT '订单状态（如01待支付、02已支付、03已发货、
04已完成等）',
    order_amount DOUBLE COMMENT '订单金额',
    order_at BIGINT COMMENT '下单时间',
    pay_at BIGINT COMMENT '支付时间'
) partitioned BY (dt string)
STORED AS PARQUET
LOCATION '/data/trade/ods/order_info/';
```

⑤订单详情记录表（ods_db_order_detail）：

```
-- 订单详情记录表
CREATE EXTERNAL TABLE IF NOT EXISTS ods_trade.ods_db_order_detail (
    order_detail_id STRING COMMENT '订单详情记录ID',
    order_id STRING COMMENT '订单ID',
    user_id STRING COMMENT '用户ID',
    product_id STRING COMMENT '商品ID',
    product_name STRING COMMENT '商品名称',
```

```
    product_price DOUBLE COMMENT '商品价格',
    product_num INT COMMENT '商品数量',
    sub_total DOUBLE COMMENT '商品总价小计',
    order_at BIGINT COMMENT '订单时间'
) partitioned BY (dt string)
STORED AS PARQUET
LOCATION '/data/trade/ods/order_detail/';
```

⑥ 支付记录表（ods_db_payment_info）：

```
-- 支付记录表
CREATE EXTERNAL TABLE IF NOT EXISTS ods_trade.ods_db_payment_info (
    payment_id STRING COMMENT '支付记录 ID',
    order_id STRING COMMENT '订单 ID',
    user_id STRING COMMENT '用户 ID',
    payment_amount DOUBLE COMMENT '支付金额',
    payment_type STRING COMMENT '支付方式（如：01 支付宝、02 微信支付、03 银行卡
等）',
    payment_status STRING COMMENT '支付状态（如：01 待支付，02 已支付，03 支付
失败等）',
    payment_time BIGINT COMMENT '支付时间'
) partitioned BY (dt string)
STORED AS PARQUET
LOCATION '/data/trade/ods/payment_info/';
```

⑦ 物流记录表（ods_db_logistics_info）：

```
-- 物流记录表
CREATE EXTERNAL TABLE IF NOT EXISTS ods_logistics.ods_db_logistics_info (
    logistics_id STRING COMMENT '物流记录 ID',
    order_id STRING COMMENT '订单 ID',
    logistics_co STRING COMMENT '物流公司名称',
    logistics_no STRING COMMENT '物流单号',
    logistics_status STRING COMMENT '物流状态（如：01 已揽收、02 运输中、03 已
签收等）',
    ct BIGINT COMMENT '物流处理时间'
) partitioned BY (dt string)
STORED AS PARQUET
LOCATION '/data/logistics/ods/logistics_info/';
```

⑧ 优惠券发放记录表（ods_db_coup_issue_info）：

```
-- 优惠券发放记录表
CREATE EXTERNAL TABLE IF NOT EXISTS ods_campaign.ods_db_coup_issue_info (
    coup_issue_id STRING COMMENT '优惠券发放记录 ID',
    coupon_id STRING COMMENT '优惠券 ID',
```

```
    user_id STRING COMMENT '用户 ID',
    amount DOUBLE COMMENT '优惠券金额',
    use_status STRING COMMENT '使用状态（如 01 未使用、02 已使用、03 已过期）',
    issue_time BIGINT COMMENT '发放时间',
    expire_time BIGINT COMMENT '过期时间'
) partitioned BY (dt string)
STORED AS PARQUET
LOCATION '/data/coup/ods/coup_issue_info/';
```

⑨广告投放记录表（ods_api_release）：

```
-- 广告投放记录表 (ods_api_release)
CREATE EXTERNAL TABLE IF NOT EXISTS ods_campaign.ods_api_release (
    release_req_id STRING COMMENT '广告投放请求 ID',
    release_session STRING COMMENT '广告投放会话 ID',
    release_status STRING COMMENT '广告投放过程（如 01 获客、02 竞价、03 曝光、
04 到达）',
    custer_device STRING COMMENT '广告投放客户设备标识',
    sources STRING COMMENT '广告投放渠道',
    exts STRING COMMENT '广告投放扩展信息',
    ct BIGINT
) partitioned BY (dt string)
ROW FORMAT SERDE 'org.apache.hive.hcatalog.data.JsonSerDe'
STORED AS TEXTFILE
LOCATION '/data/release/ods/release/';
```

2）维表数据层库表定义

电商数据仓库的维表数据层（DIM 层）是数据仓库的一个重要组成部分，维度数据是数据仓库中用于描述业务实体属性的数据，如客户、产品、时间等。DIM 层通过组织这些维度数据。由于篇幅有限，本章示例选择读者更为常用的时间、地区、商品维度数据表，其他的维度数据表可以参考本章内容自行设计并实现。

（1）数据库定义。本项目的维度数据层库表设计按照业务中常见的维度进行，分为公共维度和业务维度两个部分，具体数据库定义如下所示：

```
-- 维度数据层数据库定义
create database if not exists dim_ecommerce; -- 电商数据仓库维度数据库
```

（2）数据表定义。本项目的维度数据层数据表设计主要分为公共维度和业务维度两个部分，表 10-13 做了相关概述。

表 10-13 数据明细表介绍

分　类	维度数据表名	表数据说明
公共维度	时间维度表	时间维度表是数据仓库中用于记录时间信息的表，提供了时间序列分析的基础，包括了时间维度上的不同粒度数据，在电商数据仓库中的应用非常广泛，可以用于销售数据、用户行为数据等的时间序列分析

续表

分　类	维度数据表名	表数据说明
公共维度	地区维度表	地区维度表包括了不同的地区层次关系，如省、市、区等，在电商数据仓库中可以用于分析不同地区的销售情况、用户行为
业务维度	商品维度表	商品维度表是电商数据仓库中用于描述商品信息的表，包含了商品的详细属性，如商品名称、价格、分类、品牌等信息

具体的数据表介绍及定义如下所示：

① 产品维表（dim_product）：

```
-- 产品维表
CREATE EXTERNAL TABLE IF NOT EXISTS dim_ecommerce.dim_product (
    product_id STRING COMMENT '商品ID',
    product_name STRING COMMENT '商品名称',
    category   STRING COMMENT '商品类别，如电子产品、服装等',
    brand   STRING COMMENT '品牌名称',
    product_price DOUBLE COMMENT '商品价格',
    product_num INT COMMENT '商品数量',
    launch_at BIGINT COMMENT '商品上市日期'
)
ROW FORMAT DELIMITED
FIELDS TERMINATED BY ','
STORED AS TEXTFILE
LOCATION '/data/ecommerce/dim/product/';
```

② 时间维表（dim_time）：

```
-- 时间维表
CREATE EXTERNAL TABLE IF NOT EXISTS dim_ecommerce.dim_time (
    date_str STRING COMMENT '日期字符串',
    year_str STRING COMMENT '年份',
    month_str STRING COMMENT '月份',
    day_str   STRING COMMENT '日',
    week_of_year INT COMMENT '年中的周数',
    day_of_week INT COMMENT '周中的第几天',
    is_holiday BOOLEAN COMMENT '是否为节假日',
    holiday_name STRING COMMENT '节假日名称'
)
ROW FORMAT DELIMITED
FIELDS TERMINATED BY ','
STORED AS TEXTFILE
LOCATION '/data/ecommerce/dim/time/';
```

③ 地区维表（dim_area）：

```
-- 时间维表
CREATE TABLE dim_area(
```

```
    region_code STRING COMMENT '地区编码 如 110105',
    region_code_desc STRING COMMENT '地区编码 如北京市朝阳区',
    region_city STRING COMMENT '地区编码 如 1101',
    region_city_desc   STRING COMMENT '地区编码 如北京市朝阳区',
    region_province STRING COMMENT '地区编码 如 11',
    region_province_desc STRING COMMENT '地区编码 如 北京市'
)
ROW FORMAT DELIMITED
FIELDS TERMINATED BY ','
STORED AS TEXTFILE;
```

3）数据明细层库表定义

电商数据仓库的数据明细层（DWD层）是数据仓库的一个重要组成部分，承接了来自原始数据源层对应的数据表数据，主要负责将原始数据进行清洗、转换和加载，以确保数据的一致性和准确性，为后续的数据分析和挖掘提供明细数据支持。由于篇幅有限，本章示例选择读者更为熟悉的用户、商品和交易主题，其他的业务主题数据表可以参考本章内容自行设计并实现。

（1）数据库定义。本项目的数据明细层库表设计是建立在上文数据仓库主题划分的逻辑思路上，与原始数据层库表对应，具体数据库定义如下所示：

```
-- 数据明细层数据库定义
create database if not exists dwd_user;     -- 用户相关的明细数据数据库
create database if not exists dwd_product;  -- 商品相关的明细数据数据库
create database if not exists dwd_trade;    -- 交易相关的明细数据数据库
```

（2）数据表定义。本项目的数据明细层数据表设计主要是对相同主题下不同的事实数据设计，表10-14进行了事实表概述。

表 10-14　数据明细表介绍

主　题	数据明细表名	表数据说明
用户主题	用户启动行为明细表	该表用于存储经过清洗和初步加工的用户启动行为数据，数据包括启动时间、启动方式等，对于理解用户活跃度、应用性能以及用户行为模式等方面具有重要意义
用户主题	用户浏览行为明细表	该表用于存储经过清洗和初步加工的用户浏览行为数据，数据包括浏览目标、停留时长等，主要聚焦于存储和分析用户在平台或应用上的浏览行为数据。这些数据对于理解用户兴趣、页面吸引力、内容推荐算法优化等方面至关重要
商品主题	商品销售明细表	商品销售明细表记录了每一件商品的销售情况，包括销售数量、销售额、销售时间等关键信息。它是分析商品销售趋势、热门商品、库存管理等的重要依据
交易主题	订单表	订单明细表详细记录了每个订单中用户的购买情况，包括购买金额、购买时间等。它是分析订单构成、用户购买行为等的重要数据源
	订单明细表	订单详情明细表是对订单明细表的进一步细化，具体包括订单中的具体购买商品数量、金额等相关详细信息
	订单支付明细表	订单支付明细表记录了订单的支付情况，包括支付时间、支付金额、支付方式等关键信息。它是分析支付成功率、支付渠道效果等的重要数据源

具体的数据表介绍及定义如下所示：

① 用户启动行为明细表（dwd_user_behavior_launch）：

```
CREATE EXTERNAL TABLE IF NOT EXISTS dwd_user.dwd_user_behavior_launch(
  action string COMMENT '行为类型',
  event_type string COMMENT '行为类型',
  user_device string COMMENT '设备号',
  os string COMMENT '手机系统',
  manufacturer string COMMENT '手机制造商',
  carrier string COMMENT '电信运营商',
  network_type string COMMENT '网络类型',
  user_region string COMMENT '所在区域',
  ct bigint COMMENT '事件时间'
) partitioned BY (dt string)
stored AS parquet
location '/data/user/dwd/user_behavior/launch/';
```

② 用户浏览行为明细表（dwd_user_behavior_view）：

```
CREATE EXTERNAL TABLE IF NOT EXISTS dwd_user.dwd_user_behavior_view(
  action string COMMENT '行为类型',
  event_type string COMMENT '行为类型',
  user_device string COMMENT '用户 id',
  os string COMMENT '手机系统',
  manufacturer string COMMENT '手机制造商',
  carrier string COMMENT '电信运营商',
  network_type string COMMENT '网络类型',
  user_region string COMMENT '所在区域',
  duration int COMMENT '停留时长',
  target_source string COMMENT '浏览来源',
  target_page string COMMENT '浏览页面 ID',
  ct bigint COMMENT '产生时间'
) partitioned BY (dt string)
stored AS parquet
location '/data/user/dwd/user_behavior/view/'
```

③ 商品销售明细表（dwd_product_salcs_dctail）：

```
CREATE EXTERNAL TABLE IF NOT EXISTS dwd_product.dwd_product_sales_detail (
    product_id STRING COMMENT '商品 ID',
    order_id   STRING COMMENT '订单 ID',
    user_id    STRING COMMENT '用户 ID',
    category   STRING COMMENT '商品类别，如电子产品、服装等',
    brand      STRING COMMENT '品牌名称',
    sale_price DOUBLE COMMENT '销售价格',
    sale_quantity INT COMMENT '销售数量',
    sale_time  BIGINT COMMENT '销售时间'
) partitioned BY (dt string)
STORED AS PARQUET
LOCATION '/data/product/dwd/product_sales_detail/';
```

④订单明细表（dwd_trade_order）：

```
CREATE EXTERNAL TABLE IF NOT EXISTS dwd_trade.dwd_trade_order (
    order_id STRING COMMENT '订单记录ID',
    user_id STRING COMMENT '用户ID',
    user_range STRING  COMMENT '01：青年（18-40岁）、02：中年（41-60岁）、
03：老年（60岁及以上）',
    order_status STRING COMMENT '订单状态（如01待支付、02已支付、03已发货、
04已完成等）',
    order_amount DOUBLE COMMENT '订单金额',
    order_at BIGINT COMMENT '下单时间',
    pay_at BIGINT COMMENT '支付时间'
) partitioned BY (dt string)
STORED AS PARQUET
LOCATION '/data/trade/dwd/trade_order/';
```

⑤订单详情明细表（dwd_trade_order_detail）：

```
CREATE EXTERNAL TABLE IF NOT EXISTS dwd_trade.dwd_trade_order_detail (
    order_detail_id STRING COMMENT '订单详情记录ID',
    order_id STRING COMMENT '订单ID',
    user_id STRING COMMENT '用户ID',
    product_id STRING COMMENT '商品ID',
    product_name STRING COMMENT '商品名称',
    category_id STRING COMMENT '商品分类ID',
    product_price DOUBLE COMMENT '商品价格',
    product_num INT COMMENT '商品数量',
    sub_total DOUBLE COMMENT '商品总价小计',
    order_at TIMESTAMP NOT NULL COMMENT '订单时间'
) partitioned BY (dt string)
STORED AS PARQUET
LOCATION '/data/trade/dwd/order_detail/';
```

⑥订单支付明细表（dwd_trade_payment_detail）：

```
CREATE EXTERNAL TABLE IF NOT EXISTS dwd_trade.dwd_trade_payment_detail (
    payment_id STRING COMMENT '支付记录ID',
    order_id STRING COMMENT '订单ID',
    user_id STRING COMMENT '用户ID',
    payment_amount DOUBLE COMMENT '支付金额',
    payment_type STRING COMMENT '支付方式（如：01支付宝、02微信支付、03银行卡
等）',
    payment_status STRING COMMENT '支付状态（如：01待支付，02已支付，03支付
失败等）',
    payment_time BIGINT COMMENT '支付时间'
) partitioned BY (dt string)
STORED AS PARQUET
LOCATION '/data/trade/dwd/payment_detail/';
```

4）数据服务层库表定义

电商数据仓库的数据服务层（DWS层）是数据仓库的一个重要组成部分，承接了来自明细数据层对应的数据表数据，主要负责按照一定的业务规则和维度进行轻度汇总，为后续的数据应用支持。由于篇幅有限，本章示例从上文涉及的用户、商品和交易主题域中选择部分典型的业务汇总表进行演示，其他的业务汇总数据表可以参考本章内容自行设计并实现。

（1）数据库定义。本项目的数据服务层库表设计是建立在上文数据明细层库表基础上，又与数据主题域表对应，具体数据库定义如下所示：

```
-- 数据服务层数据库定义
create database if not exists dws_user;     -- 用户相关的汇总数据数据库
create database if not exists dws_product; -- 商品相关的汇总数据数据库
create database if not exists dws_trade;    -- 交易相关的汇总数据数据库
```

（2）数据表定义。本项目的数据服务层数据表设计主要是对明细数据层数据的轻度聚合或是有业务关联的业务数据整合及数据宽表处理，表10-15进行了汇总表概述。

表 10-15 数据服务表介绍

主 题 域	数据明细表名	表数据说明
用户主题	用户启动行为汇总表	该表用于存储经过汇总处理后的用户启动数据，对于实现活跃用户数、用户留存等数据指标具有重要意义
	用户浏览行为汇总表	该表用于存储经过汇总处理的用户浏览行为数据，对于实现页面浏览量（PV）、独立访客数（UV）等数据指标具有重要意义
商品主题域	商品销售汇总表	该表用于存储经过汇总处理后的商品销售数据，对于实现商品销售报表、商品销售趋势等数据指标具有重要意义
交易主题域	订单汇总表	该表用于存储经过汇总处理后的订单交易数据，对于实现交易报表、交易趋势等数据指标具有重要意义

具体的数据表介绍及定义如下所示：

① 用户启动汇总表（dws_user_behavior_launch_1d）：

```
CREATE EXTERNAL TABLE IF NOT EXISTS dws_user.dws_user_behavior_launch_1d(
  user_device string COMMENT '设备号',
  user_region string COMMENT '所在区域',
  launch_count int COMMENT '启动次数',
  launch_early bigint COMMENT '最早启动时间',
  launch_last bigint COMMENT '最晚启动时间'
) partitioned BY (dt string)
stored AS parquet
LOCATION '/data/user/dws/user_behavior/launch/';
```

② 用户浏览汇总表（dws_user_behavior_view_1d）：

```
CREATE EXTERNAL TABLE IF NOT EXISTS dws_user.dws_user_behavior_view_1d(
  user_region string COMMENT '所在区域',
  target_source string COMMENT '浏览来源',
  target_page string COMMENT '浏览页面ID',
```

```
    page_views bigint COMMENT '页面访问次数',
    page_view_time string COMMENT '浏览时间单位(时)'
) partitioned BY (dt string)
stored AS parquet
LOCATION '/data/user/dws/user_behavior/view/';
```

③ 商品汇总表(dws_product_sales_1d):

```
CREATE EXTERNAL TABLE IF NOT EXISTS dws_product.dws_product_sales_1d (
    product_id STRING COMMENT '商品ID',
    category   STRING COMMENT '商品类别，如电子产品、服装等',
    total_price DOUBLE COMMENT '销售价格',
    total_quantity INT COMMENT '销售数量'
) partitioned BY (dt string)
STORED AS PARQUET
LOCATION '/data/product/dws/product_sales/';
```

④ 订单汇总表(dws_trade_order_1d):

```
CREATE EXTERNAL TABLE IF NOT EXISTS dws_trade.dws_trade_order_1d (
    user_range STRING  COMMENT '01: 青年(18-40岁)、02: 中年(41-60岁)、
03: 老年(60岁及以上)',
    order_status STRING COMMENT '订单状态(如01待支付、02已支付、03已发货、
04已完成等)',
    total_orders INT COMMENT '订单数量',
    total_amount DOUBLE COMMENT '订单金额'
) partitioned BY (dt string)
STORED AS PARQUET
LOCATION '/data/trade/dws/trade_order/';
```

5)数据应用层库表定义

电商数据仓库的数据应用层(DWS层)是数据仓库的一个重要组成部分，直接面向业务应用和分析需求，是大部分数据指标的直接数据来源。由于篇幅有限，本章示例从上文涉及的用户、商品和交易主题域中选择部分典型的业务汇总表进行演示，其他的业务汇总数据表可以参考本章内容自行设计并实现。

(1)数据库定义。本项目的数据服务层库表设计是建立在上文数据明细层库表基础上，又与数据主题域表对应，具体数据库定义如下所示：

```
-- 数据服务层数据库定义
create database if not exists ads_user;    -- 用户相关的应用数据数据库
create database if not exists ads_product; -- 商品相关的应用数据数据库
create database if not exists ads_trade;   -- 交易相关的应用数据数据库
```

(2)数据表定义。本项目的数据服务层数据表设计主要是对数据服务层数据的分组聚合，从而产生数据指标如常见的数据报表，表10-16进行了事实表概述。

表 10-16　数据服务表介绍

主　题　域	数据明细表名	表数据说明
用户主题	用户启动统计报表	该表用于存储经过统计计算后的用户启动统计结果，可以实现活跃用户数、用户留存等数据指标或数据分析需求
	用户浏览统计报表	该表用于存储经过统计计算后的用户浏览统计结果，可以实现页面浏览量（PV）、独立访客数（UV）等数据指标或数据分析需求
商品主题域	商品销售统计报表	该表用于存储经过统计计算后的商品销售统计结果，可以实现商品销售报表、商品销售趋势分析等数据指标或数据分析需求
交易主题域	订单交易统计报表	该表用于存储经过统计计算后的订单交易统计结果，可以实现交易报表、交易趋势等数据指标或数据分析需求

具体的数据表介绍及定义如下所示：

① 用户启动统计报表（ads_user_behavior_launch_rpt_1d）：

```
CREATE EXTERNAL TABLE IF NOT EXISTS ads_user.ads_user_behavior_launch_
rpt_1d(
    user_region string COMMENT '所在区域',
    user_launchs int COMMENT '启动次数'
) partitioned BY (dt string)
stored AS parquet
LOCATION '/data/user/ads/user_behavior/launch/';
```

② 用户浏览统计报表（ads_user_behavior_view_rpt_1d）：

```
CREATE EXTERNAL TABLE IF NOT EXISTS ads_user.ads_user_behavior_view_rpt_1d(
    target_source string COMMENT '浏览来源',
    target_page string COMMENT '浏览页面 ID',
    page_views bigint COMMENT '页面访问次数'
) partitioned BY (dt string)
stored AS parquet
LOCATION '/data/user/ads/user_behavior/view/';
```

③ 商品销售统计报表（ads_product_sales_rpt_1d）：

```
CREATE EXTERNAL TABLE IF NOT EXISTS ads_product.ads_product_sales_rpt_1d (
    category    STRING COMMENT '商品类别，如电子产品、服装等',
    total_price DOUBLE COMMENT '销售价格',
    total_quantity INT COMMENT '销售数量'
) partitioned BY (dt string)
STORED AS PARQUET
LOCATION '/data/product/ads/product_sales/';
```

④ 订单交易统计报表（ads_trade_order_rpt_1d）：

```
CREATE EXTERNAL TABLE IF NOT EXISTS ads_trade.ads_trade_order_rpt_1d (
    user_range STRING  COMMENT '01：青年（18-40 岁）、02：中年（41-60 岁）、
03：老年（60 岁及以上）',
```

```
    order_status STRING COMMENT '订单状态(如01待支付、02已支付、03已发货、04已完成等)',
    total_orders INT COMMENT '订单数量',
    total_amount DOUBLE COMMENT '订单金额'
) partitioned BY (dt string)
STORED AS PARQUET
LOCATION '/data/trade/ads/trade_order/';
```

4. 数据计算

数据仓库中的数据计算一般分为明细数据计算和统计数据计算，其中，明细数据计算是指从原始数据层向明细数据层进行的数据ETL，统计数据计算是指在明细数据层之后的数据仓库分层数据处理大部分都是统计类计算。本章的数据计算是基于Spark SQL实现数据计算任务，对电商数据仓库中不同业务主题进行计算任务的详细介绍，重点介绍某一业务主题数据的计算过程。

备注说明：由于篇幅有限，下文的计算过程会以用户业务数据处理为主展示完整的计算过程，其他业务数据处理的详情信息请参考电子资料。

1）数据 ETL

电商数据仓库的数据ETL是电商领域数据管理和分析的重要环节，主要包括数据的清洗、抽取、转换和规范化处理等步骤。

备注说明：由于用户行为日志记录表采用json格式文件，所以需要在Spark的安装目录中增加依赖包${SPARK_HOME}/jars/hive-hcatalog-core-2.3.9.jar，如果spark-default.conf里设置了类似spark.driver.extraClassPath、spark.executor.extraClassPath或者spark.yarn.jars参数，则在该参数对应的存储路径中增加依赖包hive-hcatalog-core-2.3.9.jar。

（1）用户启动明细数据计算。

① 计算语句。基于原始数据层的用户行为日志记录表进行明细数据处理，筛选出启动行为数据并进行数据清洗和转化，下文SQL语句中的条件过滤部分使用了变量代替，而实际数值由脚本文件传入，这样实现了计算的动态处理，具体SQL处理语句如dwd_user_behavior_lauch.sql所示：

```
with data_lauch as (
select
  action, event_type, user_device, os, manufacturer, carrier, network_type,user_region, ct, dt
from ods_user.ods_rsync_user_behavior
where
    dt = '${p_dt}'
and
    action ='${p_action}'
)
insert overwrite table dwd_user.dwd_user_behavior_launch partition(dt)
select
```

```
    action, event_type, user_device, os, manufacturer, carrier, network_
type,user_region, ct, dt
    from data_lauch
```

计算任务执行结果如图 10-8 所示。

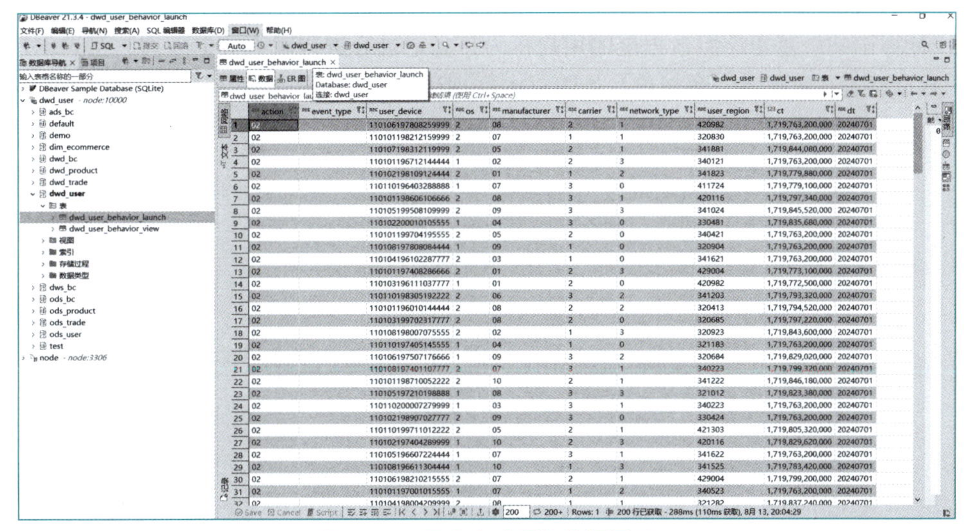

图 10-8　用户启动明细数据展示

② 脚本执行。下文展示了脚本执行任务的具体内容，其中的关键部分有动态分区设置和外部参数传输这两个部分，另外，计算资源配置可以根据服务器资源灵活配置。

```
#!/bin/bash
#params
partitions=2
#day=`date -d "-1 day" +"%Y%m%d"`
day=20240701
action=02
#spark sql job
${SPARK_HOME}/bin/spark-sql \
--master yarn  \
--deploy-mode client \
--name dwd_user_behavior_lauch_job \
--S  \
--hiveconf p_dt=$day \
--hiveconf p_action=$action \
--conf spark.sql.shuffle.partitions=$partitions \
--conf spark.hadoop.hive.exec.dynamic.partition=true \
--conf spark.hadoop.hive.exec.dynamic.partition.mode=nonstrict \
--conf spark.hadoop.hive.exec.max.dynamic.partitions=100000 \
--conf spark.hadoop.hive.exec.max.dynamic.partitions.pernode=1000 \
--num-executors 2 \
```

```
--executor-memory 1g \
--executor-cores 1 \
--total-executor-cores 2 \
-f dwd_user_behavior_lauch.sql
```

（2）用户浏览数据明细计算。

① 计算语句。基于原始数据层的用户行为日志记录表进行明细数据处理，筛选出用户浏览行为数据并进行数据清洗和转化，具体SQL处理语句如下dwd_user_behavior_view.sql所示：

```
with data_view as (
select
    action, event_type, user_device, os, manufacturer, carrier, network_
type,user_region,
    duration, get_json_object(exts, '$.target_source') as target_source,
    get_json_object(exts, '$.target_page') as target_page, ct,  from_
unixtime(ct/1000,'yyyyMMdd') as dt
from ods_user.ods_rsync_user_behavior
where
    dt = '${p_dt}' and  action in ('07','08')
)
insert overwrite table dwd_user.dwd_user_behavior_view partition(dt)
select
   action, event_type, user_device, os, manufacturer, carrier, network_
type,user_region,
   duration, target_source, target_page, ct, dt
from data_view
```

计算任务执行结果如图10-9所示。

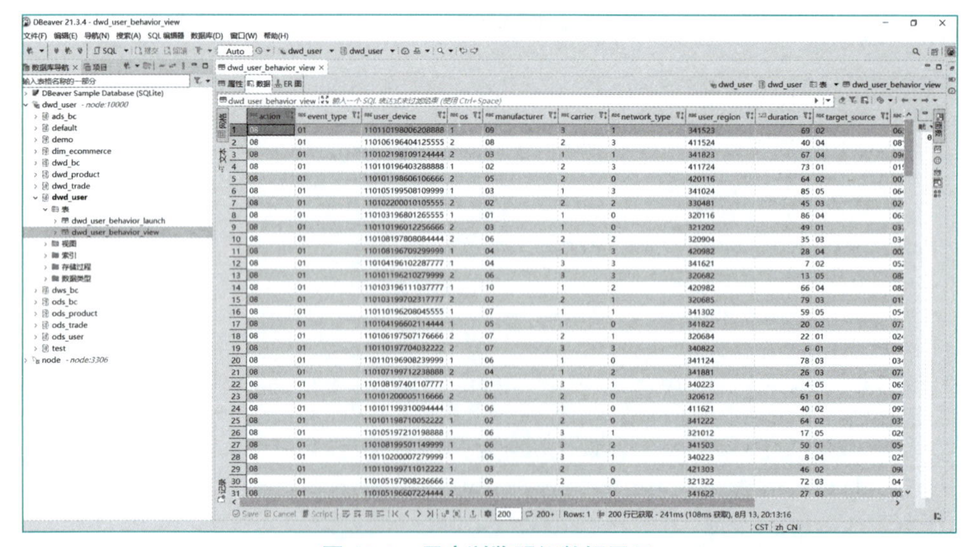

图 10-9　用户浏览明细数据展示

② 脚本执行。下文展示了脚本执行任务的具体内容，其中的关键部分有动态分区设置、json数据解析和外部参数传输这三个部分，另外计算资源配置可以根据服务器资源灵活配置。

```
#!/bin/bash
#params
partitions=2
day=20240701
#spark sql job
${SPARK_HOME}/bin/spark-sql \
--master yarn  \
--deploy-mode client \
--name dwd_user_behavior_view_job \
--S \
--hiveconf p_dt=$day \
--hiveconf p_action=$action \
--conf spark.sql.shuffle.partitions=$partitions \
--conf spark.hadoop.hive.exec.dynamic.partition=true \
--conf spark.hadoop.hive.exec.dynamic.partition.mode=nonstrict \
--conf spark.hadoop.hive.exec.max.dynamic.partitions=100000 \
--conf spark.hadoop.hive.exec.max.dynamic.partitions.pernode=1000 \

--num-executors 1 \
--executor-memory 1g \
--executor-cores 1 \
--total-executor-cores 1 \
-f dwd_user_behavior_view.sql
```

（3）商品销售明细计算。基于原始数据层的订单详情记录表进行明细数据处理，根据具体的商品销售的相关数据进行数据清洗和转化，具体SQL处理语句如dwd_product_sales_detail.sql：

```
with order_product as (
select
    order_id, user_id, product_id, product_price as sale_price,
    product_num as sale_quantity, order_at as sale_time, dt
from ods_trade.ods_db_order_detail
where
    dt = '${p_dt}'
)
insert overwrite table dwd_product.dwd_product_sales_detail partition(dt)
select
   o.product_id, o.order_id, o.user_id, p.category, p.brand,
   o.sale_price, o.sale_quantity, o.sale_time, o.dt
from order_product o inner join dim_ecommerce.dim_product p
on o.product_id = p.product_id
```

计算任务执行结果如图10-10所示。

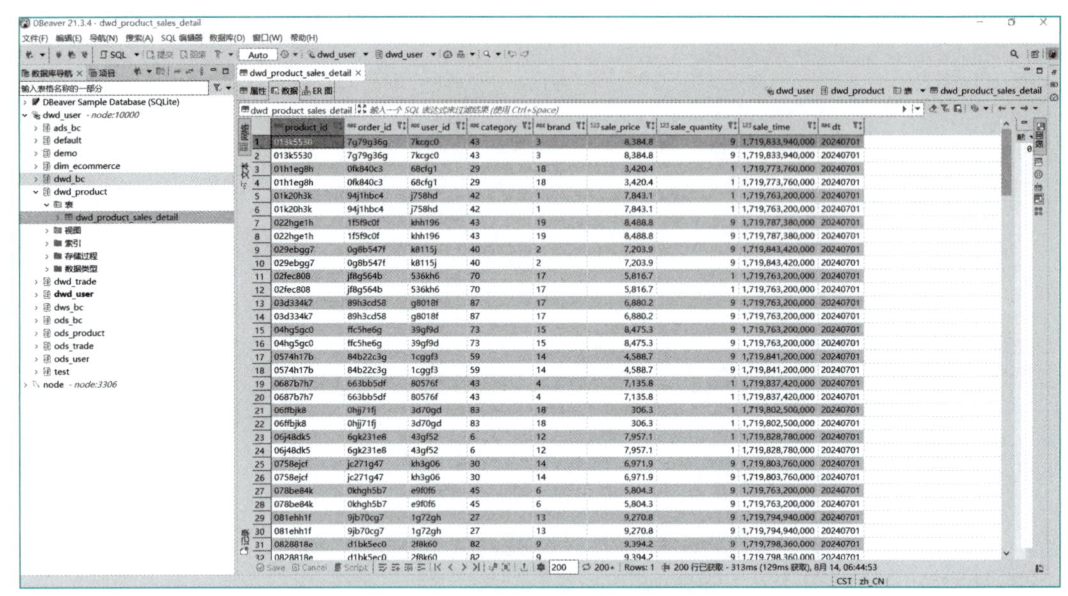

图 10-10　商品销售明细数据展示

（4）订单明细计算。基于原始数据层的订单记录表进行明细数据处理，对订单记录相关数据进行数据清洗、转化、关联数据处理、扩充数据维度，具体SQL处理语句如dwd_trade_order.sql所示：

```
with data_order as (
select
    order_id, user_id, order_status, order_amount, order_at, pay_at, dt
from ods_trade.ods_db_order_info
where
    dt = '${p_dt}'
)

insert overwrite table dwd_trade.dwd_trade_order partition(dt)
select
    o.order_id, o.user_id,
    case
        when u.age between 18 and 40 then '01'
        when u.age between 41 and 60 then '02'
        when u.age > 60 then '03'
        else '04'
    end as user_range,
   o.order_status, o.order_amount, o.order_at, o.pay_at, o.dt
from data_order o inner join ods_user.ods_db_user_info u
on o.user_id = u.user_id
```

计算任务执行结果如图10-11所示。

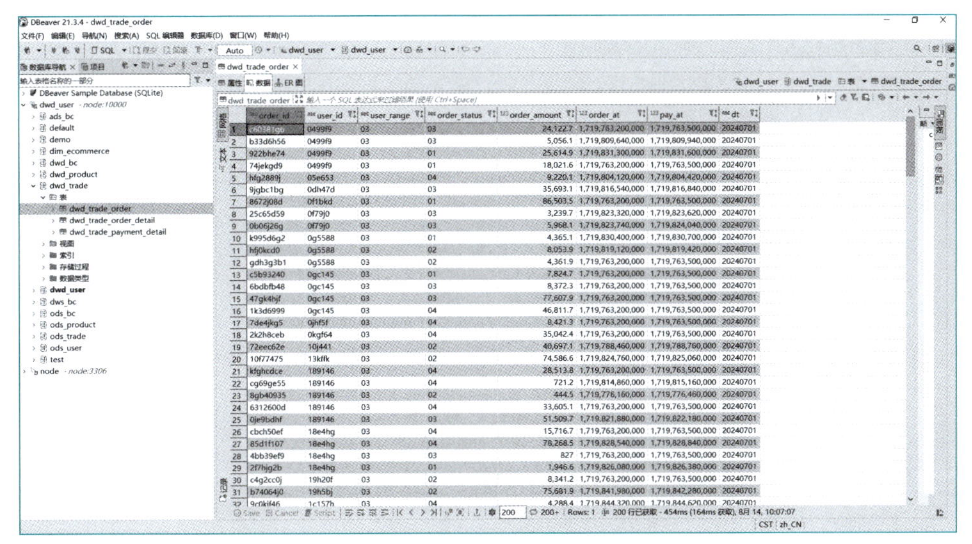

图 10-11　订单明细数据展示

（5）订单详情明细计算。基于原始数据层的订单详情记录表进行明细数据处理，对订单详情的相关数据进行数据清洗、转化、关联数据处理、扩充数据维度，具体SQL处理语句如dwd_trade_order_detail.sql所示：

```
with order_product as (
select
    order_detail_id, order_id, user_id, product_id, product_name, product_price,
    product_num, sub_total, order_at, dt
from ods_trade.ods_db_order_detail
where
    dt = '${p_dt}'
)
insert overwrite table dwd_trade.dwd_trade_order_detail partition(dt)
select
   o.order_detail_id, o.order_id, o.user_id, o.product_id, o.product_name,
   p.category as category_id, o.product_price, o.product_num,
   o.sub_total, o.order_at, o.dt
from order_product o inner join dim_ecommerce.dim_product p
on o.product_id = p.product_id
```

计算任务执行结果如图10-12所示。

（6）订单支付明细计算。基于原始数据层的支付记录表进行明细数据处理，对支付业务的相关数据进行数据清洗、转化、关联数据处理、扩充数据维度，具体SQL处理语句如dwd_trade_payment_detail.sql所示：

```
with data_payment as (
select
    payment_id, order_id, user_id, payment_amount, payment_type,
    payment_status, payment_time, dt
```

```
from ods_trade.ods_db_payment_info
where
    dt = '${p_dt}'
)
insert overwrite table dwd_trade.dwd_trade_payment_detail partition(dt)
select
    payment_id, order_id, user_id, payment_amount,
    payment_type, payment_status, payment_time, dt
from data_payment
```

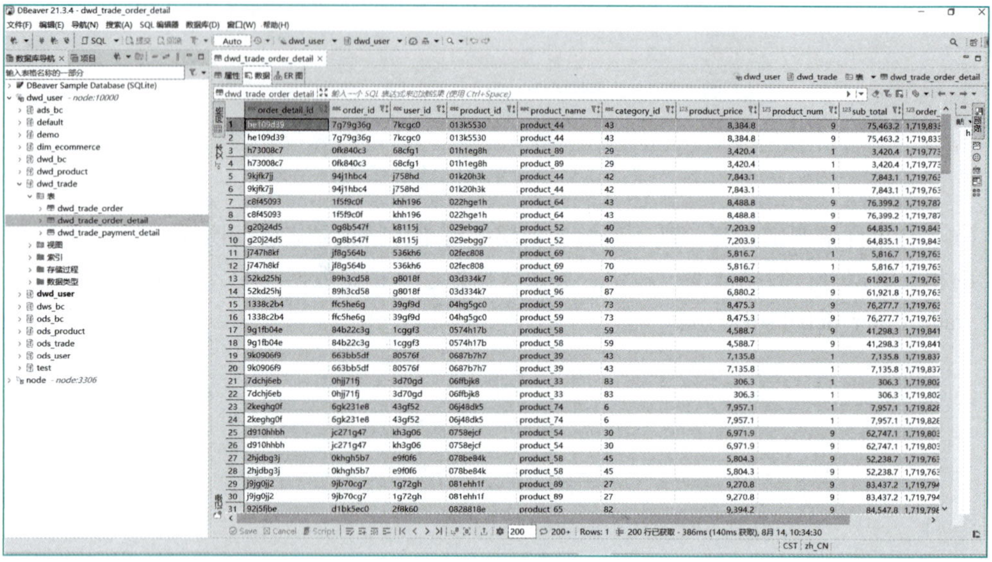

	order_detail_id	order_id	user_id	product_id	product_name	category_id	product_price	product_num	sub_total	order_
1	he109d39	7g79g36g	7kcgc0	013k5530	product_44	43	8,384.8	9	75,463.2	1,719,83
2	he109d39	7g79g36g	7kcgc0	013k5530	product_44	43	8,384.8	9	75,463.2	1,719,83
3	h73008c7	0fk840c3	68cfg1	01h1eg8h	product_89	29	3,420.4	1	3,420.4	1,719,77
4	h73008c7	0fk840c3	68cfg1	01h1eg8h	product_89	29	3,420.4	1	3,420.4	1,719,77
5	9kjfk7jj	94j1hbc4	j758hd	01k20h3k	product_44	42	7,843.1	1	7,843.1	1,719,76
6	9kjfk7jj	94j1hbc4	j758hd	01k20h3k	product_44	42	7,843.1	1	7,843.1	1,719,76
7	c8f45093	1f5f9c0f	khh196	022hge1h	product_64	43	8,488.8	9	76,399.2	1,719,787
8	c8f45093	1f5f9c0f	khh196	022hge1h	product_64	43	8,488.8	9	76,399.2	1,719,787
9	g20j24d5	0g8b547f	k8115j	029ebgg7	product_52	40	7,203.9	9	64,835.1	1,719,84
10	g20j24d5	0g8b547f	k8115j	029ebgg7	product_52	40	7,203.9	9	64,835.1	1,719,84
11	j747h8kf	jf8g564b	536kh6	02fec808	product_69	70	5,816.7	1	5,816.7	1,719,76
12	j747h8kf	jf8g564b	536kh6	02fec808	product_69	70	5,816.7	1	5,816.7	1,719,76
13	52kd25hj	89h3cd58	g8018f	03d334k7	product_96	87	6,880.2	9	61,921.8	1,719,76
14	52kd25hj	89h3cd58	g8018f	03d334k7	product_96	87	6,880.2	9	61,921.8	1,719,76
15	1338c2b4	ffc5he6g	39gf9d	04hg5gc0	product_59	73	8,475.3	9	76,277.7	1,719,76
16	1338c2b4	ffc5he6g	39gf9d	04hg5gc0	product_59	73	8,475.3	9	76,277.7	1,719,76
17	9g1fb04e	84b22c3g	1cggf3	0574h17b	product_58	59	4,588.7	9	41,298.3	1,719,841
18	9g1fb04e	84b22c3g	1cggf3	0574h17b	product_58	59	4,588.7	9	41,298.3	1,719,841
19	9k0906f9	663bb5df	80576f	0687b7h7	product_39	43	7,135.8	1	7,135.8	1,719,837
20	9k0906f9	663bb5df	80576f	0687b7h7	product_39	43	7,135.8	1	7,135.8	1,719,837
21	7dchj6eb	0hjj71fj	3d70gd	06ffbjk8	product_33	83	306.3	1	306.3	1,719,80
22	7dchj6eb	0hjj71fj	3d70gd	06ffbjk8	product_33	83	306.3	1	306.3	1,719,80
23	2keghg0f	6gk231e8	43gf52	06j48dk5	product_74	6	7,957.1	1	7,957.1	1,719,82
24	2keghg0f	6gk231e8	43gf52	06j48dk5	product_74	6	7,957.1	1	7,957.1	1,719,82
25	d910hhbh	jc271g47	kh3g06	0758ejcf	product_54	30	6,971.9	9	62,747.1	1,719,80
26	d910hhbh	jc271g47	kh3g06	0758ejcf	product_54	30	6,971.9	9	62,747.1	1,719,80
27	2hjdbg3j	0khgh5b7	e9f0f6	078be84k	product_58	45	5,804.3	9	52,238.7	1,719,76
28	2hjdbg3j	0khgh5b7	e9f0f6	078be84k	product_58	45	5,804.3	9	52,238.7	1,719,76
29	j9jg0jj2	9jb70cg7	1g72gh	081ehh1f	product_89	27	9,270.8	9	83,437.2	1,719,794
30	j9jg0jj2	9jb70cg7	1g72gh	081ehh1f	product_89	27	9,270.8	9	83,437.2	1,719,794
31	92j5fjbe	d1bk5ec0	2f8k60	0828818e	product_65	82	9,394.2	9	84,547.8	1,719,79

200 | 200+ | Rows: 1 | 200 行已获取 - 386ms (140ms 获取), 8月 14, 10:34:30

图 10-12 订单详情明细数展示

计算任务执行结果如图10-13所示。

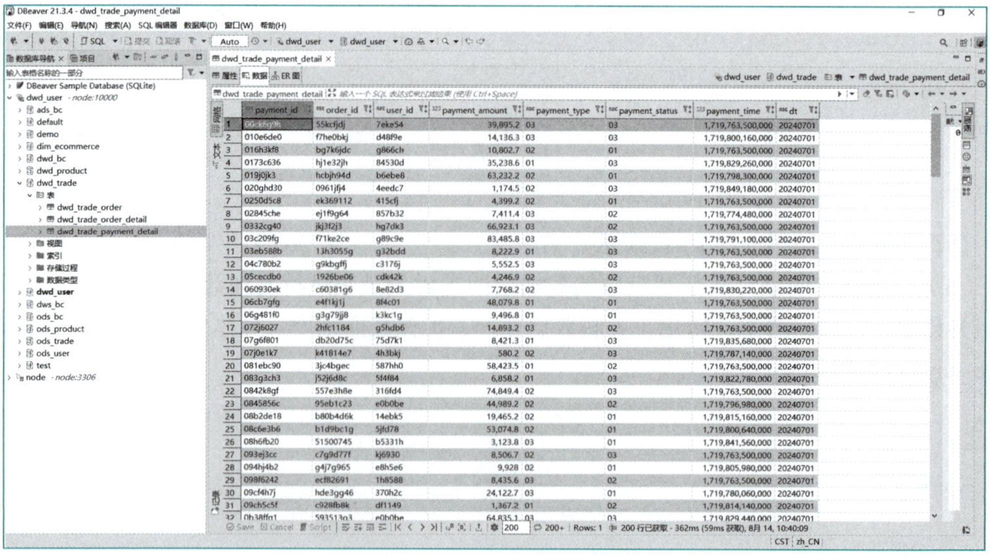

	payment_id	order_id	user_id	payment_amount	payment_type	payment_status	payment_time	dt
1	[illegible]	55kcfjdj	7eke54	39,895.2	03	03	1,719,763,500,000	20240701
2	010e6de0	f7he0bkj	d48f9e	14,136.3	03	03	1,719,800,160,000	20240701
3	016h3kf8	bg7k6jdc	g866ch	10,802.7	02	01	1,719,763,500,000	20240701
4	0173c636	hj1e32jh	84530d	35,238.6	01	03	1,719,829,260,000	20240701
5	019j0jk3	hcbjh94d	b6ebe8	63,232.2	02	01	1,719,798,300,000	20240701
6	020ghd30	0961jfj4	4eedc7	1,174.5	02	03	1,719,849,180,000	20240701
7	0250d5c8	ek369112	415cfj	4,399.2	02	01	1,719,763,500,000	20240701
8	02845che	ej1f9g64	857b32	7,411.4	03	02	1,719,774,480,000	20240701
9	0332cg40	jkj3f2j3	hg7dk3	66,923.1	03	02	1,719,763,500,000	20240701
10	03c209fg	f71ke2ce	g89c9e	83,485.8	03	03	1,719,791,100,000	20240701
11	03eb588b	13h3055g	g32bdd	8,222.9	01	03	1,719,763,500,000	20240701
12	04c780b2	g9kbgffj	c3176j	5,552.5	03	03	1,719,763,500,000	20240701
13	05cecdb0	1926be06	cdk42k	4,246.9	02	02	1,719,763,500,000	20240701
14	060930ek	c60381g6	8e82d3	7,768.2	02	03	1,719,830,220,000	20240701
15	06cb7gfg	e4f1kj1j	8f4c01	48,079.8	01	01	1,719,763,500,000	20240701
16	06g481f0	g3g79jj8	k3kc1g	9,496.8	01	01	1,719,763,500,000	20240701
17	072j6027	2hfc1184	g5hdb6	14,893.2	03	02	1,719,763,500,000	20240701
18	07g6f801	db20d75c	75d7k1	8,421.3	01	03	1,719,835,680,000	20240701
19	07j0e1k7	k41814e7	4h3bkj	580.2	02	03	1,719,787,140,000	20240701
20	081ebc90	3jc4bgec	587hh0	58,423.5	01	02	1,719,763,500,000	20240701
21	083g3ch3	j52j6d8c	5f4f84	6,858.2	01	03	1,719,822,780,000	20240701
22	0842k8gf	557e3h8e	316fd4	74,849.4	02	03	1,719,763,500,000	20240701
23	0845856c	95eb1c23	e0b0be	44,989.2	02	02	1,719,796,980,000	20240701
24	08b2de18	b80b4d6k	14ebk5	19,465.2	02	01	1,719,815,160,000	20240701
25	08c6e3b6	b1d9bc1g	5jfd78	53,074.8	02	01	1,719,800,640,000	20240701
26	08h6fb20	51500745	b5331h	3,123.8	03	01	1,719,841,560,000	20240701
27	093ej3cc	c7g9d77f	kj6930	8,506.7	02	03	1,719,763,500,000	20240701
28	094hj4b2	g4j7g965	e8h5e6	9,928	02	01	1,719,805,980,000	20240701
29	098f6242	ecf82691	1h8588	8,435.6	03	02	1,719,763,500,000	20240701
30	09cf4h7j	hde3gg46	370h2c	24,122.7	03	01	1,719,780,060,000	20240701
31	09ch5c5f	c928fb8k	df1149	1,367.2	01	02	1,719,814,140,000	20240701
32	0h38ffg1	593513g3	e0b0be	64,835.1	03	03	1,719,829,440,000	20240701

200 | 200+ | Rows: 1 | 200 行已获取 - 362ms (59ms 获取), 8月 14, 10:40:09

图 10-13 订单支付明细数展示

2）数据统计

电商数据仓库的数据统计是电商领域数据管理和分析的重要环节，主要包括数据服务层的微聚合计算和数据应用层的数据统计计算，除此之外，也包括了数据宽表等其他计算任务。由于篇幅有限，本章示例从上文涉及的用户主题域中选择部分典型的业务汇总表进行数据统计计算演示，其他的业务汇总数据表的数据统计任务可以参考电子版资料部分。

（1）用户启动数据统计计算。基于用户启动明细表数据，使用窗口函数进行启动行为数据统计计算，具体SQL处理语句如dws_user_behavior_launch_1d.sql所示：

```
with data_user_behavior_launch as (
    select
    user_device,
    user_region,
    row_number() over (partition by user_device order by ct) as launch_number,
    count(*) over (partition by user_device order by ct rows between
UNBOUNDED PRECEDING AND UNBOUNDED FOLLOWING) as launch_count,
    min(ct) over(partition by user_device) as launch_early,
    max(ct) over(partition by user_device) as launch_last,
    ct,
    dt
from dwd_user.dwd_user_behavior_launch
where
    dt = '${p_dt}'
)
insert overwrite table dws_user.dws_user_behavior_launch_1d partition(dt)
select
    user_device, user_region, launch_count, launch_early, launch_last, dt
from data_user_behavior_launch
where
    launch_number = 1
```

计算任务执行结果如图10-14所示。

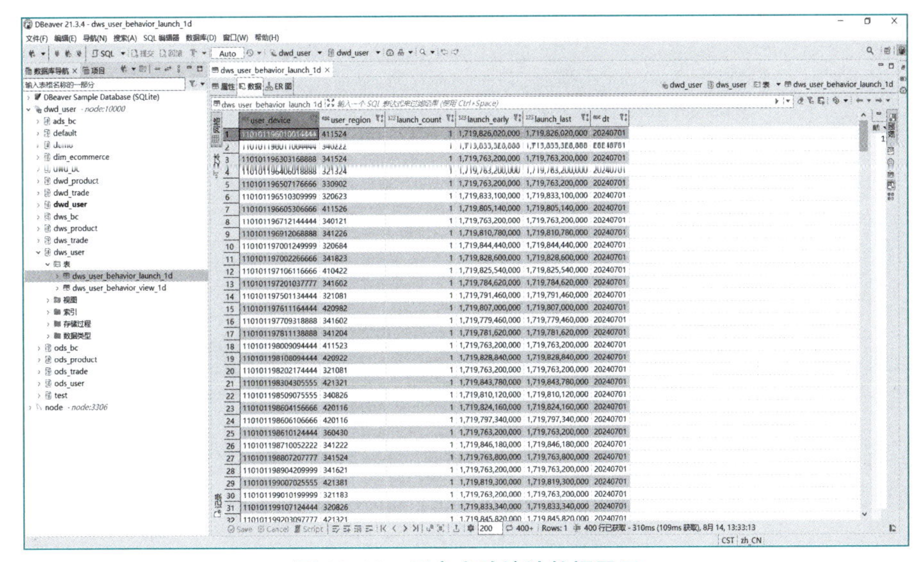

图 10-14　用户启动统计数据展示

（2）用户浏览数据统计计算。基于用户浏览明细表数据，使用分组统计函数进行浏览行为数据统计计算，具体SQL处理语句如dws_user_behavior_view_1d.sql所示：

```
    with data_user_behavior_view as (
    select
        user_region, target_source, target_page,
        from_unixtime(ct/1000,'yyyyMMddHH') as page_view_time, dt
    from dwd_user.dwd_user_behavior_view
    where
        dt = '${p_dt}'
    ),
    data_views as (
    select
        user_region, target_source, target_page, page_view_time, count(1) as
page_views, dt
    from data_user_behavior_view
    group by
        user_region, target_source, target_page, page_view_time,dt
    )
    insert overwrite table dws_user.dws_user_behavior_view_1d partition(dt)
    select
        user_region, target_source, target_page, page_views, page_view_time, dt
    from data_views
```

计算任务执行结果如图10-15所示。

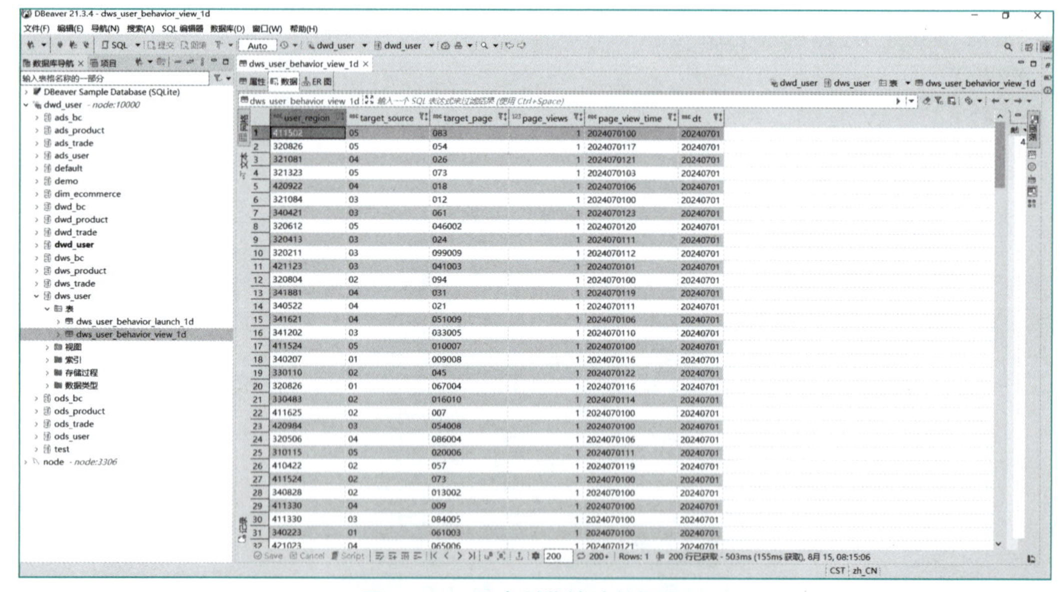

图 10-15　用户浏览统计数据展示

（3）商品销售数据统计计算。基于商品销售明细表数据，使用分组统计函数进行商品销售数据统计计算，具体SQL处理语句如dws_product_sales_1d.sql所示：

```
with data_product_sales as (
select
    product_id,
    category,
    dt,
    sum(sale_price) as total_price,
    sum(sale_quantity) as total_quantity
from dwd_product.dwd_product_sales_detail
where

    dt = '${p_dt}'
group by
    product_id,
    category,
    dt
)
insert overwrite table dws_product.dws_product_sales_1d partition(dt)
select
    product_id, category, total_price, total_quantity, dt
from data_product_sales
```

计算任务执行结果如图10-16所示。

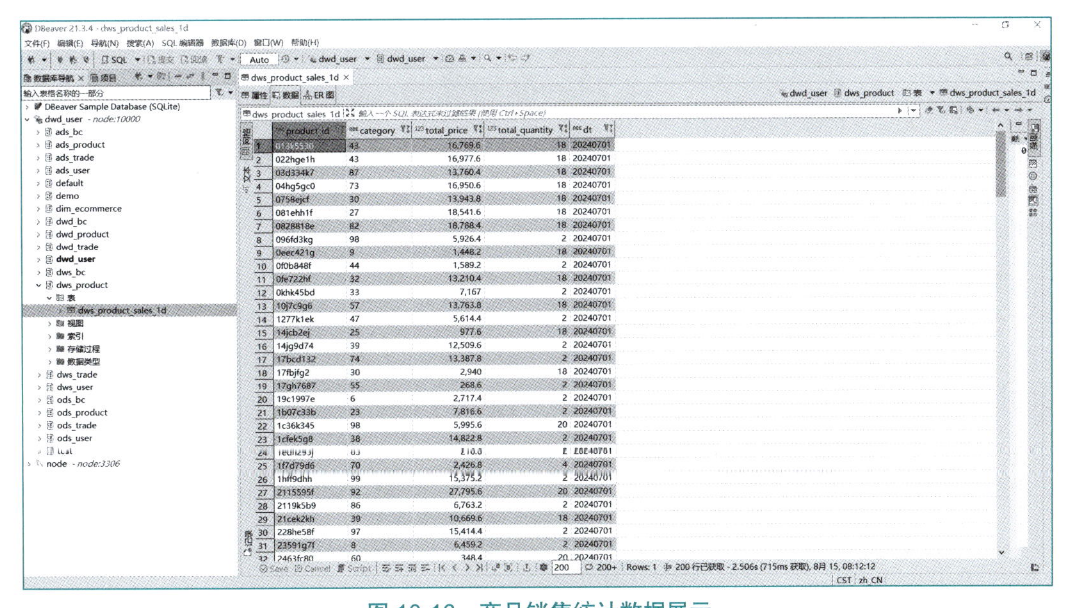

图 10-16　商品销售统计数据展示

（4）订单交易数据统计计算。基于订单明细表数据，使用分组统计函数进行商品销售数据统计计算，具体SQL处理语句如dws_trade_order_1d.sql所示：

```
with data_trade_order as (
select
    user_range,
```

```
        order_status,
        count(1) as total_orders,
        sum(order_amount) as total_amount,
        dt
    from dwd_trade.dwd_trade_order
    where
        dt = '${p_dt}'
    group by
        user_range,
        order_status,

        dt
    )
    insert overwrite table dws_trade.dws_trade_order_1d partition(dt)
    select
        user_range, order_status, total_orders, total_amount, dt
    from data_trade_order
```

计算任务执行结果如图10-17所示。

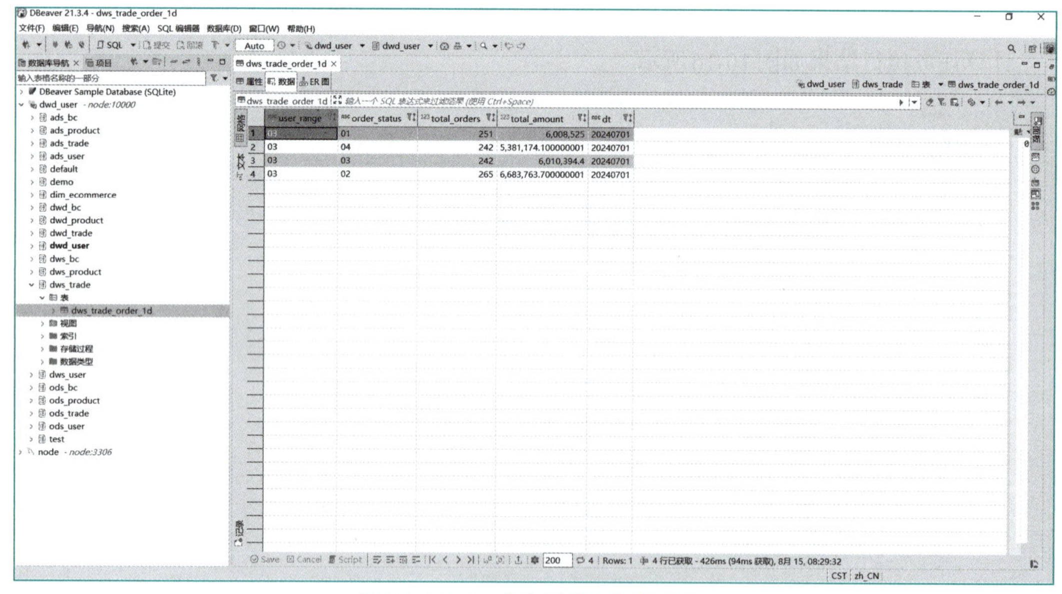

图 10-17 订单交易统计数据展示

3）数据应用

数据应用层数据往往和数据指标相关连，本部分基于用户服务数据实现活跃用户数报表和用户浏览统计报表。由于篇幅有限，本章示例仅仅展示用户业务相关的数据指标进行实现，其他业务相关的数据指标可以参考电子版资料部分。

（1）用户启动数报表。基于数据服务层的用户启动行为汇总表，按照需求涉及的日期、地区等数据维度进行分组统计计算，具体SQL处理语句如ads_user_behavior_launch_rpt_1d.sql所示：

```sql
with data_user_behavior_launch as (
select
    user_region,
    sum(launch_count) as user_launch,
    dt
from dws_user.dws_user_behavior_launch_1d
where
    dt = '${p_dt}'
group by
    user_region,
    dt
)
insert overwrite table ads_user.ads_user_behavior_launch_rpt_1d partition(dt)
select
    user_region,
    user_launch,
    dt
from data_user_behavior_launch
```

计算任务执行结果如图10-18所示。

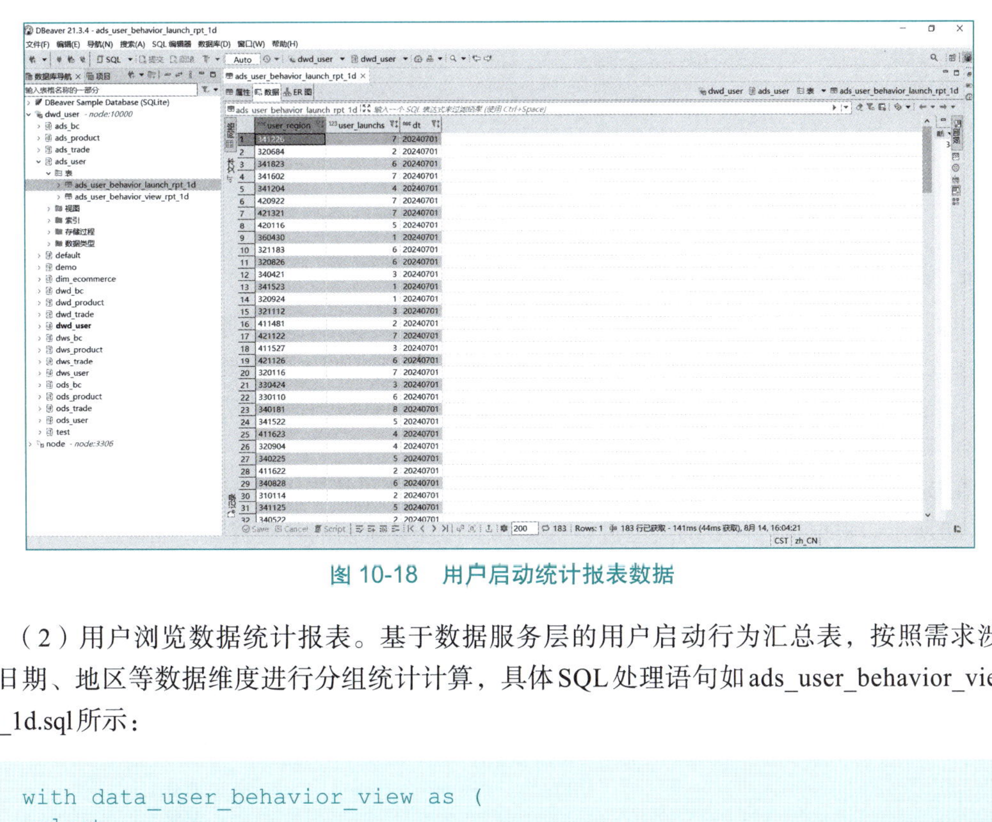

图 10-18　用户启动统计报表数据

（2）用户浏览数据统计报表。基于数据服务层的用户启动行为汇总表，按照需求涉及的日期、地区等数据维度进行分组统计计算，具体SQL处理语句如ads_user_behavior_view_rpt_1d.sql所示：

```sql
with data_user_behavior_view as (
select
    target_source, target_page, sum(page_views) as page_views, dt
from dws_user.dws_user_behavior_view_1d
where
    dt = '${p_dt}'
group by
```

```
        target_source, target_page, dt
    )
    insert overwrite table ads_user.ads_user_behavior_view_rpt_1d
partition(dt)
    select
        target_source, target_page, page_views, dt
    from data_user_behavior_view
```

计算任务执行结果如图10-19所示。

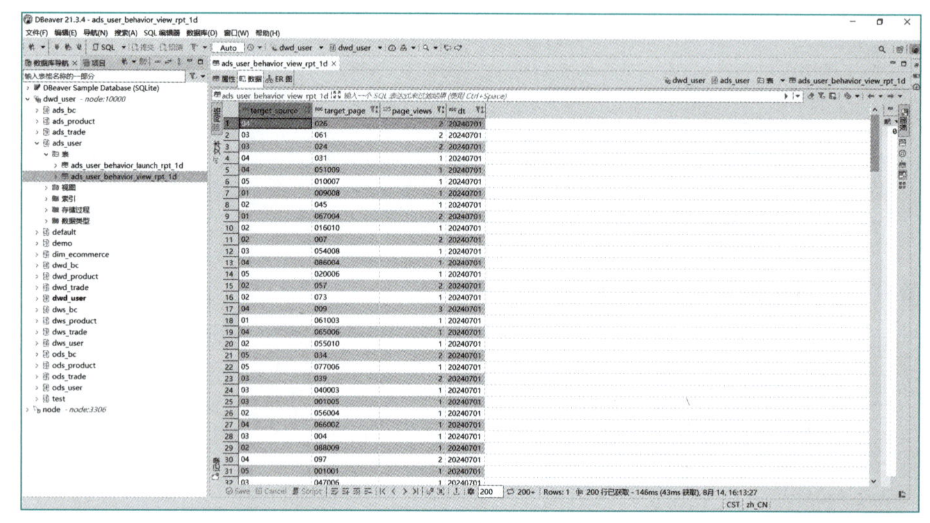

图 10-19　用户浏览统计报表数据

5. 任务调度

电商数据仓库中的任务调度主要是对数据仓库中各类数据处理任务进行有效管理和协助，以确保数据的准确性、完整性和及时性。下面仅仅介绍任务调度的重要实现过程，理论上讲，一般一个数据计算任务对应了一个任务调度，任务调度的具体过程细节请读者参考电子版资料。

1）调度项目构建

在DolphinScheduler的Web界面上，创建调度项目“基于电商用户行为事件分析”，如图10-20所示。根据执行任务的类型进行选择并上传任务所需的各类资源，准备执行任务，如图10-21所示。

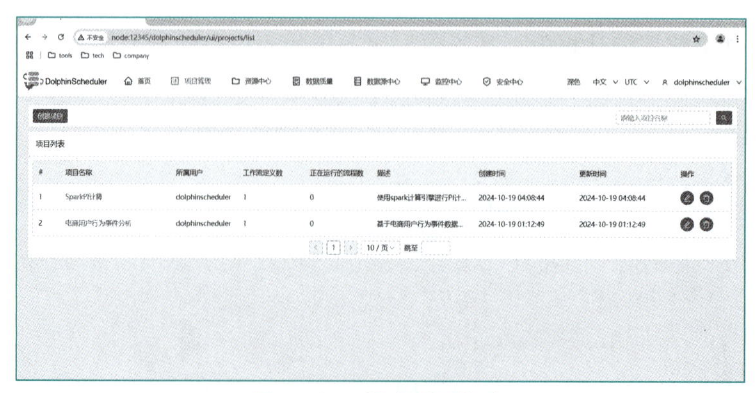

图 10-20　调度项目构建

图 10-21　资源文件创建

2）调度任务构建

基于DolphinScheduler任务调度框架进行工作流定义，具体包括明确调度任务的计算脚本代码及所需资源文件、节点资源选择、任务优先级设置等内容，工作流情况如图10-22所示，具体任务具体内容如图10-23所示。

图 10-22　用户启动工作流

图 10-23　启动行为计算任务

将新创建的工作流定义进行上线处理并运行该计算任务，计算任务运行结果如图10-24所示。

通过运行计算任务证实了该计算任务的所有内容均正确，由于离线场景下数据仓库的计算任务为每天定时计算，所以需要对该计算任务设置定时规则，但定时触发规则则需要根据实际情况进行设置，任务定时规则如图10-25所示，任务定时运行结果如图10-26所示。

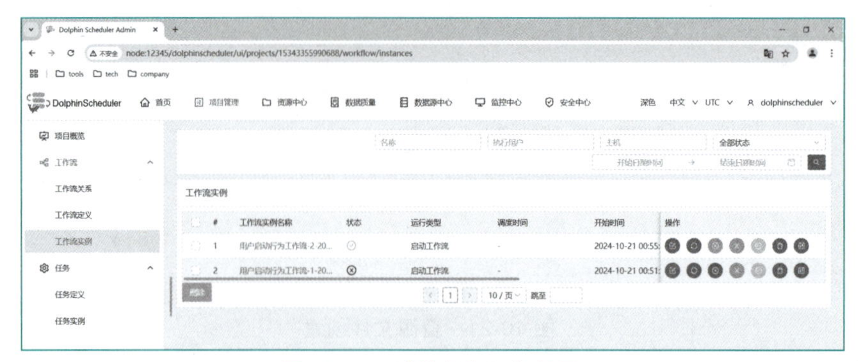

图 10-24　计算任务运行结果

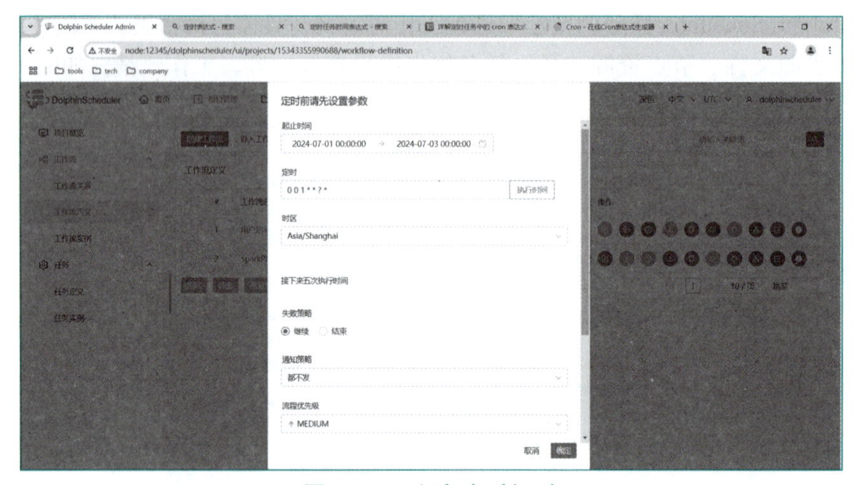

图 10-25　任务定时规则

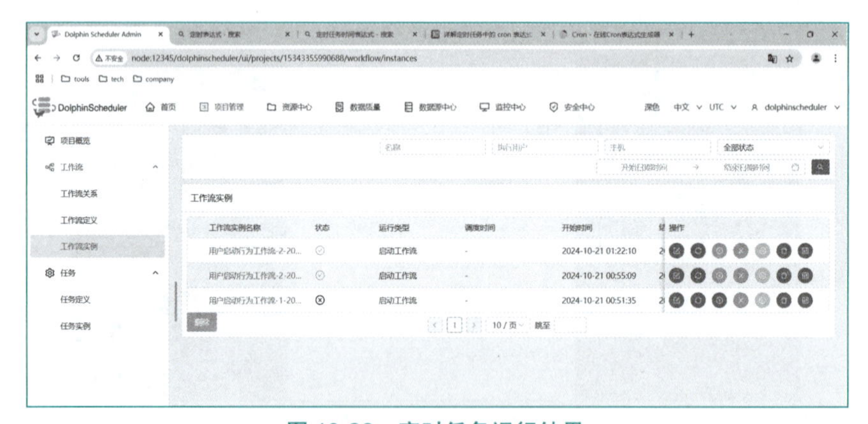

图 10-26　定时任务运行结果

小　结

本章以一个企业级综合实训项目——电商大数据仓库系统为例，重点介绍了数据仓库的完整处理流程及上下游技术应用，这不但帮助读者回顾和巩固了先前所学内容，体验了数据仓库项目开发的完整流程，同时也提升了读者理论知识的掌握能力。